"十三五"江苏省高等学校重点教材

（NO.2017-2-060）

运筹学简明教程

主　编　李苏北　赵建强

副主编　窦建君　姜英姿　张红雷

U0209969

科学出版社

北　京

内 容 简 介

本书是普通高等院校运筹学课程的教材. 全书系统而简明地介绍了运筹学的主要内容: 线性规划、整数规划、目标规划、动态规划、网络计划技术、层次分析法、决策分析、存储论、排队论等. 本书尽量避免复杂的理论证明, 力求通俗易懂、简明扼要, 以大量实例讲解了运筹学的基本原理、方法思路和计算步骤. 各章后附有复习思考题和习题, 以便读者进一步复习、消化书本知识和深入学习.

本书可供应用型本科院校统计学、应用统计学、信息与计算科学、数学与应用数学、经济、管理等各专业的本科生使用, 也可供政府管理部门、企业、公司等管理干部及工程技术人员学习使用.

图书在版编目 (CIP) 数据

运筹学简明教程/李苏北, 赵建强主编. —北京: 科学出版社, 2018.9
"十三五"江苏省高等学校重点教材
ISBN 978-7-03-058600-1

Ⅰ. ①运… Ⅱ. ①李… ②赵… Ⅲ. ①运筹学–高等学校–教材
Ⅳ. ①O22

中国版本图书馆 CIP 数据核字 (2018) 第 195598 号

责任编辑: 张中兴 梁 清 孙翠勤 / 责任校对: 彭珍珍
责任印制: 吴兆东 / 封面设计: 迷底书装

科 学 出 版 社 出版
北京东黄城根北街 16 号
邮政编码: 100717
http://www.sciencep.com

北京中石油彩色印刷有限责任公司印刷
科学出版社发行 各地新华书店经销
*

2018 年 9 月第 一 版 开本: 720 × 1000 1/16
2024 年 11 月第五次印刷 印张: 25 1/4
字数: 506 000

定价: 69.00 元
(如有印装质量问题, 我社负责调换)

前　言

运筹学是 20 世纪 40 年代开始形成的一门应用型学科. 它广泛应用于工业、农业、交通运输、国防、通信、信息技术、大数据、人工智能等各个部门、各个领域，主要解决最优生产计划、最优分配、最佳设计、最优决策、最佳管理等最优化问题. 掌握优化思想并善于对遇到的问题进行优化处理，是当今社会各级各类管理人员、技术人员必备的基本素质. 运筹学就是帮助读者学会如何根据实际问题的特点，抽象出不同类型的数学模型，然后选择不同的方法进行计算. 运筹学解决实际问题的系统优化思想，以及从提出问题、分析建模、求解到方案实施的一套严格科学的方法，使得它在培养和提高人才素质方面起到了十分重要的作用. 运筹学已成为高等院校许多专业的必修课.

本书是为适应应用型本科院校各相关专业对运筹学课程教学的需要而编写的. 它是在我们多年的教学实践基础上，吸收了目前国内运筹学教材的优秀成果，反映了近年来运筹学的最新研究成果，涵盖了由教育部所规定的运筹学课程要求的基本内容. 本书尽量避免复杂的理论证明，力求通俗易懂、简明扼要地讲解运筹学的基本原理、方法思路和计算步骤. 本书注重联系实际，以各种实际问题为背景引出运筹学各分支的基本概念、模型和方法，并侧重各种方法及其应用.

本书在内容选择上，兼顾了各层次读者的需要，包含了运筹学的主要内容：线性规划、整数规划、目标规划、动态规划、网络计划技术、层次分析法、决策分析、存储论、排队论等，适合高等院校统计学、应用统计学、信息与计算科学、数学与应用数学、经济、管理等各专业教学的需求. 为帮助读者掌握教材的重点，本书每章后附有复习思考题和习题供读者练习.

本书由李苏北、赵建强主编. 绪论、第 1 章、第 2 章、第 8 章由李苏北编写，第 3 章、第 6 章、第 7 章、第 9 章、附录由赵建强编写，第 4 章由姜英姿编写，第 5 章由张红雷编写，第 10 章由窦建君编写，第 11 章由窦建君和赵建强共同编写. 李苏北和赵建强对全书进行了统稿.

由于编者水平有限，书中若有不妥之处，恳请读者批评指正.

编　者

2017 年 12 月

目　　录

绪　论

本章基本要求

1. 了解运筹学研究的特点;
2. 理解运筹学研究的工作步骤.

一、概　述

　　运筹学是用数学方法研究各种系统最优化问题的一门学科. 其研究方法是应用数学语言来描述实际系统, 建立相应的数学模型并对模型进行研究和分析, 据此求得模型的最优解; 其目的是制订合理运用人力、物力和财力的最优方案; 为决策者提供科学决策的依据; 其研究对象是各种社会系统, 可以是对新的系统进行优化设计, 也可以是研究已有系统的最佳运营问题. 因此, 运筹学既是应用数学, 也是管理科学, 同时也是系统工程的基础之一.

　　运筹学一词起源于 20 世纪 30 年代, 其英文原名为 operations research 或 operational research, 缩写为 O.R, 可直译为 "运用研究" 或 "作业研究". 由于运筹学涉及的主要领域是管理问题, 研究的基本手段是建立数学模型, 并比较多地运用各种数学工具, 从这点出发, 曾有人将运筹学称为 "管理数学". 1955 年我国从 "夫运筹策帷帐之中, 决胜於千里之外"(见《史记·高祖本纪》) 这句古语中摘取 "运筹" 二字, 将 O.R 正式译作运筹学, 比较恰当地反映了这门学科的性质和内涵.

　　朴素的运筹学思想在我国古代文献中就有不少记载, 例如齐王赛马和丁渭主持皇宫的修复等故事, 但运筹学这个名词的正式使用是在 1938 年, 当时英国为解决空袭的早期预警, 做好反侵略战争准备, 积极进行 "雷达" 的研究. 但随着雷达性能的改善和配置数量的增多, 出现了来自不同雷达站的信息以及雷达站同整个防空作战系统的协调配合问题. 1938 年 7 月, 波得塞 (Bawdsey) 雷达站的负责人罗伊 (A. P. Rowe) 提出立即进行整个防空作战系统运行的研究, 并用 "operational research" 一词作为这方面研究的描述, 这就是 O.R (运筹学) 这个名词的起源. 运筹学小组的活动开始局限于对空军战术的研究, 以后扩展到海军和陆军, 并参与战略决策的研究. 这种研究在美国、加拿大等国很快得到效仿. 第二次世界大战中, 各国的运筹学小组广泛进行了如何提高轰炸效果或侦察效果, 如何用水雷有效封锁敌方海面和其他战略战术方面的分析, 为取得反法西斯战争的胜利作出了贡献. 1939 年苏联学者康托维奇出版了《生产组织与计划中的数学方法》一书, 对列宁格勒胶合板厂的计划任务建立了一个线性规划的模型, 并提出了 "解乘数法" 的求解方法, 为数学与管理科学的结合作出了开创性的工作.

第二次世界大战后, 运筹学的研究主要转向经济方面, 重点集中在如何用一定的投入生产更多的产出或一定的产出如何用更少的投入来生产, 从而使运筹学在管理科学中获得了长足的发展. 随着战后各国工业的逐步恢复和繁荣, 由于组织内与日俱增的复杂性和专门化所产生的问题, 人们认识到这些问题基本上与战争中曾经面临的问题类似, 只是具有不同的现实环境而已, 运筹学就这样深入工商企业和其他部门, 并在 20 世纪 50 年代以后得到了广泛的应用. 对于系统配置、聚散、竞争的运用机理的深入研究和应用形成了比较完备的一套理论, 如规划论、排队论、存储论、决策论等等. 由于其理论上的不断成熟, 加上电子计算机的问世又反过来促进了运筹学的发展, 经过科学家们 60 多年的不断探索, 目前运筹学已成为一个门类齐全、理论完善, 有着广泛应用前景的新兴学科.

近年来, 有关运筹学的应用和理论研究都得到迅速发展. 在理论研究方面, 涌现出许多新的模型方法和算法. 随着运筹学在各种专业学科中的广泛应用, 结合专业特点, 产生和发展了许多新的专业分支. 研究的内容有军事运筹学、运筹学在卫生医疗系统中的应用、运筹学在交通运输中的应用、运筹学在旅游观光事业中的应用、运筹学在体育运动中的应用以及能源运筹学模型、教育运筹学模型、刑事司法运筹学模型等. 而且, 运筹学与相关学科的交叉渗透还将进一步得到发展.

另一方面, 随着运筹学应用逐渐向复杂的社会大系统渗透, 运筹学的研究内容已出现了定量分析和定性分析相结合的发展趋势. 同时, 运筹学的发展与计算机技术的发展密切相关. 计算机的飞速发展将深刻地影响着运筹学将来的发展. 随着计算机技术的提高, 许多目前还不能求解的运筹学问题在将来会被解决. 运筹学的应用也会被推向越来越广的领域.

随着信息技术的飞速发展, 运筹学的应用领域还将进一步得到拓宽和发展. 研究如何应用现代信息技术和运筹学为社会经济系统服务将成为运筹学的一项重要内容.

二、运筹学研究的基本特点及步骤

(一) 运筹学研究的基本特点

运筹学研究的基本特点是: 考虑系统的整体优化、多学科的配合以及模型方法的应用.

系统的整体优化　所谓系统可以理解为是由相互关联、相互制约、相互作用的一些部分组成的, 具有某种功能的有机整体. 例如一个企业的经营管理是由很多子系统组成, 包括生产、销售、技术、供应、财务等, 各子系统的工作好坏直接影响企业经营管理的好坏. 但各子系统的目标往往不一致, 生产部门为提高劳动生产率希望尽可能增大批量; 销售部门为满足更多用户需要, 要求增加花色品种; 财务部门希望减少积压, 加速流动资金周转, 降低成本. 运筹学不是对每一个决策行为孤立进行评价, 而是把它同系统内所有其他重要的相互作用结合起来做出评价, 把相互影响的各方面作为一个统一体, 从总体利益的观点出发, 寻找出一个优化协调的方案.

多学科的配合　一个企业的有效管理涉及很多方面, 运筹学研究中吸收来自不同领域、具有不同经验和技能的专家. 由于专家们来自不同的学科领域, 具有不同的经历经验, 增强了发挥小组集体智慧提出问题和解决问题的能力; 这种多学科的协调配合在研究的初期, 在分析和确定问题的主要方面, 在选定和探索解决问题的途径时, 显得特别重要.

模型方法的应用　在各门学科的研究中广泛应用实验的方法, 但运筹学研究的系统往往不能搬到实验室来, 代替的方法是建立这个问题的数学和模拟的模型, 如果说辅助决策是运筹学应用的核心, 建立模型则是运筹学方法的精髓, 围绕着模型的建立、修正与应用.

(二) 运筹学的研究步骤

1. 分析与表述问题

首先对研究的问题和系统进行观察分析, 归纳出决策的目标及制订决策时在行动和时间等方面的限制. 分析时往往先提出一个初步的目标, 通过对系统中各种因素和相互关系的研究, 使这个目标进一步明确化. 此外还需要有关人员进一步讨论, 明确有关研究问题的过去与未来, 问题的边界、环境以及包含这个问题在内的更大系统的有关情况, 以便在对问题的表述中明确要不要把整个问题分成若干较小的子问题, 确定问题中哪些是可控的决策变量, 哪些是不可控的变量、确定限制变量取值的工艺技术条件及对目标的有效度量等.

2. 建立模型

模型是真实系统的代表, 是对实际问题的抽象概括和严格的逻辑表达, 模型表达了问题中可控的决策变量、不可控变量、工艺技术条件及目标有效度量之间的相互关系. 模型的正确建立是运筹学研究中的关键一步, 对模型的研制是一项艺术, 它是将实际问题、经验、科学方法二者有机结合的创造性的工作. 建立模型的好处: ① 使问题的描述高度规范化, 如管理中, 对人力、设备、材料、资金的利用安排都可以归纳为所谓资源的分配利用问题, 可建立起一个统一的规划模型, 而对规划模型的研究代替了对一个个具体问题的分析研究; ② 建立模型后, 可以通过输入各种数据资料, 分析各种因素同系统整体目标之间的因果关系, 从而确立一套逻辑的分析问题的程序方法; ③ 建立系统的模型为应用电子计算机来解决实际问题架设起桥梁. 建立模型时既要尽可能包含系统的各种信息资料, 又要抓住本质的因素. 一般建模时应尽可能选择建立数学模型, 但有时问题中的各种关系难于用数学语言描绘或问题中包含的随机因素较多时, 也可以建立起一个模拟的模型, 即将问题的因素、目标及运行时的关系用逻辑框图的形式表示出来.

一个典型的运筹学模型包括以下部分:

(1) 一组需要通过求解模型确定的决策变量;

(2) 一个反映决策目标的目标函数;

(3) 一组反映系统复杂逻辑和约束关系的约束方程;

(4) 模型要使用的各种参数.

3. 对问题求解

即用数学方法或其他工具对模型求解. 根据问题的要求, 可分别求出最优解、次最优解或满意解; 依据对解的精度的要求及算法上实现的可能性, 又可区分为精确解和近似解等.

4. 对模型和由模型导出的解进行检验

将实际问题的数据资料代入模型, 找出的精确的或近似的解. 为了检验得到的解是否正确, 常采用回溯的方法. 即将历史的资料输入模型研究得到的解与历史实际的符合程度以判断模型是否正确. 当发现有较大误差时, 要将实际问题同模型重新对比, 检查实际问题中的重要因素在模型中是否已考虑, 检查模型中各公式的表达是否前后一致, 检查模型中各参数取极值情况时问题的解, 以便发现问题进行修正.

5. 建立起对解的有效控制

任何模型都有一定的适用范围, 模型的解是否有效要首先注意模型是否有效,

并依据灵敏度分析的方法, 确定最优解保持稳定时的参数变化范围. 一旦外界条件
参数变化超出这个范围, 及时对模型及导出的解进行修正.

6. 方案的实施

这是很关键但也是很困难的一步. 只有实施方案后研究成果才能有收获. 这一
步要求明确: 方案由谁去实施, 什么时间去实施, 如何实施, 要求估计实施过程可能
遇到的阻力, 并为此制订相应的克服困难的措施.

三、运筹学的主要研究分支

运筹学按所解决问题性质上的差别, 将实际的问题归结为不同类型的数学模
型. 这些不同类型的数学模型构成了运筹学的各个分支, 主要的分支有以下八个:

线性规划　经营管理中如何有效地利用现有人力物力完成更多的任务, 或在
预定的任务目标下, 如何耗用最少的人力物力去实现. 这类统筹规划的问题用数学
语言表达, 先根据问题要达到的目标选取适当的变量, 问题的目标通过用变量的函
数形式表示 (称为目标函数), 对问题的限制条件用有关变量的等式或不等式表达
(称为约束条件). 当变量连续取值, 且目标函数和约束条件均为线性时, 称这类模型
为线性规划的模型. 有关对线性规划问题建模、求解和应用的研究构成了运筹学中
的线性规划分支.

非线性规划　如果上述模型中目标函数或约束条件不全是线性的, 对这类模
型的研究便构成了非线性规划的分支.

动态规划　有些经营管理活动由一系列阶段组成, 在每个阶段依次进行决策,
而且各阶段的决策之间互相关联, 因而构成一个多阶段的决策过程. 动态规划则是
研究一个多阶段决策过程总体优化的问题.

图与网络分析　生产管理中经常碰到工序间的合理衔接搭配问题, 设计中经
常碰到研究各种管道、线路的通过能力以及仓库、附属设施的布局等问题, 运筹学
中把一些研究的对象用节点表示, 对象之间的联系用连线 (边) 表示, 点边的集合构
成图; 如果给图中各边赋予某些具体的权数, 并指定了起点和终点, 称这样的图为
网络图. 图与网络分析这一分支通过对图与网络性质及优化的研究, 解决设计与管
理中的实际问题.

存储论　为了保证企业生产正常进行, 需一定数量材料和物资的储备. 存储
论则是研究在各种供应和需求条件下, 应当在什么时间, 提出多大的订货批量来补
充储备, 使得用于采购、储存和可能发生的短缺的费用损失的总和为最少等问题的
运筹学分支.

排队论　是一种研究排队服务系统工作过程优化的数学理论和方法. 在这类

系统中, 服务对象何时到达以及系统对每个对象的服务时间是随机的. 排队论通过找出这类系统工作特征的数值, 为设计新的服务系统和改进现有系统提供数量依据. 工业企业生产中多台设备的看管、机修服务等部属于这类服务系统.

对策论　一种用来研究具有对抗性局势的模型. 在这类模型中, 参与对抗的各方均有一组策略可供选择, 对策论的研究为对抗各方提供为获取对自己有利的结局应采取的最优策略.

决策论　在一个管理系统中, 采用不同的策略会得到不同的结局和效果. 由于系统状态和决策准则的差别, 对效果的度量和决策的选择也有差异. 决策论通过对系统状态的性质、采取的策略及效果的度量进行综合研究, 以便确定决策准则, 并选择最优的决策方案.

第1章

线 性 规 划

本章基本要求

1. 理解线性规划的基本概念;

2. 理解线性规划的一般形式与标准形式, 能够把前者转化为后者;

3. 掌握线性规划问题的可行解、最优解、基、基本解、基本可行解以及可行基等重要概念;

4. 能正确用图解法来解答两个变量的线性规划问题, 在此基础上了解线性规划问题解的情况;

5. 掌握凸集及其顶点的定义;

6. 理解确定初始基可行解的方法, 理解从一个基可行解转换为另一个基可行解的思路及方法;

7. 理解检验数的定义、由来, 并会利用检验数判断解的情况;

8. 能熟练准确地用单纯形法列表求解线性规划问题;

9. 掌握人工变量法 (大 M 法及两阶段法).

线性规划是运筹学的一个重要分支, 它所研究的问题大致可分为两类: 一类是已知一定量的人力、财力、物力等资源, 研究如何运用这些资源使完成的任务最多; 另一类是给定一项任务, 研究如何统筹安排, 才能以最少的人力、财力、物力等资源来完成该任务. 这两类问题实际上是同一问题的两个方面, 都是寻求某个整体指标的最优化问题.

1.1 线性规划问题及其数学模型

在经济活动及工程技术中会遇到各种各样的实际问题, 描述实际问题共性的抽象的数学形式称为该问题的数学模型. 通常建立线性规划问题数学模型要遵循以下步骤:

(1) 明确问题中有待确定的未知量 (称为决策变量), 并用数学符号表示;

(2) 明确问题中所有的限制条件 (称为约束条件), 并用决策变量的一组线性方程或线性不等式表示;

(3) 明确问题的目标, 并用决策变量的一个线性函数 (称为目标函数) 表示, 按问题的不同取最大值或最小值.

1.1.1 线性规划问题的几个实例

下面结合几个实际例子来介绍线性规划问题的特点, 并按上面给出的三个步骤来建立它们的数学模型.

例 1.1.1 (生产计划问题)   假设某厂计划生产甲、乙两种产品, 这两种产品都要分别在 A, B, C 三种不同设备上加工. 按工艺资料规定: 生产每件甲产品需占用设备的小时数分别为 2, 1, 4; 生产每件乙产品需占用设备的小时数分别为 2, 2, 0. 已知各设备计划期内用于生产这两种产品的能力 (小时数) 分别为 12, 8, 16; 又知每生产一件甲产品, 该厂会获得利润 2 元, 每生产一件乙产品, 该厂能获利润 3 元, 问该厂应安排生产两种产品各多少件才能使总的利润收入为最大?

解   (1) 明确决策变量

工厂需要确定的是甲、乙两种产品的计划生产量, 设 x_1, x_2 分别为甲、乙两种产品的计划生产量, 总的利润为 z.

(2) 明确约束条件

因设备 A 在计划期内有效时间为 12 小时, 不允许超过. 故有

$$2x_1 + 2x_2 \leqslant 12.$$

对设备 B, C 也可列出类似的不等式

$$x_1 + 2x_2 \leqslant 8, \quad 4x_1 \leqslant 16.$$

此外产品的产量 x_1, x_2 只能取非负值, 即 $x_1 \geqslant 0$, $x_2 \geqslant 0$. 这种限制称为变量的非负约束条件.

(3) 明确目标

工厂的目标是在各种设备能力允许的条件下, 使总利润收入 $z = 2x_1 + 3x_2$ 为最大.

综合起来, 该问题的数学模型为: 求一组变量 x_1, x_2 的值在满足约束条件

$$
\begin{cases}
2x_1 + 2x_2 \leqslant 12, \\
x_1 + 2x_2 \leqslant 8, \\
4x_1 \leqslant 16, \\
x_1, x_2 \geqslant 0
\end{cases}
$$

的情况下, 使利润

$$
z = 2x_1 + 3x_2
$$

为最大.

例 1.1.2 (运输问题) 设有三个地方 A_1, A_2, A_3 生产某种物资 (A_1, A_2, A_3 简称为产地), 四个地方 B_1, B_2, B_3, B_4 需要该种物资 (B_1, B_2, B_3, B_4 简称为销地), 产地的产量和销地的销量以及产地到销地的单位运价表见表 1.1.1, 问如何组织物资的运输, 才能在满足供需的条件下使总的运费最少.

表 1.1.1 产销运输表

销地 产地　　　单位运价/(元/吨)	B_1	B_2	B_3	B_4	产地的产量/万吨
A_1	2	9	10	7	9
A_2	1	3	4	2	5
A_3	8	4	2	5	7
销地的销量/万吨	3	8	4	6	21　21

本问题是一个总产量等于总销量的运输问题, 通常称为产销平衡运输问题.

解 建立数学模型

(1) 问题是要确定从产地 A_i ($i = 1, 2, 3$) 调运多少物资到销地 B_j ($j = 1, 2, 3, 4$). 设 x_{ij} 表示由 A_i 调到 B_j 的物资数量.

(2) 由于产销平衡, 因而从 A_i ($i = 1, 2, 3$) 运到 B_1, B_2, B_3, B_4 的物资数量之和应等于 A_i 的产量, 即

$$
x_{11} + x_{12} + x_{13} + x_{14} = 9,
$$

$$
x_{21} + x_{22} + x_{23} + x_{24} = 5,
$$

$$
x_{31} + x_{32} + x_{33} + x_{34} = 7,
$$

而且 B_j ($j = 1, 2, 3, 4$) 收到 A_1, A_2, A_3 的物资数量之和应等于 B_j 的销量, 即

$$
x_{11} + x_{21} + x_{31} = 3,
$$

$$x_{12} + x_{22} + x_{32} = 8,$$

$$x_{13} + x_{23} + x_{33} = 4,$$

$$x_{14} + x_{24} + x_{34} = 6.$$

在不允许有倒运条件下运量必须非负, 即

$$x_{ij} \geqslant 0 \quad (i = 1, 2, 3; \ j = 1, 2, 3, 4).$$

(3) 目标是使调运的总运费最少, 即

$$z = 2x_{11} + 9x_{12} + 10x_{13} + 7x_{14} + x_{21} + 3x_{22} + 4x_{23} + 2x_{24}$$
$$+ 8x_{31} + 4x_{32} + 2x_{33} + 5x_{34}$$

达到最少.

综合起来, 该运输问题的数学模型为: 求一组变量 x_{ij} $(i = 1, 2, 3; \ j = 1, 2, 3, 4)$ 在满足约束条件

$$\begin{cases} x_{11} + x_{12} + x_{13} + x_{14} = 9, \\ x_{21} + x_{22} + x_{23} + x_{24} = 5, \\ x_{31} + x_{32} + x_{33} + x_{34} = 7, \\ x_{11} + x_{21} + x_{31} = 3, \\ x_{12} + x_{22} + x_{32} = 8, \\ x_{13} + x_{23} + x_{33} = 4, \\ x_{14} + x_{24} + x_{34} = 6, \\ x_{ij} \geqslant 0 (i = 1, 2, 3; j = 1, 2, 3, 4) \end{cases}$$

的情况下, 使运费

$$z = 2x_{11} + 9x_{12} + 10x_{13} + 7x_{14} + x_{21} + 3x_{22} + 4x_{23} + 2x_{24}$$
$$+ 8x_{31} + 4x_{32} + 2x_{33} + 5x_{34}$$

取得最小值.

例 1.1.3 (合理下料问题)　某工厂生产某一种型号的机床, 每台机床上需要 2.9m, 2.1m,1.5m 的轴分别为一根、二根、一根, 这些轴需用同一种圆钢制作, 圆钢的长度为 7.4m, 如果要生产 100 台机床, 问应如何安排下料, 才能使用料最省?

解　建立数学模型

对于每一根 7.4m 长的钢材, 可有若干种下料方式把它截取成我们所需要的轴, 比如可在 7.4m 的钢材上截取 2 根 2.9m 的轴和 1 根 1.5m 的轴, 合计用料 $2.9 \times 2 + 1.5 = 7.3$m, 残料为 0.1m, 现把所有可能的下料方式列表如表 1.1.2.

表 1.1.2 合理下料

轴 \ 下料方式 各方式下的轴的根数	B₁	B₂	B₃	B₄	B₅	B₆	B₇	B₈	轴的需要量
2.9m	2	1	1	1	0	0	0	0	100
2.1m	0	0	2	1	2	1	3	0	200
1.5m	1	3	0	1	2	3	0	4	100
残料/m	0.1	0	0.3	0.9	0.2	0.8	1.1	1.4	

(1) 问题所要确定的是每种下料方式应各用多少根 7.4m 的圆钢, 于是设 x_1, x_2, x_3, x_4, x_5, x_6, x_7, x_8 分别为按 B_1, B_2, B_3, B_4, B_5, B_6, B_7, B_8 方式下料的圆钢根数.

(2) 由于每台机床所需不同长度的轴的根数是确定的, 因此生产 100 台机床所需 2.9m 的轴 100 根, 2.1m 的轴 200 根, 1.5m 的轴 100 根. 如果按 B_1 的方式下料, 每根圆钢可截取 2.9m 长的轴 2 根, 则 x_1 根圆钢可截取 2.9m 的轴 $2x_1$ 根; 同样地, 分别按 B_2, B_3, B_4 方式下料可在 x_2, x_3, x_4 根圆钢上分别截取 2.9m 的轴 x_2, x_3, x_4 根, 因此所截下的 2.9m 长的轴的总数应不少于 100 根, 即满足约束条件

$$2x_1 + x_2 + x_3 + x_4 \geqslant 100.$$

相仿地, 所截下的 2.1m 长的轴的总数应满足约束条件

$$2x_3 + x_4 + 2x_5 + x_6 + 3x_7 \geqslant 200.$$

所截下的 1.5m 长的轴的总数应满足约束条件

$$x_1 + 3x_2 + x_4 + 2x_5 + 3x_6 + 4x_8 \geqslant 100.$$

显然, 按每种下料方式的圆钢根数应满足非负要求, 且为整数, 即 $x_1, x_2, x_3, x_4,$ $x_5, x_6, x_7, x_8 \geqslant 0$ 且为整数.

(3) 目标是使总的下料根数最小, 即

$$z = x_1 + x_2 + x_3 + x_4 + x_5 + x_6 + x_7 + x_8$$

达到最小.

综合起来, 该下料问题的数学模型为: 求一组变量 $x_j(j = 1, 2, \cdots, 8)$ 满足约束条件

$$\begin{cases} 2x_1 + x_2 + x_3 + x_4 \geqslant 100, \\ 2x_3 + x_4 + 2x_5 + x_6 + 3x_7 \geqslant 200, \\ x_1 + 3x_2 + x_4 + 2x_5 + 3x_6 + 4x_8 \geqslant 100, \\ x_j \geqslant 0 \ (j = 1, 2, \cdots, 8) \ 且为整数. \end{cases}$$

的情况使总下料根数 $z = x_1 + x_2 + x_3 + x_4 + x_5 + x_6 + x_7 + x_8$ 取得最小值.

1.1.2   线性规划问题的数学模型

1. 线性规划模型的一般形式

1.1.1 小节的 3 个例子具有下列共同特征:

(1) 存在一组变量 $x_1, x_2, \cdots, x_n$ 称为决策变量, 通常要求这些变量的取值是非负的.

(2) 存在若干个约束条件, 可以用一组线性等式或线性不等式来描述.

(3) 存在一个目标函数, 它是决策变量的线性函数, 按实际问题求最大值或最小值.

根据以上特征, 可以将线性规划问题抽象为一般的数学表达式, 即线性规划问题数学模型 (简称线性规划模型) 的一般形式为

$$\max(\min)z = c_1x_1 + c_2x_2 + \cdots + c_nx_n,$$
$$\text{s.t.} \begin{cases} a_{11}x_1 + a_{12}x_2 + \cdots + a_{1n}x_n \leqslant (=, \geqslant)b_1, \\ a_{21}x_1 + a_{22}x_2 + \cdots + a_{2n}x_n \leqslant (=, \geqslant)b_2, \\ \qquad\qquad \cdots\cdots \\ a_{m1}x_1 + a_{m2}x_2 + \cdots + a_{mn}x_n \leqslant (=, \geqslant)b_m, \\ x_1, x_2, \cdots, x_n \geqslant 0. \end{cases}$$

式中 max 表示求最大值, min 表示求最小值, c_j, b_i, a_{ij} 是由实际问题所确定的常数. $c_j(j = 1, 2, \cdots, m)$ 为利润系数或成本系数; $b_i(i = 1, 2, \cdots, m)$ 称为限定系数或常数项; $a_{ij}(i = 1, 2, \cdots, m; j = 1, 2, \cdots, n)$ 称为结构系数或消耗系数; $x_j(j = 1, 2, \cdots, n)$ 为决策变量; 每一个约束条件只有一种符号 $\leqslant$ 或 $\geqslant$ 或 $=$.

2. 线性规划模型的标准形式

由于对目标的追求和约束形式的不同, 线性规划模型的具体形式是多种多样的. 为了讨论和计算方便, 我们要在这众多的形式中规定一种形式, 将其称为线性规划模型的标准形式.

通常线性规划模型的标准形式为

$$\max \ z = c_1x_1 + c_2x_2 + \cdots + c_nx_n,$$
$$\text{s.t.} \begin{cases} a_{11}x_1 + a_{12}x_2 + \cdots + a_{1n}x_n = b_1, \\ a_{21}x_1 + a_{22}x_2 + \cdots + a_{2n}x_n = b_2, \\ \qquad\qquad \cdots\cdots \\ a_{m1}x_1 + a_{m2}x_2 + \cdots + a_{mn}x_n = b_m, \\ x_j \geqslant 0 \ (j = 1, 2, \cdots, n), \\ \text{其中 } b_i \geqslant 0 \ (i = 1, 2, \cdots, m). \end{cases}$$

上述形式的特点是

(1) 所有决策变量都是非负的;

(2) 所有约束条件都是 "=" 型;

(3) 目标函数是求最大值;

(4) 所有常数项 $b_i(i = 1, 2, \cdots, m)$ 都是非负的.

线性规划模型的标准形式可以写成简缩形式

$$\max \ z = \sum_{j=1}^{n} c_j x_j,$$

$$\text{s.t.} \begin{cases} \sum_{j=1}^{n} a_{ij} x_j = b_i, & i = 1, 2, \cdots, m, \\ x_j \geqslant 0, & j = 1, 2, \cdots, n. \end{cases}$$

线性规划模型的标准形式有时用矩阵或向量描述往往更为方便. 用向量表示线性规划模型的标准形式为

$$\max z = CX,$$

$$\text{s.t.} \begin{cases} \sum_{j=1}^{n} P_j x_j = b, \\ X \geqslant 0, \end{cases}$$

其中 $C = (c_1, c_2, \cdots, c_n)$.

$$X = \begin{pmatrix} x_1 \\ x_2 \\ \vdots \\ x_n \end{pmatrix}, \quad P_j = \begin{pmatrix} a_{1j} \\ a_{2j} \\ \vdots \\ a_{mj} \end{pmatrix} (j = 1, 2, \cdots, n), \quad b = \begin{pmatrix} b_1 \\ b_2 \\ \vdots \\ b_m \end{pmatrix}.$$

向量 P_j 是变量 x_j 对应的约束条件中的系数列向量. 用矩阵表示线性规划的标准形式为

$$\max z = CX,$$

$$\text{s.t.} \begin{cases} AX = b, \\ X \geqslant 0, b \geqslant 0. \end{cases}$$

其中

$$A = \begin{pmatrix} a_{11} & a_{12} & \cdots & a_{1n} \\ a_{21} & a_{22} & \cdots & a_{2n} \\ \vdots & \vdots & & \vdots \\ a_{m1} & a_{m2} & \cdots & a_{mn} \end{pmatrix}.$$

其他同前. 我们称 A 为约束方程的系数矩阵 $(m \times n)$, 一般 $m < n$, m, n 为正整数.

3. 线性规划模型的标准化

我们对线性规划问题的研究是基于标准形式进行的, 因此对于给定的非标准形式线性规划问题的数学模型, 则需要将其化为标准形式. 一般地, 对于不同形式的线性规划模型, 可以采用以下一些方法将其化为标准形式.

(1) 对于目标函数是求最小值的线性规划问题, 只要将目标函数的系数反号, 即可化为等价的最大值问题.

(2) 约束条件为 "$\leqslant$"("$\geqslant$") 类型的线性规划问题, 可在不等式左边加上 (或减去) 一个非负的新变量, 即可化为等式. 这个新增的非负变量称为松弛变量 (或剩余变量), 也可统称为松弛变量. 在目标函数中一般认为新增的松弛变量的系数为零.

(3) 如果在一个线性规划问题中, 决策变量 x_k 的符号没有限制, 我们可用两个非负的新变量 x_k' 和 x_k'' 之差来代替, 即将变量 x_k 写成 $x_k = x_k' - x_k''$, 且有 $x_k' \geqslant 0, x_k'' \geqslant 0$. 通常将这样的 x_k 称为自由变量.

(4) 当常数项 b_i 为负值时, 可在该约束条件的两边分别乘以 -1 即可.

例 1.1.4　将下列线性规划模型化成标准形式

$$\min z = 3x_1 - x_2 - 3x_3,$$
$$\text{s.t.} \begin{cases} x_1 + x_2 + x_3 \leqslant 6, \\ x_1 + x_2 - x_3 \geqslant 2, \\ -3x_1 + 2x_2 + x_3 = 5, \\ x_1 \geqslant 0, x_2 \geqslant 0, x_3 \text{ 无非负限制}. \end{cases}$$

解　通过以下四个步骤:

(1) 目标函数两边乘上 -1 化为求最大值;

(2) 以 $x_3 = x_3' - x_3''$ 代入目标函数和所有的约束条件中, 其中 $x_3' \geqslant 0, x_3'' \geqslant 0$;

(3) 在第一个约束条件的左边加上松弛变量 x_4;

(4) 在第二个约束条件的左边减去松弛变量 x_5.

于是得到该线性规划模型的标准形式:

$$\max(-z) = -3x_1 + x_2 + 3x_3' - 3x_3'',$$
$$\text{s.t.} \begin{cases} x_1 + x_2 + x_3' - x_3'' + x_4 = 6, \\ x_1 + x_2 - x_3' + x_3'' - x_5 = 2, \\ -3x_1 + 2x_2 + x_3' - x_3'' = 5, \\ x_1, x_2, x_3', x_3'', x_4, x_5 \geqslant 0. \end{cases}$$

1.2 线性规划问题的解

1.2.1 线性规划问题的基本概念

设有线性规划问题

$$\max \ z = \sum_{j=1}^{n} c_j x_j, \tag{1.2.1}$$

$$\text{s.t.} \begin{cases} \sum_{j=1}^{n} a_{ij} x_j = b_i & (i = 1, 2, \cdots, m), \tag{1.2.2} \\ x_j \geqslant 0 & (j = 1, 2, \cdots, n). \tag{1.2.3} \end{cases}$$

1. 可行解

满足线性规划约束条件 (1.2.2) 和 (1.2.3) 的解 $X = (x_1, x_2, \cdots, x_n)^{\mathrm{T}}$ 称为线性规划问题的可行解. 所有可行解的集合称为可行域或可行解集.

2. 最优解

使线性规划的目标函数 (1.2.1) 式达到最大的可行解称为线性规划的最优解.

3. 基本解

设 A 是约束方程组 (1.2.2) 的 $m \times n$ 阶的系数矩阵 $(m < n)$, 其秩为 m, 则 A 中任意 m 个线性无关的列向量构成的 $m \times m$ 阶子矩阵称为线性规划的一个基矩阵或简称为一个基, 记为 B. 显然, B 为非奇异矩阵, 即 $|B| \neq 0$.

基矩阵的 m 个列向量称为基向量, 其余 $n - m$ 个向量称为非基向量; 与 m 个基向量相对应的 m 个变量称为基变量, 其余的 $n - m$ 个变量则称为非基变量. 显然, 基变量随着基的变化而变化, 当基被确定以后, 基变量和非基变量也就随之确定了.

若令约束方程组 (1.2.2) 中的 $n - m$ 个非基变量为零, 再对余下的 m 个基变量求解, 所得到的约束方程组的解称为基本解. 基本解的个数总是小于等于 C_n^m 的.

如设 $B = (P_1, P_2, \cdots, P_m)$ 为线性规划的一个基, 于是 $x_i (i = 1, 2, \cdots, m)$ 为基变量, $x_j (j = m + 1, m + 2, \cdots, n)$ 就为非基变量. 现令非基变量 $x_{m+1} = x_{m+2} = \cdots = x_n = 0$, 方程组 (1.2.2) 就变为

$$\begin{cases} a_{11} x_1 + a_{12} x_2 + \cdots + a_{1m} x_m = b_1, \\ a_{21} x_1 + a_{22} x_2 + \cdots + a_{2m} x_m = b_2, \\ \qquad\qquad \cdots\cdots \\ a_{m1} x_1 + a_{m2} x_2 + \cdots + a_{mm} x_m = b_m. \end{cases}$$

此时方程组有 m 个方程, m 个未知数, 可唯一地解出 $x_i(i = 1, 2, \cdots, m)$. 则向量

$$X = \left(x_1, x_2, \cdots, x_m, \underbrace{0, 0, \cdots, 0}_{n-m \text{ 个}}\right)$$

就是对应于基 B 的基本解.

4. 基本可行解

满足非负条件 (1.2.3) 的基本解称为基本可行解; 对应于基本可行解的基称为可行基. 显然, 基本可行解既是基本解, 又是可行解. 一般地, 基本可行解的数目要少于基本解的数目, 最多两者相等.

当基本可行解的非零分量个数恰为 m 时, 称此解是非退化的解; 如果有的基变量也取零值, 即基本可行解的非零分量个数小于 m 时, 称此解是退化解.

例 1.2.1   求下列线性规划问题的所有基本解, 并指出哪些是基本可行解.

$$\max\ z = 2x_1 + x_2,$$
$$\text{s.t.} \begin{cases} 2x_1 + 3x_2 \leqslant 4, \\ 3x_1 + x_2 \leqslant 5, \\ x_1, x_2 \geqslant 0. \end{cases}$$

解   将已知模型化为标准形式

$$\max\ z = 2x_1 + x_2,$$
$$\text{s.t.} \begin{cases} 2x_1 + 3x_2 + x_3 = 4, \\ 3x_1 + x_2 + x_4 = 5, \\ x_1, x_2, x_3, x_4 \geqslant 0. \end{cases}$$

系数矩阵

$$A = \begin{pmatrix} 2 & 3 & 1 & 0 \\ 3 & 1 & 0 & 1 \end{pmatrix}, \quad r(A) = 2.$$

则易知

$$B_1 = \begin{pmatrix} 2 & 3 \\ 3 & 1 \end{pmatrix}, \quad B_2 = \begin{pmatrix} 2 & 1 \\ 3 & 0 \end{pmatrix}, \quad B_3 = \begin{pmatrix} 2 & 0 \\ 3 & 1 \end{pmatrix},$$
$$B_4 = \begin{pmatrix} 3 & 1 \\ 1 & 0 \end{pmatrix}, \quad B_5 = \begin{pmatrix} 3 & 0 \\ 1 & 1 \end{pmatrix}, \quad B_6 = \begin{pmatrix} 1 & 0 \\ 0 & 1 \end{pmatrix}$$

均为线性规划问题的基矩阵.

对应基 B_1, 基变量为 x_1, x_2, 非基变量为 x_3, x_4. 令 $x_3 = x_4 = 0$ 得 $x_1 =$

$\dfrac{11}{7}, x_2 = \dfrac{2}{7}$. 从而 $X_1 = \left(\dfrac{11}{7}, \dfrac{2}{7}, 0, 0 \right)^{\mathrm{T}}$ 为线性规划问题的一个基本解.

因 $x_1 = \dfrac{11}{7}, x_2 = \dfrac{2}{7}$ 均大于零, 故 X_1 为线性规划问题的一个基本可行解. 对应于其他基 B_2, B_3, B_4, B_5, B_6 的基本解列表见表 1.2.1.

表 1.2.1 对应于其他基的基本解

基 B	基变量 X_B	非基变量 X_N	基本解	是否基本可行解
$B_2 = \begin{pmatrix} 2 & 1 \\ 3 & 0 \end{pmatrix}$	$X_{B_2} = \begin{pmatrix} x_1 \\ x_3 \end{pmatrix}$	$X_{N_2} = \begin{pmatrix} x_2 \\ x_4 \end{pmatrix}$	$X_2 = \left(\dfrac{5}{3}, 0, \dfrac{2}{3}, 0 \right)^{\mathrm{T}}$	是
$B_3 = \begin{pmatrix} 2 & 0 \\ 3 & 1 \end{pmatrix}$	$X_{B_3} = \begin{pmatrix} x_1 \\ x_4 \end{pmatrix}$	$X_{N_3} = \begin{pmatrix} x_2 \\ x_3 \end{pmatrix}$	$X_3 = (2, 0, 0, -1)^{\mathrm{T}}$	否
$B_4 = \begin{pmatrix} 3 & 1 \\ 1 & 0 \end{pmatrix}$	$X_{B_4} = \begin{pmatrix} x_2 \\ x_3 \end{pmatrix}$	$X_{N_4} = \begin{pmatrix} x_1 \\ x_4 \end{pmatrix}$	$X_4 = (0, 5, -11, 0)^{\mathrm{T}}$	否
$B_5 = \begin{pmatrix} 3 & 0 \\ 1 & 1 \end{pmatrix}$	$X_{B_5} = \begin{pmatrix} x_2 \\ x_4 \end{pmatrix}$	$X_{N_5} = \begin{pmatrix} x_1 \\ x_3 \end{pmatrix}$	$X_5 = \left(0, \dfrac{4}{3}, 0, \dfrac{11}{3} \right)^{\mathrm{T}}$	是
$B_6 = \begin{pmatrix} 1 & 0 \\ 0 & 1 \end{pmatrix}$	$X_{B_6} = \begin{pmatrix} x_3 \\ x_4 \end{pmatrix}$	$X_{N_6} = \begin{pmatrix} x_1 \\ x_2 \end{pmatrix}$	$X_6 = (0, 0, 4, 5)^{\mathrm{T}}$	是

1.2.2 图解法

在线性规划问题中, 如果只含有两个变量时, 就可以用图解法求解. 这是因为两个变量的线性等式或线性不等式, 在平面上表示一条直线或一个半平面. 这种方法的优点是: 简单直观, 计算方便.

图解法的步骤是: 建立坐标系, 将约束条件在图上表示; 确立满足约束条件的解的范围; 绘出目标函数的图形; 确定最优解.

下面举例来具体说明图解法的步骤.

例 1.2.2 用图解法来解线性规划问题

$$\max \ z = 2x_1 + 3x_2,$$

$$\text{s.t.} \begin{cases} 2x_1 + 2x_2 \leqslant 12, \\ x_1 + 2x_2 \leqslant 8, \\ 4x_1 \leqslant 16, \\ 4x_2 \leqslant 12, \\ x_1, x_2 \geqslant 0. \end{cases}$$

解 (1) **可行域的确定** 以 x_1 和 x_2 为坐标轴建立直角坐标系, 因为 $x_1 \geqslant 0, x_2 \geqslant 0$, 所以只有在第一象限内的点才符合非负条件.

约束条件 $2x_1 + 2x_2 \leqslant 12$ 是一个不等式, 先取 $2x_1 + 2x_2 = 12$, 这是一条直线, 在直角坐标系中画出这条直线, 这条直线把坐标面分成两部分, 凡落在该直线右上方平面内的点均有 $2x_1 + 2x_2 > 12$; 凡落在该直线左上方平面内的点均有 $2x_1 + 2x_2 < 12$, 所以 $2x_1 + 2x_2 \leqslant 12$ 表示落在该直线 $2x_1 + 2x_2 = 12$ 上和这条直线左下方平面上的点. 同理, 满足 $x_1 + 2x_2 \leqslant 8$ 的所有点位于 $x_1 + 2x_2 = 8$ 上及这条直线左下方半平面内; 满足 $4x_1 \leqslant 16$ 的所有点位于 $4x_1 = 16$ 这条直线及该直线左半平面内; 满足 $4x_2 \leqslant 12$ 的所有点位于 $4x_2 = 12$ 直线上及该直线下方的平面内. 由此可以得到同时满足所有约束条件的可行解, 应在第一象限内和由这四个半平面所交区域内, 即凸多边形 $OABCD$, 如图 1.2.1. 区域 $OABCD$ 内每一点 (x_1, x_2)(包括边界点) 都是这个线性规划问题的可行解, 区域 $OABCD$ 则是所有可行解的集合即可行域, 易知在可行域外的任一点均不能同时满足约束条件.

(2) **目标函数的几何意义**　目标函数 $z = 2x_1 + 3x_2$ 中 z 是待定的值, 将它改写为 $x_2 = -\dfrac{2}{3}x_1 + \dfrac{z}{3}$, 由解析几何知, 这是参变量为 z, 斜率为 $-\dfrac{2}{3}$ 的一簇平行的直线, 如图 1.2.2.

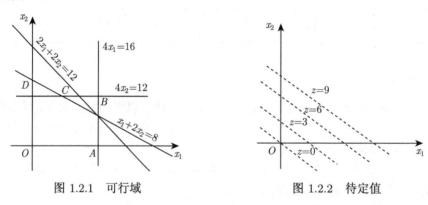

图 1.2.1　可行域　　　　　　　　　　　图 1.2.2　待定值

(3) **最优解的确定**　最优解必须同时满足约束条件并使目标函数达到最优值, 因此, x_1, x_2 的取值范围只能从凸边形 $OABCD$ 中去寻找. 将图 1.2.1 和图 1.2.2 合并得图 1.2.3, 可以看出, 当代表目标函数的那条曲线由 O 点开始向右上方移动时, z 的值逐渐增大, 一直移到目标函数的直线与约束条件围成的凸边形相切时为止, 切点即为最优解的点, 如图 1.2.3 中的 B 点. 若再继续向右上方移动, z 值仍然会增大, 但在目标函数的直线上找不出一个点位于可行域内, 故 B 点的坐标即为最优解, 即最优解在可行域的顶点上取得.

B 点坐标可由方程 $\begin{cases} 4x_1 = 16, \\ 2x_1 + 2x_2 = 12 \end{cases}$ 得到, $(x_1, x_2) = (4, 2)$, 代入目标函数得 $z = 14$, 由此可见, 本问题有唯一最优解.

1.2.3 线性规划问题解的特殊情况

1. 无穷多最优解

若将例 1.2.2 中目标函数改为 max $z = 2x_1 + 4x_2$, 则目标函数的图形恰好和约束条件 $x_1 + 2x_2 = 8$ 平行, 如图 1.2.4. 当目标函数直线向右上方移动时, 它与凸多边形相切的不是一个点而是整个线段 BC, 这时 BC 线段上的每一点都能使目标函数达到最大, 即该问题有无穷多最优解.

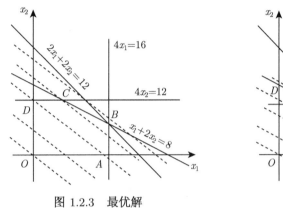

图 1.2.3　最优解　　　　　　　　图 1.2.4　无穷多最优解

2. 无界解

考虑问题
$$\max z = 2x_1 + 3x_2,$$
$$\text{s.t.} \begin{cases} 4x_1 \leqslant 16, \\ x_1, x_2 \geqslant 0. \end{cases}$$

用图解法求解时可以看到 x_2 的值可以无限增大, 因而目标函数 z 也可以一直增大到无穷大. 这种情况称为无界解或无最优解, 如图 1.2.5, 其原因是在建立数学模型时遗漏了某些约束.

3. 无可行解

考虑问题
$$\max z = 2x_1 + 3x_2,$$
$$\text{s.t.} \begin{cases} 2x_1 + 2x_2 \leqslant 12, \\ x_1 + 2x_2 \geqslant 14, \\ x_1, x_2 \geqslant 0. \end{cases}$$

用图解法求解时找不到满足所有约束条件的公共范围, 如图 1.2.6, 此时称为无可行解, 原因是模型本身错误, 应检查修正.

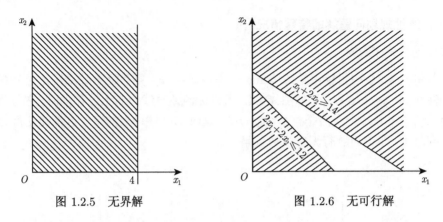

图 1.2.5   无界解   图 1.2.6   无可行解

上述图解法的例子揭示了线性规划的解的各种情形, 可归纳如图 1.2.7.

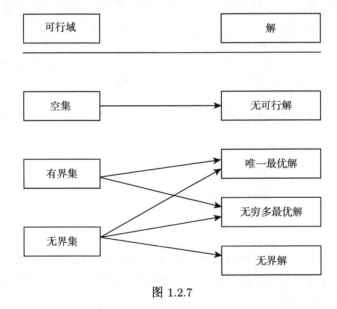

图 1.2.7

上述结论对于含有 n 个变量 $(n > 2)$ 的线性规划问题也是正确的.

1.2.4   线性规划问题解的基本性质

根据线性规划解的基本概念, 并从图解法中直观地看到线性规划问题的解具有以下一些基本性质. (有关性质的证明略.)

定理 1.2.1   线性规划的可行解集 $D = \{X \mid AX = b, X \geqslant 0\}$ 是一个凸集.

凸集的几何意义: 若以集合中任意两点为端点的线段仍在该集合中, 则称该集合为凸集.

定理 1.2.2   若一个线性规划有可行解, 则它必有基本可行解.

定理 1.2.3 设线性规划的可行解集为 D, 则 D 的顶点 (极点) 就是线性规划的基本可行解.

定理 1.2.4 若线性规划问题有最优解, 则一定存在一个基本可行解是它的最优解. 即: 最优解一定可以在 D 的顶点 (极点) 上达到.

定理 1.2.5 若线性规划存在两个相异的基本可行解 $X^{(1)} = (x_1^{(1)}, x_2^{(1)}, \cdots, x_n^{(1)})$ 和 $X^{(2)} = (x_1^{(2)}, x_2^{(2)}, \cdots, x_n^{(2)})$ 为最优解, 则以 $X^{(1)}, X^{(2)}$ 为端点的线段上的一切点 $X^* = \lambda X^{(1)} + (1-\lambda)X^{(2)}, 0 \leqslant \lambda \leqslant 1$ 也都是线性规划的最优解.

上述性质告诉我们, 求解线性规划问题, 只需在基本可行解 (凸多边形的顶点) 中寻找就行了. 由于凸多边形的顶点是有限的, 因而基可行解的个数也是有限的, 这就保证了线性规划若有最优解, 一定可以在有限步内得到最优解.

1.3 单 纯 形 法

1.3.1 单纯形法的基本思路

单纯形法是求解线性规划问题的常用算法, 它是 1947 年由丹齐格 (Dantzig) 提出的. 为了说明单纯形法的基本思路, 下面以 1.1 节的例 1.1.1 为例, 利用代数法求解, 并予以经济意义说明.

例 1.3.1 求解例 1.1.1 所示的线性规划问题.

引进松弛变量 x_3, x_4, x_5 将例 1.1.1 的数学模型化为标准形式

$$\max\ z = 2x_1 + 3x_2 + 0x_3 + 0x_4 + 0x_5, \tag{1.3.1}$$

$$\text{s.t.} \begin{cases} 2x_1 + 2x_2 + x_3 = 12, \\ x_1 + 2x_2 + x_4 = 8, \\ 4x_1 + x_5 = 16, \\ x_j \geqslant 0 (j = 1, 2, 3, 4, 5, 6). \end{cases} \tag{1.3.2}$$

则 (1.3.2) 式的系数矩阵 A 为

$$A = \begin{pmatrix} 2 & 2 & 1 & 0 & 0 \\ 1 & 2 & 0 & 1 & 0 \\ 4 & 0 & 0 & 0 & 1 \end{pmatrix} = (P_1, P_2, P_3, P_4, P_5).$$

首先, 我们找出一个初始基本可行解, 在 A 中 (P_3, P_4, P_5) 是线性无关的, 故 $B = (P_3, P_4, P_5)$ 为 (1.3.2) 式的一个基, 对应的基变量为 x_3, x_4, x_5, 非基变量为 x_1, x_2. 若令 $x_1 = 0, x_2 = 0$, 可得 $X_0 = (0, 0, 12, 8, 16)^{\mathrm{T}}$. 显然, X_0 可作为本问题的一个初始基本可行解. (我们将在本章 1.4 节中讨论求解初始基本可行解的一般方法.)

当前基本可行解的实际意义是不生产任何产品, 目标函数 (利润) 为 0, 即 $z(X_0) = 0$, 这肯定不是最优解. 下一步我们必须寻找新的基本可行解, 且使目标函数值增加.

由目标函数 (1.3.1) 可看出, 由于 x_1, x_2 前面的系数均为正数, 所以当 x_1, x_2 由现在的非基变量 (即取 0 值) 变为基变量 (取非零值), 可使目标函数值增加. 又因为 x_2 的系数比 x_1 的系数大 (利润增加快), 故选 x_2 作为新的基本可行解中的基变量, 称其为进基变量.

为保证基变量个数不变 (等于系数矩阵 A 的秩 m), 还需要确定原来的基变量 x_3, x_4, x_5, 那一个被换出来作为非基变量 (称为出基变量). 为此, 我们进行下面的分析. 由约束方程 (1.3.2) 的前三式可得

$$\begin{cases} x_3 = 12 - 2x_1 - 2x_2, \\ x_4 = 8 - x_1 - 2x_2, \\ x_5 = 16 - 4x_1. \end{cases} \tag{1.3.3}$$

当 x_2 进基以后, 令 $x_2 = \theta$, 而 x_1 仍为非基变量, 即 $x_1 = 0$. 同时还必须保证所有的变量满足非负约束条件 (即 (1.3.2) 式的最后一式成立), 于是有

$$\begin{cases} x_3 = 12 - 2\theta, \\ x_4 = 8 - 2\theta, \\ x_5 = 16, \end{cases} \tag{1.3.4}$$

或写为

$$\begin{cases} \theta \leqslant 6, \\ \theta \leqslant 4, \end{cases}$$

故 $x_2 = \theta = \min\left\{\dfrac{12}{2}, \dfrac{8}{2}, -\right\} = 4$. 由 (1.3.4) 式可得基变量 $x_4 = 0$. 即 x_4 由基变量变成非基变量, 也就是用 x_2 去换 x_4, 这一过程称为 "换基".

从经济意义讲, 若将三种设备分别用于生产产品乙, 即在 (1.3.4) 式中分别令 $x_3 = 0, x_4 = 0$ 可以得到

$$x_2 = \frac{12}{2}, \quad x_2 = \frac{8}{2}.$$

生产产品乙必须同时兼顾三种设备台时, 因此产品乙最多不得超过 4 件, 否则, 第二种设备台时就不够用了. 但由 (1.3.4) 式可得

$$\begin{cases} x_3 = 12 - 2 \times 4 = 4, \\ x_4 = 8 - 2 \times 4 = 0, \\ x_5 = 16, \end{cases}$$

这说明生产 4 件乙产品, A 设备台时还剩 4, 而 B 设备能力已用尽. 因此出基变量的选择原则应该是由最薄弱的资源来决定. 即选取

$$\theta = \min \left\{ \frac{12}{2}, \frac{8}{2}, - \right\} \tag{1.3.5}$$

正好体现了兼顾各种限制条件的思想, 又称最小比值法则.

为了简便地得到一个新的基本可行解, 可以通过对约束方程组 (1.3.2) 的前三式进行变换, 即将 (1.3.2) 式的第二式 x_2 的系数变成 1, 第一、三式 x_2 的系数都变成 0.

于是我们得到方程组

$$\text{s.t.} \begin{cases} x_1 + x_3 - x_4 = 4, & (1.3.6) \\ \frac{1}{2}x_1 + x_2 + \frac{1}{2}x_4 = 4, & (1.3.7) \\ 4x_1 + x_5 = 16, \\ x_j \geqslant 0 (j = 1, 2, 3, 4, 5, 6). \end{cases}$$

其变换过程为用 $\frac{1}{2}$ 乘 (1.3.2) 式的第二式得 (1.3.7) 式; 用 -1 乘 (1.3.2) 式的第二式加到第一式得 (1.3.6) 式.

若非基变量 x_1, x_4 等于零, 基变量 x_3, x_2, x_5 值就可以从右边常数项直接得到. 所以得新的基本可得解 $X_1 = (0, 4, 4, 0, 16)^{\mathrm{T}}$.

相应地, 我们把目标函数用非基变量表示成

$$z(X_1) = 12 + \frac{1}{2}x_1 - \frac{3}{2}x_4. \tag{1.3.8}$$

当 $x_1 = x_4 = 0$ 时, $z(X_1) = 12$. 显然 $z(X_1) > z(X_0)$. 上述结果表明, 生产产品乙 4 件, 可获得利润 12 元. 从 (1.3.8) 式可见, 非基变量 x_1 的系数仍是正数, 这说明 x_1 进基, 仍可使目标函数值增大, 即 X_1 不是最优解. 重复上述步骤, 确定进基变量 (x_1) 和出基变量 (x_5), 经过迭代得到另一个基本可行解 $X_2 = (4, 2, 0, 0, 0)^{\mathrm{T}}$.

目标函数用非基变量表示, (1.3.8) 式变成

$$z(X_2) = 14 - \frac{3}{2}x_4 - \frac{1}{8}x_5 = 14, \tag{1.3.9}$$
$$z(X_2) > z(X_1).$$

由于目标函数 (1.3.9) 的非基变量的系数均小于零, 即当 x_4, x_5 增加时, 目标函数只会减少, 因此, $X_2 = (4, 2, 0, 0, 0)^{\mathrm{T}}$ 就是最优解.

此结果表明, 工厂应生产产品甲 4 件, 产品乙 2 件, 可获得最大利润 14 元. 从上述代数解法可以看到, 求最优解的过程是一种迭代选优的过程, 即从一个基本可行解到另一个基本可行解, 且使目标函数值一次比一次好, 在几何上, 则是从可行域的一个顶点迭代到另一个顶点.

1.3.2 线性规划的典式和单纯形表

单纯形法就是将上述的代数解法表格化, 即将运算过程中相关数据之间的关系完全在表格上反映出来. 设如下形式的线性规划模型:

$$\max z = c_1x_1 + c_2x_2 + \cdots + c_mx_m + c_{m+1}x_{m+1} + \cdots + c_nx_n,$$

$$\begin{cases} x_1 + \cdots + a_{1,m+1}x_{m+1} + a_{1,m+2}x_{m+2} + \cdots + a_{1,n}x_n = b_1, \\ x_2 + \cdots + a_{2,m+1}x_{m+1} + a_{2,m+2}x_{m+2} + \cdots + a_{2,n}x_n = b_2, \\ \qquad\qquad\qquad \cdots\cdots \\ x_m + a_{m,m+1}x_{m+1} + a_{m,m+2}x_{m+2} + \cdots + a_{m,n}x_n = b_m, \\ x_j \geqslant 0 (j = 1, 2, \cdots, n). \end{cases}$$

如表 1.3.1 形式的表格称为单纯形表.

表 1.3.1 单纯形表

	$c_j \rightarrow$		c_1	c_2	$\cdots$	c_m	c_{m+1}	c_{m+2}	$\cdots$	c_n
C_B	X_B	b'	x_1	x_2	$\cdots$	x_m	x_{m+1}	x_{m+2}	$\cdots$	x_n
c_1	x_1	b_1	1	0	$\cdots$	0	$a_{1,m+1}$	$a_{1,m+2}$	$\cdots$	$a_{1,n}$
c_2	x_2	b_2	0	1	$\cdots$	0	$a_{2,m+1}$	$a_{2,m+2}$	$\cdots$	$a_{2,n}$
$\vdots$	$\vdots$	$\vdots$	$\vdots$	$\vdots$		$\vdots$	$\vdots$	$\vdots$		$\vdots$
c_m	x_m	b_m	0	0	$\cdots$	1	$a_{m,m+1}$	$a_{m,m+2}$	$\cdots$	$a_{m,n}$
	λ_j		0	0	$\cdots$	0	λ_{m+1}	λ_{m+2}	$\cdots$	λ_n

表 1.3.1 中, c_j 行的数字是目标函数中各变量的系数, 下面一行是与之相对应的变量; X_B 列填入的是基变量, 这里为 $x_1, x_2, \cdots, x_m$, C_B 列填入的是与基变量相对应的目标函数中的系数, 它随着基变量的改变而变化; b' 填入的是约束方程组右端的常数, 即非基变量为零时, 基变量的取值; 中间为约束方程组的变量的系数. 表 1.3.1 的最下面一行称为检验数 (λ_j) 行, 它是在目标函数中消去基变量以后非基变量的系数. 利用检验数可以判断此表所对应的基本可行解是否为最优解. 当所有的检验数均不大于零时, 表明目标函数不可能再增加, 即得到最优解; 而当检验数中还存在正数时, 表明目标函数还会增加, 故此时的解不是最优解.

下面我们讨论单纯形表与线性规划模型间的对应关系.

对于线性规划模型

$$\max z = CX,$$
$$\begin{cases} AX = b, \\ X \geqslant 0, \end{cases} \tag{1.3.10}$$

若将其系数矩阵 A 用分块矩阵来表示, 即

$$A = \begin{pmatrix} a_{11} & a_{12} & \cdots & a_{1,m} & a_{1,m+1} & a_{1,m+2} & \cdots & a_{1,n} \\ a_{21} & a_{22} & \cdots & a_{2,m} & a_{2,m+1} & a_{2,m+2} & \cdots & a_{2,n} \\ \vdots & \vdots & & \vdots & \vdots & \vdots & & \vdots \\ a_{m,1} & a_{m,2} & \cdots & a_{m,m} & a_{m,m+1} & a_{m,m+2} & \cdots & a_{m,n} \end{pmatrix}$$

为研究方便起见, 不妨设

$$B = \begin{pmatrix} a_{11} & a_{12} & \cdots & a_{1,m} \\ a_{21} & a_{22} & \cdots & a_{2,m} \\ \vdots & \vdots & & \vdots \\ a_{m,1} & a_{m,2} & \cdots & a_{m,m} \end{pmatrix} = (P_1, P_2, \cdots, P_m)$$

为一个基, 再令

$$N = \begin{pmatrix} a_{1,m+1} & a_{1,m+2} & \cdots & a_{1,n} \\ a_{2,m+1} & a_{2,m+2} & \cdots & a_{2,n} \\ \vdots & \vdots & & \vdots \\ a_{m,m+1} & a_{m,m+2} & \cdots & a_{m,n} \end{pmatrix} = (P_{m+1}, P_{m+2}, \cdots, P_n),$$

则有

$$A = (B, N).$$

相应地可有

$$X = (X_B, X_N)^{\mathrm{T}},$$

即以 $X_B = (x_1, x_2, \cdots, x_m)$ 和 $X_N = (x_{m+1}, x_{m+2}, \cdots, x_n)$ 分别表示基变量和非基变量. 同样有 $C = (C_B, C_N)$, 其中 $C_B = (c_1, c_2, \cdots, c_m)$ 为目标函数中基变量的系数, $C_N = (c_{m+1}, c_{m+2}, \cdots, c_n)$ 为非基变量的系数, 于是对约束条件有

$$AX = (B, N) \begin{pmatrix} X_B \\ X_N \end{pmatrix} = BX_B + NX_N = b.$$

设 B 为基, 即 B 的行列式不等于零, 则 B^{-1} 存在, 故由 $BX_B + NX_N = b$ 可得到

$$X_B + B^{-1}NX_N = B^{-1}b, \tag{1.3.11}$$

即

$$X_B = B^{-1}b - B^{-1}NX_N. \tag{1.3.12}$$

同样对目标数有

$$z = CX = (C_B, C_N)\begin{pmatrix} X_B \\ X_N \end{pmatrix} = C_BX_B + C_NX_N.$$

将 (1.3.12) 式代入上式, 得

$$z = C_B(B^{-1}b - B^{-1}NX_N) + C_NX_N = C_BB^{-1}b + (C_N - C_BB^{-1}N)X_N. \tag{1.3.13}$$

显然, 若令非基变量 $X_N=0$, 由 (1.3.12) 式得 $X_B = B^{-1}b$, 如果使 $X_B = B^{-1}b \geqslant 0$, 便可得到一个基本可行解:

$$X = \begin{pmatrix} X_B \\ X_N \end{pmatrix} = \begin{pmatrix} X_B \\ 0 \end{pmatrix} = \begin{pmatrix} B^{-1}b \\ 0 \end{pmatrix}.$$

当 $B = I$ (I 为单位矩阵) 时, 则有

$$X = \begin{pmatrix} X_B \\ X_N \end{pmatrix} = \begin{pmatrix} b \\ 0 \end{pmatrix}.$$

我们把由 (1.3.11) 和 (1.3.13) 式结合成

$$\max z = C_BB^{-1}b + (C_N - C_BB^{-1}N)X_N, \tag{1.3.14}$$

$$\text{s.t.} \begin{cases} X_B + B^{-1}NX_N = B^{-1}b, & \tag{1.3.15} \\ X_B, X_N \geqslant 0. & \tag{1.3.16} \end{cases}$$

(1.3.14)~(1.3.16) 式称为线性规划对应于基 B 的典式. 表 1.3.1 的单纯形表排列的就是典式的一系列数据, 实际上它是把约束条件中的基变量用非基变量表示, 同时把目标函数中基变量也用非基变量来表示, 所形成的一种利于在表格上运算的形式, 其中基变量的值为 $x_i = b_i(i = 1, 2, \cdots, m)$. 而由 (1.3.14) 式得 $z = C_BB^{-1}$, 同时可以看出 $C_N - C_BB^{-1}N$ 为目标函数中非基变量的系数向量, 其中第 j 个分量 $c_j - C_BB^{-1}P_j(j = m + 1, m + 2, \cdots, n)$ 为非基变量 x_j 的系数. 这就是检验数, 即

$$\lambda_j = c_j - C_BB^{-1}P_j \quad (j = m + 1, m + 2, \cdots, n).$$

例 1.3.2 将下面线性规划问题化为典式, 并列初始单纯形表.

$$\max z = x_1 - 2x_2 + 3x_3 - 5x_4,$$

$$\text{s.t.} \begin{cases} x_1 + 2x_2 + 3x_3 = 15, \\ 2x_1 + x_2 + 5x_3 = 18, \\ x_1 + 2x_2 + x_3 + x_4 = 12, \\ x_j \geqslant 0 \ (j = 1, 2, 3, 4). \end{cases}$$

解 取初始基

$$B = (P_1, P_2, P_3) = \begin{pmatrix} 1 & 2 & 3 \\ 2 & 1 & 5 \\ 1 & 2 & 1 \end{pmatrix}, \quad N = (P_4) = \begin{pmatrix} 0 \\ 0 \\ 1 \end{pmatrix},$$

则

$$X_B = (x_1, x_2, x_3), \quad X_N = (x_4), \quad C_B = (1, -2, 3), \quad C_N = (-5).$$

由计算得到

$$B^{-1} = \begin{pmatrix} -\dfrac{3}{2} & \dfrac{2}{3} & \dfrac{7}{6} \\ \dfrac{1}{2} & -\dfrac{1}{3} & \dfrac{1}{6} \\ \dfrac{1}{2} & 0 & -\dfrac{1}{2} \end{pmatrix},$$

所以

$$b' = B^{-1}b = \begin{pmatrix} -\dfrac{3}{2} & \dfrac{2}{3} & \dfrac{7}{6} \\ \dfrac{1}{2} & -\dfrac{1}{3} & \dfrac{1}{6} \\ \dfrac{1}{2} & 0 & -\dfrac{1}{2} \end{pmatrix} \begin{pmatrix} 15 \\ 18 \\ 12 \end{pmatrix} = \begin{pmatrix} \dfrac{7}{2} \\ \dfrac{7}{2} \\ \dfrac{3}{2} \end{pmatrix},$$

$$z^{(0)} = C_B B^{-1}b = (1, -2, 3) \begin{pmatrix} \dfrac{7}{2} \\ \dfrac{7}{2} \\ \dfrac{3}{2} \end{pmatrix} = 1,$$

$$B^{-1}A = \begin{pmatrix} -\dfrac{3}{2} & \dfrac{2}{3} & \dfrac{7}{6} \\ \dfrac{1}{2} & -\dfrac{1}{3} & \dfrac{1}{6} \\ \dfrac{1}{2} & 0 & -\dfrac{1}{2} \end{pmatrix} \begin{pmatrix} 1 & 2 & 3 & 0 \\ 2 & 1 & 5 & 0 \\ 1 & 2 & 1 & 1 \end{pmatrix} = \begin{pmatrix} 1 & 0 & 0 & \dfrac{7}{6} \\ 0 & 1 & 0 & \dfrac{1}{6} \\ 0 & 0 & 1 & -\dfrac{1}{2} \end{pmatrix},$$

$$\lambda = C - C_B B^{-1}A = (1, -2, 3, -5) - (1, -2, 3) \begin{pmatrix} 1 & 0 & 0 & \dfrac{7}{6} \\ 0 & 1 & 0 & \dfrac{1}{6} \\ 0 & 0 & 1 & -\dfrac{1}{2} \end{pmatrix}$$

$$= \left(0, 0, 0, -\dfrac{13}{3}\right),$$

根据 (1.3.14)~(1.3.16) 式, 此问题的典式为

$$\max z = 1 - \frac{13}{3}x_4,$$

$$\text{s.t.} \begin{cases} x_1 + \dfrac{7}{6}x_4 = \dfrac{7}{2}, \\ x_2 + \dfrac{1}{6}x_4 = \dfrac{7}{2}, \\ x_3 - \dfrac{1}{2}x_4 = \dfrac{3}{2}, \\ x_j \geqslant 0 \ (j = 1, 2, 3, 4). \end{cases}$$

根据典式列出初始单纯形如表 1.3.2, 由表可知, 初始基可行解

$$X^{(0)} = \left(\frac{7}{2}, \frac{7}{2}, \frac{3}{2}, 0 \right)^{\mathrm{T}}.$$

表 1.3.2　初始单纯形表

C_B	X_B	b'	$c_j \rightarrow$ 1 x_1	-2 x_2	3 x_3	-5 x_4
1	x_1	$\dfrac{7}{2}$	1	0	0	$\dfrac{7}{6}$
-2	x_2	$\dfrac{7}{2}$	0	1	0	$\dfrac{1}{6}$
3	x_3	$\dfrac{3}{2}$	0	0	1	$-\dfrac{1}{2}$
	λ_j		0	0	0	$-\dfrac{13}{3}$

相应的目标数值 $z^{(0)} = 1$.

1.3.3　最优性判别与基可行解的改进

考虑线性规划问题 (1.3.10), 对于选定的基 $B = (P_1, P_2, \cdots, P_m)$, 将它化为典式

$$\max z = z^{(0)} + \sum_{j=m+1}^{n} \lambda_j x_j, \tag{1.3.17}$$

$$\text{s.t.} \begin{cases} x_j + \sum_{j=m+1}^{n} a'_{ij}x_j = b', \\ x_j \geqslant 0 \ (j = 1, 2, \cdots, n). \end{cases} \tag{1.3.18}$$

定理 1.3.1　设线性规划 (1.3.10) 对应于基 B 的典式 (1.3.17)~(1.3.18) 式 (单纯形表如表 1.3.1), $X^{(0)} = (b'_1, b'_2, \cdots, b'_m, 0, 0, \cdots, 0)^{\mathrm{T}}$ 为对应于基 B 的基本可行解, 则下列结论之一成立:

(1) 若对于一切的 $j = m+1, m+2, \cdots, n$ 都有 $\lambda_j \leqslant 0$ 则 $X^{(0)} = (b_1', b_2', \cdots, b_m', 0,$ $0, \cdots, 0)^{\mathrm{T}}$ 为线性规划 (1.3.10) 的最优解. 特别地, 如果所有非基变量的检验数均有 $\lambda_j < 0$, 则该表所确定的基本可行解是线性规划问题的唯一最优解; 如果存在某个非基变量的检验数 $\lambda_k = 0$, 则所求线性规划问题有无穷多个最优解.

(2) 若存在某个非基变量的检验数 $\lambda_k > 0 (m+1 \leqslant k \leqslant n)$ 且非基变量 x_k 所对应的系数列向量 $P_k = (a_{1k}', a_{2k}', \cdots, a_{mk}')^{\mathrm{T}}$ 中, 均有 $a_{ik}' \leqslant 0 \ (i = 1, 2, \cdots, m)$, 则原问题解无界 (或称为有无限最优解).

(3) 若存在某个非基变量的检验数 $\lambda_k > 0 (m+1 \leqslant k \leqslant n)$ 且非基变量 x_k 所对应的系数列向量 $P_k = (a_{1k}', a_{2k}', \cdots, a_{mk}')^{\mathrm{T}}$ 中, $a_{ik}'(i = 1, 2, \cdots, m)$ 不全小于或等于零, 即存在一个 $a_{ik}' > 0$ 又 $b_i' > 0 (i = 1, 2, \cdots, m)$, 即 $X^{(0)} = (b_1', b_2', \cdots, b_m', 0, 0, \cdots, 0)^{\mathrm{T}}$ 为非退化的基可行解, 则从 $X^{(0)}$ 出发一定能找到一个 $X^{(1)} = (x_1^{(1)}, x_2^{(1)}, \cdots, x_n^{(1)})^{\mathrm{T}}$ 新的基可行解, 使得 $CX^{(1)} > CX^{(0)}$.

1.3.4 单纯形法迭代步骤

单纯形法的运算是利用单纯形表来进行的. 其具体运算步骤如下:

第一步 确定初始基本可行解, 建立初始单纯形表;

第二步 最优性检验. 若所有的检验数 $\lambda_j \leqslant 0$, 则已得到最优解, 停止运算; 否则转下一步;

第三步 确定进基变量 x_k. 在所有正检验数中选择最大的正检验数所对应的非基变量为进基变量, 即若 $\lambda_k = \max\{\lambda_j | \lambda_j > 0\}$, 则相应的 x_k 为进基变量; 若有两个或两个以上的非基变量的检验数均为最大, 可选其下标最小者; 如果进基变量 x_k 所在列的所有系数 $a_{ik} \leqslant 0 (i = 1, 2, \cdots, m)$, 则该线性规划问题为无界解, 停止运算; 否则进行下一步;

第四步 确定出基变量 x_s. 按最小比值法求出 $\theta = \min\left\{\dfrac{b_i'}{a_{ik}'} \,\Big|\, a_{ik}' > 0\right\} = \dfrac{b_s'}{a_{sk}'}$, 故 x_s 为出基变量. 若出现相同最小比值时, 则从相同的最小比值所对应的基变量中, 选下标小者作为出基变量, 转下一步;

第五步 以 a_{sk} 为主元 (为明显可标记 "[ ]" 号), 进行变换 (即进行矩阵的初等行变换), 将 x_k 所对应的列向量变为单位向量, 也就是

$$
P_k' = \begin{pmatrix} a_{1k}' \\ a_{2k}' \\ \vdots \\ a_{sk}' \\ \vdots \\ a_{mk}' \end{pmatrix} \rightarrow \begin{pmatrix} 0 \\ 0 \\ \vdots \\ 1 \\ \vdots \\ 0 \end{pmatrix} \leftarrow \text{第 } s \text{ 个分量},
$$

同时应将检验数行中的 λ_k 变为零, 将 X_B 列中的 x_s 换为 x_k, 得到新的单纯形表, 从而得到新的基本可行解, 返回第二步, 重新进行判别运算, 直到取得最优解或判定无解为止.

例 1.3.3　求解线性规划问题

$$\min z = x_1 - 3x_2 - 2x_3,$$

$$\text{s.t.} \begin{cases} x_1 + 2x_2 - 2x_3 \leqslant 2, \\ 3x_1 - x_2 - x_3 \leqslant 3, \\ x_1 + x_2 - x_3 \leqslant 1, \\ x_1 \geqslant 0, x_2 \geqslant 0, x_3 \geqslant 0. \end{cases}$$

解　化为标准形式得到

$$\max z = -x_1 + 3x_2 + 2x_3,$$

$$\text{s.t.} \begin{cases} x_1 + 2x_2 - 2x_3 + x_4 = 2, \\ 3x_1 - x_2 - x_3 + x_5 = 3, \\ x_1 + x_2 - x_3 + x_6 = 1, \\ x_j \geqslant 0 \ (j = 1, 2, \cdots, 6). \end{cases}$$

这是一个以 x_4, x_5, x_6 为基变量的典式, 其对应的单纯形表为表 1.3.3.

表 1.3.3　初始单纯形表

C_B	X_B	b'	$c_j \rightarrow$					
			-1	3	2	0	0	0
			x_1	x_2	x_3	x_4	x_5	x_6
0	x_4	2	1	[2]	-2	1	0	0
0	x_5	3	3	-1	-1	0	1	0
0	x_6	1	1	1	-1	0	0	1
λ_j			-1	3	2	0	0	0

由于表 1.3.3 中 x_3 的检验数为正, 但这一列中所有元素都小于等于零, 所以该问题无有限最优解.

例 1.3.4　用单纯形法求解线性规划问题

$$\max z = 2x_1 + 3x_2,$$

$$\text{s.t.} \begin{cases} 2x_1 + 2x_2 \leqslant 12, \\ x_1 + 2x_2 \leqslant 8, \\ 4x_1 \leqslant 16, \\ x_1, x_2 \geqslant 0. \end{cases}$$

解 添加松弛变量, 将上述问题化为标准形式

$$\max \ z = 2x_1 + 3x_2 + 0x_3 + 0x_4 + 0x_5,$$

$$\text{s.t.} \begin{cases} 2x_1 + 2x_2 + x_3 = 12, \\ x_1 + 2x_2 + x_4 = 8, \\ 4x_1 + x_5 = 16, \\ x_j \geqslant 0 \ (j = 1, 2, \cdots, 5). \end{cases}$$

取初始可行基 $B_0 = (P_3, P_4, P_5) = I$, 这时, 问题是关于基 B_0 的典式, 可直接作初始单纯形表 1.3.4. 由表 1.3.4 可知, $X = (0, 0, 12, 8, 16)^{\mathrm{T}}$ 是一个基本可行解.

表 1.3.4　初始单纯形表

	$c_j \rightarrow$		2	3	0	0	0
C_B	X_B	b'	x_1	x_2	x_3	x_4	x_5
0	x_3	12	2	2	1	0	0
0	x_4	8	1	[2]	0	1	0
0	x_5	16	4	0	0	0	1
	λ_j		2	3	0	0	0

表 1.3.4 中存在大于零的检验数, 故初始基本可行解不是最优解, 又 $\lambda_2 > \lambda_1$, 故确定 x_2 为进基变量, 将 b' 列数字除以 x_2 列的对应正的数字得

$$\theta = \min \left\{ \frac{12}{2}, \frac{8}{2}, - \right\} = 4,$$

故确定 x_4 为出基变量, 2 为主元素. 作为标志对主元素 2 加上括号, 用 x_2 替换 x_4 成为新的基变量, 新基变量是 x_3, x_2, x_5. 利用矩阵的初等行变换将 x_2 列元素除主元素化为 1 外其余元素全化为 0, 得到新的单纯形表 1.3.5.

表 1.3.5 中还存在检验数 $\lambda_1 > 0$, 说明目标函数值还能进一步增大, 重复上述计算得表 1.3.6.

表 1.3.5　单纯形迭代表

	$c_j \rightarrow$		2	3	0	0	0
C_B	X_B	b'	x_1	x_2	x_3	x_4	x_5
0	x_3	4	[1]	0	1	-1	0
3	x_2	4	$\frac{1}{2}$	1	0	$\frac{1}{2}$	0
0	x_5	16	4	0	0	0	1
	λ_j		$\frac{1}{2}$	0	0	$-\frac{3}{2}$	0

表 1.3.6　单纯形迭代表

$c_j \rightarrow$			2	3	0	0	0
C_B	X_B	b'	x_1	x_2	x_3	x_4	x_5
2	x_1	4	[1]	0	1	-1	0
3	x_2	2	0	1	$-\dfrac{1}{2}$	1	0
0	x_5	0	0	0	-4	4	1
λ_j			0	0	$-\dfrac{1}{2}$	-1	0

表 1.3.6 中, 由于所有 $\lambda_j \leqslant 0$, 表明已求得问题的最优解 $x_1 = 4, x_2 = 2, x_3 = 0, x_4 = 0, x_5 = 0, z = 14$.

注　在表 1.3.5 的计算中碰到一个问题, 当确定 x_1 为进基变量计算 θ 值时, 有两个相同的最小值 $\dfrac{4}{1} = 4$ 和 $\dfrac{16}{4} = 4$, 当任选其中一个基变量作为出基变量时, 则表中另一基变量的值将等于零, 这种现象称为退化. 含有一个或多个基变量为零的基本可行解称为退化的基本可行解. 当发生退化现象时, 从理论上讲, 有可能出现计算过程的循环. 以后, 在出现退化时, 实际上可以随意决定一个变量作为出基变量不必考虑理论上可能出现循环的后果.

例 1.3.5　求解线性规划问题

$$\max \ z = 3x_1 + x_2,$$
$$\text{s.t.} \begin{cases} x_1 + x_2 + x_3 = 4, \\ -x_1 + x_2 + x_4 = 2, \\ 6x_1 + 2x_2 + x_5 = 18, \\ x_j \geqslant 0 \ (j = 1, 2, 3, 4, 5). \end{cases}$$

解　由初始可行基 $B_1 = (P_3, P_4, P_5)$ 建立初始单纯形表并迭代. 见表 1.3.7.

该线性规划问题的基本最优解为 $X_1 = (3, 0, 1, 5, 0)^{\mathrm{T}}$, 最大值 $z = 9$, 但在最终表中的 λ_j 行中非基变量 x_2 的检验数 $\lambda_2 = 0$, 如果令 x_2 为进基变量, 则 x_3 为出基变量, 主元素为 $\dfrac{2}{3}$, 迭代得表 1.3.8.

表 1.3.8 给出的最优解 $X_2 = \left(\dfrac{5}{2}, \dfrac{3}{2}, 0, 3, 0 \right)^{\mathrm{T}}$, 其目标函数值也是 $z = 9$. 按最优解的定义, 使目标函数达到最大值的任一可行解都是一个最优解. 两个最优解 X_1, X_2 都是可行域的两个顶点, 据前面的讨论可知, 这两个顶点连线上的一切点都是该问题的最优解, 所以, 这个线性规划问题有多个最优解. 其最优解的一般表达式可以写成 $X^* = \lambda X_1 + (1 - \lambda) X_2, 0 \leqslant \lambda \leqslant 1$.

一般说来, 凡是在最优单纯形表中出现检验数为零的非基变量, 就存在多个最优解. 这种情况称为线性规划问题具有无穷多最优解.

表 1.3.7 单纯形表

	$c_j \rightarrow$		3	1	0	0	0	θ_i
	C_B	X_B	b'	x_1	x_2	x_3	x_4	x_5	
初始表	0	x_3	4	1	1	1	0	0	4
	0	x_4	2	-1	1	0	1	0	—
	0	x_5	18	[6]	2	0	0	1	3
	λ_j			3	1	0	0	0	
迭代一	0	x_3	1	0	$\left[\dfrac{2}{3}\right]$	1	0	$-\dfrac{1}{6}$	$\dfrac{3}{2}$
	0	x_4	5	0	$\dfrac{4}{3}$	0	1	$\dfrac{1}{6}$	$\dfrac{15}{4}$
	3	x_1	3	1	$\dfrac{1}{3}$	0	0	$\dfrac{1}{6}$	9
	λ_j			0	0	0	0	$-\dfrac{1}{2}$	

表 1.3.8 单纯形表

	$c_j \rightarrow$		3	1	0	0	0
C_B	X_B	b'	x_1	x_2	x_3	x_4	x_5
1	x_2	$\dfrac{3}{2}$	0	1	$\dfrac{3}{2}$	0	$\dfrac{1}{4}$
0	x_4	3	0	0	-2	1	$\dfrac{1}{2}$
3	x_1	$\dfrac{5}{2}$	1	0	$-\dfrac{1}{2}$	0	$\dfrac{1}{4}$
	λ_j		0	0	0	0	$-\dfrac{1}{2}$

1.4 初始基本可行解的确定

在用单纯形法求解线性规划问题时, 首先要确定一个初始可行基 (一般是单位矩阵). 考虑线性规划问题的标准形:

原问题

$$\max\ z = c_1 x_1 + c_2 x_2 + \cdots + c_n x_n,$$
$$\text{s.t.} \begin{cases} a_{11}x_1 + a_{12}x_2 + \cdots + a_{1n}x_n = b_1, \\ a_{21}x_1 + a_{22}x_2 + \cdots + a_{2n}x_n = b_2, \\ \qquad\qquad \cdots\cdots \\ a_{m1}x_1 + a_{m2}x_2 + \cdots + a_{mn}x_n = b_m, \\ x_j \geqslant 0\ (j = 1, 2, \cdots, n). \end{cases} \quad (1.4.1)$$

若其系数矩阵中已有一个单位矩阵, 则可以作为初始可行基. 若不存在单位矩阵,则可以采用在每个约束等式中人为地添加一个非负变量 (称为人工变量) 的方法, 来构造另外一个线性规划问题. 这个新的线性规划问题的约束方程组为

$$
\begin{cases}
a_{11}x_1 + a_{12}x_2 + \cdots + a_{1n}x_n + x_{n+1} = b_1, \\
a_{21}x_1 + a_{22}x_2 + \cdots + a_{2n}x_n + x_{n+2} = b_2, \\
\qquad\qquad \cdots\cdots \\
a_{m1}x_1 + a_{m2}x_2 + \cdots + a_{mn}x_n + x_{n+m} = b_m, \\
x_j \geqslant 0 \ (j = 1, 2, \cdots, n, n+1, \cdots, n+m).
\end{cases}
\tag{1.4.2}
$$

当所添加的人工变量取值为 0 时, 约束方程组 (1.4.2) 与原约束方程组 (1.4.1) 等价. 这样, 我们就可以以人工变量为基变量, 得到一个初始基本可行解, 用单纯形法进行迭代计算. 若经若干次迭代, 人工变量被全部替换出了基 (成了非基变量, 取值为 0), 则原问题的约束条件得到恢复, 同时也有了一个基本可行解. 这一方法的关键点在于如何能够尽快将人工变量替换出基. 为此目的, 人们设计了两种方法, 一种称为大 M 法, 一种称为两阶段法.

1.4.1   大 M 法

大 M 法也称为惩罚法, 是采用在原来的约束中添加人工变量后, 在其目标函数中给人工变量一个系数 $-M$, 做成下面的问题

$$
\max z = c_1x_1 + c_2x_2 + \cdots + c_nx_n - Mx_{n+1} - \cdots - Mx_{n+m},
$$

$$
\text{s.t.}
\begin{cases}
a_{11}x_1 + a_{12}x_2 + \cdots + a_{1n}x_n + x_{n+1} = b_1, \\
a_{21}x_1 + a_{22}x_2 + \cdots + a_{2n}x_n + x_{n+2} = b_2, \\
\qquad\qquad \cdots\cdots \\
a_{m1}x_1 + a_{m2}x_2 + \cdots + a_{mn}x_n + x_{n+m} = b_m, \\
x_j \geqslant 0 \ (j = 1, 2, \cdots, n, n+1, \cdots, n+m),
\end{cases}
\tag{1.4.3}
$$

其中 M 是一个任意大的正数.

若 (1.4.3) 式的最优解中人工变量取值均为 0, 则其最优解的前 n 个分量就构成原问题的最优解; 若 (1.4.3) 式的最优解中人工变量不为 0(还是基变量), 则由于在目标函数中人工变量的系数 $-M$ 是任意大的负数, 使目标值是一个任意大的负数, 这种情况说明原问题没有可行解. (若原问题有可行解 $X^{(0)} = (x_1^{(0)}, x_2^{(0)}, \cdots, x_n^{(0)})^{\mathrm{T}}$, 则 $X^{(1)} = (x_1^{(0)}, x_2^{(0)}, \cdots, x_n^{(0)}, 0, 0, \cdots, 0)^{\mathrm{T}}$ 也是 (1.4.3) 式的可行解, 其对应的目标函数值为 $Z^{(0)} = c_1x_1^{(0)} + c_2x_2^{(0)} + \cdots + c_nx_n^{(0)}$ 是有界值, 这与 (1.4.3) 式的目标函数最优值是任意大的负数相矛盾.)

例 1.4.1   用大 M 法求下列线性规划问题的最优解

$$
\max z = 3x_1 - x_2 - x_3,
$$

$$\text{s.t.} \begin{cases} x_1 - 2x_2 + x_3 \leqslant 11, \\ -4x_1 + x_2 + 2x_3 \geqslant 3, \\ -2x_1 + x_3 = 1, \\ x_1, x_2, x_3 \geqslant 0. \end{cases}$$

解　原规划问题引入人工变量后得下述规划

$$\max z_1 = 3x_1 - x_2 - x_3 - Mx_6 - Mx_7,$$

$$\text{s.t.} \begin{cases} x_1 - 2x_2 + x_3 + x_4 = 11, \\ -4x_1 + x_2 + 2x_3 - x_5 + x_6 = 3, \\ -2x_1 + x_3 + x_7 = 1, \\ x_1, \cdots, x_7 \geqslant 0. \end{cases}$$

表 1.4.1 用单纯形法求解.

由于所得解中人工变量 $x_6 = x_7 = 0$, 所以可得原规划问题最优解 $X^* = (4, 1, 9)^{\mathrm{T}}$.

表 1.4.1　单纯形表

$c_j \to$			3	-1	-1	0	0	$-M$	$-M$
C_B	X_B	b	x_1	x_2	x_3	x_4	x_5	x_6	x_7
0	x_4	11	1	-2	1	1	0	0	0
$-M$	x_6	3	-4	1	2	0	-1	1	0
$-M$	x_7	1	-2	0	[1]	0	0	0	1
	λ_j		$3-6M$	$-1+M$	$-1+3M$	0	$-M$	0	0
0	x_4	10	3	-2	0	1	0	0	-1
$-M$	x_6	1	0	[1]	0	0	-1	1	-2
-1	x_3	1	-2	0	1	0	0	0	1
	λ_j		1	$-1+M$	0	0	$-M$	0	$-3M+1$
0	x_4	12	[3]	0	0	1	-2	2	-5
-1	x_2	1	0	1	0	0	-1	1	-2
-1	x_3	1	-2	0	1	0	0	0	1
	λ_j		1	0	0	0	-1	$1-M$	$-1-M$
3	x_1	4	1	0	0	1/3	$-2/3$	2/3	$-5/3$
-1	x_2	1	0	1	0	0	-1	1	-2
-1	x_3	9	0	0	1	2/3	$-4/3$	4/3	$-7/3$
	λ_j		0	0	0	$-1/3$	$-1/3$	$-M+1/3$	$-M+2/3$

1.4.2　两阶段法

两阶段法是处理人工变量的另一种方法. 其具体做法是在原约束条件中增加

人工变量, 构造一个新的目标函数, 其中人工变量的系数为 -1, 其余变量的系数为 0, 这样就产生了如下的辅助问题

$$\max \ g = -x_{n+1} - \cdots - x_{n+m},$$
$$\text{s.t.} \begin{cases} a_{11}x_1 + a_{12}x_2 + \cdots + a_{1n}x_n + x_{n+1} = b_1, \\ a_{21}x_1 + a_{22}x_2 + \cdots + a_{2n}x_n + x_{n+2} = b_2, \\ \qquad\qquad \cdots\cdots \\ a_{m1}x_1 + a_{m2}x_2 + \cdots + a_{mn}x_n + x_{n+m} = b_m, \\ x_j \geqslant 0 \ (j = 1, 2, \cdots, n, n+1, \cdots, n+m). \end{cases} \tag{1.4.4}$$

第一阶段: 求解 (1.4.4) 式, 其最优解有三种情形.

(1) $g^* < 0$. 这说明在辅助问题的最优解中, 还有人工变量是基变量, 且取值不为 0, 此时原问题无可行解.

(2) $g^* = 0$ 且最优解中人工变量均为非基变量, 则把它们划去后就得到了原问题的一个基本可行解.

(3) $g^* = 0$ 但最优解中还有人工变量是基变量, 其取值为 0. 这时, 只要选某个不是人工变量的非基变量进基, 把在基中的人工变量替换出来, 则情形同 (2).

第二阶段: 对于第一阶段的后两种情形, 在第一阶段的最优单纯形表中划去人工变量所在的列, 并把检验数行换成原问题目标函数 (消去基变量以后) 的系数, 从而得到原问题的初始单纯形表, 再继续迭代求解.

例 1.4.2　用两阶段法求解前面的例 1.4.1

$$\max \ z = 3x_1 - x_2 - x_3,$$
$$\text{s.t.} \begin{cases} x_1 - 2x_2 + x_3 + x_4 = 11, \\ -4x_1 + x_2 + 2x_3 - x_5 = 3, \\ -2x_1 + x_3 = 1, \\ x_j \geqslant 0(j = 1, 2, \cdots, 5). \end{cases}$$

解　构造辅助问题

$$\max \ g = -x_6 - x_7,$$
$$\text{s.t.} \begin{cases} x_1 - 2x_2 + x_3 + x_4 = 11, \\ -4x_1 + x_2 + 2x_3 - x_5 + x_6 = 3, \\ -2x_1 + x_3 + x_7 = 1, \\ x_j \geqslant 0(j = 1, 2, \cdots, 7), \end{cases}$$

用单纯形表求解辅助问题, 其迭代过程见表 1.4.2.

表 1.4.2 单纯形表

序号	$c_j \rightarrow$			0	0	0	0	0	-1	-1
	C_B	X_B	b	x_1	x_2	x_3	x_4	x_5	x_6	x_7
第一表	0	x_4	11	1	-2	1	1	0	0	0
	-1	x_6	3	-4	1	2	0	-1	1	0
	-1	x_7	1	-2	0	[1]	0	0	0	1
	λ_j			-6	1	3	0	-1	0	0
第二表	0	x_4	10	3	-2	0	1	0	0	-1
	-1	x_6	1	0	[1]	0	0	-1	1	-2
	0	x_3	1	-2	0	1	0	0	0	1
	λ_j			0	1	0	0	-1	0	-3
第三表	0	x_4	12	3	0	0	1	-2	2	-5
	0	x_2	1	0	1	0	0	-1	1	-2
	0	x_3	1	-2	0	1	0	0	0	1
	λ_j			0	0	0	0	0	-1	-1

由表 1.4.2(第三表) 可以看出已求得辅助问题最优解 $X_0^* = (0,1,1,12,0,0,0)^{\mathrm{T}}$ 及目标函数最优值 $g^* = 0$, 且人工变量已全部出基. 故第一阶段结束, 转入第二阶段, 求解原问题. 这时以 $B = (P_4, P_2, P_3) = I$ 为初始可行基, 以 $X^{(0)} = (0,1,1,12,0)^{\mathrm{T}}$ 为初始基可行解, 删去人工变量 x_6, x_7 两列, 把第一行换成原问题的目标函数 (消去基变量以后) 的系数, 继续迭代 (表 1.4.3).

表 1.4.3 单纯形表

序号	$c_j \rightarrow$			3	-1	-1	0	0
	C_B	X_B	b	x_1	x_2	x_3	x_4	x_5
第一表	0	x_4	12	[3]	0	0	1	-2
	-1	x_2	1	0	1	0	0	-1
	-1	x_3	1	-2	0	1	0	0
	λ_j			1	0	0	0	-1
第二表	3	x_1	4	1	0	0	$1/3$	$-2/3$
	-1	x_2	1	0	1	0	0	-1
	-1	x_3	9	0	0	1	$2/3$	$-4/3$
	λ_j			0	0	0	$-1/3$	$-1/3$

由表 1.4.3 可以看出, 已求得原问题的最优解

$$X^* = (4, 1, 9, 0, 0)^{\mathrm{T}}$$

及目标函数最优值 $z^* = 2$.

例 1.4.3   用两阶段法解线性规划问题

$$\max\ z = x_1 + x_2,$$

$$\text{s.t.} \begin{cases} x_1 - x_2 \geqslant 0, \\ 3x_1 - x_2 \leqslant -3, \\ x_1, x_2 \geqslant 0. \end{cases}$$

解   引入松弛变量 x_3, x_4 和人工变量 x_5, x_6, 构造辅助线性规划问题

$$\max\ g = -x_5 - x_6,$$

$$\text{s.t.} \begin{cases} x_1 - x_2 - x_3 + x_5 = 0, \\ -3x_1 + x_2 - x_4 + x_6 = 3, \\ x_j \geqslant 0\ (j = 1, 2, 3, 4, 5, 6). \end{cases}$$

以 x_5, x_6 为基变量建立初始单纯形表, 见表 1.4.4.

表 1.4.4   初始单纯形表

	$c_j \rightarrow$		0	0	0	0	-1	-1
C_B	X_B	b	x_1	x_2	x_3	x_4	x_5	x_6
-1	x_5	0	1	-1	-1	0	1	0
-1	x_6	3	-3	1	0	1	0	1
	λ_j		-2	0	-1	-1	0	0

表 1.4.4 中 $g = -3 \neq 0$, 所以原问题无可行解.

由以上的讨论可知:

单纯形法实质是一种数学迭代法, 它的基本思想是由初始基本可行解出发, 通过进行换基迭代, 利用矩阵的初等行变换, 求得新的基本可行解, 利用最优性检验法则判别是否为最优解, 若否, 继续迭代直至最优解. 对以上所介绍的标准形式的线性规划问题, 单纯形法的步骤用框图表示如图 1.4.1.

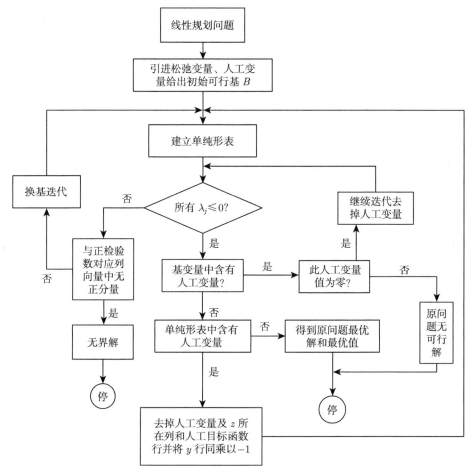

图 1.4.1 单纯形法的步骤框图

1.5 单纯形法的矩阵描述

设如下标准形式的线性规划问题

$$\max \ z = CX,$$
$$\text{s.t} \begin{cases} AX = b, \\ X \geqslant 0. \end{cases}$$

不妨设其基为

$$B = (P_1, \ P_2, \ \cdots, \ P_m),$$

则

$$A = (P_1, \ P_2, \ \cdots, P_n) = (B \vdots N),$$

$$X = (X_B,\ X_N),\quad C = (C_B,\ C_N).$$

约束方程组

$$AX = b \Rightarrow (B, N) \begin{pmatrix} X_B \\ X_N \end{pmatrix}$$

$$= BX_B + NX_N = b$$

$$\Rightarrow X_B = B^{-1}(b - NX_N) = \tilde{b} - \tilde{N}X_N,$$

其中

$$\tilde{b} = B^{-1}b,\quad \tilde{N} = B^{-1}N.$$

令

$$x_N = 0,$$

得当前的基解为

$$X_B = \tilde{b} = B^{-1}b.$$

目标函数

$$z = (C_B, C_N) \begin{pmatrix} X_B \\ X_N \end{pmatrix} = C_B X_B + C_N X_N$$

$$= C_B B^{-1}b + (C_N - C_B B^{-1}N)X_N$$

$$= C_B \tilde{b} + (C_N - C_B \tilde{N})X_N.$$

令

$$x_N = 0,$$

得当前的目标函数值为

$$z_0 = C_B \tilde{b} = C_B B^{-1}b.$$

检验数

$$\sigma_N = C_N - C_B \tilde{N}$$

$$= (C_{m+1}, \cdots, C_n) - (C_1, \cdots, C_m)(\tilde{P}_{m+1}, \cdots, \tilde{P}_n),$$

所以

$$\sigma_{m+1} = C_{m+1} - C_B \tilde{P}_{m+1},$$

$$\cdots\cdots$$

$$\sigma_n = C_n - C_B \tilde{P}_n,$$

其中 $\tilde{P}_j = B^{-1}P_j$ 是当前 x_j 对应的系数列.

如果线性规划问题如下所示:

$$\max z = CX,$$
$$\text{s.t.} \begin{cases} AX \leqslant b, \\ X \geqslant 0 \end{cases}$$

化为标准型, 引入松弛变量 X_s, 化为如下标准形式:

$$\max z = CX + 0X_s,$$
$$\text{s.t.} \begin{cases} AX + IX_s = b, \\ X \geqslant 0, X_s \geqslant 0. \end{cases}$$

初始单纯形表如表 1.5.1 所示.

表 1.5.1 初始单纯形表

			非基变量		基变量
			X_B	X_N	X_s
0	X_s	b	B	N	I
	$c_j - z_j$		C_B	C_N	0

初始基本解为 $X_s = b$, 非基变量检验数为 C_B, C_N.

当基变量为 X_B 时, 表 1.5.1 左乘基矩阵 B 的逆矩阵 B^{-1}, 行变换得到新的单纯形表如表 1.5.2 所示.

表 1.5.2 新的单纯形表

			基变量	非基变量	
			X_B	X_N	X_s
C_B	X_B	$B^{-1}b$	I	$B^{-1}N$	B^{-1}
	$c_j - z_j$		0	$C_N - C_B B^{-1}N$	$-C_B B^{-1}$

当前基本解为 $X_B = B^{-1}b$, 当前非基变量检验数为 $C_N - C_B B^{-1}N$, $-C_B B^{-1}$, 当该检验数都小于等于 0 时, 取得最优解, 矩阵变换即单纯形迭代结束.

复习思考题

1.1 试述线性规划数学模型的结构及各要素的特征.

1.2 求解线性规划问题时可能出现哪几种结果, 哪些结果反映建模时有错误?

1.3 什么是线性规划问题的标准形式? 如何将一个非标准形式的线性规划问题转化为标准形式?

1.4 试述线性规划问题的可行解、基本解、基本可行解、最优解的概念以及上述解之间的相互关系.

1.5 试述单纯形法的计算步骤, 如何在单纯形表上来判别问题是具有唯一最优解、无穷多最优解、无界解或无可行解.

1.6 如果线性规划的标准形式变换为求目标函数的极小化 min z, 则用单纯形法计算时如何判别问题已得到最优解?

1.7 什么是两阶段单纯形法? 为什么要将计算结果分两个阶段进行? 以及如何根据第一阶段的计算结果来判定第二阶段的计算是否需继续进行?

1.8 判别下列说法是否正确.

1) 图解法同单纯形法虽然求解的形式不同, 但从几何上理解, 两者是一致的;

2) 线性规划模型中增加一个约束条件, 可行域的范围一般将缩小, 减少一个约束条件, 可行域的范围一般将扩大;

3) 线性规划问题的每一个基本解对应可行域的一个顶点;

4) 如果线性规划问题存在最优解, 则最优解一定对应可行域边界上的一个点;

5) 用单纯形法求解标准形式的线性规划问题时, 与检验数 $\lambda_j > 0$ 对应的变量都可以被选作进基变量;

6) 单纯形法计算中, 如不按最小比值原则选取出基变量, 则在下一个解中至少有一个基变量的值为负;

7) 单纯形法计算中, 选取最大正检验数 λ_k 对应的变量 x_k 作为进基变量, 将使目标函数值得到最快的增长;

8) 对一个有 n 个变量, m 个约束的标准形的线性规划问题, 其可行域的顶点恰好为 C_n^m 个;

9) 单纯形法的迭代计算过程是从一个可行解转换到目标函数值更大的另一个可行解.

习 题 1

1.1 按下列各题的要求, 建立线性规划模型.

1) 某厂生产 A, B, C 三种产品, 每件产品消耗的原材料、机械台时数、资源限量及单位产品的利润如表 1.x.1 所示.

表 1.x.1

产品	材料单耗	机时单耗	单件利润/元
A	1.0	2.0	10
B	1.5	1.2	14
C	4.0	1.0	12
资源限量	2000	1000	

根据需要, 三种产品的最低月需要量分别为 200, 250 和 100 件. 又根据销售部门预测, 这三种产品的最大月销售量分别为 250, 280 和 120 件, 试制订使总利润最大的生产计划.

2) 某厂想要把具有下列成分 (表 1.x.2) 的几种现成合金混合起来, 成为一种含铅 30%, 锌 20%, 锡 50% 的新合金. 问应当按怎样的比例来混合这些合金, 才能使总费用最省?

表 1.x.2

成分/%	合金				
	1	2	3	4	5
含铅	30	10	50	10	50
含锌	60	20	20	10	10
含锡	10	70	30	80	40
费用/(元/kg)	8.5	6.0	8.9	5.7	8.8

3) 某建筑工地有一批长为 10m 的钢筋 (型号相同), 今要截成长度为 3m 的钢筋 90 根, 长度为 4m 的钢筋 60 根. 问如何下料, 才能使所用的原材料最省?

4) 某医院每天至少需要配备下列数量 (表 1.x.3) 的护理人员. 每班的护士在轮值班开始时向病房报到, 连续工作 8 小时, 第 6 班上的连第 1 班. 问如何安排, 使得既满足要求, 又使总的上班人数最少?

表 1.x.3

班次	时间	最少人数
1	6:00—10:00	60
2	10:00—14:00	70
3	14:00—18:00	60
4	18:00—22:00	50
5	22:00—2:00	20
6	2:00—6:00	30

5) 用长 8m 的角钢切割钢窗用料. 每副钢窗含长 1.5m 的料 2 根, 1.45m 的 2 根, 1.3m 的 6 根, 0.35m 的 12 根. 若需钢窗用料 100 副, 问最少需切割 8m 长的角钢多少根?

6) 某厂生产 I, II, III 三种产品. 产品 I 依次经过 A, B 设备加工, 产品 II 经 A,C 设备加工, 产品III经 B, C 设备加工, 已知有关资料如表 1.x.4 所示. 试制订一个最优生产计划.

表 1.x.4

产品	机器生产率/(件/时)			原料成本/元	产品价格/元
	A	B	C		
I	10	20		15	50
II	20		5	25	100
III		10	20	10	45
成本/(元/时)	200	100	200		
可用机时	50	45	60		

7) 某厂接到生产 A,B 两种产品的合同, 产品 A 需 200 件, 产品 B 需 300 件. 这两种产品的生产都要经过毛坯制造与机械加工两个工艺阶段. 在毛坯制造阶段, 产品 A 每件需 4 小

时. 机械加工又分粗加工和精加工两道程序, 每件产品 A 需粗加工 4 小时, 精加工 10 小时; 每件 B 需粗加工 7 小时, 精加工 12 小时. 若毛坯生产阶段能力为 1700 小时, 粗加工设备拥有能力为 1000 小时, 精加工设备拥有能力为 3000 小时. 又加工费用在毛坯、粗加工、精加工时分别为每小时 3 元、3 元、2 元. 此外在粗加工阶段允许设备可进行 500 小时的加班生产, 但加班生产时间内每小时增加额外成本 4.5 元. 试根据以上资料, 为该厂制订一个成本最低的生产计划.

1.2 下列线性规划问题化为标准形式.

1) $\min z = -3x_1 + 4x_2 - 2x_3 + 5x_4,$

$$\text{s.t.} \begin{cases} 4x_1 - x_2 + 2x_3 - x_4 = -2, \\ x_1 + x_2 + 3x_3 - x_4 \leqslant 14, \\ -2x_1 + 3x_2 - x_3 + 2x_4 \geqslant 2, \\ x_1, x_2, x_3 \geqslant 0, x_4 \text{ 无非负约束}. \end{cases}$$

2) $\min z = 2x_1 - x_2 + 3x_3,$

$$\text{s.t.} \begin{cases} -x_1 + 2x_2 + x_3 = 4, \\ 5x_1 + x_2 - 3x_3 \leqslant 6, \\ x_1 \leqslant 0, x_2 \geqslant 0, x_3 \text{ 无非负约束}. \end{cases}$$

1.3 图解法求下列线性规划问题, 并指出各问题是否具有唯一最优解、无穷多最优解、无界解或无可行解中的哪一种.

1) $\max z = 2x_1 + x_2,$

$$\text{s.t.} \begin{cases} 2x_1 + 5x_2 \leqslant 60, \\ x_1 + x_2 \leqslant 18, \\ 3x_1 + x_2 \leqslant 44, \\ x_2 \leqslant 10, \\ x_1, x_2 \geqslant 0. \end{cases}$$

2) $\max z = 5x_1 + 10x_2,$

$$\text{s.t.} \begin{cases} -x_1 + 2x_2 \leqslant 25, \\ x_1 + x_2 \leqslant 20, \\ 5x_1 + 3x_2 \leqslant 75, \\ x_1, x_2 \geqslant 0. \end{cases}$$

3) 在 1) 中, 约束条件不变, 目标函数改为 $\max z = 2x_1 + 5x_2;$

4) $\max z = 4x_1 + 3x_2,$

$$\text{s.t.} \begin{cases} 2x_1 + x_2 \geqslant 10, \\ -3x_1 + 2x_2 \leqslant 6, \\ x_1 + x_2 \geqslant 6, \\ x_1, x_2 \geqslant 0. \end{cases}$$

5) $\max z = 4x_1 + 8x_2,$

$$\text{s.t.} \begin{cases} 2x_1 + 2x_2 \leqslant 10, \\ -x_1 + x_2 \geqslant 8, \\ x_1, x_2 \geqslant 0. \end{cases}$$

6) 在 4) 中, 约束条件不变, 目标函数改为 $\min z = 4x_1 + 3x_2.$

1.4 下列线性规划问题中, 找出所有的基本解, 指出哪些是基本可行解, 并分别代入, 通过比较找出最优解, 并用图解法加以说明.

1) $\max z = 3x_1 + 2x_2,$

$$\text{s.t.} \begin{cases} 2x_1 + x_2 \leqslant 6, \\ x_1 + 2x_2 \leqslant 6, \\ x_1, x_2 \geqslant 0. \end{cases}$$

2) $\max z = 5x_1 + 10x_2,$

$$\text{s.t.} \begin{cases} -x_1 + 2x_2 \leqslant 25, \\ x_1 + x_2 \leqslant 20, \\ 5x_1 + 3x_2 \leqslant 75, \\ x_1, x_2 \geqslant 0. \end{cases}$$

1.5 在线性规划问题

$$\max \quad z = 6x_1 + 4x_2,$$

$$\text{s.t.} \begin{cases} 2x_1 + 3x_2 + x_3 = 100, \\ 4x_1 + 2x_2 + x_4 = 120, \\ x_1, x_2, x_3, x_4 \geqslant 0 \end{cases}$$

中, 找出满足约束方程组中的所有基及所有基本解; 找出满足约束条件的所有基本可行解; 找出满足约束且使目标函数达最大的最优解.

1.6 试确定下列线性规划问题的一个初始基本可行解, 并进一步求得一个新的基本可行解.

$$\max\ z = 5x_1 + 3x_2,$$
$$\text{s.t.}\begin{cases} 9x_1 + 3x_2 \leqslant 27, \\ 2x_1 + x_2 \leqslant 7, \\ 2x_1 + 2x_2 \leqslant 12, \\ x_1, x_2 \geqslant 0. \end{cases}$$

1.7 对于上题所示线性规划模型, 若 $X = (3,0,0,1,6)^{\mathrm{T}}$ 是一个基本可行解, 试求出此基本可行解所对应的检验数, 并由此判定该解是否为最优解.

1.8 用单纯形法求解下列线性规划问题.

1) $\max\ z = 2x_1 - x_2 + x_3,$
$$\text{s.t.}\begin{cases} 3x_1 + x_2 + x_3 \leqslant 60, \\ x_1 - x_2 + 2x_3 \leqslant 10, \\ x_1 + x_2 - x_3 \leqslant 20, \\ x_1, x_2, x_3 \geqslant 0. \end{cases}$$

2) $\min\ z = x_2 - 3x_3 + 2x_5,$
$$\text{s.t.}\begin{cases} x_1 + 3x_2 - x_3 + 2x_5 = 7, \\ -2x_2 + 4x_3 + x_4 = 12, \\ -4x_2 + 3x_3 + 8x_5 + x_6 = 1, \\ x_1, x_2, \cdots, x_6 \geqslant 0. \end{cases}$$

3) $\max\ z = 6x_1 + 2x_2 + 10x_3 + 8x_4,$
$$\text{s.t.}\begin{cases} 5x_1 + 6x_2 - 4x_3 - 4x_4 \leqslant 20, \\ 3x_1 - 3x_2 + 2x_3 + 8x_4 \leqslant 25, \\ 4x_1 - 2x_2 + x_3 + 3x_4 \leqslant 10, \\ x_1, \cdots, x_4 \geqslant 0. \end{cases}$$

4) $\max\ z = 2x_1 + x_2 - 3x_3 + 5x_4,$
$$\text{s.t.}\begin{cases} x_1 + 7x_2 + 3x_3 + 7x_4 \leqslant 46, \\ 3x_1 - x_2 + x_3 + 2x_4 \leqslant 8, \\ 2x_1 + 3x_2 - x_3 + x_4 \leqslant 10, \\ x_j \geqslant 0\ (j = 1,2,3,4). \end{cases}$$

1.9 用大 M 法和两阶段法分别求解下列线性规划问题.

1) $\max\ z = 3x_1 + 4x_2 + 2x_3,$
$$\text{s.t.}\begin{cases} x_1 + x_2 + x_3 + x_4 \leqslant 30, \\ 3x_1 + 6x_2 + x_3 - 2x_4 \leqslant 0, \\ x_2 \geqslant 4, \\ x_j \geqslant 0\ (j = 1,2,3,4). \end{cases}$$

2) $\max\ z = 2x_1 + 3x_2 - 5x_3,$
$$\text{s.t.}\begin{cases} x_1 + x_2 + x_3 = 7, \\ 2x_1 - 5x_2 + x_3 = 10, \\ x_1, x_2, x_3 \geqslant 0. \end{cases}$$

3) $\min\ z = 5x_1 - 6x_2 - 7x_3,$
$$\text{s.t.}\begin{cases} x_1 + 5x_2 - 3x_3 \geqslant 15, \\ 5x_1 - 6x_2 + 10x_3 \leqslant 20, \\ x_1 + x_2 + x_3 = 5, \\ x_1, x_2, x_3 \geqslant 0. \end{cases}$$

4) $\min\ z = x_1 + x_2 + x_3,$
$$\text{s.t.}\begin{cases} 9x_1 + 5x_2 = 14, \\ x_1 + 3x_2 - 2x_3 = 2, \\ 3x_1 - 2x_2 + 3x_3 = 4, \\ x_1, x_2, x_3 \geqslant 0. \end{cases}$$

第 2 章
线性规划的对偶问题与灵敏度分析

本章基本要求

1. 掌握原问题与对偶问题的对应关系;

2. 熟练写出一般形式的线性规划的对偶问题;

3. 掌握对偶问题的基本性质, 并会应用这些性质;

4. 明确影子价格的定义及意义;

5. 准确地在最优单纯形表的检验数中找出各种资源的影子价格;

6. 理解对偶单纯形法的原理, 并正确使用此方法;

7. 能够熟练准确地就 C, B, A 中元素发生的变化来进行灵敏度分析, 求出新的最优解.

在经济活动中, 我们可以追求最大利润, 也可以追求最低成本, 这是一个问题的两种不同的表现形式. 反映到数学上, 即任何一个求极大化的线性规划问题都有一个求极小化的线性规划问题与之对应, 反之亦然. 如果我们把其中一个叫原问题, 则另一个就叫做它的对偶问题, 并称这一对互相联系的两个问题为一对对偶问题. 本章将讨论线性规划的对偶问题及灵敏度分析, 从而加深对线性规划问题的理解, 扩大其应用范围.

2.1 对 偶 问 题

2.1.1 对偶线性规划问题的提出

什么是对偶线性规划问题, 我们举例来回答这个问题.

例 2.1.1 某厂生产甲、乙、丙三种零件, 已知生产甲种零件一件需 A 型机器 4 台, B 型机器 2 台; 生产乙种零件一件需 A 型机器 6 台, B 型机器 5 台; 生产丙种零件一件需 A 型机器 3 台, B 型机器 4 台. 又知每生产甲、乙、丙零件各一件可获利润分别为 4 元、3 元、5 元, 又知该厂有 A 型机器 120 台, B 型机器 100 台, 问如何组织生产才能使所获利润最大?

解 设 x_1, x_2, x_3 分别是甲、乙、丙三种零件的数量, 依题意建立如下线性规划模型

$$\max \ z = 4x_1 + 3x_2 + 5x_3,$$
$$\text{s.t.} \begin{cases} 4x_1 + 6x_2 + 3x_3 \leqslant 120, \\ 2x_1 + 5x_2 + 4x_3 \leqslant 100, \\ x_1, x_2, x_3 \geqslant 0. \end{cases} \tag{2.1.1}$$

现假设根据市场条件的变化, 工厂的决策者决定不生产甲、乙、丙三种零件, 而把 A, B 两型机器全部租给某公司, 那么该公司对 A, B 两型机器每台应付给工厂多少租金, 才既能使花费总的租金最少、又能使工厂接受?

从公司角度考虑, 一是所付的租金越低越好; 二是所付的租金能使工厂接受, 即租金不应低于工厂自己生产甲、乙、丙三种零件所获的效益值, 否则, 工厂宁可自己生产而不出租设备给公司.

设公司租用该工厂 A 型机器每台为 y_1 元, B 型机器每台为 y_2 元, 在考虑租用机器定价时, 能使该厂接受的条件是

公司租用该厂用以生产一件甲零件的 A 型机器和 B 型机器的数量所付的租金不应少于 4 元, 即

$$4y_1 + 2y_2 \geqslant 4.$$

同样, 公司租用该厂用以生产一件乙零件和一件丙零件的 A 型机器和 B 型机器的数量所付的租金, 分别不应少于 3 元和 5 元, 即

$$\begin{cases} 6y_1 + 5y_2 \geqslant 3, \\ 3y_1 + 4y_2 \geqslant 5. \end{cases}$$

公司在考虑自身的利益时, 其目标是使付出的租用该厂 A 型机器 120 台和 B 型机器 100 台的租金总和最少, 即

$$\min \ w = 120y_1 + 100y_2.$$

综上所述, 得到数学模型

$$\min \ w = 120y_1 + 100y_2,$$
$$\text{s.t.} \begin{cases} 4y_1 + 2y_2 \geqslant 4, \\ 6y_1 + 5y_2 \geqslant 3, \\ 3y_1 + 4y_2 \geqslant 5, \\ y_1, y_2 \geqslant 0. \end{cases} \qquad (2.1.2)$$

上述两个模型 (2.1.1) 和 (2.1.2) 是对同一问题的两种不同考虑的数学描述, 其间有着一定的内在联系, 我们对此进行比较分析, 并从中找出规律, 两个模型的对应关系有

(1) 两个问题的系数矩阵互为转置;

(2) 一个问题的变量个数等于另一个问题的约束条件个数;

(3) 一个问题的右端系数是另一个问题的目标函数的系数;

(4) 一个问题的目标函数为极大化, 约束条件为 "$\leqslant$" 类型, 另一个问题的目标函数为极小化, 约束条件为 "$\geqslant$".

我们把这种对应关系称为对偶关系, 如果把 (2.1.1) 式称为原问题, (2.1.2) 式则称为对偶问题.

2.1.2　对偶问题的形式

1. 对称型对偶问题

定义 2.1.1　设原线性规划问题为

$$\max \ z = c_1 x_1 + c_2 x_2 + \cdots + c_n x_n,$$
$$\text{s.t.} \begin{cases} a_{11}x_1 + a_{12}x_2 + \cdots + a_{1n}x_n \leqslant b_1, \\ a_{21}x_1 + a_{22}x_2 + \cdots + a_{2n}x_n \leqslant b_2, \\ \qquad\qquad \cdots\cdots \\ a_{m1}x_1 + a_{m2}x_2 + \cdots + a_{mn}x_n \leqslant b_m, \\ x_1, x_2, \cdots, x_n \geqslant 0. \end{cases} \qquad (2.1.3)$$

则称下列线性规划问题

$$\min \ w = y_1 b_1 + y_2 b_2 + \cdots + y_m b_m,$$
$$\text{s.t.} \begin{cases} a_{11}y_1 + a_{21}y_2 + \cdots + a_{m1}y_m \geqslant c_1, \\ a_{12}y_1 + a_{22}y_2 + \cdots + a_{m2}y_m \geqslant c_2, \\ \qquad\qquad \cdots\cdots \\ a_{1n}y_1 + a_{2n}y_2 + \cdots + a_{mn}y_m \geqslant c_n, \\ y_1, y_2, \cdots, y_m \geqslant 0. \end{cases} \qquad (2.1.4)$$

为其对偶问题, 其中 y_i 称其为对偶变量. (2.1.3) 式和 (2.1.4) 式为一对对称型对偶问题.

由定义可知, 原问题与对偶问题之间有如下的关系:

(1) 一个问题求最大值, 另一个问题求最小值.

(2) 求最大值问题, 约束条件为 "$\leqslant$"; 求最小值问题, 约束条件为 "$\geqslant$".

(3) 原问题中有 n 个变量 x_j, 对偶问题中就有 n 个约束条件; 原问题中有 m 个约束条件, 对偶问题中就有 m 个变量 y_i.

(4) 原问题目标函数中变量的系数就是对偶问题约束条件的常数项; 原问题中约束条件的常数项就是对偶问题目标函数中变量的系数.

(5) 两个问题的约束条件的系数矩阵互为转置矩阵.

依据上述五条关系, 可以把原问题与对偶问题之间的关系总结成一个表 (表 2.1.1), 很容易从表上看出它们之间的关系.

表 2.1.1　原问题与对偶问题的关系

	max z	原问题 (求极大)					
		c_1	c_2	c_3	$\cdots$	c_n	右侧
	min w	x_1	x_2	x_3	$\cdots$	x_n	
对偶问题 (求极小)	b_1　y_1	a_{11}	a_{12}	a_{13}	$\cdots$	a_{1n}	$\leqslant b_1$
	b_2　y_2	a_{21}	a_{22}	a_{23}	$\cdots$	a_{2n}	$\leqslant b_2$
	$\vdots$　$\vdots$	$\vdots$	$\vdots$	$\vdots$		$\vdots$	$\vdots$
	b_m　y_m	a_{m1}	a_{m2}	a_{m3}	$\cdots$	a_{mn}	$\leqslant b_m$
	右侧	$\geqslant c_1$	$\geqslant c_2$	$\geqslant c_3$	$\cdots$	$\geqslant c_n$	

这个表从横向看是原始问题, 从纵向看是对偶问题. 用矩阵符号表示原始问题 (2.1.3) 和对偶问题 (2.1.4) 为

$$\max \ z = CX,$$
$$\text{s.t.} \begin{cases} AX \leqslant b, \\ X \geqslant 0. \end{cases} \tag{2.1.5}$$

$$\min \ w = Yb,$$
$$\text{s.t.} \begin{cases} YA \geqslant C, \\ Y \geqslant 0. \end{cases} \tag{2.1.6}$$

如果对 (2.1.6) 式的目标函数和约束条件的两端分别乘以 -1, 得

$$-\min \ w = -Yb,$$
$$\text{s.t.} \begin{cases} -YA \leqslant -C, \\ Y \geqslant 0. \end{cases}$$

因为 $-\min\ w=\max\ (-w)$, 所以

$$\max\ (-w)=-Yb,$$
$$\text{s.t.} \begin{cases} Y(-A) \leqslant -C, \\ Y \geqslant 0. \end{cases}$$

根据对称形式的对偶关系, 上式的对偶问题为

$$\min\ w'=-CX,$$
$$\text{s.t} \begin{cases} -AX \geqslant -b, \\ X \geqslant 0. \end{cases}$$

因为 $\min\ w'=-\max\ (-w')=-CX$, 令 $z=-w'$, 得 (2.1.6) 式的对偶问题为

$$\max\ z=CX,$$
$$\begin{cases} AX \leqslant b, \\ X \geqslant 0. \end{cases}$$

即原问题的对偶问题的对偶问题是原问题, 因而原问题与其对偶问题互为对偶问题, 此性质称为原问题和对偶问题的对称性.

2. 非对称形式的对偶问题

由于并非所有线性规划问题都具有对称形式, 故下面讨论一般情况下, 线性规划问题如何写出其对偶问题. 考虑下面的例子.

例 2.1.2　写出下列线性规划问题的对偶问题

$$\max\ z=2x_1-5x_2,$$

$$\text{s.t.} \begin{cases} x_1+x_2 \geqslant 2, & ① \\ 2x_1+x_2+6x_3 \leqslant 6, & ② \\ x_1-x_2+3x_3=1, & ③ \\ x_1,x_2,x_3 \geqslant 0. \end{cases}$$

解　首先把上述非对称型化为对称型.

(1) 约束条件 ① 两边同乘以 -1, 得

$$-x_1-x_2 \leqslant -2.$$

(2) 把 ③ 分解成

$$x_1-x_2+3x_3 \leqslant 1,$$
$$x_1-x_2+3x_3 \geqslant 1.$$

再将后一个条件两边同乘以 -1 改写成

$$-x_1 + x_2 - 3x_3 \leqslant -1.$$

这样把原问题化为对称型

$$\max z = 2x_1 - 5x_2,$$
$$\text{s.t.} \begin{cases} -x_1 - x_2 \leqslant -2, \\ 2x_1 + x_2 + 6x_3 \leqslant 6, \\ x_1 - x_2 + 3x_3 \leqslant 1, \\ -x_1 + x_2 - 3x_3 \leqslant -1, \\ x_1, x_2, x_3 \geqslant 0. \end{cases}$$

设对应上述 4 个约束条件的对偶变量分别为 y_1, y_2, y_3', y_3'', 则根据对应关系写出该问题的对偶问题为

$$\min w = -2y_1 + 6y_2 + y_3' - y_3'',$$
$$\text{s.t.} \begin{cases} -y_1 + 2y_2 + y_3' - y_3'' \geqslant 2, \\ -y_1 + y_2 - y_3' + y_3'' \geqslant -5, \\ 6y_2 + 3y_3' - 3y_3'' \geqslant 0, \\ y_1, y_2, y_3', y_3'' \geqslant 0. \end{cases}$$

再设 $y_3 = y_3' - y_3''$ 得

$$\min w = -2y_1 + 6y_2 + y_3,$$
$$\text{s.t.} \begin{cases} -y_1 + 2y_2 + y_3 \geqslant 2, \\ -y_1 + y_2 - y_3 \geqslant -5, \\ 6y_2 + 3y_3 \geqslant 0, \\ y_1, y_2 \geqslant 0, y_3 \text{ 无非负约束}. \end{cases}$$

例 2.1.3　将例 2.1.2 中的 x_2 改为无非负约束变量, 即模型为

$$\max z = 2x_1 - 5x_2,$$
$$\text{s.t.} \begin{cases} x_1 + x_2 \geqslant 2, \\ 2x_1 + x_2 + 6x_3 \leqslant 6, \\ x_1 - x_2 + 3x_3 = 1, \\ x_1, x_3 \geqslant 0, x_2 \text{ 无非负约束}. \end{cases}$$

写出其对偶问题.

解　重复例 2.1.2 中的 (1) 和 (2), 并且令 $x_2 = x_2' - x_2''$, 其中 $x_2' \geqslant 0, x_2'' \geqslant 0$, 将上述模型化为对称型.

$$\max \ z = 2x_1 - 5x_2' + 5x_2'',$$

$$\text{s.t.} \begin{cases} -x_1 - x_2' + x_2'' \leqslant -2, \\ 2x_1 + x_2' - x_2'' + 6x_3 \leqslant 6, \\ x_1 - x_2' + x_2'' + 3x_3 \leqslant 1, \\ -x_1 + x_2' - x_2'' - 3x_3 \leqslant -1, \\ x_1, x_2', x_2'', x_3 \geqslant 0. \end{cases}$$

令对应上述 4 个约束条件的对偶变量分别为 y_1, y_2, y_3', y_3''，根据对应关系写出其对偶问题为

$$\min \ w = -2y_1 + 6y_2 + y_3' - y_3'',$$

$$\text{s.t.} \begin{cases} -y_1 + 2y_2 + y_3' - y_3'' \geqslant 2, \\ -y_1 + y_2 - y_3' + y_3'' \geqslant -5, \\ y_1 - y_2 + y_3' - y_3'' \geqslant 5, \\ 6y_2 + 3y_3' - 3y_3'' \geqslant 0, \\ y_1, y_2, y_3', y_3'' \geqslant 0. \end{cases}$$

令 $y_3 = y_3' - y_3''$，并将第二、第三个约束条件合并得

$$\min \ w = -2y_1 + 6y_2 + y_3,$$

$$\text{s.t.} \begin{cases} -y_1 + 2y_2 + y_3 \geqslant 2, \\ y_1 - y_2 + y_3 = 5, \\ 6y_2 + 3y_3 \geqslant 0, \\ y_1, y_2 \geqslant 0, y_3 \text{ 无非负约束}. \end{cases}$$

由以上例子可以看出，若一个问题的第 i 个约束为 "="，则另一个问题的第 i 个变量为无非负约束变量；反之，一个问题第 j 个变量为无非负约束变量，则另一个问题第 j 个约束为 "=".

综上所述，线性规划的原问题与对偶问题的对应关系，可用表 2.1.2 表示.

表 2.1.2　线性规划的原问题与对偶问题的对应关系

原问题 (或对偶问题)	对偶问题 (或原问题)
(1) 目标函数求 $\max z$	目标函数求 $\min w$
(2) 目标函数中 x_j 的系数为 c_j	第 j 个约束条件的常数项为 c_j
(3) 第 i 个约束条件的常数项为 b_i	目标函数中 y_i 的系数为 b_i
(4) 约束条件的系数矩阵为 A	约束条件的系数矩阵为 A^{T}
(5) 约束条件有 m 个	对偶变量有 m 个
(6) 决策变量有 n 个	约束条件有 n 个
(7) 第 i 个约束条件为 "$\leqslant$"	对偶变量 $y_i \geqslant 0$
(8) 第 i 个约束条件为 "="	对偶变量 y_i 无非负限制
(9) 第 i 个约束为 "$\geqslant$"	第 i 个对偶变量 $y_i \leqslant 0$
(10) 决策变量 $x_j \geqslant 0$	第 j 个约束条件为 "$\geqslant$"
(11) 决策变量 x_j 无非负限制	第 j 个约束条件为 "="
(12) 第 j 个变量 $x_j \leqslant 0$	第 j 个约束条件为 $\leqslant$

依据表 2.1.2, 对于任意给定的一个线性规划问题, 均可根据其对应关系直接写出其对偶问题, 而无须化为对称型.

例 2.1.4 设有线性规划问题

$$\min z = 2x_1 + 3x_2 - 5x_3 + x_4,$$

$$\text{s.t.} \begin{cases} x_1 - x_2 - 3x_3 + x_4 \geqslant 5, \\ 2x_1 + 2x_3 - x_4 \leqslant 4, \\ x_2 + x_3 + x_4 = 6, \\ x_1 \leqslant 0, x_2 \geqslant 0, x_3 \geqslant 0, x_4 \text{ 无非负约束}. \end{cases}$$

试写出其对偶线性规划问题.

解 设对偶变量依次为 y_1, y_2, y_3, 则按表 3.1.2 的对应关系, 其对偶线性规划问题为

$$\max z' = 5y_1 + 4y_2 + 6y_3,$$

$$\text{s.t.} \begin{cases} y_1 + 2y_2 \geqslant 2, \\ -y_1 + y_3 \leqslant 3, \\ -3y_1 + 2y_2 + y_3 \leqslant -5, \\ y_1 - y_2 + y_3 = 1, \\ y_1 \geqslant 0, y_2 \leqslant 0, y_3 \text{ 无非负约束}. \end{cases}$$

2.1.3 对偶问题的基本性质

设线性规划原问题为

$$\max z = CX,$$

$$\text{s.t.} \begin{cases} AX \leqslant b, \\ X \geqslant 0. \end{cases} \tag{2.1.7}$$

其对偶问题为

$$\min w = Yb,$$

$$\text{s.t.} \begin{cases} YA \geqslant C, \\ Y \geqslant 0. \end{cases} \tag{2.1.8}$$

下面我们来讨论原问题与对偶问题的几条性质.

性质 1(弱对偶定理) 若 $\overline{X}$ 为问题 (2.1.7) 的一个可行解, $\overline{Y}$ 为问题 (2.1.8) 的一个可行解, 则有 $C\overline{X} \leqslant \overline{Y}b$.

该性质说明: 原问题的最优值 (最大值) 是对偶问题目标函数的下界; 而对偶问题的最优值 (最小值) 是原问题的目标函数的上界.

性质 2 若原问题有可行解, 但其目标函数无界, 则对偶问题无可行解; 若对偶问题有可行解, 但其目标函数无界, 则原问题无可行解.

性质 3(性质 2 的逆命题)　若原问题有可行解, 而对偶问题无可行解, 则原问题无界; 若对偶问题有可行解, 而原问题无可行解, 则对偶问题无界.

例 2.1.5　原问题为

$$\max z = 2x_1 + x_2,$$
$$\text{s.t.} \begin{cases} -x_1 - x_2 \leqslant 1, \\ -x_1 + 3x_2 \leqslant 3, \\ x_1, x_2 \geqslant 0. \end{cases}$$

对偶问题为

$$\min w = y_1 + 3y_2,$$
$$\text{s.t.} \begin{cases} -y_1 - y_2 \geqslant 2, \\ -y_1 + 3y_2 \geqslant 1, \\ y_1, y_2 \geqslant 0. \end{cases}$$

原问题有可行解, 但由于 $y_1, y_2 \geqslant 0$, 使对偶问题中的约束条件 $-y_1 - y_2 \geqslant 2$ 不成立, 即对偶问题无可行解, 故原问题无上界.

性质 4(最优准则定理)　如果 X^*, Y^* 分别是问题 (2.1.7) 和 (2.1.8) 的可行解, 且 $CX^* = Y^*b$, 则 X^*, Y^* 分别是它们的最优解.

该性质说明: 原问题 (2.1.7) 的目标函数值不断增大, 对偶问题 (2.1.8) 的目标函数值不断缩小, 当它们达到相等时就达到了最优, 即最优解同时实现.

性质 5(强对偶定理)　若线性规划问题 (2.1.7) 和 (2.1.8) 之一有最优解, 则另一个问题也一定有最优解, 且目标函数值相等.

证明　设 X^* 为问题 (2.1.7) 的最优解, 对应的基矩阵是 B, 那么对原问题引入松弛变量 X_L 后, 所有的检验数为

$$(C, 0) - C_B B^{-1}(A, I) = (C - C_B B^{-1}A, -C_B B^{-1}) \leqslant 0.$$

令 $Y^* = C_B B^{-1}$, 则有 $C - Y^*A \leqslant 0$, $-Y^* \leqslant 0$. 即 $Y^*A \geqslant C$, $Y^* \geqslant 0$. 故 $Y^* = C_B B^{-1}$ 为问题 (2.1.8) 的可行解. 因为 $Y^*b = C_B B^{-1}b = C_B X_B^* = CX^*$, 所以由性质 4 知, Y^* 是对偶问题 (2.1.8) 的最优解.

由性质 5 的证明可以看出: 当 B 为原问题的最优基时, 其松弛变量对应的检验数的相反数 $C_B B^{-1}$ 就是对偶问题的最优解.

性质 6　原问题对应其可行基的检验数的相反数是对偶问题的一个基本解.

即: 在原问题的单纯形表中, 原问题的松弛变量的检验数, 对应于对偶问题的决策变量, 而原问题的决策变量的检验数对应于对偶问题的剩余变量, 只是符号相反.

证明 对于线性规划问题 (2.1.7) 和 (2.1.8) 添加松弛变量和剩余变量化为标准形为

$$\max z = CX + 0X_L,$$
$$\text{s.t.} \begin{cases} AX + X_L = b, \\ X, X_L \geqslant 0, \\ X_L = (x_{n+1}, x_{n+2}, \cdots, x_{n+m}). \end{cases} \tag{2.1.9}$$

$$\min w = Yb + 0Y_S,$$
$$\text{s.t.} \begin{cases} YA - Y_S = C, \\ Y, Y_S \geqslant 0, \\ Y_S = (y_{m+1}, y_{m+2}, \cdots, y_{m+n}). \end{cases} \tag{2.1.10}$$

设 $(\overline{X}, \overline{X_L})$ 为 (2.1.9) 式的一个基本可行解 (不一定为最优解), 它所对应的基矩阵为 B, 决策变量 $\overline{X}$ 和松弛变量 $\overline{X_L}$ 所对应的检验数分别为 $C - C_B B^{-1} A$, $-C_B B^{-1}$ (不一定满足 "$\leqslant 0$" 的条件).

令 $Y = C_B B^{-1}$, 这时两组检验数分别为 $C - YA, -Y$.

据 (2.1.10) 式这两组检验数为 $-Y_S, -Y$, 这种对应关系见表 2.1.3.

表 2.1.3　原问题与对偶问题中决策变量与检验数之间的关系

	X	X_L	b'
X_B	$B^{-1}A$	B^{-1}	$B^{-1}b$
检验数	$C - C_B B^{-1}A$	$-C_B B^{-1}$	
	$-Y_S$	$-Y$	

由此我们可得到如下重要结论.

在获得最优解之前, $C - C_B B^{-1} A$ 及 $-C_B B^{-1}$ 的各分量中至少有一个大于零, 即 Y_S 和 Y 中至少有一个小于零. 这时对应的对偶问题的解为非可行解. 当原始问题获得最优解时, 表明 $C - C_B B^{-1} A \leqslant 0$ 和 $-C_B B^{-1} \leqslant 0$, 即 $Y_S \geqslant 0, Y \geqslant 0$, 此时对偶问题也同时获得最优解.

例 2.1.6 设两个互为对偶的线性规划问题为原问题

$$\max z = 2x_1 + x_2,$$
$$\text{s.t.} \begin{cases} 5x_2 \leqslant 15, \\ 6x_1 + 2x_2 \leqslant 24, \\ x_1 + x_2 \leqslant 5, \\ x_j \geqslant 0 (j = 1, 2). \end{cases}$$

对偶问题为

$$\min w = 15y_1 + 24y_2 + 5y_3,$$

$$\text{s.t.} \begin{cases} 6y_2 + y_3 \geqslant 2, \\ 5y_1 + 2y_2 + y_3 \geqslant 1, \\ y_i \geqslant 0 (i = 1, 2, 3). \end{cases}$$

它们的标准形式为

$$\max z = 2x_1 + x_2,$$

$$\text{s.t.} \begin{cases} 5x_2 + x_3 = 15, \\ 6x_1 + 2x_2 + x_4 = 24, \\ x_1 + x_2 + x_5 = 5, \\ x_j \geqslant 0 (j = 1, 2, \cdots, 5). \end{cases}$$

$$\max(-w) = -15y_1 - 24y_2 - 5y_3,$$

$$\text{s.t.} \begin{cases} 6y_2 + y_3 - y_4 = 2, \\ 5y_1 + 2y_2 + y_3 - y_5 = 1, \\ y_i \geqslant 0 (i = 1, 2, \cdots, 5). \end{cases}$$

　　利用单纯形法求得两个问题的最终单纯形表分别见表 2.1.4 和表 2.1.5.

　　由表 2.1.4 和表 2.1.5 可以看出两个问题变量之间的对应关系. 因而, 我们只需求解其中一个问题, 从最优解的单纯形表中同时得到另一个问题的最优解. 通常我们都选择约束条件少的一个求解.

表 2.1.4　原问题的最终单纯形表

X_B	b'	决策变量			松弛变量	
		x_1	x_2	x_3	x_4	x_5
x_3	$\dfrac{15}{2}$	0	0	1	$\dfrac{5}{4}$	$-\dfrac{15}{2}$
x_1	$\dfrac{7}{2}$	1	0	0	$\dfrac{1}{4}$	$-\dfrac{1}{2}$
x_2	$\dfrac{3}{2}$	0	1	0	$-\dfrac{1}{4}$	$\dfrac{3}{2}$
λ_j		0	0	0	$-\dfrac{1}{4}$	$-\dfrac{1}{2}$
		对偶问题剩余变量		对偶问题变量		
		y_4	y_5	y_1	y_2	y_3

表 2.1.5　对偶问题的最终单纯形表

X_B	b'	决策变量			松弛变量	
		y_1	y_2	y_3	y_4	y_5
y_2	$\dfrac{1}{4}$	$-\dfrac{5}{4}$	1	0	$-\dfrac{1}{4}$	$\dfrac{1}{4}$
y_3	$\dfrac{1}{2}$	$\dfrac{15}{2}$	0	1	$\dfrac{1}{2}$	$-\dfrac{3}{2}$
λ_j		$-\dfrac{15}{2}$	0	0	$-\dfrac{7}{2}$	$-\dfrac{3}{2}$

原问题松弛变量　　　　　　　原问题变量

x_3　　　　x_4　　　　x_5　　　　　　x_1　　　　x_2

利用对偶定理可以证明原问题和对偶问题的最优解满足重要的互补松弛性质. 对于互为对偶的一对线性规划问题, 已知一个问题的最优解时, 可以利用互补松弛定理求出另一个问题的最优解.

性质 7 (互补松弛定理)　　假设 $x = (x_1, x_2, \cdots, x_n)$ 是原问题 (2.1.7) 的可行解, $y = (y_1, y_2, \cdots, y_m)$ 是对偶问题 (2.1.8) 的可行解. 并以 $w = (w_1, w_2, \cdots, w_m)$ 表示原问题 (2.1.7) 的松弛变量, $z = (z_1, z_2, \cdots, z_n)$ 表示对偶问题 (2.1.8) 的剩余变量. 那么 x 和 y 分别是原问题 (2.1.7) 和对偶问题 (2.1.8) 最优解的充分必要条件是它们满足下述关系等式:

$$\begin{aligned}
x_j z_j &= 0, \quad j = 1, 2, \cdots, n, \\
y_i w_i &= 0, \quad i = 1, 2, \cdots, m.
\end{aligned} \tag{2.1.11}$$

证明　　我们再利用证明弱对偶性时用到的不等式

$$\begin{aligned}
\sum_{j=1}^{n} c_j x_j &\leqslant \sum_{j=1}^{n} \left(\sum_{i=1}^{m} y_i a_{ij} \right) x_j \\
&= \sum_{i=1}^{m} \sum_{j=1}^{n} y_i a_{ij} x_j \\
&= \sum_{i=1}^{m} \left(\sum_{j=1}^{n} a_{ij} x_j \right) y_i \\
&\leqslant \sum_{i=1}^{m} b_i y_i.
\end{aligned}$$

由于变量 $x_j \geqslant 0$, $j = 1, 2, \cdots, n$, 比较上面的第一个不等式两端, 我们得到

$$c_j \leqslant \sum_{i=1}^{m} y_i a_{ij}, \quad j = 1, 2, \cdots, n.$$

另外, 对偶问题 (2.1.8) 的剩余变量可表示为

$$z_j = \sum_{i=1}^{m} y_i a_{ij} - c_j, \quad j = 1, 2, \cdots, n.$$

为了使不等式

$$\sum_{j=1}^{n} c_j x_j \leqslant \sum_{j=1}^{n} \left(\sum_{i=1}^{m} y_i a_{ij} \right) x_j$$

两端严格相等, 就必须对所有 $j = 1, 2, \cdots, n$ 都有

$$x_j = 0 \quad \text{或} \quad c_j = \sum_{i=1}^{m} y_i a_{ij},$$

也就是说, 要么 $x_j = 0$, 要么 $z_j = 0$, 所以 $x_j z_j = 0, j = 1, 2, \cdots, n$.

　　同样原理, 为使不等式

$$\sum_{i=1}^{m} \left(\sum_{j=1}^{n} a_{ij} x_j \right) y_i \leqslant \sum_{i=1}^{m} b_i y_i$$

的两端严格相等, 必须是: $y_i w_i = 0, i = 1, 2, \cdots, m$.　　　　　　　　　　证毕

　　互补松弛定理说明了, 只要我们知道了原问题 (2.1.7) 的最优解, 就可直接求出对偶问题 (2.1.8) 的最优解, 反之亦然. 假设我们已经求出了原问题 (2.1.7) 的最优解

$$x^* = (x_1^*, x_2^*, \cdots, x_n^*).$$

根据它来计算对偶问题 (2.1.8) 的最优解. 若以 $w^* = (w_1^*, w_2^*, \cdots, w_m^*)$ 表示对应原问题 (2.1.7) 最优解的松弛变量, 它与最优解之间的关系如下:

$$w_i^* = b_i - \sum_{j=1}^{n} a_{ij} x_j^*, \quad i = 1, 2, \cdots, m. \tag{2.1.12}$$

若以 $z = (z_1, z_2, \cdots, z_n)$ 表示对应对偶问题 (2.1.8) 的剩余变量, 则对偶问题 (2.1.8) 的约束条件可表示为

$$\sum_{i=1}^{m} y_i a_{ij} - z_j = c_j, \quad j = 1, 2, \cdots, n. \tag{2.1.13}$$

在上述线性方程组中, 对偶变量加上剩余变量共有 $n+m$ 个, 而方程个数只有 n 个. 但是, 已知原问题 (2.1.7) 的最优解为 (x^*, w^*), 共有 $n+m$ 个变量, 其中, 基变量个数等于 m, 非基变量个数等于 n. 如果原问题 (2.1.7) 的最优解是非退化解, 所有基

变量都必须大于零, 根据互补松弛定理, 对偶问题 (2.1.8) 的最优解 (y^*, z^*) 中一定有 m 个变量等于零, 这样一来, (2.1.13) 式就变成 n 个变量, n 个方程的线性方程组, 所以可求出对偶问题 (2.1.8) 的最优解.

例 2.1.7 考虑下述标准最大化线性规划问题

$$\max \eta = 2x_1 + 4x_2 + 3x_3 + 4x_4,$$

$$\text{s.t.} \begin{cases} 3x_1 + x_2 + x_3 + 4x_4 \leqslant 12, \\ x_1 - 3x_2 + 2x_3 + 3x_4 \leqslant 7, \\ 2x_1 + x_2 + 3x_3 - x_4 \leqslant 10, \\ x_1, x_2, x_3, x_4 \geqslant 0. \end{cases} \tag{2.1.14}$$

若已知它的最优解为 $x_1 = 0$, $x_2 = 10.4$, $x_3 = 0$, $x_4 = 0.4$, $w_1 = 0$, $w_2 = 37$, $w_3 = 0$, $\eta = 42$, 求问题 (2.1.14) 的对偶问题的最优解.

解 我们首先写出问题 (2.1.14) 的对偶规划

$$\min \omega = 12y_1 + 7y_2 + 10y_3,$$

$$\text{s.t.} \begin{cases} 3y_1 + y_2 + 2y_3 \geqslant 2, \\ y_1 - 3y_2 + y_3 \geqslant 4, \\ y_1 + 2y_2 + 3y_3 \geqslant 3, \\ 4y_1 + 3y_2 - y_3 \geqslant 4, \\ y_1, y_2, y_3 \geqslant 0. \end{cases} \tag{2.1.15}$$

对于对偶问题 (2.1.15) 引入剩余变量后, 有

$$\begin{cases} 3y_1 + y_2 + 2y_3 - z_1 = 2, \\ y_1 - 3y_2 + y_3 - z_2 = 4, \\ y_1 + 2y_2 + 3y_3 - z_3 = 3, \\ 4y_1 + 3y_2 - y_3 - z_4 = 4. \end{cases} \tag{2.1.16}$$

因为在原问题 (2.1.14) 的最优解中, 决策变量 x_2 和 x_4 都大于 0, 根据互补松弛定理, 立刻获得 z_2 和 z_4 都等于 0, 又因为松弛变量 $w_2 > 0$, 那么在对偶问题 (2.1.15) 中, 一定有 $y_2 = 0$, 所以, 方程组 (2.1.16) 变为

$$\begin{cases} 3y_1 + 2y_3 + z_1 = 2, \\ y_1 + y_3 = 4, \\ y_1 + 3y_3 - z_3 = 3, \\ 4y_1 - y_3 = 4. \end{cases} \tag{2.1.17}$$

求解方程组 (2.1.17), 获得对偶问题 (2.1.15) 的最优解 $y_1 = 1$, $y_2 = 0$, $y_3 = 3$, $z_1 = 7$; $z_2 = 0$, $z_3 = 7$, $z_4 = 0$, $\omega = 42$.

例 2.1.8   已知线性规划问题

$$\max Z = 3x_1 + 2x_2 + 8x_3 + 6x_4,$$

$$\text{s.t.} \begin{cases} x_1 + 2x_3 + 2x_4 \leqslant 8, \\ 3x_1 + x_2 + 4x_3 + 2x_4 \leqslant 16, \\ x_i \geqslant 0, \ i = 1, 2, 3, 4, \end{cases}$$

其对偶问题的最优解为 $y_1^* = 1, y_2^* = 2$, 试用对偶的互补松弛性求解原问题的最优解.

解   原问题的对偶问题为

$$\min \omega = 8y_1 + 16y_2,$$

$$\text{s.t.} \begin{cases} y_1 + 3y_2 \geqslant 3, \\ y_2 \geqslant 2, \\ 2y_1 + 4y_2 \geqslant 8, \\ 2y_1 + 2y_2 \geqslant 6, \\ y_1 \geqslant 0, y_2 \geqslant 0, \end{cases} \tag{2.1.18}$$

其中约束条件中第 1 个和第 3 个式子为严格不等式, 所以 $x_1 = x_3 = 0$. 因为 $y_1 > 0, y_2 > 0$, 所以

$$\begin{cases} x_1 + 2x_3 + 2x_4 = 8, \\ 3x_1 + x_2 + 4x_3 + 2x_4 = 16, \end{cases} \tag{2.1.19}$$

最优解为 $X = (0, 8, 0, 4)^{\mathrm{T}}$.

2.2   对偶单纯形法

2.2.1   对偶单纯形法的基本思路

由 2.1.3 小节的性质 6 可知, 原问题可行基对应的检验数的相反数是对偶问题的一个基本解, 当检验数全部非正时, 得到原问题的最优解. 此时, 该检验数的相反数即是对偶问题的一个基本可行解, 并且这个基本可行解也就是对偶问题的最优解. 因此, 单纯形法的计算过程可解释为: 它是在保持原问题的解始终是基本可行解的条件下, 从对偶问题的一个基本解开始, 经过换基迭代, 逐步使对偶问题的解变成可行解, 从而得到原问题的最优解, 与此同时也得到对偶问题的最优解.

基于对偶问题的对称性, 求解原问题的过程, 当然也可以在保持对偶问题的解始终是可行解的前提下, 从原问题的一个基本解出发, 经过换基迭代逐步使之变成可行解, 从而在得到对偶问题最优解的同时, 也得到原问题的最优解, 这就是对偶单纯形法的基本思路.

2.2.2 对偶单纯形法的计算步骤

1. 将给定的线性规划问题化为标准形式

如果标准形式中不具有 m 阶单位方阵, 则根据需要将有关约束方程两边乘 (-1), 或采取其他方法, 使之产生一个 m 阶单位方阵作为初始基矩阵, 并建立相应的单纯形表.

(1) 若表中常数 $b_i \geqslant 0 (i = 1, 2, \cdots, m)$, 即初始基是一个可行基, 则用单纯形法求解.

(2) 若常数 $b_i (i = 1, 2, \cdots, m)$ 中至少有一个负数, 且对应初始基矩阵的所有检验数全部非正, 则对偶问题存在基本可行解, 用对偶单纯形法求解.

2. 确定主元

(1) 在常数列中选取最小的负元素所在的行为主行, 该行对应的基变量 x_s 为出基变量.

(2) 在主行中, 若所有元素 $a_{sj} (j = 1, 2, \cdots, n)$ 均为非负, 则此线性规划问题无可行解, 停止计算; 若 a_{sj} 中有负元素, 则用该行中所有的负元素去除对应的检验数, 并在这些比值中选取最小的比值所在的列为主列, 即

$$\theta = \min \left\{ \frac{\lambda_j}{a_{sj}} \bigg| a_{sj} < 0, 1 \leqslant j \leqslant n \right\} = \frac{\lambda_k}{a_{sk}},$$

式中第 k 列为主列, 该列所对应的非基变量 x_k 为进基变量.

(3) 以元素 a_{sk} 为主元并以括号标出.

3. 换基迭代

用行初等变换将主元变为 1, 将主元所在的列化为基本单位列向量, 便获得了新基所对应的单纯形表.

在新基所对应的单纯形表中, 如果常数列全为非负, 则对偶单纯形法运算结束, 这时已经获得了最优解. 否则, 重复步骤二、三直至常数列全为非负, 从而获得最优解, 或能够判定无最优解为止.

下面举例说明对偶单纯形法的计算步骤.

例 2.2.1 用对偶单纯形法求解线性规划问题

$$\min z = x_1 + 4x_2 + 3x_4,$$
$$\text{s.t.} \begin{cases} x_1 + 2x_2 - x_3 + x_4 \geqslant 3, \\ -2x_1 - x_2 + 4x_3 + x_4 \geqslant 2, \\ x_j \geqslant 0 \ (j = 1, 2, 3, 4). \end{cases}$$

解 (1) 引入松弛变量 x_5, x_6, 将原线性规划问题化为标准形并列出初始单纯形表 (表 2.2.1).

$$\max(-z) = -x_1 - 4x_2 - 3x_4,$$

$$\text{s.t.} \begin{cases} -x_1 - 2x_2 + x_3 - x_4 + x_5 = -3, \\ 2x_1 + x_2 - 4x_3 - x_4 + x_6 = -2, \\ x_j \geqslant 0 \ (j = 1, 2, \cdots, 6). \end{cases}$$

表 2.2.1　例 2.2.1 的初始单纯形表

	$c_j \to$		-1	-4	0	-3	0	0
C_B	X_B	b'	x_1	x_2	x_3	x_4	x_5	x_6
0	x_5	-3	$[-1]$	-2	1	-1	1	0
0	x_6	-2	2	1	-4	-1	0	1
	λ_j		-1	-4	0	-3	0	0

(2) 表 2.2.1 b' 列中有两个负分量, 说明原问题的解不是可行解, 不能用单纯形法迭代, 但所有检验数 $\lambda_j \leqslant 0$ 满足最优性条件, 因此可用对偶单纯形法迭代.

(3) 由于 $\min\{-3, -2\} = -3$, 故选择 x_5 为出基变量, 而 x_5 所在行的系数中存在负数, 由 $\theta = \min\left\{\dfrac{-1}{-1}, \dfrac{-4}{-2}, \dfrac{-3}{-1}\right\} = 1$, 故选择 x_1 为进基变量.

(4) 以 -1 为主元素进行初等行变换, 换基迭代得新的单纯形表 (表 2.2.2).

表 2.2.2　例 2.2.1 一次迭代后的单纯形表

	$c_j \to$		-1	-4	0	-3	0	0
C_B	X_B	b'	x_1	x_2	x_3	x_4	x_5	x_6
-1	x_1	3	1	2	-1	1	-1	0
0	x_6	-8	0	-3	$[-2]$	-3	2	1
	λ_j		0	-2	-1	-2	-1	0

表 2.2.2 中常数列仍有负元素 $-8 < 0$, 故确定 x_6 为出基变量 $\theta = \min\left\{\dfrac{-2}{-3}, \dfrac{-1}{-2},\right.$ $\left.\dfrac{-2}{-3}\right\} = \dfrac{1}{2}$, 确定 x_3 为进基变量, 以 -2 为主元素, 进行初等行变换得表 2.2.3.

表 2.2.3　例 2.2.1 二次迭代后的单纯形表

	$c_j \to$		-1	-4	0	-3	0	0
C_B	X_B	b'	x_1	x_2	x_3	x_4	x_5	x_6
-1	x_1	7	1	$\dfrac{7}{2}$	0	$\dfrac{5}{2}$	-2	$-\dfrac{1}{2}$
0	x_3	4	0	$\dfrac{3}{2}$	1	$\dfrac{3}{2}$	-1	$-\dfrac{1}{2}$
	λ_j		0	$-\dfrac{1}{2}$	0	$-\dfrac{1}{2}$	-2	$-\dfrac{1}{2}$

在表 2.2.3 中 b' 列的数字全非负, 即 $b_i \geqslant 0$, 检验数 $\lambda_j \leqslant 0$, 故原问题的最优解为 $X^* = (7, 0, 4, 0)^{\mathrm{T}}$, 最优值为 $z^* = 7$.

由例 2.2.1 看出, 当原问题的初始解是非可行解, 且相应的检验数都非正时, 用对偶单纯形法求解可以避免引入人工变量; 特别是当变量个数多于约束条件的个数时, 用对偶单纯形法求解, 可以减少计算工作量.

2.2.3 对偶单纯形法的优点

(1) 线性规划问题化为标准形式以后, 只要有 m 阶单位方阵作为初始基矩阵, 初始解可以是非可行解, 当检验数全为非正时, 就可以进行换基迭代, 不必引入人工变量, 因此, 可以简化运算.

(2) 当变量多于约束条件时, 用对偶单纯形法可以减少计算工作量. 因此, 当约束条件比变量个数多时, 可先写出其对偶问题, 然后用对偶单纯形法求解该对偶问题.

(3) 在后面讲的灵敏度分析中, 有时用对偶单纯形法来调整最优方案可使问题简化.

通常, 对偶单纯形法适用下列问题.

① 形如

$$
\min\ z = CX,
$$
$$
\text{s.t.} \begin{cases} AX \geqslant b, \\ X \geqslant 0 \end{cases}
$$

的问题.

② 假如已求得

$$
\max\ z = CX,
$$
$$
\text{s.t.} \begin{cases} AX = b, \\ X \geqslant 0 \end{cases}
$$

的一个最优基, 然后需要添加某个线性约束 $PX \leqslant Q$, 即要求解

$$
\max\ z = CX,
$$
$$
\text{s.t.} \begin{cases} AX = b, \\ PX + x_{n+1} = Q, \\ X, x_{n+1} \geqslant 0. \end{cases}
$$

2.2.4 对偶单纯形法与单纯形法的区别

(1) 单纯形法的初始单纯形表是所解线性规划问题的可行表; 对偶单纯形法的初始单纯形表是所解线性规划问题的对偶问题的可行表.

(2) 单纯形法每次迭代要求目标函数值非降; 对偶单纯形法每次迭代要求目标函数值非增.

(3) 单纯形法的主元必须是正数; 对偶单纯形法的主元必须是负数.

(4) 单纯形法中若存在某个检验数是正数且对应系数列元素都非正, 则判定线性规划问题无最优解; 对偶单纯形法中若存在某个常数项是负数, 且对应的系数行非负, 则判定线性规划无可行解.

最后要注意:

(1) 用对偶单纯形法求解线性规划求得的最优解就是该线性规划问题的最优解, 而不是对偶问题的最优解.

(2) 当一个线性规划问题化为标准形式以后, 如果在常数项 b' 中存在负分量且在检验数行中检验数也存在正数, 则此时既不能直接用单纯形法, 也不能直接用对偶单纯形法. 对这种现象的处理方法是: 首先将有关约束方程两边乘以 (-1) 使常数列向量中所有分量都满足非负, 然后利用两阶段单纯形法求解.

对偶单纯形法的计算步骤可用框图表示 (图 2.2.1).

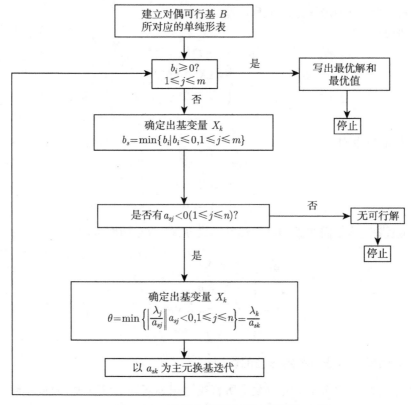

图 2.2.1   对偶单纯形法的计算步骤

2.3 对偶线性规划的经济意义 —— 影子价格

影子价格又称为预测价格或最优计划价格、计算价格、机会成本等等, 是经济学中一个重要概念. 它反映了在最优经济结构中, 在资源得到最优配置的前提下, 资源的边际使用价值.

2.3.1 影子价格的定义

在某一最优经济结构中, 第 i 种资源一个单位的增量所引起目标函数值的增量, 称为第 i 种资源在这一最优经济结构中的边际使用价值, 也称为该种资源在这一经济结构中的影子价格.

确定最优经济结构的最优化方法很多, 下面仅从线性规划角度来研究影子价格的概念、计算方法和经济应用.

设有线性规划问题

$$\max z = CX,$$
$$\text{s.t.} \begin{cases} AX \leqslant b, \\ X \geqslant 0, \end{cases} \tag{2.3.1}$$

其中 $C = (c_1, c_2, \cdots, c_n)$ 为利润系数行向量; $X = (x_1, x_2, \cdots, x_n)^{\mathrm{T}}$ 为决策变量列向量; $b = (b_1, b_2, \cdots, b_m)^{\mathrm{T}}$ 为资源列向量; $A = (a_{ij})_{m \times n}$ 为消耗系数矩阵.

在由线性规划 (2.3.1) 所确定的最优经济结构中, 第 i 种资源的影子价格 y_i 可表示为 $y_i = \dfrac{\Delta z}{\Delta b_i}$ $(i = 1, 2, \cdots, m)$, 其中 Δz 表示目标函数最优值的增量, Δb_i 表示第 i 种资源的增量.

2.3.2 影子价格的计算方法

下面根据影子价格的定义, 来推导出在线性规划中影子价格的计算公式, 并进一步揭示出影子价格与对偶线性规划的关系. 为此将线性规划 (2.3.1) 化为标准形式

$$\max z = CX,$$
$$\text{s.t.} \begin{cases} AX + X_S = b, \\ X \geqslant 0, X_S \geqslant 0. \end{cases}$$

其中 $X_S = (x_{n+1}, x_{n+2}, \cdots, x_{n+m})^{\mathrm{T}}$ 为松弛变量. 若基 B 为最优基, 则线性规划 (2.3.1) 所对应的最优单纯形表为表 2.3.1.

定理 2.3.1 在线性规划 (2.3.1) 的最优单纯形表中松弛变量 $X_S = (x_{n+1}, x_{n+2}, \cdots, x_{n+m})$ 所对应的检验数的相反数 $C_B B^{-1} = (y_1, y_2, \cdots, y_m)$ 为在该经济

结构中资源 $b = (b_1, b_2, \cdots, b_m)^{\mathrm{T}}$ 的影子价格.

表 2.3.1　线性规划 (2.3.1) 所对应的最优单纯形表

		X_B	X_N	X_S
X_B	$B^{-1}b$	I	$B^{-1}N$	B^{-1}
$-z$	$-C_B B^{-1}b$	0	$C_N - C_B B^{-1}N$	$-C_B B^{-1}$

证明　设资源增加了 Δb, 则线性规划的标准形式为

$$\max z = CX,$$
$$\text{s.t.} \begin{cases} AX + X_S = b + \Delta b, \\ X \geqslant 0, X_S \geqslant 0. \end{cases} \qquad (2.3.1)'$$

在同一最优 (都以基 B 为最优基) 经济结构中, 线性规划 (2.3.1) 的最优解为 $X^* = \begin{pmatrix} B^{-1}b \\ 0 \end{pmatrix}$, 最优值为 $z^* = C_B B^{-1}b$; 线性规划 (2.3.1)$'$ 的最优解为

$$\bar{X}^* = \begin{pmatrix} B^{-1}(b + \Delta b) \\ 0 \end{pmatrix},$$

最优值为 $\bar{z}^* = C_B B^{-1}(b + \Delta b)$, 则由资源增量 Δb 所引起的目标函数值的增量为

$$\Delta z^* = \bar{z}^* - z^* = C_B B^{-1}(b + \Delta b) - C_B B^{-1}b$$
$$= C_B B^{-1}\Delta b.$$

当第 i 种资源增加 1 个单位, 其余资源不变, 即 $\Delta b = \Delta b_i = (0, 0, \cdots, \ 0, \underset{\underset{\text{第 } i \text{ 个分量}}{\uparrow}}{1},$
$0, \cdots, 0)^{\mathrm{T}}$ 时, 按定义资源 b_i 的影子价格为

$$影子价格 = \frac{\Delta z_i^*}{1} = \Delta z_i^* = C_B B^{-1}\Delta b$$

$$= (y_1 \quad y_2 \quad \cdots \quad y_m) \begin{pmatrix} 0 \\ \vdots \\ 0 \\ 1 \\ 0 \\ \vdots \\ 0 \end{pmatrix} \longleftarrow 第 i 个分量$$

$$= y_i.$$

所以资源 $b = (b_1, b_2, \cdots, b_m)^{\mathrm{T}}$ 的影子价格为 $Y = (y_1, y_2, \cdots, y_m) = C_B B^{-1}$, 又由线性规划问题与其对偶问题的对应关系知, 在线性规划问题的最优单纯形表中, 松弛变量所对应的检验数的相反数 $C_B B^{-1} = (y_1, y_2, \cdots, y_m)$ 即为其对偶线性规划的最优解. 所以, 从经济意义上讲, 线性规划 (2.3.1) 的对偶线性规划的最优解就是在由该线性规划所决定的最优经济结构中资源的影子价格.

2.3.3 影子价格的基本性质

影子价格反映在最优经济结构中资源的边际使用价值, 它具有下列基本性质.

定理 2.3.2 在某一项经济活动中, 在资源得到最优配置条件下, ① 若 $\sum\limits_{i=1}^{m} y_i^* a_{ij}$ $> c_j$, 则 $x_j^* = 0$; ② 若 $x_j^* > 0$, 则 $\sum\limits_{i=1}^{m} y_i^* a_{ij} = c_j$ (其中 y_i^* 为第 i 种资源的影子价格).

此定理的经济意义: 在某项经济活动中, 当资源得到最优配置时, 如果生产一个单位的第 j 种产品按所消耗资源的影子价格计算的支出大于销售一个单位该种产品所得到的收入. 从单纯形表上看即有 x_j 所对应的检验数 $\lambda_j = c_j - \sum y_i^* a_{ij} < 0$, 则第 j 种产品不宜投产, 应该作为非基变量, 故 $x_j^* = 0$; 如果决定第 j 种产品投产, 即作为基变量的 $x_j^* > 0$, 则销售一个单位的该产品所得到的收入必须与生产一个单位的该种产品按所消耗资源的影子价格计算的支出达到平衡. 此时, 从单纯形表上看, 应有作为基变量的 x_j^* 的检验数

$$\lambda_j^* = \sum y_i^* a_{ij} - c_j = 0.$$

定理 2.3.3 在某一项经济活动中, 当资源得到最佳配置时, ① 如果第 i 种资源供大于求, 即 $\sum\limits_{j=1}^{n} a_{ij} x_j < b_i$, 则该项资源的影子价格 $y_i^* = 0$; ② 如果第 i 种资源供需平衡, 即 $\sum\limits_{j=1}^{n} a_{ij} x_j = b_i$, 则该项资源的影子价格 $y_i^* \geqslant 0$.

此定理的经济意义: 在某项经济活动中, 当资源得到最佳配置时, 如果有第 i 种资源供大于求, 即有剩余量 $x_{n+i} > 0$, 那么即使再增加该种资源, 也不能投入生产, 目标函数值不能增加, 因此该种资源的影子价格为 $y_i^* = 0$; 如果第 i 种资源供需平衡 $x_{n+i} = 0$, 在一般情况下, 这时该项资源是短缺资源, 如果增加该项资源, 能够引起目标函数值的增加, 因此该项资源的影子价格 $y_i^* > 0$. 但在某些特殊情况下, 第 i 种资源刚好满足需要, 如果再增加就成为剩余资源, 因此, 也可能使该项资源的影子价格 $y_i^* = 0$.

2.3.4　影子价格的特点

通过对影子价格的概念、计算方法、基本性质以及它与对偶线性规划之间关系的研究, 我们对影子价格的经济意义已经有了比较全面的了解, 下面通过它与市场价格的对比, 进一步从经济意义上了解影子价格的特点 (表 2.3.2).

表 2.3.2　影子价格的特点

	市场价格	影子价格
定义	市场价格是商品价值的货币表现	影子价格是资源最优利用时的边际价值
影响因素	市场价格随着市场的供求情况与有关方针政策的变化而变化	影子价格随着经济结构的变化而变化, 同一资源在不同经济结构中影子价格不同
制定方法	市场价格的制定含有价格制定者的主观因素	影子价格的形成完全由经济结构的客观条件所决定
计算方法	市场价格的判定是一个比较复杂的过程, 不存在一个统一的计算公式	影子价格的计算比较容易, 用单纯形法求出对偶线性规划的最优解, 即为资源的影子价格
取值情况	任何一种商品的市场价格都不可能为零	影子价格可以为零, 当资源过剩时, 其影子价格就等于零

2.3.5　影子价格在经济中的应用

影子价格刻画了经济活动中资源变化时总效益的变化趋势, 定量地反映了资源的稀缺程度和供需矛盾. 长线资源的影子价格等于零, 短线资源的影子价格大于零. 资源的影子价格越高, 表示资源的稀缺程度越大. 这个信息, 为企业决策者在经营活动中作出正确决策提供了依据. 因此, 影子价格可以得到广泛的应用, 现列举几个方面.

1. 根据影子价格确定资源的采购

因为资源的影子价格越高, 其稀缺程度越大. 因此, 企业决策者应当尽可能采购影子价格高的资源来扩大生产, 以增加利润. 但要注意: 在社会主义市场经济条件下, 稀缺资源的市场价格一般都会上浮, 但只要符合影子价格大于现价与原价的差额, 仍然可以采购这种资源, 因为购进一个单位这种资源所增加的差价支出比因此而增加的收入少.

2. 根据影子价格确定资源的利用方向

企业经营者利用自己手中的资源, 可以根据既定的最优经济结构生产传统的老产品. 但有不少人不满足现状, 往往需要根据市场的变化情况开发新产品. 那么新产品在什么条件下才宜投产呢? 影子价格可以提供一个量化的判断标准, 假设在现定的最优经济结构中, 各种资源的影子价格为 $Y = (y_1, y_2, \cdots, y_m)$, 第 j 种新产品对各种资源的单位消耗为 $P_j = (a_{1j}, a_{2j}, \cdots, a_{mj})^{\mathrm{T}}$, 又已知这种新产品的单位市价为 c_j, 则只有当 $YP_j - c_j < 0$ 即 $YP_j < c_j$ 时方可投产, 因为 $YP_j = (y_1, y_2, \cdots, y_m)(a_{1j}, a_{2j}, \cdots, a_{mj})^{\mathrm{T}} = \sum_{i=1}^{m} y_i a_{ij}$ 表示生产一个单位第 j 种新产品按所需资源的影子价格计算的成本, 也就是利用这些资源生产老产品所能获得的产值. 如果第 j 种产品投产, 就等于消耗了 $YP_j = \sum_{i=1}^{m} y_i a_{ij}$ 而获得了收入 c_j, 所以只有当 $YP_j < c_j$ 时才宜投产.

3. 根据影子价格确定投资方向

如果已知甲, 乙, 丙, $\cdots$, n 种设备在某一最优经济结构中单位台时的影子价格分别为 $y_1, y_2, \cdots, y_n$, 各种设备的市场价格分别为 $a_1, a_2, \cdots, a_m$, 每台设备每天工作的有效台时为 $x_1, x_2, \cdots, x_n$, 现有投资金额为 A. 问利用这笔资源采购何种设备最好?

现假定采购第 k 种设备 $(1 \leqslant k \leqslant n)$, 则一共可以采购 $\dfrac{A}{a_k}$ 台, 每天可以增加有效工作台时 $\dfrac{Ax_k}{a_k}$, 而每天增加收入为 $\dfrac{Ax_k y_k}{a_k} (1 \leqslant k \leqslant n)$.

因此, 采购第 k 种设备应满足

$$\frac{Ax_k y_k}{a_k} = \max \left\{ \frac{Ax_j y_j}{a_j} \middle| j = 1, 2, \cdots, n \right\}.$$

最后应该指出: 影子价格虽然在微观经济中对企业的成本效益分析具有重大意义, 但不能把这种作用不适当地夸大到宏观经济中去. 因为影子价格虽然可以灵敏地反映各种资源的稀缺程度, 但不能准确地反映人与人之间的社会关系, 也不具有市场价格所特有的利益激励功能. 而价格首先应该表明人们在互换劳动过程中的社会关系, 其次才是人与自然之间的技术关系. 因此在现阶段, 即在人类劳动还是有偿的还不能完全成为直接社会劳动的社会主义初级阶段, 在宏观经济中, 对资源的优化配置起基础作用的还不是影子价格而是市场价格.

例 2.3.1 某企业生产三种产品要经过三种不同的加工工序, 产品所需的各工序加工时间 (分钟)、每天各工序的加工能力和销售单位产品的利润如表 2.3.3.

表 2.3.3 例 2.3.1 的数据

	每件产品加工时间/分			加工能力/(分/天)
	A 产品	B 产品	C 产品	
工序 I	1	2	1	430
工序 II	3	0	2	460
工序 III	1	4	0	420
利润/(元/件)	3	2	5	

(1) 对三种加工工序的能力 (时间) 的稀缺程度作出分析;

(2) 若由外单位租赁设备进行加工, 三种工序的加工费都是 1.5 元/分, 问是否应当租赁?

解　根据条件建立数学模型.

设生产 A, B, C 产品件数分别为 x_1, x_2, x_3, 则数学模型为

$$\max z = 3x_1 + 2x_2 + 5x_3,$$
$$\text{s.t.} \begin{cases} x_1 + 2x_2 + x_3 \leqslant 430, \\ 3x_1 + 2x_3 \leqslant 460, \\ x_1 + 4x_2 \leqslant 420, \\ x_j \geqslant 0 (j = 1, 2, 3). \end{cases}$$

添加松弛变量 $x_4, x_5, x_6 \geqslant 0$, 将数学模型化为标准形

$$\max z = 3x_1 + 2x_2 + 5x_3,$$
$$\text{s.t.} \begin{cases} x_1 + 2x_2 + x_3 + x_4 = 430, \\ 3x_1 + 2x_3 + x_5 = 460, \\ x_1 + 4x_2 + x_6 = 420, \\ x_j \geqslant 0 \ (j = 1, 2, \cdots, 6). \end{cases}$$

经计算得最优表见表 2.3.4.

表 2.3.4　例 2.3.1 的最优表

X_B	b'	x_1	x_2	x_3	x_4	x_5	x_6
x_2	100	$-\dfrac{1}{4}$	1	0	$\dfrac{1}{2}$	$-\dfrac{1}{4}$	0
x_3	230	$\dfrac{1}{3}$	0	1	0	$\dfrac{1}{2}$	0
x_6	20	2	0	0	-2	1	1
λ_j		-4	0	0	-1	-2	0

(1) 根据最优表中松弛变量 x_4, x_5, x_6 的检验数可以确定 I, II, III 三个工序的影子价格. 工序 I 相应松弛变量 x_4 的检验数为 -1, 即工序 I 的影子价格为 1 元/分钟, 也就是说, 如果追加工序 I 一分钟工时, 总利润可以增加一元. 同理, 工序 II 的影子价格为 2 元/分, 也就是说, 如果追加工序 II 一分钟工时, 总利润可以增加 2 元. 工序 III 的影子价格为 0 元/分, 也就是说, 追加工序 III 的工时不会带来总利润的增加. 事实上, 最优表中工序 III 相应的松弛变量 $x_6 = 20$ 分钟, 观察数学模型的第三个约束条件 $x_1 + 4x_2 + x_6 = 420$, 因 $x_6 = 20$ 分钟, 说明工序 III 的工时并未用尽, 还有余量 20 分钟, 综上所述, 工序 II 的工时最紧张, 工序 I 次之, 工序 III 还有余量 20 分钟.

(2) 若以每分钟加工费 1.5 元的价格由外单位租赁工序 I 的设备, 每追加一分钟总利润的增值为 1 元, 扣除加工费 1.5 元, 年获利 1 元 −1.5 元 = −0.5 元, 即不但企业不获利, 反而亏损 0.5 元, 当然不能租赁.

若以每分钟加工费 1.5 元的价格由外单位租赁工序 II 的设备, 每追加一分钟, 总利润的增值是 2 元, 扣除加工费 1.5 元, 年获利 2 − 1.5 = 0.5 元, 即企业每分钟可获利 0.5 元, 可以考虑租赁. 因为工序 III 的工时尚有余量 20 分钟, 当然不必租赁.

2.4 灵敏度分析

"灵敏度分析" 一词的含义是指对系统或事物因周围条件变化显示出来的敏感程度的分析. 在以前, 我们所介绍的线性规划问题中, 都假定问题中 a_{ij}, b_i, c_j 是已知常数, 但实际上这些参数往往是一些估计和预测的数字, 如市场条件一变, c_j 值就会变化, a_{ij} 是随工艺技术条件的改变而改变, b_i 值则是根据资源投入后能产生多大经济效果来决定的一种决策选择. 因此就会提出以下问题: 当这些参数中的一个或几个发生变化时, 问题的最优解有什么变化或者这些参数在一个多大范围内变化时, 问题的最优解不变, 这就是灵敏度分析所要研究解决的问题.

当然, 线性规划模型的参数变化时, 可以利用单纯形法对变动后的模型重新计算, 求出新解, 但这样做很麻烦而且也没有必要, 下面举例加以讨论.

例 2.4.1 某工厂用甲、乙、丙三种原料可生产五种产品, 其有关数据见表 2.4.1. 问如何组织生产可使工厂获最多利润?

表 2.4.1 例 2.4.1 的有关数据

原料	供应量/kg	每万件产品所需原料数/kg				
		A	B	C	D	E
甲	10	1	2	1	0	1
乙	24	1	0	1	3	2
丙	21	1	2	2	2	2
每万件产品利润/万元		8	20	10	20	21

解 设 x_1, x_2, x_3, x_4, x_5 分别表示 A, B, C, D, E 五种产品的生产件数, 则可建立线性规划模型为

$$\max z = 8x_1 + 20x_2 + 10x_3 + 20x_4 + 21x_5,$$

$$\text{s.t.} \begin{cases} x_1 + 2x_2 + x_3 + x_5 \leqslant 10, \\ x_1 + x_3 + 3x_4 + 2x_5 \leqslant 24, \\ x_1 + 2x_2 + 2x_3 + 2x_4 + 2x_5 \leqslant 21, \\ x_1, x_2, \cdots, x_5 \geqslant 0. \end{cases}$$

在上述约束条件中依次加入松弛变量 x_6, x_7, x_8 并化为标准形

$$\max z = 8x_1 + 20x_2 + 10x_3 + 20x_4 + 21x_5,$$

$$\text{s.t.} \begin{cases} x_1 + 2x_2 + x_3 + x_5 + x_6 = 10, \\ x_1 + x_3 + 3x_4 + 2x_5 + x_7 = 24, \\ x_1 + 2x_2 + 2x_3 + 2x_4 + 2x_5 + x_8 = 21, \\ x_j \geqslant 0 \ (j = 1, \cdots, 8). \end{cases}$$

运用单纯形法求解上述模型, 其运算过程如下 (表 2.4.2):

表 2.4.2　例 2.4.1 的单纯形表

C_B	X_B	b'	x_1	x_2	x_3	x_4	x_5	x_6	x_7	x_8	θ
	$c_j \rightarrow$		8	20	10	20	21	0	0	0	
0	x_6	10	1	2	1	0	[1]	1	0	0	$\dfrac{10}{1}$
0	x_7	24	1	0	1	3	2	0	1	0	$\dfrac{24}{2}$
0	x_8	21	1	2	2	2	2	0	0	1	$\dfrac{21}{2}$
	λ_j		8	20	10	20	21	0	0	0	
21	x_5	10	1	2	1	0	1	1	0	0	
0	x_7	4	-1	-4	-1	3	0	-2	1	0	$\dfrac{4}{3}$
0	x_8	1	-1	-2	0	[2]	0	-2	0	1	$\dfrac{1}{2}$
	λ_j		-13	-22	-11	20	0	-21	0	0	
21	x_5	10	1	2	1	0	1	1	0	0	
0	x_7	$\dfrac{5}{2}$	$\dfrac{1}{2}$	-1	-1	0	0	1	1	$-\dfrac{3}{2}$	
20	x_4	$\dfrac{1}{2}$	$-\dfrac{1}{2}$	-1	0	1	0	-1	0	$\dfrac{1}{2}$	
	λ_j		-3	-2	-11	0	0	-1	0	-10	

最优解为 $x_5 = 10, x_7 = \dfrac{5}{2}, x_4 = \dfrac{1}{2}$.

最优方案为生产 E 产品 10 万件, D 产品 0.5 万件, 可获利润 220 万元.

2.4.1　目标函数系数的灵敏度分析

在线性规划问题的求解过程中, 目标函数系数的变动将会影响到检验数的取值, 然而, 当目标函数的系数变动不破坏最优判别准则时, 原最优解不变. 否则, 原最优解将发生变化, 要设法求出新的最优解.

下面分两种情况讨论.

1. c_j 是非基变量 x_j 的系数

在最终单纯形表中, 非基变量 x_j 所对应的检验数为

$$\lambda_j = c_j - C_B B^{-1} P_j.$$

由于 c_j 是非基变量的系数, 因此, 它的改变对 $C_B B^{-1} P_j$ 的值不产生影响, 而只影响 c_j 本身. 若 c_j 有一个增量 Δc_j, 则变化后的检验数为 $\lambda_j' = c_j + \Delta c_j - C_B B^{-1} P_j = \lambda_j + \Delta c_j$.

为保证原所求的解仍为最优解, 则要求新检验数 λ_j' 仍满足最优判别准则, 故有

$$\lambda_j' = \lambda_j + \Delta c_j \leqslant 0,$$

即

$$\Delta c_j \leqslant -\lambda_j. \tag{2.4.1}$$

例 2.4.2 在例 2.4.1 中, 若 C 产品的利润系数 c_3 变化,

(1) 由 10 改为 20;

(2) 由 10 改为 22, 是否对最优解产生影响?

解 根据 (2.4.1) 式先找到不改变原最优解的变化范围. 只要 $\Delta c_3 \leqslant -\lambda_3 = 11$, 即: $c_3 = 10 + \Delta c_3 \leqslant 21$ 时原最优解仍为最优解.

(1) 当 c_3 由 10 变为 20 时, 仍小于 21, 故 c_3 的变化对最优解没有影响.

(2) 当 c_3 由 10 变为 22 时, 已超出了 c_3 的变化范围, 原最优解已不是最优解.

利用单纯形法继续迭代见表 2.4.3.

表 2.4.3 例 2.4.2 的单纯形表

C_B	X_B	b'	x_1	x_2	x_3	x_4	x_5	x_6	x_7	x_8
	$c_j \to$		8	20	22	20	21	0	0	0
21	x_5	10	1	2	[1]	0	1	1	0	0
0	x_7	$\frac{5}{2}$	$\frac{1}{2}$	-1	-1	0	0	1	1	$-\frac{3}{2}$
20	x_4	$\frac{1}{2}$	$-\frac{1}{2}$	-1	0	1	0	-1	0	$\frac{1}{2}$
	λ_j		-3	-2	1	0	0	-1	0	-10
22	x_3	10	1	2	1	0	1	1	0	0
0	x_7	$\frac{25}{2}$	$\frac{3}{2}$	1	0	0	1	2	1	$-\frac{3}{2}$
20	x_4	$\frac{1}{2}$	$-\frac{1}{2}$	-1	0	1	0	-1	0	$\frac{1}{2}$
	λ_j		-4	-4	0	0	-2	-2	0	-10

最优解为 $X^* = \left(0, 0, 10, \frac{1}{2}, 0, 0, \frac{25}{2}, 0\right)^{\mathrm{T}}$, $z^* = 230$.

2. c_k 是基变量 x_k 的系数

由于 c_k 是基变量 x_k 的系数, 则 c_k 是向量 C_B 的一个分量, 当 c_k 改变 Δc_k 时, C_B 改变 ΔC_B, 从而引起原问题最终表中的全体非基变量的检验数和目标函数值的改变, 发生变化后的非基变量的检验数为

$$
\begin{aligned}
\lambda'_j &= c_j - (C_B + \Delta C_B)B^{-1}P_j \\
&= c_j - C_B B^{-1}P_j - \Delta C_B B^{-1}P_j \\
&= \lambda_j - \Delta C_B B^{-1}P_j \\
&= \lambda_j - \Delta c_k a'_{ij},
\end{aligned}
$$

其中, $\Delta C_B = \Big(\overbrace{0, 0, \cdots, 0, \underset{\text{第 } i \text{ 个分量}}{\Delta c_k}, 0, \cdots, 0}^{m \text{ 个}} \Big)$; $B^{-1}P_j = (a'_{1j}, a'_{2j}, \cdots, a'_{ij}, \cdots, a'_{mj})^{\mathrm{T}}$ 为 x_j 在最终表中的系数列向量; a'_{ij} 为 $B^{-1}P_j$ 的第 i 个分量.

为保证原最优解仍为最优解, 只要所有新的非基变量的检验数 λ'_j 仍满足最优判别准则, 即有

$$
\lambda'_j = \lambda_j - \Delta c_k a'_{ij} \leqslant 0.
$$

若 $a'_{ij} < 0$, 则 $\Delta c_k \leqslant \dfrac{\lambda_j}{a'_{ij}}$;

若 $a'_{ij} > 0$, 则 $\Delta c_k \geqslant \dfrac{\lambda_j}{a'_{ij}}$, 即

$$
\max \left\{ \frac{\lambda_j}{a'_{ij}} \middle| a'_{ij} > 0 \right\} \leqslant \Delta c_k \leqslant \min \left\{ \frac{\lambda_j}{a'_{ij}} \middle| a'_{ij} \leqslant 0 \right\}. \tag{2.4.2}
$$

只要 Δc_k 满足 (2.4.2) 式, 则原最优解的最优性不变.

例 2.4.3　在例 2.4.1 中, 求产品 D 的利润系数不改变最优解的范围?

解　c_4 为 C_B 中的第 3 个分量, 故 $i = 3$. 据 (2.4.2) 式

$$
\max \left\{ \frac{\lambda_j}{a'_{3j}} \middle| a'_{3j} > 0 \right\} \leqslant \Delta c_4 \leqslant \min \left\{ \frac{\lambda_j}{a'_{3j}} \middle| a'_{3j} < 0 \right\},
$$

即

$$
\max \left\{ \frac{-10}{1/2} \right\} \leqslant \Delta c_4 \leqslant \min \left\{ \frac{-3}{-1/2}, \frac{-2}{-1}, \frac{-1}{-1} \right\},
$$

$$
-20 \leqslant \Delta c_4 \leqslant 1,
$$

所以

$$
0 \leqslant c_4 \leqslant 21.
$$

另解直接在最终单纯形表中操作 (表 2.4.4).

表 2.4.4　单纯形表

$c_j \rightarrow$			8	20	10	$20+\Delta c_4$	21	0	0	0	θ
21	x_5	10	1	2	1	0	1	1	0	0	
0	x_7	$\dfrac{5}{2}$	$\dfrac{1}{2}$	-1	-1	0	0	1	1	$-\dfrac{3}{2}$	
$20+\Delta c_4$	x_4	$\dfrac{1}{2}$	$-\dfrac{1}{2}$	-1	0	1	0	-1	0	$\dfrac{1}{2}$	
λ_j			$-3+\dfrac{1}{2}\Delta c_4$	$-2+\Delta c_4$	-11	0	0	$-1+\Delta c_4$	0	$-10-\dfrac{1}{2}\Delta c_4$	

求解不等式组

$$\begin{cases} -3+\dfrac{1}{2}\Delta c_4 \leqslant 0, \\[2mm] -2+\Delta c_4 \leqslant 0, \\[2mm] -1+\Delta c_4 \leqslant 0, \\[2mm] -10-\dfrac{1}{2}\Delta c_4 \leqslant 0, \end{cases}$$

得 $-20 \leqslant \Delta c_4 \leqslant 1$, 所以 $0 \leqslant c_4 \leqslant 21$.

2.4.2　约束条件中常数项的灵敏度分析

尽管常数 b_r 的变化与最优性判别准则 $\lambda_j = c_j - C_B B^{-1} P_j \leqslant 0$ 无关, 但它的变化将影响最终单纯形表中 $X_B = B^{-1}b$ 的可行性. 若变化后的 $\bar{b}$ 仍能保证 $B^{-1}\bar{b} \geqslant 0$, 这时, B 仍为最优基, $B^{-1}\bar{b}$ 为最优解. 否则, 最优基要发生变化.

下面来讨论 b_r 的变化范围.

设 b_r 有一个改变量 Δb_r, 这时, 新的基本解为

$$\bar{X}_B = B^{-1}\begin{pmatrix} b_1 \\ b_2 \\ \vdots \\ b_r+\Delta b_r \\ \vdots \\ b_m \end{pmatrix} = B^{-1}b + B^{-1}\begin{pmatrix} 0 \\ 0 \\ \vdots \\ \Delta b_r \\ 0 \\ \vdots \\ 0 \end{pmatrix} \longleftarrow \text{第 } r \text{ 个分量.}$$

设 β_r 为 B^{-1} 中的第 r 列, 且 $B^{-1}b$ 就是原来的基本可行解, $B^{-1}b = (b'_1, b'_2, \cdots,$

$b_m')^{\mathrm{T}}$, 所以有

$$\bar{X}_B = \begin{pmatrix} b_1' \\ b_2' \\ \vdots \\ b_m' \end{pmatrix} + \begin{pmatrix} \beta_{1r} \\ \beta_{2r} \\ \vdots \\ \beta_{mr} \end{pmatrix} \Delta b_r.$$

为了保证解的可行性, 应有 $\bar{X}_B \geqslant 0$, 即有

$$b_i' + \beta_{ir} \Delta b_r \geqslant 0 \ (i = 1, 2, \cdots, m).$$

若 $\beta_{ir} < 0$, 则 $\Delta b_r \leqslant \dfrac{-b_i'}{\beta_{ir}}$;

若 $\beta_{ir} > 0$, 则 $\Delta b_r \geqslant \dfrac{-b_i'}{\beta_{ir}}$, 即

$$\max \left\{ \frac{-b_i'}{\beta_{ir}} \middle| \beta_{ir} > 0 \right\} \leqslant \Delta b_r \leqslant \min \left\{ \frac{-b_i'}{\beta_{ir}} \middle| \beta_{ir} < 0 \right\} \tag{2.4.3}$$

例 2.4.4　求例 2.4.1 中 b_1 的变化范围.

解　从最终单纯形表 2.4.2 知: $b' = \left(10, \dfrac{5}{2}, \dfrac{1}{2} \right)^{\mathrm{T}}$.

而对应的 B^{-1} 也可从表 2.4.2 中查得. 即: 在最终单纯形中, 初始基变量所对应的列向量构成的矩阵即为 B^{-1}, 即

$$B^{-1} = \begin{pmatrix} 1 & 0 & 0 \\ 1 & 1 & -\dfrac{3}{2} \\ -1 & 0 & \dfrac{1}{2} \end{pmatrix}.$$

如果 b_1 变化了 Δb_1, 据 (2.4.3) 式有

$$\max \left\{ \frac{-10}{1}, \frac{-5/2}{1} \right\} \leqslant \Delta b_1 \leqslant \min \left\{ \frac{-1/2}{-1} \right\},$$

即

$$-\frac{5}{2} \leqslant \Delta b_1 \leqslant \frac{1}{2}.$$

故 b_1 的变化范围为 $\dfrac{15}{2} \leqslant b_1 \leqslant \dfrac{21}{2}$.

另解只需 $B^{-1} \begin{pmatrix} 10 + \Delta b_1 \\ 24 \\ 21 \end{pmatrix} \geqslant 0$ 即可, 求解得 $\dfrac{15}{2} \leqslant b_1 \leqslant \dfrac{21}{2}$.

例 2.4.5 在例 2.4.1 中, 若 $b_1 = 11$, 试求最优解.

解 当 $b_1 = 11$ 时, 相当于 $\Delta b_1 = 1$, 由例 2.4.4 知, b_1 已超出不改变最优基的变化范围, 所以

$$\bar{X}_B = X_B + B^{-1}\Delta b_1 = \begin{pmatrix} 10 \\ \dfrac{5}{2} \\ \dfrac{1}{2} \end{pmatrix} + \begin{pmatrix} 1 \\ 1 \\ -1 \end{pmatrix} \cdot 1 = \begin{pmatrix} 11 \\ \dfrac{7}{2} \\ -\dfrac{1}{2} \end{pmatrix}$$

已不是可行解, 见表 2.4.5.

表 2.4.5 $b_1 = 11$ 时的单纯形表

C_B	X_B	b'	$c_j \rightarrow$ 8 x_1	20 x_2	22 x_3	20 x_4	21 x_5	0 x_6	0 x_7	0 x_8
21	x_5	11	1	2	1	0	1	1	0	0
0	x_7	$\dfrac{7}{2}$	$\dfrac{1}{2}$	-1	-1	0	0	1	1	$-\dfrac{3}{2}$
20	x_4	$-\dfrac{1}{2}$	$-\dfrac{1}{2}$	-1	0	1	0	$[-1]$	0	$\dfrac{1}{2}$
	λ_j		-3	-2	-11	0	0	-1	0	-10

所有检验数并没有改变, 仍满足最优性条件. 因此, 用对偶单纯形法可求出最优解, 见表 2.4.6.

表 2.4.6 $b_1 = 11$ 的最终单纯形表

C_B	X_B	b'	x_1	x_2	x_3	x_4	x_5	x_6	x_7	x_8
21	x_5	$10\dfrac{1}{2}$	$\dfrac{1}{2}$	1	1	1	1	0	0	$\dfrac{1}{2}$
0	x_7	3	0	-2	-1	1	0	0	1	-1
0	x_6	$\dfrac{1}{2}$	$\dfrac{1}{2}$	1	0	-1	0	1	0	$-\dfrac{1}{2}$
	λ_j		$-\dfrac{5}{2}$	-1	-11	-1	0	0	0	$-\dfrac{21}{2}$

最优解为 $x_5 = \dfrac{21}{2}, x_6 = \dfrac{1}{2}, x_7 = 3$, 其余变量为 0, 最大利润为 $\dfrac{441}{2}$. 由此可见, 若 b_r 变化后, $\bar{X}_B$ 不是可行解, 应利用对偶单纯形迭代求出最优解.

2.4.3 增加新变量的灵敏度分析

在求得最优解后, 工厂若在原有资源条件下, 再试制一种新产品, 就可能打乱原来的生产计划. 试制一种新产品, 需要在当前模型的目标函数及各项约束中引进一个适当系数的新变量. 利用灵敏度分析可判断计划中安排生产新产品是否有利

的问题.

例 2.4.6　在例 2.4.1 中, 若该工厂除 A, B, C, D, E 五种产品外, 还有第六种产品 F 可供选择. 已知生产 F 每万件要用原料甲、乙、丙分别为 1kg, 2kg, 1kg, 而每万件产品 F 可获利润 12 万元. 问该工厂的计划中要不要安排这种产品的生产, 若要安排, 应当生产多少?

解　在例 2.4.1 的模型中增加一个新的变量, 为了不影响原来变量顺序, 设新产品的生产量为 x_9, 新的数学模型为

$$\max z = 8x_1 + 20x_2 + 10x_3 + 20x_4 + 21x_5 + 12x_9,$$

$$\text{s.t.} \begin{cases} x_1 + 2x_2 + x_3 + x_5 + x_6 + x_9 = 10, \\ x_1 + x_3 + 3x_4 + 2x_5 + x_7 + 2x_9 = 24, \\ x_1 + 2x_2 + 2x_3 + 2x_4 + 2x_5 + x_8 + x_9 = 21, \\ x_j \geqslant 0 \ (j = 1, 2, \cdots, 9). \end{cases}$$

由表 2.4.2 知, $X^* = \left(0, 0, 0, \dfrac{1}{2}, 10, 0, \dfrac{5}{2}, 0\right)^{\mathrm{T}}$ 为原问题的最优解, 显然 $(X^{*\mathrm{T}}, 0)^{\mathrm{T}}$ 为上述新问题的一组基本可行解.

检验数 $\lambda_j = c_j - C_B B^{-1} P_j \leqslant 0 \ (j = 1, 2, \cdots, 8)$, 而

$$\lambda_9 = c_9 - C_B B^{-1} P_9$$

$$= 12 - (21, 0, 20) \begin{pmatrix} 1 & 0 & 0 \\ 1 & 1 & \dfrac{3}{2} \\ -1 & 0 & \dfrac{1}{2} \end{pmatrix} \begin{pmatrix} 1 \\ 2 \\ 1 \end{pmatrix} = 1 > 0.$$

可见 $(X^{*\mathrm{T}}, 0)^{\mathrm{T}}$ 不是最优解, 应重新调整原生产计划, 这表明增加新产品 F 是有利的, 可以获得更大利润.

计算 x_9 对应表 2.4.2 中的系数列向量

$$B^{-1} P_9 = \begin{pmatrix} 1 & 0 & 0 \\ 1 & 1 & -\dfrac{3}{2} \\ -1 & 0 & \dfrac{1}{2} \end{pmatrix} \begin{pmatrix} 1 \\ 2 \\ 1 \end{pmatrix} = \begin{pmatrix} 1 \\ \dfrac{3}{2} \\ -\dfrac{1}{2} \end{pmatrix}.$$

将计算结果添入表 2.4.2 的最终表中, 得到修正表 2.4.7.

表 2.4.7 例 2.4.6 的单纯形表

C_B	X_B	b'	x_1	x_2	x_3	x_4	x_5	x_6	x_7	x_8	x_9
21	x_5	10	1	2	1	0	1	1	0	0	1
0	x_7	$\frac{5}{2}$	$\frac{1}{2}$	-1	-1	0	0	1	1	$-\frac{3}{2}$	$\left[\frac{3}{2}\right]$
20	x_4	$\frac{1}{2}$	$-\frac{1}{2}$	-1	0	1	0	-1	0	$\frac{1}{2}$	$-\frac{1}{2}$
λ_j			-3	-2	-11	0	0	-1	0	-10	1
21	x_5	$\frac{25}{3}$	$\frac{2}{3}$	$\frac{8}{3}$	$\frac{5}{3}$	0	1	$\frac{1}{3}$	$-\frac{2}{3}$	1	0
12	x_9	$\frac{5}{3}$	$\frac{1}{3}$	$-\frac{2}{3}$	$\frac{2}{3}$	0	0	$\frac{2}{3}$	$\frac{2}{3}$	-1	1
20	x_4	$\frac{4}{3}$	$-\frac{1}{3}$	$\frac{4}{3}$	$\frac{1}{3}$	1	0	$-\frac{2}{3}$	$\frac{1}{3}$	0	0
λ_j			$-\frac{10}{3}$	$-\frac{4}{3}$	$-\frac{31}{3}$	0	0	$-\frac{5}{3}$	$-\frac{2}{3}$	-9	0

最优解为 $x_4 = \frac{4}{3}, x_5 = \frac{25}{3}, x_9 = \frac{5}{3}$, 其他变量为 0.

即: 最优生产方案为生产产品 D $\frac{4}{3}$ 万件, 生产产品 E $\frac{25}{3}$ 万件, 产品 F $\frac{5}{3}$ 万件, 最大利润为 $221\frac{2}{3}$ 万元.

2.4.4 添加一个新约束条件的灵敏度分析

例 2.4.7 在例 2.4.1 中假设工厂又增加煤耗不超过 10 吨的限制, 而生产每万件 A, B, C, D, E 产品分别需要煤 3t, 2t, 1t, 2t, 1t, 问新的限制对原生产计划有何影响?

解 添加一个煤耗的约束条件可描述为

$$3x_1 + 2x_2 + x_3 + 2x_4 + x_5 \leqslant 10.$$

加上松弛变量 x_9, 使上式变为 $3x_1 + 2x_2 + x_3 + 2x_4 + x_5 + x_9 = 10$, 以 x_9 为基变量, 把这个约束条件添入表 2.4.2 的最终表中, 得表 2.4.7.

由于加入新的约束, 基变量 x_4, x_5 不再是单位列向量, 首先将它们化为单位列向量从而得表 2.4.8.

从表 2.4.8 可知, 原问题的解是非可行解, 表明添加约束后原生产方案不再可行, 但最后一行, 检验数 $\lambda_j \leqslant 0$, 故用对偶单纯形法, 迭代结果如表 2.4.9.

最优解为 $x_5 = 10, x_7 = 4, x_8 = 1$, 其余全为 0, 即: 最优方案为只生产 E 产品 10 万件获利 210 万元, 比原计划方案减少利润 10 万元.

由以上分析可知灵敏度分析的步骤为

(1) 将参数改变计算后, 反映到最终单纯形表上来 (表 2.4.10);

表 2.4.8　例 2.4.7 的单纯形表

C_B	X_B	b'	x_1	x_2	x_3	x_4	x_5	x_6	x_7	x_8	x_9
21	x_5	10	1	2	1	0	1	1	0	0	0
0	x_7	$\frac{5}{2}$	$\frac{1}{2}$	-1	-1	0	0	1	1	$-\frac{3}{2}$	0
20	x_4	$\frac{1}{2}$	$-\frac{1}{2}$	-1	0	1	0	-1	0	$\frac{1}{2}$	0
0	x_9	10	3	2	1	2	1	0	0	0	1
	λ_j		-3	-2	-11	0	0	-1	0	-10	0

表 2.4.9　例 2.4.7 的单纯形表的修正

C_B	X_B	b'	x_1	x_2	x_3	x_4	x_5	x_6	x_7	x_8	x_9
21	x_5	10	1	2	1	0	1	1	0	0	0
0	x_7	$\frac{5}{2}$	$\frac{1}{2}$	-1	-1	0	0	1	1	$-\frac{3}{2}$	0
20	x_4	$\frac{1}{2}$	$-\frac{1}{2}$	-1	0	1	0	-1	0	$\frac{1}{2}$	0
0	x_9	-1	3	2	0	0	0	1	0	$[-1]$	1
	λ_j		-3	-2	-11	0	0	-1	0	-10	0

表 2.4.10　例 2.4.7 的对偶单纯形表

C_B	X_B	b'	x_1	x_2	x_3	x_4	x_5	x_6	x_7	x_8	x_9
21	x_5	10	1	2	1	0	1	1	0	0	0
0	x_7	4	-4	-4	-1	0	0	$-\frac{1}{2}$	1	0	$-\frac{3}{2}$
20	x_4	0	1	0	0	1	0	$-\frac{1}{2}$	0	0	$\frac{1}{2}$
0	x_8	1	-3	-2	0	0	0	-1	0	1	-1
	λ_j		-33	-22	-11	0	0	-11	0	0	-10

(2) 检查原问题是否是可行解;

(3) 检查对偶问题是否仍为可行解;

(4) 按表 2.4.11 所列情况得到结论或决定继续计算的步骤.

表 2.4.11　参数变化引起原问题和对偶问题的变化情况及处置方法

原问题	对偶问题	结论或继续计算的步骤
可行解	可行解	仍为问题最优解
可行解	非可行解	用单纯形法继续迭代求最优解
非可行解	可行解	用对偶单纯形法继续迭代求最优解
非可行解	非可行解	引进人工变量, 编制新单纯形表重新计算

复习思考题

2.1 根据原问题同对偶问题之间的对应关系, 分别找出两个问题变量之间、解以及检验数之间的对应关系.

2.2 什么是资源的影子价格? 同相应的市场价格之间有何区别以及研究影子价格的意义.

2.3 试述对偶单纯形法的计算步骤, 它的优点及应用上的局限性.

2.4 将 b_i, c_j 的变化分别直接反映到最终单纯形表中, 表中原问题和对偶问题的解各自将会出现什么变化?

2.5 判断下列说法是否正确?

1) 任何线性规划问题存在并具有唯一的对偶问题;

2) 对偶问题的对偶问题一定是原问题;

3) 根据对偶问题的性质, 当原问题为无界解时, 其对偶问题无可行解; 反之, 当对偶问题无可行解时, 其原问题具有无界解;

4) 设 x_j, y_i 分别为标准形式的原问题与对偶问题的可行解, x_j^*, y_i^* 分别为其最优解, 则恒有

$$\sum_{j=1}^{n} c_j x_i \leqslant \sum_{j=1}^{n} c_j x_j^* = \sum_{i=1}^{m} b_i y_i^* \leqslant \sum_{i=1}^{m} b_i y_i;$$

5) 若线性规划的原问题有无穷多最优解, 则其对偶问题也一定有无穷多最优解;

6) 已知 y_i^* 为线性规划的对偶问题的最优解, 若 $y_i^* > 0$ 说明在最优生产计划中第 i 种资源已完全耗尽;

7) 已知 y_i^* 为线性规划的对偶问题的最优解, 若 $y_i^* = 0$ 说明在最优生产计划中第 i 种资源一定有剩余;

8) 若某种资源的影子价格等于 k, 在其他条件不变的情况下, 当该种资源增加 5 个单位时, 相应目标函数值将增大 $5k$;

9) 应用对偶单纯形法计算时, 若单纯形表中某一基变量 $x_i < 0$, 又 x_i 所在行的元素全部大于或等于零, 则可以判断其对偶问题有无界解;

10) 在线性规划问题的最优解中, 如某一变量 x_j 为非基变量, 则在原来问题中, 无论改变它在目标函数中的系数 c_j 或在各约束中的相应系数 a_{ij}, 反映到最终单纯形表中, 除该列数字有变化外, 将不会引起其他列数字的变化;

11) 若线性规划问题中的 b_i, c_j 值同时发生变化, 反映到最终单纯形表中, 不会出现原问题与对偶问题均为非可行解的情况.

习　题　2

2.1 写出下列线性规划问题的对偶问题.

1) $\max z = -3x_1 + 5x_2,$

$$\text{s.t.} \begin{cases} -x_1 + 2x_2 \leqslant -5, \\ x_1 + 3x_2 \leqslant 2, \\ x_1, x_2 \geqslant 0. \end{cases}$$

2) $\max z = x_1 + 2x_2 + x_3,$

$$\text{s.t.} \begin{cases} 2x_1 + x_2 = 8, \\ -x_1 + 2x_2 + 3x_3 = 6, \\ x_1, x_2 \text{ 无非负约束}, \ x_3 \geqslant 0. \end{cases}$$

3) $\min z = 2x_1 + x_2 + 3x_3 + x_4,$

$$\text{s.t.} \begin{cases} x_1 + x_2 + x_3 + x_4 \leqslant 5, \\ 2x_1 - x_2 + 3x_3 = -4, \\ x_1 - x_3 + x_4 \geqslant 1, \\ x_1, x_3 \leqslant 0, x_2, x_4 \text{ 无约束}. \end{cases}$$

4) $\min z = 3x_1 + 2x_2 - 3x_3 + 4x_4,$

$$\text{s.t.} \begin{cases} x_1 - 2x_2 + 3x_3 + 4x_4 \leqslant 3, \\ x_2 + 3x_3 + 4x_4 \geqslant -5, \\ 2x_1 - 3x_2 - 7x_3 - 4x_4 = 2, \\ x_1 \geqslant 0, x_4 \leqslant 0; x_2, x_3 \text{ 无约束}. \end{cases}$$

2.2 利用对偶单纯表法求解下列线性规划问题.

1) $\min z = x_1 + 2x_2 + 3x_3,$

$$\text{s.t.} \begin{cases} 2x_1 - x_2 + x_3 \geqslant 4, \\ x_1 + x_2 + 2x_3 \leqslant 8, \\ x_2 - x_3 \geqslant 2, \\ x_1, x_2, x_3 \geqslant 0. \end{cases}$$

2) $\min z = 2x_1 + x_2 + x_3,$

$$\text{s.t.} \begin{cases} 2x_1 + 3x_2 - 5x_3 \geqslant 4, \\ -x_1 + 9x_2 - x_3 \geqslant 3, \\ 4x_1 + 6x_2 + 3x_3 \leqslant 8, \\ x_1, x_2, x_3 \geqslant 0. \end{cases}$$

3) $\min z = x_1 + x_2 + 2x_3,$

$$\text{s.t.} \begin{cases} x_1 - x_2 - x_3 = 4, \\ x_2 + 2x_3 \leqslant 8, \\ x_2 - x_3 \geqslant 2, \\ x_j \geqslant 0 \ (j = 1, 2, 3). \end{cases}$$

4) $\min z = 3x_1 + 2x_2 + x_3,$

$$\text{s.t.} \begin{cases} x_1 + x_2 + x_3 \leqslant 6, \\ x_1 - x_3 \geqslant 4, \\ x_2 - x_3 \geqslant 3, \\ x_j \geqslant 0 \ (j = 1, 2, 3). \end{cases}$$

2.3 有一个最大化的线性规划问题具有四个非负变量, 三个 "$\leqslant$" 型约束条件, 其最优表格为表 2.x.1.

表 2.x.1　2.3 题的单纯形表

基	b'	x_1	x_2	x_3	x_4	x_5	x_6	x_7	
x_4	$\frac{14}{3}$	0	1	$\frac{2}{3}$	1	$\frac{2}{3}$	0	$-\frac{1}{3}$	
x_6	4	0	2	-1	0	0	1	0	
x_1	$\frac{10}{3}$	1	1	$\frac{1}{3}$	0	$\frac{1}{3}$	0	$\frac{1}{3}$	
$-z$	$-\frac{34}{3}$	0	-2	$-\frac{4}{3}$	0	$-\frac{4}{3}$	0	$-\frac{1}{3}$	$\leftarrow \lambda_j$

1) 列出该问题的对偶问题;

2) 写出对偶问题的最优解.

2.4 一个有三个 "$\leqslant$" 型约束条件和两个决策变量 x_1 和 x_2 的极大化线性规划问题, 其最优表格为表 2.x.2.

表 2.x.2　　2.4 题的单纯形表

基	b'	x_1	x_2	x_3	x_4	x_5
x_3	2	0	0	1	1	-1
x_2	6	0	1	0	1	0
x_1	2	1	0	0	-1	1
λ_j		0	0	0	-3	-2

根据原始与对偶关系, 以两种不同方法求最优目标函数值.

2.5 设原问题为

$$\max\ w_1 + 2w_2,$$
$$\text{s.t.} \begin{cases} 3w_1 + w_2 \leqslant 2, \\ -w_1 + 2w_2 \leqslant 3, \\ w_1 - 3w_2 \leqslant 1, \\ w_1, w_2 \geqslant 0. \end{cases}$$

用图解法求得该问题的最优解为 $\overline{w} = (w_1, w_2) = \left(\dfrac{1}{7}, \dfrac{11}{7}\right)$, 请用互补松弛定理求其对偶问题的最优解.

2.6 用单纯形法求解线性规划问题

$$\max z = -5x_1 + 5x_2 + 13x_3,$$
$$\text{s.t.} \begin{cases} -x_1 + x_2 + 3x_3 \leqslant 20, \\ 12x_1 + 4x_2 + 10x_3 \leqslant 90, \\ x_1, x_2, x_3 \geqslant 10 \end{cases}$$

时, 最后得到下列方程组

$$z = 100 - 2x_3 - 5x_4,$$
$$\text{s.t.} \begin{cases} -x_1 + x_2 + 3x_3 + x_4 = 20, \\ 16x_1 - 2x_3 - 4x_4 + x_5 = 10, \\ x_j \geqslant 0\ (j = 1, 2, 3, 4, 5), \end{cases}$$

其中 x_4, x_5 为松弛变量. 当下列参数改变时, 用灵敏度分析的方法分别独立地求出新的基本解, 并指出新解的可行性、最优性.

1) 约束的右端变为 $\begin{pmatrix} b_1 \\ b_2 \end{pmatrix} = \begin{pmatrix} 20 \\ 95 \end{pmatrix}$;

2) 第一个约束的右端变为 $b_1 = 45$;

3) 目标函数中 x_3 的系数变为 $c_3 = 8$;

4) 目标函数中 x_2 的系数变为 $c_2 = 6$;

5) 增加一个具有系数 $a_{16} = 3, a_{26} = 5, c_6 = 10$ 的新变量 x_6;

6) 增加一个新约束条件 $2x_1 + 3x_2 + 5x_3 \leqslant 50$.

2.7 已知线性规划问题

$$\max z = 2x_1 - x_2 + x_3,$$

$$\text{s.t.} \begin{cases} x_1 + x_2 + x_3 \leqslant 6, \\ -x_1 + 2x_2 \leqslant 4, \\ x_1, x_2, x_3 \geqslant 0. \end{cases}$$

先用单纯形法求出最优解, 再分析在下列单独变化的情况下最优解的变化.

1) 目标函数变为 $\max z = 2x_1 + 3x_2 + x_3$;

2) 约束右端项由 $\begin{pmatrix} 6 \\ 4 \end{pmatrix}$ 变为 $\begin{pmatrix} 3 \\ 4 \end{pmatrix}$;

3) 增添一个新的约束条件 $-x_1 + 2x_3 \geqslant 2$.

2.8 某厂生产甲、乙、丙三种产品, 已知有关数据如表 2.x.3 所示, 试分别回答下列问题.

表 2.x.3　2.8 题的有关数据

消耗定额产品 原料	甲	乙	丙	原料拥有量
A	6	3	5	45
B	3	4	5	30
单件利润	4	1	5	

1) 建立线性规划模型, 求使该厂获利最大的生产计划;

2) 若产品乙、丙的单件利润不变, 则产品甲的利润在什么范围内变化时, 上述最优解不变;

3) 若有一种新产品丁, 其原料消耗定额: A 为 3 单位, B 为 2 单位, 单件利润为 2.5 单位, 问该种产品是否值得安排生产, 并求新的最优计划;

4) 若原材料 A 市场紧缺, 除拥有量外一时无法购进, 而原材料 B 如数量不足可去市场购买, 单价为 0.5 元, 问该厂应否购买, 以购进多少为宜;

5) 由于种种原因该厂决定暂停甲产品的生产, 试重新确定该厂的最优生产计划.

第3章

运输问题及其解法

本章基本要求

1. 掌握运输问题模型结构;
2. 了解运输问题模型特点;
3. 掌握用最小元素法和元素差额法求解运输问题的初始基与初始基可行解;
4. 掌握用位势法求运输规划问题的检验数;
5. 会用闭回路法进行方案的调整.

运输问题是一类特殊的线性规划问题, 最早是从物资调运工作中提出的, 后来又有许多其他问题也归结到这一类问题中. 正是由于它的特殊结构, 我们不是采用线性规划的单纯形方法求解, 而是根据单纯形方法的基本原理结合运输问题的具体特点采用表上作业的方法求解.

3.1 运输问题的数学模型及特点

3.1.1 运输问题的数学模型

运输问题的一般提法是: 设某种物资有 m 个产地 $A_1, A_2, \cdots, A_m$ (称为发点), 产量分别为 $a_1, a_2, \cdots, a_m$ 个单位 (称为供应量), 另外有 n 个销地 (称为收点), 销量分别为 $b_1, b_2, \cdots, b_n$ 个单位 (称为需求量), 设 $c_{ij}(i = 1, 2, \cdots, m, j = 1, 2, \cdots, n)$ 为由产地 A_i 运往销地 B_j 的单位运费, x_{ij} 为从 A_i 调往 B_j 的物资数量, 试问如何调运, 求能使总运费最小.

为了清楚起见, 通常将上述数据列在一张表上, 该表称为运输表 (表 3.1.1).

表 3.1.1　运输表

单位运价　　销地 产地	B_1	B_2	$\cdots$	B_n	供应量
A_1	c_{11} 　　x_{11}	c_{12} 　　x_{12}	$\cdots$	c_{1n} 　　x_{1n}	a_1
A_2	c_{21} 　　x_{21}	c_{22} 　　x_{22}	$\cdots$	c_{2n} 　　x_{2n}	a_2
$\cdots$	$\cdots$	$\cdots$	$\cdots$	$\cdots$	$\cdots$
A_m	c_{m1} 　　x_{m1}	c_{m2} 　　x_{m2}	$\cdots$	c_{mn} 　　x_{mn}	a_m
需求量	b_1	b_2	$\cdots$	b_n	

如果总产量与总销量相等, 即

$$\sum_{i=1}^{m} a_i = \sum_{j=1}^{n} b_j,$$

则该问题的数学模型为

$$\min z = \sum_{i=1}^{m}\sum_{j=1}^{n} c_{ij}x_{ij},$$

$$\begin{cases} \displaystyle\sum_{j=1}^{n} x_{ij} = a_i(i=1,2,\cdots,m), \\ \displaystyle\sum_{i=1}^{m} x_{ij} = b_j(j=1,2,\cdots,n), \\ x_{ij} \geqslant 0(i=1,\cdots m, j=1,\cdots,n). \end{cases} \tag{3.1.1}$$

(3.1.1) 式称为产销平衡运输问题的数学模型.

如果总产量与总销量不相等 $\left(\displaystyle\sum_{i=1}^{m} a_i \neq \sum_{j=1}^{n} b_j\right)$, 产大于销 $\left(\text{即} \displaystyle\sum_{i=1}^{m} a_i > \sum_{j=1}^{n} b_j\right)$,

则其数学模型为

$$\min z = \sum_{i=1}^{m}\sum_{j=1}^{n} c_{ij}x_{ij},$$

$$\begin{cases} \displaystyle\sum_{j=1}^{n} x_{ij} \leqslant a_i(i=1,2,\cdots,m), \\ \displaystyle\sum_{i=1}^{m} x_{ij} = b_j(j=1,2,\cdots,n), \\ x_{ij} \geqslant 0. \end{cases} \tag{3.1.2}$$

如果销大于产 $\left(\sum\limits_{i=1}^{m} a_i < \sum\limits_{j=1}^{n} b_j\right)$, 则其数学模型为

$$\min z = \sum_{i=1}^{m}\sum_{j=1}^{n} c_{ij}x_{ij},$$

$$\begin{cases} \sum\limits_{j=1}^{n} x_{ij} = a_i(i=1,2,\cdots,m), \\ \sum\limits_{i=1}^{m} x_{ij} \leqslant b_j(j=1,2,\cdots,n), \\ x_{ij} \geqslant 0. \end{cases} \tag{3.1.3}$$

因为产销不平衡的运输问题可以转化为产销平衡的运输问题, 所以我们先讨论产销平衡的运输问题的求解.

运输问题有 mn 个未知量, $m+n$ 个约束方程. 例如当 $m \approx 40, n = 70$ 时 (3.1.1) 式就有 2800 个未知量, 110 个方程, 若用前面的单纯形法求解, 计算工作量是相当大的. 我们必须寻找特殊解法.

3.1.2 运输问题的特点

由于运输问题也是线性规划问题, 根据线性规划的一般原理, 如果它的最优解存在, 一定可以在基本可行解中找到. 因此, 我们先求运输问题 (4.1.1) 的约束方程组的系数矩阵的秩 $r(A)$ 等于多少.

(3.1.1) 式有 $m+n$ 个约束, 将前 m 个约束相加得

$$\sum_{i=1}^{m}\sum_{j=1}^{n} x_{ij} = \sum_{i=1}^{m} a_i, \tag{3.1.4}$$

将后 n 个约束相加, 得

$$\sum_{j=1}^{n}\sum_{i=1}^{m} x_{ij} = \sum_{j=1}^{n} b_j, \tag{3.1.5}$$

因为 $\sum\limits_{i=1}^{m} a_i = \sum\limits_{j=1}^{n} b_j$, 所以, (3.1.4) 式与 (3.1.5) 式是相同的. 由此可见, 这 $m+n$ 个约束不是独立的. 我们可以证明: 当所有的 a_i, b_j 都大于零时, 任何 $m+n-1$ 个约束都是相互独立的. 即: 系数矩阵 A 的秩 $r(A) = m+n-1$. 事实上,

$$
\begin{array}{cccccccccccc}
x_{11} & x_{12} & \cdots & x_{1n} & x_{21} & x_{22} & \cdots & x_{2n} & \cdots & x_{m1} & x_{m2} & \cdots & x_{mn}
\end{array}
$$

$$
A = \begin{bmatrix}
1 & 1 & \cdots & 1 & & & & & & & & & \\
 & & & & 1 & 1 & \cdots & 1 & & & & & \\
 & & & & & & & & \ddots & & & & \\
 & & & & & & & & & 1 & 1 & \cdots & 1 \\
1 & & & & 1 & & & \cdots & & 1 & & & \\
 & 1 & & & & 1 & & & & & 1 & & \\
 & & \ddots & & & & \ddots & & & & & \ddots & \\
 & & & 1 & & & & 1 & & & & & 1
\end{bmatrix}
$$

注意到在 A 中去掉第 1 行而取出第 2, 第 3, $\cdots$, 第 $m+n$ 行, 又取出与 $x_{11}, x_{12}, \cdots, x_{1n}, x_{21}, x_{31}, \cdots, x_{m1}$ 所对应的列, 则由这些取出的行和列的交叉处的元素构成 A 的一个 $m+n-1$ 级子式 D

$$
D = \begin{vmatrix}
 & & & & \cdots & 1 & & & & \\
 & & & & \cdots & & 1 & & & \\
 & & & & \cdots & & & \ddots & & \\
 & & & & \cdots & & & & 1 & \\
\cdots & \cdots & \cdots & \cdots & \cdots & \cdots & \cdots & \cdots & \cdots & \\
 & 1 & & & \cdots & 1 & 1 & \cdots & 1 & \\
 & & 1 & & \cdots & & & & & \\
 & & & \ddots & \cdots & & & & & \\
 & & & & 1 & \cdots & & & &
\end{vmatrix} = -1 \neq 0.
$$

所以 $r(A) = m+n-1$, 由此可知, 运输问题的任何一组基都由 $m+n-1$ 个变量组成.

3.2   运输问题的表上作业法

表上作业法是单纯形法在求解运输问题时的一种简化方法, 其实质是单纯形法, 同单纯形法一样, 表上作业法的步骤可分为三步, 即: 求初始调运方案, 最优方案的检验及方案的调整.

下面以一个具体例子来介绍表上作业法的步骤.

例 3.2.1   设某物资需要由产地 A_1, A_2, A_3 调往销地 B_1, B_2, B_3, B_4, 产地 A_1, A_2, A_3 存有物资的数量分别为 35t, 50t, 40t, 销地 B_1, B_2, B_3, B_4 的需求量分别为

45t, 20t, 30t, 30t. 已知从产地 A_i 到销地 B_j 的单位运价 c_{ij} 见表 3.2.1. 问应如何调运可使总的运输费用最少?

表 3.2.1 例 3.2.1 的运价表

销地 产地　单位运价	B_1	B_2	B_3	B_4
A_1	8	6	10	9
A_2	9	12	13	7
A_3	14	9	16	5

解　由已知条件列出运输表 3.2.2.

表 3.2.2 例 3.2.1 的运输表

销地 产地	B_1	B_2	B_3	B_4	产量
A_1	8	6	10	9	35
A_2	9	12	13	7	50
A_3	14	9	16	5	40
销量	45	20	30	30	

3.2.1 求初始调运方案

初始调运方案显然必须是一个基本可行解, 初始解一般来说不是最优解, 主要希望给出求初始解的方法简便可行, 且有较好的效果. 这种方法很多, 最常见的是左上角法 (或西北角法)、最小元素法和元素差额法. 后两种方法的效果较好, 在此我们对最小元素法和元素差额法加以介绍.

1. 最小元素法

最小元素法是求初始方案最简便易行的方法之一. 所谓元素就是指单位运价, 最小元素法的基本思想是就近供应, 即运价最便宜的优先调运. 具体做法是: 首先, 在运输表中选出最小运价为 5, 即 A_3 优先满足 B_4 的需求, 而 B_4 可全部由 A_3 来供应, 故取 $x_{34} = \min\{30, 40\} = 30$, 填入表中并画上圈, 由于 B_4 的需求已满足, 故 x_{14}, x_{24} 取值为 0, 在 x_{14}, x_{24} 处打 ×, 即将 B_4 列划去, 调整 A_3 的产量为 $40 - 30 = 10$, 即 A_3 满足 B_4 需要后还剩 10t, 见表 3.2.3.

然后在表 3.2.3 中未填入数字和 × 的元素中找出最小者为 $c_{12} = 6$, $x_{12} = \min\{20, 35\} = 20$, 把 20 填入表 3.2.4 中 x_{12} 的位置, 在 B_2 列其他空格处填入 ×, 即划去 B_2 列, 调整 A_1 行的产量为 $35 - 20 = 15$.

表 3.2.3   最小元素法示例

产地＼销地	B₁	B₂	B₃	B₄	产量
A₁	8	6	10	9 ⊠	35
A₂	9	12	13	7 ⊠	50
A₃	14	9	16	5 ㉚	̶4̶0̶ 10
销量	45	20	30	30	125 / 125

表 3.2.4   最小元素法示例

产地＼销地	B₁	B₂	B₃	B₄	产量
A₁	8	6 ⑳	10	9 ⊠	̶3̶5̶ 15
A₂	9	12 ⊠	13	7 ⊠	50
A₃	14	9 ⊠	16	5 ㉚	̶4̶0̶ 10
销量	45	20	30	30	125 / 125

继续上述步骤:

取 $x_{11} = \min\{45, 15\} = 15$, 在 A₁ 所在行的其他空格处填入 ×, 即划去 A₁ 所在行, 调整 B₁ 的销量为 30.

取 $x_{21} = \{30, 50\} = 30$, 在 B₁ 所在列的其他空格处填入 ×, 即划去 B₁ 所在列, 调整 A₂ 的产量为 20.

取 $x_{23} = \{30, 20\} = 20$, 在 A₂ 行的其他空格处填入 ×, 即划去 A₂ 所在行, 调整 B₃ 的销量为 10.

取 $x_{33} = \{10, 10\} = 10$, 在 A₃ 所在行和 B₃ 所在列的其他空格处填 ×, 即同时划去 A₃ 所在行和 B₃ 所在列, 得到初始方案见表 3.2.5.

显然, 所有方格都已填上数或打上 ×, 总共填了 $3 + 4 - 1 = 6$ 个数 (等于基变量的个数) 其余方格均已打 ×. 每填一数就划去了一行或一列, 总共划去的行数与列数之和也是 6. 可以证明, 用最小元素法所得到的一组解 x_{ij} 是基可行解, 而且填数处是基变量, 打 × 处是非基变量. 该解对应目标函数值为 $z = 8 \times 15 + 6 \times 20 + 9 \times 30 + 13 \times 20 + 16 \times 10 + 5 \times 30 = 1080$, 即用最小元素法给出的初始方案是运输问题的基本可行解.

表 3.2.5　例 3.2.1 的求解过程

产地 ＼ 销地	B₁	B₂	B₃	B₄	产量
A₁	8 ⑮	6 ⑳	10 ×	9 ×	~~35~~ 15
A₂	9 ㉚	12 ×	13 ⑳	7 ×	~~50~~ 20
A₃	14 ×	9 ×	16 ⑩	5 ㉚	~~40~~ 10
销量	~~45~~ 30	20	~~30~~ 10	30	125 / 125

综上所述, 最小元素法的具体步骤为

(1) 列出运输表;

(2) 在运输表中, 找出单位运价最小者 c_{kt}, 取 $x_{kt} = \min\{a_k, b_t\}$, 把 x_{kt} 填在相应的方格内并画上圈. 如果有几个单位运价同时达到最小就任取其中之一;

(3) 如果 $a_k < b_t$, 就将第 t 列的销量调整为 $b_t - a_k$, 将第 k 行的其他空格处填入 ×, 并划去第 k 行;

如果 $a_k > b_t$ 就将第 k 行的产量调整为 $a_k - b_t$, 将第 t 列的其他空格处填入 ×, 划去第 t 列;

如果 $a_k = b_t$, 可以将第 k 行的产量调整为 0, 将第 t 列的其他空格处填入 ×, 划去第 t 列, 也可以将第 t 列的销量调整为 0, 将第 k 行的其他空格处填入 ×, 划去第 k 行, 但二者不能同时划去 (最后一次除外).

(4) 在未被填入数字和 × 的其他元素中重复 (2) 和 (3) 步, 直至把所有的行和列都划完为止.

为叙述方便, 通常把填数并画圈的格称为数字格, 其余未填数的格称为空格.

2. **元素差额法** (Vogel 法)

初看起来, 最小元素法十分合理, 但是, 有时按某一最小单位运价优先安排物品调运时, 却可能导致不得不采用运费很高的其他供销点对, 从而使整个运输费用增加. 对每一个供应地或销售地, 均可由它到各销售地或到各供应地的单位运价中找出最小单位运价和次小单位运价, 并称这两个单位运价之差为该供应地或销售地的罚数. 若罚数的值不大, 当不能按最小单位运价安排运输时造成的运费损失不大; 反之, 如果罚数的值很大, 不按最小运价组织运输就会造成很大损失, 故应尽量按最小单位运价安排运输, 元素差额法就是基于这种考虑提出来的.

现结合上例说明这种方法.

首先计算运输表中每一行和每一列的次小单位运价和最小单位运价之间的差值, 并分别称之为行罚数和列罚数; 将算出的行罚数填入位于运输表右侧行罚数栏的左边第一列的相应格子中, 列罚数填入位于运输表下边列罚数栏的第一行的相应格子中. A_1 行中的次小和最小单位运价分别为 8 和 6, 故其行罚数为 2, B_1 列中次小单位运价和最小单位运价分别为 9 和 8, 故其列罚数为 1, 如此进行, 可计算出 A_1, A_2, A_3 的行罚数分别为 2, 2 和 4, B_1, B_2, B_3, B_4 列的列罚数分别为 1, 3, 3, 2. 在这些罚数中最大者为 4(在表 3.2.6 中用小圆圈标出), 它位于 A_3 行, 由于在 A_3 行中的最小单位运价是 $c_{34} = 5$. 即 A_3 优先供应 B_4, 在 c_{34} 所在格中填入尽可能大的运量 30, 并画上圈. 此时 B_4 的需求已得到满足, 将 B_4 所在列的其他空格处填入 ×, 并划去 B_4 列, 将 A_3 的产量调整为 10. 在尚未被划去各行和各列中, 如上重新计算各行罚数和列罚数, 并分别填入行罚数栏的第 2 列和列罚数栏的第 2 行. 例如 A_3 行中剩下的次小单位运价和最小单位运价分别为 14 和 9, 故其行罚数为 5, 由表 3.2.5 中填入这一轮计算出的各罚数可知, 最大者为 5, 位于 A_3 行, 在 A_3 行中找最小运价为 9, 即 A_3 优先供应 B_2, 在 c_{32} 所在格中填入这时可能的最大调运量 10, 此时 A_3 产品已全部分配出去, 将 A_3 所在行的其他空格中填入 ×, 并划去 A_3 行, 将 B_2 的销量调整为 10.

表 3.2.6　例 3.2.1 的元素差额法求解过程

产地 \ 销地	B_1	B_2	B_3	B_4	产量	行　罚　数				
						1	2	3	4	5
A_1	$\underline{8}$ ×	$\underline{6}$ ⑩	$\underline{10}$ ㉕	$\underline{9}$ ×	35	2	2	2	2	0
A_2	$\underline{9}$ ㊺	$\underline{12}$ ×	$\underline{13}$ ⑤	$\underline{7}$ ×	50	2	3	3	④	0
A_3	$\underline{14}$ ×	$\underline{9}$ ⑩	$\underline{16}$ ×	$\underline{5}$ ㉚	40	④	⑤			
销量	45	20	30	30						
列罚数 1	1	3	3	2						
列罚数 2		3	3							
列罚数 3	1	⑥	3							
列罚数 4	1		3							
列罚数			③							

用上述方法继续做下去, 依次算出每次迭代的行罚数和列罚数根据其最大罚数值的位置, 在运输表中的适当格中填入一个尽可能大的运输量, 并划去对应的一行或一列. 在本例中, 依次在运输表中填入运输量 $x_{34} = 30$, $x_{32} = 10$, $x_{12} = 10$, $x_{21} = 45$, $x_{13} = 25$, 并相应地依次划去 B$_4$ 列, A$_3$ 行, B$_2$ 列, B$_1$ 列, A$_1$ 行, 最后未划去的格仅为 (A$_2$, B$_3$), 在这个格中填入数字 5, 并同时去 A$_2$ 行和 B$_3$ 列即 $x_{23} = 5$.

用这种方法得到的初始基本可行解为 $x_{12} = 10$, $x_{13} = 25$, $x_{21} = 45$, $x_{23} = 5$, $x_{32} = 10$, $x_{34} = 30$, 其他变量的值等于零, 这个解的目标函数值为

$$z = 6 \times 10 + 10 \times 25 + 9 \times 45 + 13 \times 5 + 9 \times 10 + 5 \times 30 = 1020(\text{元}).$$

综上所述, 元素差额法的具体步骤为

(1) 列出运输表;

(2) 在运输表中计算各行及各列的罚数, 从中选取最大罚数值所在行或所在列;

(3) 在选定的行或列中找最小单位运价, 设为 c_{kt}, 取 $x_{kt} = \min\{a_k, b_t\}$, 并把 x_{kt} 填在相应的方格内, 并画上圈;

(4) 若 $a_k < b_t$, 将第 t 列的销量调整为 $b_t - a_k$, 将第 k 行的其他空格处填入 ×, 并划去第 k 行;

若 $a_k > b_t$, 将第 k 行的产量调整为 $a_k - b_t$, 第 t 列的其他空格处填入 ×, 并划去第 t 列;

若 $a_k = b_t$, 将第 k 行的产量调整为 0, 将第 t 列的其他空格处填入 ×, 并划去第 t 列, 或将第 t 列的销量调整为 0, 第 k 行的其他空格处填入 × 并划去第 k 行, 但此时不能同时划去第 t 列和第 k 行 (最后一次除外, 即在最后只剩下一格时, 同时划去所在行及所在列);

(5) 在未被划去的元素中重复 (2) 至 (4), 直至把所有的行和列都划完为止.

比较两种方法, 元素差额法给出的解的目标函数值比最小元素法给出的解的目标函数值小. 一般说来, 元素差额法给的初始解的质量最好, 常用来作为运输问题最优解的近似解.

3.2.2 最优解的判别 (检验数的求法)

求出初始基本可行解以后, 下一步就是检验这组基本可行解是否为最优解. 与单纯形法类似, 也是利用检验数来判别已获得的解是否为最优解, 因目标函数为极小, 故只要所有检验数全部非负即可判定方案为最优方案, 表上作业法求检验数一般有两种方法: 位势法和闭回路法. 这里我们只介绍位势法.

以表 3.2.5 中初始方案为例.

首先, 将表 3.2.5 中空格中的 × 去掉, 并在表的右面与下面各增加一列和一行, 见表 3.2.7.

表 3.2.7　例 3.2.1 最优解的判别

产地＼销地	B_1	B_2	B_3	B_4	产量	位势
A_1	8 ⑮	6 ⑳	10 −2	9 8	35	$u_1 = 0$
A_2	9 ㉚	12 5	13 ⑳	7 5	50	$u_2 = 1$
A_3	14 2	9 −1	16 ⑩	5 ㉚	40	$u_3 = 4$
销量	45	20	30	30	125 ／ 125	
位势	$v_1 = 8$	$v_2 = 6$	$v_3 = 12$	$v_4 = 1$		

其次, 在增加的一列与一行中分别填上一些数字 u_i ($i = 1, 2, 3$) 与 v_j ($j = 1, 2, 3, 4$), 分别称它们为第 i 行与第 j 列的位势; 并使表中数字格的运价等于该格所在行与所在列的位势之和, 即 $c_{ij} = u_i + v_j$, 故有下面 $m + n - 1 = 6$ 个方程:

$$
\begin{cases}
u_1 + v_1 = 8, \\
u_2 + v_1 = 9, \\
u_1 + v_2 = 6, \\
u_2 + v_3 = 13, \\
u_3 + v_3 = 16, \\
u_3 + v_4 = 5.
\end{cases}
\tag{3.2.1}
$$

通常把方程组 (3.2.1) 称为位势方程组, 由于这些位势 u_i 与 v_j 的值是相互关联的, 所以填写时可先任意决定其中的一个, 然后由 (3.2.1) 式得出其他位势, 例如取 $u_1 = 0$ 得

$$v_1 = 8, \quad v_2 = 6, \quad u_2 = 1, \quad v_3 = 12, \quad u_3 = 4, \quad v_4 = 1.$$

最后, 按

$$\lambda_{ij} = c_{ij} - (u_i + v_j) \tag{3.2.2}$$

式计算任一空格 (即非基变量) 的检验数, 并填入表 3.2.7 中相应的位置.

由表 3.2.7 可知, 出现负的检验数 $\lambda_{13} = -2$, $\lambda_{32} = -1$, 这表明用最小元素法所得的初始方案不是最优方案, 尚待进一步改进.

例 3.2.2　用位势法对表 3.2.6 给出的运输问题的解作最优性检验.

解　(1) 在表 3.2.6 上增加一位势列 u_i 和位势行 v_j 得表 3.2.8.

(2) 计算位势, 即建立位势方程组, 并据此计算出运输表各行和各列的位势. 在本例中, $x_{12}, x_{13}, x_{21}, x_{23}, x_{32}, x_{34}$ 为基变量, 故有

$$
\begin{cases}
u_1 + v_2 = 6, \\
u_1 + v_3 = 10, \\
u_2 + v_1 = 9, \\
u_2 + v_3 = 13, \\
u_3 + v_2 = 9, \\
u_3 + v_4 = 5.
\end{cases}
$$

令 $u_1 = 0$, 得

$$v_2 = 6, \quad v_3 = 10, \quad u_3 = 3, \quad v_4 = 2, \quad u_2 = 3, \quad v_1 = 6.$$

上述各位势值见表 3.2.8.

表 3.2.8 用位势法对元素差额法的检验

销地 \ 产地	B_1	B_2	B_3	B_4	产量	位势
A_1	8 2	6 ⑩	10 ㉕	9 7	35	$u_1 = 0$
A_2	9 ㊺	12 3	13 ⑤	7 2	50	$u_2 = 3$
A_3	14 5	9 ⑩	16 3	5 ㉚	40	$u_3 = 3$
销量	45	20	30	30		
位势	$v_1 = 6$	$v_2 = 6$	$v_3 = 10$	$v_4 = 2$		

(3) 计算检验数, 利用 (3.2.2) 式 $\lambda_{ij} = c_{ij} - (u_i + v_j)$ 得

$$\lambda_{11} = 8 - 6 - 0 = 2, \quad \lambda_{14} = 9 - 2 = 7,$$
$$\lambda_{22} = 12 - 6 - 3 = 3, \quad \lambda_{24} = 7 - 2 - 3 = 2,$$
$$\lambda_{31} = 14 - 6 - 3 = 5, \quad \lambda_{33} = 16 - 10 - 3.$$

将上述各数字填入表 3.1.7 中. 由所有 $\lambda_{ij} \geqslant 0$ 知, 该方案为最优方案.

3.2.3 方案的改进

同单纯形法类似, 如果基本可行解的非基变量的检验数小于零, 则该基本可行解就不是最优解, 需要进行基本可行解的转换, 下面我们介绍用闭回路法确定出基变量及转换的过程.

先引入闭回路的概念.

如果在某一运输表上已求得一个调运方案, 从一个空格出发, 沿水平方向或垂直方向前进, 遇到某个适当的数字格就转向前进, 如此继续下去, 经过若干次, 就一定能回到原来出发的空格, 这样就形成了一个由水平线段和垂直线段所组成的封闭折线, 我们称为闭回路.

在闭回路上, 除了起点是空格处, 其他各拐角点上都是数字格, 可以证明, 由每个空格出发, 存在唯一的一条闭回路.

在表 3.2.7 中, 出现负的检验数, 若存在两个或两个以上的负检验数, 选其中最小的负检验数 $\lambda_{sk} = \min\{\lambda_{ij}|\lambda_{ij} < 0\}$ 所对应的空格 x_{sk} 为进基变量, 在本题中 x_{13} 为进基变量, 然后以此格为出发点作闭回路, 见表 3.2.9.

表 3.2.9　对表 3.1.7 的改进

销地 / 产地	B$_1$	B$_2$	B$_3$	B$_4$	产量	位势
A$_1$	8 　– 　(15)	6 　(20)	10 　+ 　−2	9 　　8	35	$u_1 = 0$
A$_2$	9 　+ (30)	12 　5	13 　(20) −	7 　5	50	$u_2 = 1$
A$_3$	14 　2	9 　−1	16 　(10)	5 　(30)	40	$u_3 = 4$
销量	45	20	30	30	125 / 125	
位势	$v_1 = 8$	$v_2 = 6$	$v_3 = 12$	$v_4 = 1$		

从闭回路的出发点 x_{13} 开始, 每个角点标上 "+" "−" 相间的符号, 调整量 $\theta = \min\{$ 标有 "−" 角点的运量 $\} = \min\{15, 20\} = 15$.

在标有 "+" 的角点增加运输量 θ, 在标有 "−" 的角点减少运输量 θ, 在运输量减少 θ 的角点中, 运输量最小的一个数字格转化成空格; 于是就得到新的调运方案见表 3.2.9 (若有两个以上的运输量最小, 则只能把其中的任一个转化为空格 (非基变量), 其余仍为基变量其值为 0).

继续上述步骤 2, 用位势法重新对新方案进行检验具体计算, 见表 3.2.10, $\lambda_{32} = -3 < 0$, 故该方案仍不是最优方案, 用闭回路法调整, 又得到新的调运方案, 见表 3.2.11.

表 3.2.10 对表 3.2.8 的改进

销地\产地	B_1	B_2	B_3	B_4	产量	位势
A_1	$\boxed{8}$ 2	$\boxed{6}$ — ⑳	$\boxed{10}$ + ⑮	$\boxed{9}$ 10	35	$u_1 = 0$
A_2	$\boxed{9}$ ㊺	$\boxed{12}$ 3	$\boxed{13}$ ⑤	$\boxed{7}$ 5	50	$u_2 = 3$
A_3	$\boxed{14}$ 2	$\boxed{9}$ −3	$\boxed{16}$ ⑩ − +	$\boxed{5}$ ㉚	40	$u_3 = 6$
销量	45	20	30	30	125 ╲ 125	
位势	$v_1 = 6$	$v_2 = 6$	$v_3 = 10$	$v_4 = -1$		

表 3.2.11 对表 3.2.10 的改进

销地\产地	B_1	B_2	B_3	B_4	产量	位势
A_1	$\boxed{8}$ 2	$\boxed{6}$ ⑩	$\boxed{10}$ ㉕	$\boxed{9}$ 7	35	$u_1 = 0$
A_2	$\boxed{9}$ ㊺	$\boxed{12}$ 3	$\boxed{13}$ ⑤	$\boxed{7}$ 2	50	$u_2 = 3$
A_3	$\boxed{14}$ 5	$\boxed{9}$ ⑩	$\boxed{16}$ 3	$\boxed{5}$ ㉚	40	$u_3 = 3$
销量	45	20	30	30	125 ╲ 125	
位势	$v_1 = 6$	$v_2 = 6$	$v_3 = 10$	$v_4 = 2$		

经检验所有检验数均有 $\lambda_{ij} \geqslant 0$, 故此方案 $x_{12} = 10, x_{13} = 25, x_{21} = 45, x_{23} = 5, x_{32} = 10, x_{34} = 30$, 其余 x_{ij} 均为 0. 就是最优方案.

$6 \times 10 + 10 \times 25 + 9 \times 45 + 13 \times 5 + 9 \times 10 + 5 \times 30 = 1020.$

综上所述, 用闭回路法对解改进的步骤为:

(1) 选取 $\lambda_{ij} < 0$ 中最小者对应的变量为进基变量;

(2) 以进基变量所在空格作闭回路, 以该空格为出发点沿闭回路的顺 (或逆) 时

针方向前进, 对闭回路上的顶点依次标上 "+""−" 相间的符号;

(3) 在标有 "−" 号顶点中, 找出运输量最小的格, 以该格中的变量为出基变量, 并以上述最小运输量作为调整量 θ, 将闭回路中标 "+" 号的顶点的调运量加上 θ, 标 "−" 号顶点的调运量减去 θ, 从而得到新的调运方案. 然后再对新方案进行检验, 如不是最优方案就重复以上步骤进行调整, 直至找到最优方案.

3.2.4　表上作业法的步骤

用表上作业法求解产销平衡问题的步骤为

(1) 编制运输表, 利用最小元素法或元素差额法求初始调运方案;

(2) 用位势法算出调运方案中空格的检验数, 如果所有检验数 $\geqslant 0$, 则上述方案为最优调运方案, 如果有检验数小于 0, 则方案不是最优方案, 取绝对值大的负检验数所在空格为进基变量;

(3) 用闭回路法进行方案调整, 可得到新的调运方案;

(4) 重复 (2) 和 (3) 直到求得最优方案为止.

计算步骤的框图如图 3.2.1 所示.

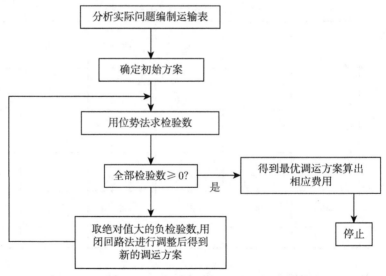

图 3.2.1　表上作业法求解产销平衡的步骤

例 3.2.3　某部门有 3 个生产同类产品的工厂 (产地), 生产的产品由 4 个销售点出售, 各工厂 A_1, A_2, A_3 的生产量、各销售点 B_1, B_2, B_3, B_4 的销售量 (假定单位为 t) 以及各工厂到销售点的单位运价 (元/t) 示于表 3.2.12 中, 问如何调运才能使总运费最小?

表 3.2.12 产销平衡运输表

产地＼销地	B_1	B_2	B_3	B_4	产量
A_1	4	12	4	11	16
A_2	2	10	3	9	10
A_3	8	5	11	6	22
销量	8	14	12	14	48

解 (1) 最小元素法给出运输问题的初始可行解 (初始调运方案).

表 3.2.13

产地＼销地	B_1		B_2		B_3		B_4		产量
A_1	4	×	12		4		11		16
A_2	2	⑧	10		3		9		~~10~~ 2
A_3	8	×	5		11		6		22
销量		8		14		12		14	48

表 3.2.14

产地＼销地	B_1		B_2		B_3		B_4		产量
A_1	4	×	12		4		11		16
A_2	2	⑧	10	×	3	②	9	×	~~10~~ 2
A_3	8	×	5		11		6		22
销量		8		14		~~12~~ 10		14	48

表 3.2.15

产地＼销地	B_1		B_2		B_3		B_4		产量
A_1	4	×	12		4	⑩	11		~~16~~ 6
A_2	2	⑧	10	×	3	②	9	×	~~10~~ 2
A_3	8	×	5		11	×	6		22
销量		8		14		~~12~~ 10		14	48

表 3.2.16

产地＼销地	B_1		B_2		B_3		B_4		产量
A_1	4	×	12	×	4	⑩	11		~~16~~ 6
A_2	2	⑧	10	×	3	②	9	×	~~10~~ 2
A_3	8	×	5	⑭	11	×	6		~~22~~ 8
销量	8		14		~~12~~ 10		14		48

表 3.2.17

产地＼销地	B_1		B_2		B_3		B_4		产量
A_1	4	×	12	×	4	⑩	11		~~16~~ 6
A_2	2	⑧	10	×	3	②	9	×	~~10~~ 2
A_3	8	×	5	⑭	11	×	6	⑧	~~22~~ 8
销量	8		14		~~12~~ 10		~~14~~ 6		48

表 3.2.18

产地＼销地	B_1		B_2		B_3		B_4		产量
A_1	4	×	12	×	4	⑩	11	⑥	~~16~~ 6
A_2	2	⑧	10	×	3	②	9	×	~~10~~ 2
A_3	8	×	5	⑭	11	×	6	⑧	~~22~~ 8
销量	8		14		~~12~~ 10		~~14~~ 6		48

(2) 位势法对可行解进行检验.

表 3.2.19

产地＼销地	B_1		B_2		B_3		B_4		产量	位势
A_1	4	1	12	2	4	⑩	11	⑥	16	$u_1 = 0$
A_2	2	⑧	10	1	3	②	9	−1	10	$u_2 = -1$
A_3	8	10	5	⑭	11	12	6	⑧	22	$u_3 = -5$
销量	8		14		12		14		48	
位势	$v_1 = 3$		$v_2 = 10$		$v_3 = 4$		$v_4 = 11$			

构造方程组

$$u_1 + v_3 = c_{13} = 4,$$
$$u_1 + v_4 = c_{14} = 11,$$
$$u_2 + v_1 = c_{21} = 2,$$
$$u_2 + v_3 = c_{23} = 3,$$
$$u_3 + v_2 = c_{32} = 5,$$
$$u_3 + v_4 = c_{34} = 6.$$

令自由变量 $u_1 = 0$, 将其代入方程组, 得 $u_1 = 0$, $v_3 = 4$, $v_4 = 11$, $u_3 = -5$, $v_2 = 10$, $u_2 = -1$, $v_1 = 3$, 将其代入非基变量检验数: $\sigma_{ij} = C_{ij} - (u_i + v_j)$, 得

$$\sigma_{11} = C_{11} - (u_1 + v_1) = 4 - (0 + 3) = 1,$$
$$\sigma_{12} = C_{12} - (u_1 + v_2) = 12 - (0 + 10) = 2,$$
$$\sigma_{22} = C_{22} - (u_2 + v_2) = 10 - (-1 + 10) = 1,$$
$$\sigma_{24} = C_{24} - (u_2 + v_4) = 9 - (-1 + 11) = -1,$$
$$\sigma_{31} = C_{31} - (u_3 + v_1) = 8 - (-5 + 3) = 10,$$
$$\sigma_{33} = C_{33} - (u_3 + v_3) = 11 - (-5 + 4) = 12,$$

(3) 解的改进 (用闭回路法调整).

在使用最小元素法求得的初始方案中, 由于 $\sigma_{24} < 0$, 说明当前方案不是最优, 需要改进或调整, 见表 3.1.1 中非基变量 x_{24} 所在的闭回路, 调整量为 $\varepsilon = \min\{2, 6\} = 2$, 调整过程见表 3.2.20:

表 3.2.20

产地＼销地	B_1		B_2		B_3		B_4		产量
A_1	4		12		4	⑩	11	⑥	16
A_2	2	⑧	10		3	②	9		10
A_3	8		5	⑭	11		6	⑧	22
销量	8		14		12		14		48

产地＼销地	B_1		B_2		B_3		B_4		产量
A_1	4		12		4	⑫	11	④	16
A_2	2	⑧	10		3		9	②	10
A_3	8		5	⑭	11		6	⑧	22
销量	8		14		12		14		48

销地 产地	B_1		B_2		B_3		B_4		产量	位势
A_1	[4]	0	[12]	2	[4]	⑫	[11]	④	16	$u_1 = 0$
A_2	[2]	⑧	[10]	2	[3]	1	[9]	②	10	$u_2 = -2$
A_3	[8]	9	[5]	⑭	[11]	12	[6]	⑧	22	$u_3 = -5$
销量	8		14		12		14		48	
位势	$v_1 = 4$		$v_2 = 10$		$v_3 = 4$		$v_4 = 11$			

调整后的结果如上表所示, 由于非基变量的检验系数都大于等于零, 因此该方案是最优方案, 最优解为: $x_{13} = 12$, $x_{14} = 4$, $x_{21} = 8$, $x_{24} = 2$, $x_{32} = 14$, $x_{34} = 8$, 将最优解代入到目标函数中, 得总运费为 (目标函数值)

$$\max z = \sum_{i=1}^{3} \sum_{j=1}^{4} c_{ij} x_{ij} = 12 \times 4 + 4 \times 11 + 8 \times 2 + 2 \times 9 + 14 \times 5 + 8 \times 6 = 244.$$

3.3 产销不平衡运输问题

以上介绍的表上作业法是以产销平衡为前提的, 但在实际问题中往往遇到产销不平衡问题, 处理这种问题的方法是: 先把产销不平衡问题化为产销平衡问题, 然后再用表上作业法进行求解.

3.3.1 产大于销的运输问题

由于总的产量 $\sum\limits_{i=1}^{m} a_i$ 大于总销量 $\sum\limits_{j=1}^{n} b_j$, 我们可以把多余的物资 $\sum\limits_{i=1}^{m} a_i - \sum\limits_{j=1}^{n} b_j$ 销到一个假想的第 $n+1$ 个销地 B_{n+1}(实际上是把多余物资就地储存起来); 如果设 A_i 运到 B_{n+1} 运量为 $x_{i,n+1}$ $(i = 1, 2, \cdots, m)$, 那么 $\sum\limits_{i=1}^{m} x_{i,n+1} = \sum\limits_{i=1}^{m} a_i - \sum\limits_{j=1}^{n} b_j$, 且 A_i 运到 B_{n+1} 的单位运价必为 0, 即 $c_{i,n+1} = 0$, 于是原问题就化为产销平衡运输问题

$$\min z = \sum_{i=1}^{m} \sum_{j=1}^{n} c_{ij} x_{ij} + \sum_{i=1}^{m} c_{i,n+1} x_{i,n+1},$$

$$\text{s.t.} \begin{cases} \sum\limits_{j=1}^{n} x_{ij} + x_{i,n+1} = a_i (i = 1, 2, \cdots, m), \\ \sum\limits_{i=1}^{m} x_{ij} = b_j (j = 1, 2, \cdots, n), \\ \sum\limits_{i=1}^{m} x_{i,n+1} = \sum\limits_{i=1}^{m} a_i - \sum\limits_{j=1}^{n} b_j, \\ x_{ij} \geqslant 0. \end{cases}$$

从而可以用表上作业法计算.

例 3.3.1 设有三个产地和五个销地, 它们的产量和销量以及它们之间的单位运价见表 3.3.1, 试确定总运费最少的调运方案.

解 因产量为 31t, 销量为 26t, 所以这是一个产大于销的运输问题, 按上述方法增加一个假想的销地即存储地 B_6, 其储存量为 $31 - 26 = 5$ (t), 这样就转化为如下的产销平衡问题 (表 3.3.2).

首先用最小元素法编制初始调运方案, 由于 $c_{i,6} = 0(i = 1, 2, 3)$ 表示就地贮存, 从这些格子进行调运是无实际意义的, 因此, 用最小元素法编制调运方案时, 应不考虑假想销地 B_6 这一列的零运价, 而应从其他格子中选取最小运价来编制初始调运方案, 具体结果见表 3.3.3.

经检验所有检验数均大于 0, 故上述方案即为最优方案.

表 3.3.1 例 3.3.1 的产销不平衡表

销地 产地	B_1	B_2	B_3	B_4	B_5	产量 /t
A_1	3	12	6	8	4	10
A_2	11	4	9	6	5	8
A_3	8	6	5	7	9	13
销量 /t	4	6	7	5	4	31 / 26

表 3.3.2 例 3.3.1 的产销平衡表

销地 产地	B_1	B_2	B_3	B_4	B_5	B_6	产量 /t
A_1	3	12	6	8	4	0	10
A_2	11	4	9	6	5	0	8
A_3	8	6	5	7	9	0	13
销量 /t	4	6	7	5	4	5	31 / 31

表 3.3.3　例 3.3.1 的调整方案

销地\产地	B_1	B_2	B_3	B_4	B_5	B_6	产量	位势
A_1	3 ④	12 7	6 1	8 1	4 ④	0 ②	10	$u_1 = 0$
A_2	11 9	4 ⑥	9 5	6 ②	5 2	0 1	8	$u_2 = -1$
A_3	8 5 1	6 ⑦	5 ③	7	9 5	0 ③	13	$u_3 = 0$
销量	4	6	7	5	4	5		
位势	$v_1 = 3$	$v_2 = 5$	$v_3 = 5$	$v_4 = 7$	$v_5 = 4$	$v_6 = 0$		

3.3.2　销大于产的运输问题

当销量 $\sum_{j=1}^{n} b_j$ 大于产量 $\sum_{i=1}^{m} a_i$ 时, 可以假想一个产地 A_{m+1}, 其产量为 $\sum_{j=1}^{n} b_j - \sum_{i=1}^{m} a_i$. 如果设 A_{m+1} 运到 B_j 的运量为 x_{m+1}, 那么 $\sum_{j=1}^{n} x_{m+1,j} = \sum_{j=1}^{n} b_j - \sum_{i=1}^{m} a_i$ 且 A_{m+1} 运到 B_j 的单位运价为 $c_{m+1,j} = 0$, 这样就可把销大于产的运输问题化为产销平衡的运输问题, 进而可以用表上作业法来求解.

例 3.3.2　试求表 3.3.4 给出的运输问题的最优调运方案.

表 3.3.4　例 3.3.2 的产销不平衡表

产地\销地	B_1	B_2	B_3	产量
A_1	2	3	1	8
A_2	4	2	5	2
A_3	6	3	7	1
销量	8	7	1	20 / 25

解　本问题属于销大于产的运输问题, 如果增加一个假想产地 A_4, 其产量为

$25 - 20 = 5$, 那么原问题就化为一个产销平衡问题. 利用表上作业法求得最优方案, 见表 3.3.5.

表 3.3.5 例 3.3.2 的最优调整方案

产地＼销地	B_1		B_2		B_3		产量
A_1	2┘		3┘		1┘	⑧	8
A_2	4┘	②	2┘	5	5┘		2
A_3	6┘	③	3┘	⑦	7┘		10
A_4	0┘	③	0┘		0┘	②	5
销量	8		7		10		25 / 25

例 3.3.3 试求表 3.3.6 给出的运输问题的最优调运方案.

表 3.3.6 例 3.3.3 的产销表

产地＼销地	B_1	B_2	B_3	B_4	产量
A_1	16┘	13┘	22┘	17┘	8
A_2	14┘	13┘	19┘	15┘	2
A_3	19┘	20┘	23┘	—┘	1
最低销量	30	70	0	10	
最低销量	50	70	30	不限	

解 该问题为产销不平衡问题, 总产量为 160 万吨, 四个销地最低销量为 110 万吨, 最高销量为无限, 根据现有产量 B_4 每年最多能分配到 60 万吨 ($160 - 110 + 10 = 60$), 即总的最高销量为 210 万吨大于总产量, 为了求得平衡, 在产销平衡表中增加一个假想的产地 A_4, 其产量为 50 万吨.

由于各个销地的销量包含两部分:

如 B_1 其中 30 万吨是最低销量, 故不能由假想产地 A_4 供应. 令相应运价为 M (任意大正数). 而另一部分 20 万吨满足与否均可以, 故也可以由 A_4 供给. 令相应运价为零. 对凡是销量分两种情况的销地均按两个销地对待, 就可以写出该问题的运输表, 见表 3.3.7.

表 3.3.7　例 3.3.3 的初始方案

产地＼销地	B_1'	B_1''	B_2	B_3	B_4'	B_4''	产量
A_1	16	16	13 ㊿	22	17	17	50
A_2	14 ㉚	14 ⑩	13 ⑳	19	15	15	60
A_3	19	19 ⑩	20	23 ㉚	M ⑩	M	50
A_4	M	0	M	0	M ⓪	0 ㊿	50
最低销量	30	20	70	30	10	50	

利用最小元素法求得初始方案如表 3.3.7, 经迭代得最优方案, 见表 3.3.8.

表 3.3.8　例 3.3.3 的最佳方案

产量＼销地	B_1'	B_1''	B_2	B_3	B_4'	B_4''	产量
A_1	16	16	13 ㊿	22	17	17	50
A_2	14	14	13 ⑳	19	15 ⑩	15 ㉚	60
A_3	19 ㉚	19 ⑳	20 ⓪	23	M	M	50
A_4	M	0	M	0 ㉚	M	0 ⑳	50
最低销量	30	20	70	30	10	50	

复习思考题

3.1 试述运输问题数学模型的特征, 为什么模型的 $m+n$ 个约束中最多只有 $(m+n-1)$ 个是独立的?

3.2 试述用最小元素法确定运输问题的初始基本可行解的基本思路和基本步骤.

3.3 为什么用元素差额法给出的运输问题的初始基本可行解, 较之用最小元素法给出的更接近于最优解?

3.4 概述用位势法求检验数的原理和步骤.

3.5 如何把一个产销不平衡的运输问题转化为产销平衡的运输问题?

3.6 一般线性规划问题应具备什么特征才可以转化成运输问题? 列出运输问题的数学模型, 并用表上作业法求解.

3.7 判断下列说法是否正确.

1) 运输问题是一特殊的线性规范问题, 因而求解结果也可能出现下列四种情况之一: 有唯一最优解, 有无穷多最优解、无界解、无可行解;

2) 在运输问题中, 只要给出一组含 $(m+n-1)$ 个非零的 $\{x_{ij}\}$, 且满足 $\sum_{j=1}^{n} x_{ij} = a_i$, $\sum_{i=1}^{m} x_{ij} = b_j$, 就可以作为一个初始基本可行解;

3) 表上作业法实质上就是求解运输问题的单纯形法;

4) 按最小元素法 (或元素差额法) 给出的初始基本可行解, 从每一空格出发可以找出而且仅能找出唯一的闭回路;

5) 如果运输问题单位运价表的某一行 (或某一列) 元素分别加上一个常数 k, 最优调运方案将不会发生变化;

6) 如果运输问题单位运价表的某一行 (或某一列) 元素分别乘上一个常数 k, 最优调运方案将不会发生变化;

7) 当所有产地的产量和销地的销量均为整数值时, 运输问题的最优解也为整数值.

习　题　3

3.1 判别下列给出的各方案能否作为表上作业法求解的初始方案.

1)

表 3.x.1   1) 题的表

销地 产地	B₁	B₂	B₃	B₄	B₅	B₆	产量
A₁	20	10					30
A₂		30	20				50
A₃			10	10	50	5	75
A₄						20	20
销量	20	40	30	10	50	25	175 / 175

2)

表 3.x.2   2) 题的表

销地 产地	B₁	B₂	B₃	B₄	B₅	B₆	产量
A₁					30		30
A₂	20	30					50
A₃		10	30	10		25	75
A₄					20		20
销量	20	40	30	10	50	25	

3.2 用表上作业法求解下列运输问题.

1)

表 3.x.3   1) 题的表

销地 产地	甲	乙	丙	丁	产量
A	3	7	6	4	5
B	2	4	3	2	2
C	4	3	8	5	3
销量	3	3	2	2	10 / 10

2)

表 3.x.4   2) 题的表

销地 产地	甲	乙	丙	丁	戊	己	产量
A	9	12	9	6	9	10	5
B	7	3	7	7	5	5	7
C	6	5	9	11	3	11	10
销量	4	4	6	2	4	2	22 / 22

3)

表 3.x.5 3) 题的表

产地＼销地	B₁	B₂	B₃	B₄	产量
A₁	12	8	22	17	80
A₂	14	13	19	15	20
A₃	19	20	23	—	40
销量	50	70	30	不限	

3.3 试分析分别发生下列情况时, 运输问题的最优调运方案及总运价有何变化.

1) 单位运价表第 r 行的每个 c_{ij} 都加上一个常数 k;

2) 单位运价表第 p 列的每个 c_{ij} 都加上一个常数 k;

3) 单位运价表的所有的 c_{ij} 都加上一个常数 k.

3.4 已知运输问题的运输表及最优方案如下表.

产地＼销地	B₁	B₂	B₃	B₄	产量
A₁	10	1 ⑤	20	11 ⑩	15
A₂	12 ⓪	7 ⑩	9 ⑮	20	25
A₃	2 ⑤	14	16	18	5
销量	5	15	15	10	45／45

试分析: 1) 从 A_2 至 B_2 的单位运价 c_{22} 在什么范围变化时, 上述最优调运方案不变;

2) 从 A_2 至 B_4 的单位运价 c_{24} 变为何值时, 将有无限多最优调运方案.

第 4 章

整 数 规 划

本章基本要求

1. 理解整数规划的数学模型;
2. 掌握整数规划问题解法的计算步骤;
3. 掌握解整数规划问题的分枝限界法及割平面法;
4. 了解 0-1 整数规划问题的隐枚举法;
5. 掌握求解指派问题的匈牙利法.

4.1　整数规划问题的基本概念

　　线性规划问题中有一部分问题要求有整数可行解和整数最优解, 例如完成任务的人数、生产机器的台数、生产任务的分配、场址的选定等, 都必须部分或者全部满足整数要求, 这样的问题称为整数线性规划问题, 简称为整数规划问题. 下面我们先举出一些整数线性规划的例子, 然后讨论它的解法.

　　例 4.1.1　某服务部门一周中每天需要不同数目的雇员: 周一到周四每天至少需要 50 人, 周五至少需要 80 人, 周六和周日至少需要 90 人. 现规定应聘者需连续工作 5 天, 试确定应聘方案, 即周一到周日每天聘用多少人, 使在满足需要的条件下聘用总人数最少?

　　解　记周一到周日每天聘用的人数分别是 $x_1, x_2, \cdots, x_7$, 注意, 每个雇员需连续工作 5 天, 于是, 周一上班的雇员是上周四到本周一聘用的, 周二上班的雇员是

上周五到本周二聘用的, 依此类推, 得模型 $\min z = \sum\limits_{j=1}^{7} x_j$,

$$\text{s.t.} \begin{cases} x_4 + x_5 + x_6 + x_7 + x_1 \geqslant 50, \\ x_5 + x_6 + x_7 + x_1 + x_2 \geqslant 50, \\ x_6 + x_7 + x_1 + x_2 + x_3 \geqslant 50, \\ x_7 + x_1 + x_2 + x_3 + x_4 \geqslant 50, \\ x_1 + x_2 + x_3 + x_4 + x_5 \geqslant 80, \\ x_2 + x_3 + x_4 + x_5 + x_6 \geqslant 90, \\ x_3 + x_4 + x_5 + x_6 + x_7 \geqslant 90, \\ x_j \text{ 为非负整数}, j = 1, \cdots, 7. \end{cases}$$

例 4.1.2 项目审批问题. 某基金委员会收到几个科研项目的申请报告. 经专家初步评议, 第 j 个项目的学术价值为 c_j, 需基金数为 a_j, 如果拟投入总额为 b 的基金支持部分科研项目, 应批准哪些项目.

解 基金委员会必须对是否批准每个项目都要作出明确的回答, 因此设 x_j 为 0-1 型变量

$$x_j = \begin{cases} 1, & \text{批准第 } j \text{ 个项目}, \\ 0, & \text{不批准第 } j \text{ 个项目}, \end{cases} \quad j = 1, 2, 3, \cdots, n,$$

再以批准项目的学术价值的总和最大为目标函数, 以总基金数为约束条件, 得数学模型

$$\max z = \sum_{j=1}^{n} c_j x_j,$$

$$\text{s.t.} \begin{cases} \sum\limits_{j=1}^{n} c_j x_j \leqslant b, \\ x_j = 0, 1 \ (j = 1, 2, \cdots, n). \end{cases}$$

例 4.1.3 某农场有 100 公顷土地及 15000 元资金可用于发展生产. 农场劳动力情况为秋冬季 3500 (人·日), 春夏季 4000 (人·日). 若劳动力本身用不了时可外出干活, 春夏季收入为 2.1 元/(人·日), 秋冬季收入为 1.8 元/(人·日). 该农场种植三种作物: 大豆、玉米、小麦, 并饲养奶牛和鸡. 种作物时不需要专门投资, 而饲养动物时每头奶牛投资 400 元, 每只鸡投资 3 元. 养奶牛时每头需拨出 1.5 公顷土地种饲料, 并占用人工秋冬季为 100 (人·日), 春夏季为 50 (人·日), 年净收入 400 元/每头奶牛. 养鸡时不占土地, 需人工为每只鸡秋冬季需 0.6 (人·日), 春夏季为 0.3 (人·日), 年净收入为 2 元/只. 农场现有鸡舍允许最多养 3000 只鸡, 牛栏允许最多养 32 头奶牛. 三种作物每年需要的人工及收入情况如表 4.1.1 所示:

试决定该农场的经营方案, 使年净收入为最大.

表 4.1.1   三种作物每年需要的人工及收入情况

	大豆	玉米	麦子
秋冬季需人工数	20	30	10
春夏季需人工数	50	75	40
年净收入/(元/公顷)	175	300	120

解   用 x_1, x_2, x_3 分别代表大豆、玉米、麦子的种植面积 (单位: 公顷); x_4, x_5 分别代表奶牛和鸡的饲养数; x_6, x_7 分别代表秋冬季和春夏季多余的劳动力 (单位: 人·日), 则有模型

$$\max z = 175x_1 + 300x_2 + 120x_3 + 400x_4 + 2x_5 + 1.8x_6 + 2.1x_7,$$

$$\text{s.t.} \begin{cases} x_1 + x_2 + x_3 + 1.5x_4 \leqslant 100 \text{ (土地限制)}, \\ 400x_4 + 3x_5 \leqslant 1500 \text{ (资金限制)}, \\ 20x_1 + 35x_2 + 10x_3 + 100x_4 + 0.5x_5 + x_6 = 3500 \text{ (劳动力限制)}, \\ 50x_1 + 175x_2 + 40x_3 + 50x_4 + 0.3x_5 + x_7 = 4000 \text{ (劳动力限制)}, \\ x_4 \leqslant 32 \text{ (牛栏限制)}, \\ x_5 \leqslant 3000 \text{ (鸡舍限制)}, \\ x_j \geqslant 0 \ (j = 1, 2, 3), x_4, x_5, x_6, x_7 \text{ 为整数}. \end{cases}$$

我们把要求变量全部或部分取整数的线性规划问题称为整数线性规划问题, 简称整数规划, 其数学模型的一般形式为

$$\max z = \sum_{j=1}^{n} c_j x_j, \tag{4.1.1}$$

$$\text{s.t.} \begin{cases} \sum_{j=1}^{n} a_{ij} x_j \leqslant b_i \ (i = 1, 2, \cdots, m), \\ x_j \geqslant 0 \ (j = 1, 2, \cdots, n), \\ x_j \text{ 全为整数 (或部分为整数)}. \end{cases} \tag{4.1.2}$$

整数线性规划问题可以根据变量取值情况分为下列几种类型:

(1) **纯整数线性规划**   指全部决策变量都必须取整数值的整数线性规划, 有时也称全整数规划.

(2) **混合整数线性规划**   指决策变量中有一部分必须取整数值, 另一部分可以不取整数值的整数线性规划.

(3) **0-1 整数线性规划**   指决策变量只能取 0 或 1 的整数线性规划.

虽然整数规划只比线性规划多了一个整数约束, 但却给问题的求解带来了很大的困难, 这是因为整数规划没有可行域, 它的可行解集是由一些离散的非负整数格

点所组成. 迄今为止, 对于整数规划求解, 还没有一个统一的有效解法. 为了满足整数解的要求, 最容易想到的办法就是把求得的非整数解进行四舍五入处理来得到整数解, 但这通常是行不通的.

舍入处理通常会出现两方面的问题: 一是化整后的解根本不是可行解; 二是化整后的解虽是可行解, 但并非是最优解.

例 4.1.4 已知整数规划问题

$$\max z = x_1 + 5x_2,$$
$$\text{s.t.} \begin{cases} x_1 + 10x_2 \leqslant 20, \\ x_1 \leqslant 2, \\ x_j \geqslant 0 \text{ 且全为整数 } (j = 1, 2). \end{cases}$$

分析 考虑整数条件, 得到如下线性规划问题 (称为松弛问题)

$$\max z = x_1 + 5x_2,$$
$$\text{s.t.} \begin{cases} x_1 + 10x_2 \leqslant 20, \\ x_1 \leqslant 2, \\ x_j \geqslant 0 \ (j = 1, 2). \end{cases}$$

对于这个问题, 很容易用图解法得到最优解 (图 4.1.1) 在 B 点得到最优解, $x_1 = 2, x_2 = \dfrac{9}{5}$ 且有 $z = 11$.

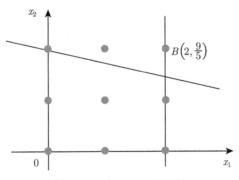

图 4.1.1 例 4.1.4 图解法

再考虑整数条件. 若将 x_2 凑成整数 $x_2 = 2$, 则点 $(2, 2)$ 落在可行域外, 不是可行解; 若将 x_2 凑成整数 1, 但点 $(2, 1)$ 不是最优解. 因为当 $x_1 = 2, x_2 = 1$, 得到 $z = 7$, 而当 $x_1 = 0, x_2 = 2$ 得到 $z = 10$, 显然点 $(0, 2)$ 比点 $(2, 1)$ 更好. 因此不能简单地将松弛问题的最优解简单取整 (例如四舍五入) 就能得到整数规划的最优解.

从图 4.1.1 可知, 整数规划问题的可行解集是相应的线性规划问题的可行域内的整数格子点, 它是一个有限集. 显然, 我们还有另一种方法, 即将所有的可行解依次代入目标函数, 比较所得的目标函数的大小, 从而得到最优解, 这个方法称为完全枚举法.

如上例有整数可行解

$$x^{(1)} = (0,0), \quad x^{(2)} = (0,1), \quad x^{(3)} = (0,2), \quad x^{(4)} = (1,0),$$
$$x^{(5)} = (2,0), \quad x^{(6)} = (1,1), \quad x^{(7)} = (2,1)$$

目标函数值为 $z^{(1)} = 0, z^{(2)} = 5, z^{(3)} = 10, z^{(4)} = 1, z^{(5)} = 2, z^{(6)} = 6, z^{(7)} = 7$, 所以得到最优解 $x^{(3)} = (0,2)$, 最优值 $z^{(3)} = 10$.

完全枚举法的计算工作量是很大的, 特别当变量个数和约束条件个数都很多时, 有时甚至是不可能的. 因此, 如何巧妙构造枚举过程是必须研究的问题, 目前用得较多的是将完全枚举法变成部分枚举法. 常用的求解整数规划的方法有分枝限界法和割平面法, 对于特别的 0-1 规划问题的求解, 可以采用隐枚举法和匈牙利法. 下面分别介绍.

4.2 分枝限界法

除少数整数规划可以用线性规划的单纯形法直接求解外, 一般整数规划必须寻找新的求解方法. 分枝限界法在 20 世纪 60 年代初由 Land Doig 和 Dakin 等人提出. 该方法可用于解纯整数或混合的整数规划问题. 由于该方法灵活且便于用计算机求解, 所以现在它已是解整数规划的重要方法, 目前已成功地应用于求解生产进度问题、旅行推销员问题、工厂选址问题、背包问题及分配问题等.

4.2.1 分枝限界法的基本思想

分枝限界法具有灵活且便于用计算机求解等优点. 它的一般思想是利用连续的 (线性规划) 模型来求解非连续的 (整数规划) 问题. 假定 x_k 是一个有取整约束的变量, 而其最优连续值 x_k^* 是非整数, 那么在 $[x_k^*]$(表示 x_k^* 的取整值) 和 $[x_k^*] + 1$ 之间不可能包括任何可行整数解. 因此, x_k 的可行整数值必然满足 $x_k \leqslant [x_k^*]$ 或 $x_k \geqslant [x_k^*] + 1$ 之一. 把这两个条件分别加到原线性规划的解空间上, 产生两个互斥的线性规划子问题. 实际上这一过程利用了整数约束条件, 在 "分割" 时删除了不包含可行整数点的部分连续空间 ($[x_k^*] < x_k < [x_k^*] + 1$). 采用与原问题相同的目标函数, 可继续求解每一个线性规划子问题. 如果没有子问题具有整数最优解, 需要将一个子问题再继续分枝为两个子问题, 优先选择目标值最大 (目标函数求极大) 的子问题进行 "分枝"; 如果某一子问题具有整数最优解, 那么这个整数解及其所对应的目标值将作为可能的最优解和最优值被记录下来. 具有整数最优解的子问题是不需要进一步 "分枝" 的, 因为进一步的分枝是通过增加约束条件来实现的, 而

增加约束不会使最优目标函数值变得更大. 如果在 "分枝" 求解过程中, 出现一个新的子问题有更大的整数解值, 则用新的整数解值代替原有记录的整数解值. 当所有的非整数解值都小于被记录下来的整数解值时, 当前记录下来的整数最优值就是整数规划的最优值, 对应的最优解就是整数规划的最优解. 分枝的过程只要合适就继续下去, 直到每一子问题均得到一个整数解或者明显看出不能产生一个更好的整数解为止. 引进 "限界" 这一概念可以提高计算效率, 这个概念表明, 如果一个子问题的非整数最优解产生一个比已得到的最好整数解还差的目标值, 那么这个子问题就不值得进一步研究下去了. 换句话讲, 一旦求出一个可行整数解, 那么它的相应目标值就可以用来作为一个下界, 以便舍去那些目标值已经低于该下界的子问题.

4.2.2 分枝限界法的步骤与实例

下面通过一个例子, 具体说明如何用分枝限界法求解整数规划问题的步骤.

$$G_0 : \max z = 3x_1 + 2x_2,$$

$$\text{s.t.} \begin{cases} 2x_1 + 3x_2 \leqslant 14, \\ x_1 + 0.5x_2 \leqslant 4.5, \\ x_1, x_2 \geqslant 0 \text{ 且为整数}. \end{cases}$$

解 第一步 寻求替代问题并求解.

方法是放宽或取消原问题的某些约束, 找出一个替代问题. 对替代问题的要求是: 容易求解, 且原问题的解应全部包含在替代问题的解中, 如果替代问题的最优解是原问题的可行解, 这个解就是原问题的最优解; 否则这个解的目标值就是原问题最优目标值的上界 (求极大时) 或下界值 (求极小时). 先不考虑整数约束, 解该问题相应的线性规划问题, 所得最优解为 $x_1 = 3\frac{1}{4}, x_2 = 2\frac{1}{2}, \max z_0 = 14\frac{3}{4}$, 由于 x_1, x_2 取值不是整数, 当然就不是原整数规划问题的最优解, 这里 $z_0 = 14\frac{3}{4}$ 可作为整数规划问题目标函数在可行域的上界 (称为限界). 一般求解对应的线性规划问题可能会出现下面几种情况:

(1) 若所得最优解的各分量满足整数要求, 则这个解也是原问题的最优解.

(2) 若线性规划问题无可行解, 则原问题显然也无可行解.

(3) 若线性规划问题有最优解, 但其分量不满足整数要求, 则这个解不是原问题的最优解.

第二步 分枝与限界.

方法是从没有满足整数约束的变量中任选一个进行分枝, 将替代问题分成若干个子问题, 然后对每个子问题求最优解. 如该解满足原问题的约束, 即找到了一个原问题的可行解, 否则该解为所属分枝的边界值 (对求极大化问题, 该边界值为上界; 对求极小化问题, 该边界值为下界); 如果所有子问题的最优解仍非原问题的可行解的话, 则选取其边界值最大 (求极大时) 或最小 (求极小时) 的子问题进一步再细分该子问题求解, 分枝过程一直进行下去, 直到找到一个原问题的可行解为止. 如果计算中同时出现两个以上可行解, 则选取其中最大 (求极大时) 或最小 (求极小时) 的一个保留.

本例中 G_0 的最优解中 $x_1 = 3.25, x_2 = 2.5$ 均不是整数, 从中选取一个, 设选 x_2 进行分枝. 在 G_0 中分别加上约束 $x_2 \leqslant 2$ 和 $x_2 \geqslant 3$ 分成两个子问题 G_1 和 G_2.

$$G_1 : \max z = 3x_1 + 2x_2, \qquad G_2 : \max z = 3x_1 + 2x_2,$$

$$\text{s.t.} \begin{cases} 2x_1 + 3x_2 \leqslant 14, \\ x_1 + 0.5x_2 \leqslant 4.5, \\ x_2 \leqslant 2, \\ x_1, x_2 \geqslant 0. \end{cases} \qquad \text{s.t.} \begin{cases} 2x_1 + 3x_2 \geqslant 14, \\ x_1 + 0.5x_2 \leqslant 4.5, \\ x_2 \geqslant 3, \\ x_1, x_2 \geqslant 0. \end{cases}$$

图 4.2.1 标出 G_1 和 G_2 的可行域 (画阴影线的部分).

从图 4.2.1 中可以看到子问题 G_1 和 G_2 中仍包含原问题的所有可行解, 易求得 G_1 的最优解为 $x_1 = 3.5, x_2 = 2$, $\max z_1 = 14.5$; G_2 的最优解为 $x_1 = 2.5, x_2 = 3, z_2 = 13.5$. 由于两个子问题的最优解仍非原问题的可行解, 故选取边界值较大的子问题 G_1 继续分枝, 在 G_1 中分别加上约束, $x_1 \leqslant 3$ 和 $x_1 \geqslant 4$ 得 G_3 和 G_4.

$$G_3 : \max z = 3x_1 + 2x_2, \qquad G_4 : \max z = 3x_1 + 2x_2,$$

$$\text{s.t.} \begin{cases} 2x_1 + 3x_2 \leqslant 14, \\ x_1 + 0.5x_2 \leqslant 4.5, \\ x_2 \leqslant 2, \\ x_1 \leqslant 3, \\ x_1, x_2 \geqslant 0. \end{cases} \qquad \text{s.t.} \begin{cases} 2x_1 + 3x_2 \leqslant 14, \\ x_1 + 0.5x_2 \leqslant 4.5, \\ x_2 \leqslant 2, \\ x_1 \geqslant 4, \\ x_1, x_2 \geqslant 0. \end{cases}$$

图 4.2.2 的阴影部分标示了 G_3 和 G_4 的可行域. 从图 4.2.2 中可以看出 G_3 和 G_4 包含了 G_1 的全部整数解, 易求得 G_3 的最优解为 $x_1 = 3, x_2 = 2, z = 13$; G_4 的最优解为 $x_1 = 4, x_2 = 1, z = 14$, 这两个解均为原问题的可行解, 因此保留可行解中较大的一个 $z = 14, z = 14$ 即为原问题目标函数的下界.

第三步 剪枝.

将各子问题的最优目标函数值与保留的可行解的值进行比较, 把边界值劣于可行解的分枝剪去, 如果除保留下来的可行解外, 其余分枝均被剪去, 则该可行解就是原问题的最优解. 否则回到第二步, 选取边界值最优的一个继续分枝, 如果计算中又出现新的可行解时, 将其与原可行解比较, 保留优的, 并重复上述步骤.

在本例中, 由于 G_2 这个分枝的最优目标函数值小于保留下来的可行解的值 $z=14$, 故剪去 G_2 子问题. G_4 的最优解 $x_1=4, x_2=1, z=14$ 即为原问题的最优解.

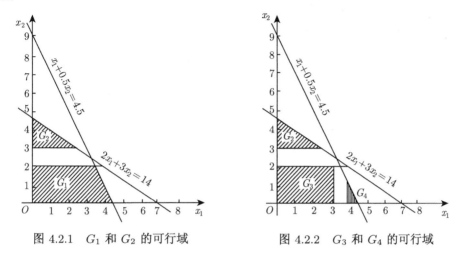

图 4.2.1　G_1 和 G_2 的可行域　　　　图 4.2.2　G_3 和 G_4 的可行域

为了清楚起见, 可用树形图 4.2.3 来表示上述例子的分枝限界法的计算全过程.

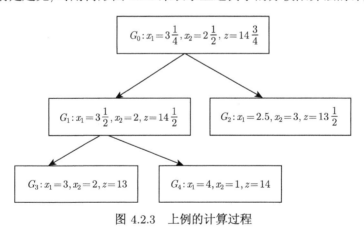

图 4.2.3　上例的计算过程

4.3　求纯整数规划问题的割平面法

4.3.1　割平面法的基本思想

割平面法是求解纯整数规划问题最早的方法, 该方法是由 R. E. Gomory 于 1958 年提出的. 它的基本思路是: 先不考虑整数约束条件, 求松弛问题的最优解,如果获得整数最优解, 即为所求, 运算停止. 如果所得到最优解不满足整数约束条件, 则在此非整数解的基础上增加新的约束条件重新求解. 这个新增加的约束条件的作用就是去切割相应松弛问题的可行域, 即割去松弛问题的部分非整数解 (包括原已得到的非整数最优解), 而把所有的整数解都保留下来, 故称新增加的约束条件为割平面. 当经过多次切割后, 就会使被切割后保留下来的可行域上有一个坐标均为整数的顶点, 它恰好就是所求问题的整数最优解, 即切割后所对应的松弛问题, 与原整数规划问题具有相同的最优解.

实际解题时, 经验表明, 若从最优单纯形表中选取最大分数部分的非整分量所在行构造割平面约束, 往往可以提高 "切割" 效果, 减少切割次数.

4.3.2   割平面法的求解步骤与举例

割平面法的具体求解步骤如下:

第一步   对于所求的整数规划问题 (4.1.2), 把问题中所有约束条件的系数均化为整数, 先不考虑整数约束条件, 求解相应的松弛问题

$$\max z = \sum_{j=1}^{n} c_j x_j,$$
$$\begin{cases} \sum_{j=1}^{n} a_{ij}x_j = b_i \ (i=1,2,\cdots,m), \\ x_j \geqslant 0 \ (j=1,2,\cdots,n). \end{cases} \tag{4.3.1}$$

第二步   如果该问题无可行解或已取得整数最优解, 则运算停止; 前者表示原问题也无可行解, 后者表示已求得整数最优解. 如果有一个或多个变量取值不满足整数条件, 则选择某个变量建立割平面.

第三步   增加为割平面的新约束条件, 用前面介绍的灵敏分析的方法继续求解, 返回第一步.

下面我们举例来说明割平面法的解题步骤.

例 4.3.1   用割平面法求解纯整数规划问题

$$\max z = 3x_1 + 2x_2, \tag{4.3.2}$$
$$\text{s.t.} \begin{cases} 2x_1 + 3x_2 \leqslant 14, \\ x_1 + 0.5x_2 \leqslant 4.5, \\ x_1, x_2 \geqslant 0 \text{ 且为整数}. \end{cases} \tag{4.3.3}$$

解   第一步   把约束条件的系数化整, 加上松弛变量, 去掉变量的整数约束, 写出该整数规划问题对应的线性规划问题 G_0.

$$G_0 : \max z = 3x_1 + 2x_2, \tag{4.3.4}$$

$$\begin{cases} 2x_1 + 3x_2 + x_3 = 14, \\ 2x_1 + x_2 + x_4 = 9, \\ x_1, x_2, x_3, x_4 \geqslant 0. \end{cases} \qquad (4.3.5)$$

用单纯形法求解得到上述线性规划问题的最终单纯形表 (表 4.3.1).

表 4.3.1　例 4.3.1 的 G_0 最终单纯形表

C_B	X_B	b'	x_1	x_2	x_3	x_4
2	x_2	$\dfrac{5}{2}$	0	1	$\dfrac{1}{2}$	$-\dfrac{1}{2}$
3	x_1	$\dfrac{13}{4}$	1	0	$-\dfrac{1}{4}$	$\dfrac{3}{4}$
	λ_j		0	0	$-\dfrac{1}{4}$	$-\dfrac{5}{4}$

第二步　如果第一步得到的是整数解, 求解至此结束; 否则找出真分数部分最大的一个基变量 (本例中为 x_2) 构造 Gomory 约束. 从上表中抄下含有 x_2 这一行的约束

$$x_2 + \frac{1}{2}x_3 - \frac{1}{2}x_4 = 2\frac{1}{2}. \qquad (4.3.6)$$

在 (4.3.6) 式中将系数和常数项都分解成整数与非负真分数之和, 并将所有整数项移到等式左端, 分数项移到等式右端得

$$x_2 - x_4 - 2 = \frac{1}{2} - \frac{1}{2}x_3 - \frac{1}{2}x_4. \qquad (4.3.7)$$

根据变量取整数值的要求, (4.3.7) 式左端为整数, 因此右端也应为整数. 又因为 $x_3, x_4 \geqslant 0$ 且为整数, 故 (4.3.7) 式右端为 "$\leqslant 0$" 的整数, 故有

$$\frac{1}{2} - \frac{1}{2}x_3 - \frac{1}{2}x_4 \leqslant 0. \qquad (4.3.8)$$

加上松弛变量后得

$$\frac{1}{2} - \frac{1}{2}x_3 - \frac{1}{2}x_4 + x_5 = 0. \qquad (4.3.9)$$

即为所求的 Gomory 约束.

第三步　将 Gomory 约束 (4.3.9) 式加到 G_0 中得到新的线性规划问题 G_1.

$$G_1: \ \max z = 3x_1 + 2x_2,$$
$$\begin{cases} 2x_1 + 3x_2 + x_3 = 14, \\ 2x_1 + x_2 + x_4 = 9, \\ -\dfrac{1}{2}x_3 - \dfrac{1}{2}x_4 + x_5 = -\dfrac{1}{2}, \\ x_j \geqslant 0 \ (j = 1, 2, \cdots, 5). \end{cases} \qquad (4.3.10)$$

因为 G_1 仅仅在 G_0 中加了一个新的约束, 可以把这个约束直接反映到求解 G_0 的最终单纯形表中, 并用灵敏度分析中讲的方法即用对偶单纯形法求解. 求解过程见表 4.3.2.

表 4.3.2   例 4.3.1 中 G_1 的最终单纯形表

C_B	X_B	b'	$c_j \rightarrow$ x_1	3 x_2	0 x_3	0 x_4	0 x_5
			2	3	0	0	0
2	x_2	$\dfrac{5}{2}$	0	1	$\dfrac{1}{2}$	$-\dfrac{1}{2}$	0
3	x_1	$\dfrac{13}{4}$	1	0	$-\dfrac{1}{4}$	$\dfrac{3}{4}$	0
0	x_5	$-\dfrac{1}{2}$	0	0	$\boxed{-\dfrac{1}{2}}$	$-\dfrac{1}{2}$	1
	λ_j		0	0	$-\dfrac{1}{4}$	$-\dfrac{5}{4}$	0
2	x_2	2	0	1	0	-1	$\dfrac{1}{2}$
3	x_1	$\dfrac{7}{2}$	1	0	0	1	$-\dfrac{1}{2}$
0	x_3	1	0	0	1	0	-2
	λ_j		0	0	0	-1	$-\dfrac{1}{2}$

第四步 重复第二至第三步直至找到问题的最优解为止.

由于在表 4.3.2 中得到的解仍非整数解, 重复第二步. 先从表中写出

$$x_1 + x_4 - \frac{1}{2}x_5 = 3\frac{1}{2},$$

将等式两端的系数与常数均按同前要求, 分成整数和非整数部分得

$$x_1 + x_4 - x_5 + \frac{1}{2}x_5 = 3 + \frac{1}{2},$$

移项得

$$x_1 + x_4 - x_5 - 3 = \frac{1}{2} - \frac{1}{2}x_5.$$

由此得到新的 Gomory 约束为

$$\frac{1}{2} - \frac{1}{2}x_5 \leqslant 0, \tag{4.3.11}$$

加上松弛变量后得

$$\frac{1}{2} - \frac{1}{2}x_5 + x_6 = 0. \tag{4.3.12}$$

将 (4.3.12) 加到 G_1 中得线性规划问题 G_2.

$$G_2: \quad \max z = 3x_1 + 2x_2,$$
$$\begin{cases} 2x_1 + 3x_2 + x_3 = 14, \\ 2x_1 + x_2 + x_4 = 9, \\ -\dfrac{1}{2}x_3 - \dfrac{1}{2}x_4 + x_5 = -\dfrac{1}{2}, \\ -\dfrac{1}{2}x_5 + x_6 = -\dfrac{1}{2}, \\ x_j \geqslant 0 \ (j = 1, 2, \cdots, 6). \end{cases}$$

为求 G_2 的解, 将 (4.3.12) 式直接反映到 G_1 的最终单纯形表中并用对偶单纯形法求解, 其过程如表 4.3.3.

由表 4.3.3 可知原问题的最优解为 $x_1 = 4, x_2 = 1, z = 14$, 求解过程结束.

表 4.3.3 例 4.3.1 的 G_2 的单纯形表

C_B	X_B	b'	$c_j \to$ 2 x_1	3 x_2	0 x_3	0 x_4	0 x_5	0 x_6
2	x_2	2	0	1	0	-1	$\dfrac{1}{2}$	0
3	x_1	$3\dfrac{1}{2}$	1	0	0	1	$-\dfrac{1}{2}$	0
0	x_3	1	0	0	1	1	-2	0
0	x_6	$-\dfrac{1}{2}$	0	0	0	0	$\left[-\dfrac{1}{2}\right]$	1
	λ_j		0	0	0	-1	$-\dfrac{1}{2}$	0
C_B	X_B	b'	x_1	x_2	x_3	x_4	x_5	x_6
2	x_2	1	0	1	0	-1	0	2
3	x_1	4	1	0	0	1	0	-1
0	x_3	3	0	0	1	1	0	-4
0	x_5	1	0	0	0	0	1	-2
	λ_j		0	0	0	-1	0	-1

如果在先后构造的 Gomory 约束 (4.3.8) 和 (4.3.11) 中, 将各变量用原整数规划的决策变量 x_1 和 x_2 表示, 则 (4.3.8) 式应为 $2x_1 + 2x_2 \leqslant 11$. (4.3.11) 式应为 $x_1 + x_2 \leqslant 5$.

在这种形式下切割的几何意义如图 4.3.1 所示. 即添加 (4.3.8) 式相当于将原问题可行域 $OABC$ 切去 $\triangle BDE$. 添加 (4.3.11) 式将可行域 $OADEC$ 切去四边形 $DEFG$. 使得最优解于图 4.3.1 恰好在可行域 $OAGFC$ 的顶点 G 处取得.

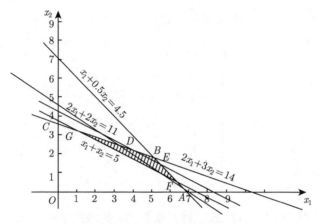

图 4.3.1　割平面法的几何意义

在上述示例分析的基础上, 我们再来讨论割平面约束的一般表达式. 假设表 4.3.4 是不考虑整数条件所对应的松弛问题的最优单纯形表. 为方便起见, 以 $x_i(i=1,2,\cdots,m)$ 表示基变量, 以 $x_j(j=m+1,m+2,\cdots,n)$ 表示非基变量.

表 4.3.4

	c_j		c_1	c_1	$\cdots$	c_r	$\cdots$	c_m	c_{m+1}	c_{m+2}	$\cdots$	c_n
C_B	X_B	b'	x_1	x_2	$\cdots$	x_r	$\cdots$	x_m	x_{m+1}	x_{m+2}	$\cdots$	x_n
c_1	x_1	b'_1	1	0	$\cdots$	0	$\cdots$	0	$a_{1,m+1}$	$a_{1,m+2}$	$\cdots$	$a_{1,n}$
c_2	x_2	b'_2	0	1	$\cdots$	0	$\cdots$	0	$a_{2,m+1}$	$a_{2,m+2}$	$\cdots$	$a_{2,n}$
$\vdots$	$\vdots$	$\vdots$	$\vdots$	$\vdots$		$\vdots$		$\vdots$	$\vdots$	$\vdots$		$\vdots$
c_r	x_r	b'_r	0	0	$\cdots$	1	$\cdots$	0	$a_{r,m+1}$	$a_{r,m+2}$	$\cdots$	$a_{r,n}$
$\vdots$	$\vdots$	$\vdots$	$\vdots$	$\vdots$		$\vdots$		$\vdots$	$\vdots$	$\vdots$		$\vdots$
c_m	x_m	b'_m	0	0	$\cdots$	0	$\cdots$	1	$a_{m,m+1}$	$a_{m,m+2}$	$\cdots$	$a_{m,n}$
	λ_j		0	0	$\cdots$	0	$\cdots$	0	λ_{m+1}	λ_{m+2}	$\cdots$	λ_n

如果 x_r 为表 4.3.4 所示的最优解中具有分数值的一个基变量, 则由表 4.3.4 可以得到

$$b'_r = x_r + \sum_{j=m+1}^{n} a_{rj}x_j, \tag{4.3.13}$$

这时 b'_r 表示 x_r 的取值.

将 (4.3.13) 式中的变量系数及常数都分解成整数 N 和非负真分数 f 两部分之和, 即

$$b'_r = N_r + f_r, \tag{4.3.14}$$

$$a_{rj} = N_{rj} + f_{rj}, \tag{4.3.15}$$

其中: $N_r = [b'_r]$ 表示 b'_r 的整数部分; f_r 表示 b'_r 的非负真分数部分; 且有

$$0 < f_r < 1,$$
$$0 < f_{rj} < 1.$$

于是 (4.3.13) 式可改写成

$$N_r + f_r = x_r + \sum_{j=m+1}^{n} N_{rj}x_j + \sum_{j=m+1}^{n} f_{rj}x_j,$$

移项得

$$f_r - \sum_{j=m+1}^{n} f_{rj}x_j = x_r + \sum_{j=m+1}^{n} N_{rj}x_j - N_r \tag{4.3.16}$$

为了使所有的变量都是整数, (4.3.16) 式右边必须是整数, 当然左边也必然为整数. 由于 $f_{rj} \geqslant 0$, 且 x_j 为非负整数, 所以有 $\sum\limits_{j=m+1}^{n} f_{rj}x_j \geqslant 0$. 又由于 f_r 为非负真分数, 则可得出

$$f_r - \sum_{j=m+1}^{n} f_{rj}x_j \leqslant f_r < 1.$$

既然 (4.3.16) 式的左边必须为整数, 显然上式不能为正, 于是便可得到

$$f_r - \sum_{j=m+1}^{n} f_{rj}x_j \leqslant 0,$$

即

$$-\sum_{j=m+1}^{n} f_{rj}x_j \leqslant -f_r. \tag{4.3.17}$$

这就是新增加的约束条件. 再增加一个松弛变量将其化为等式, 就可将其加到表 4.3.4 中去继续用对偶单纯形法求解.

割平面法求解整数规划问题的步骤, 可用图 4.3.2 表示:

从上述步骤可以看到: 每增加一个 Gomory 约束, 就增加一个松弛变量 x_{n+i}. 用对偶单纯形法迭代时, x_{n+i} 是唯一被迭代出基向量的基变量, 同时随着 Gomory 约束的不断增加, 单纯形表会越来越大, 基变量的个数也越来越多, 其中有可能会出现 Gomory 约束中的松弛变量再次成为基变量的情况, 因此用 Gomory 割平面法虽然可以在理论上可以求解整数规划问题, 但由于其收敛速度比较慢, 所以一般不太实用.

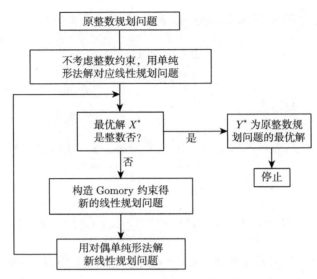

图 4.3.2 Gomory 割平面法求解整数规划问题的步骤

4.4 0-1 规划问题

4.4.1 0-1 规划问题概述

在整数规划中若变量的取值被限制为 0 或 1, 则称此变量为 0-1 变量. 在讨论线性规划问题时, 如果研究的对象具有互相对立的两种可能情况, 那么引入 0-1 变量, 将有助于问题的解决. 对于全部变量都是 0-1 变量的线性规划问题, 就称为 0-1 规划问题. 0-1 规划是特殊的整数规划, 自然可以用分枝限界法或割平面法求解.

例 4.4.1 某部门三年内有四项工程可以考虑上马, 每项工程的期望收益和年度费用 (单位: 千元) 如表 4.4.1 所示: 假定每一项已选定的工程要在三年内完成, 试确定应该上马哪些工程, 方能使该部门可能的期望收益最大.

表 4.4.1 工程的期望收益和年度费用表

工程	费用			期望收益
	第 1 年	第 2 年	第 3 年	
1	5	1	8	20
2	4	7	10	40
3	3	9	2	20
4	8	6	10	30
可用资金	18	22	24	

解 对任一给定的工程而言, 它只有两种可能, 要么上马, 要么不上马. 设

$$x_j = \begin{cases} 1, & \text{第 } j \text{ 项工程可上马}, \\ 0, & \text{第 } j \text{ 项工程不上马}, \end{cases} j = 1,2,3,4.$$

于是该问题的数学模型为

$$\max z = 20x_1 + 40x_2 + 20x_3 + 30x_4,$$

$$\begin{cases} 5x_1 + 4x_2 + 3x_3 + 8x_4 \leqslant 18, & ① \\ x_1 + 7x_2 + 9x_3 + 6x_4 \leqslant 22, & ② \\ 8x_1 + 10x_2 + 2x_3 + 10x_4 \leqslant 24, & ③ \\ x_j = 0,1, \ j = 1,2,3,4. \end{cases}$$

一般地, 称下面形式的数学模型为 0-1 规划的标准形

$$\max z = \sum_{j=1}^{n} c_j x_j,$$

$$\text{s.t.} \begin{cases} \sum_{j=1}^{n} a_{ij} x_j \leqslant b_i \ (i = 1, 2, \cdots, m), \\ x_j = 0, 1 \ (j = 1, 2, \cdots, n). \end{cases}$$

如果 0-1 规划模型不是标准形, 总可以通过适当的变换, 使其化为标准形.

4.4.2 0-1 规划的解法

从理论上讲, 求解 0-1 规划问题, 有比单纯形法更简单的方法 —— 枚举法, 即检查变量取值为 0 或 1 的每一个组合是否满足所有约束条件, 再比较目标函数值, 以求得最优解, 对于 n 个变量就需要检查 2^n 个取值组合. 当 $n > 10$ 时, 即使经历漫长的计算过程找到了最优解, 也会由于时过境迁而失去应用价值. 现介绍隐枚举法 (implicit enumeration) 求解 0-1 规划问题, 它只需检查 $(x_1, x_2, \cdots, x_n)$ 取值的一部分, 即可找到最优解.

下面用隐枚举法求例 4.4.1 的最优解. 采取试探法找出它的一个可行解 $(0, 0, 0, 1)$, 随后算出相应的目标函数值 $z = 30$. 这是一个求 z 的最大值问题, 当然可以认为 $z_{\max} \geqslant 30$. 因此就有 $20x_1 + 40x_2 + 20x_3 + 30x_4 \geqslant 30$. 将这个不等式加到约束条件中, 这个新的约束条件具有滤掉非最优解的功能, 所以称为过滤条件 (filtering constraint). 我们把这个过滤条件和原有的约束条件依次记作 (0)、(1)、(2) 和 (3), 由于该问题有 4 个决策变量, 所以 (x_1, x_2, x_3, x_4) 共有 2^4 种不同的取值, 据此, 将所有变量的取值列入表 4.4.2 中.

在过滤条件 (0)(过滤条件可不唯一) 下, 用隐枚举法求 0-1 规划的步骤为

(1) 先判断第一枚举点所对应的目标函数值是否满足过滤条件, 若不满足, 则转下一步; 若满足, 再判断该枚举点是否满足各约束条件, 若有一个约束条件不满

足, 则转下一步, 若均满足, 则将该枚举点所对应的目标函数值 z_1 (本例中, $z_1 \geqslant 30$) 作为新的目标值, 并修改过滤条件为 $20x_1 + 40x_2 + 20x_3 + 30x_4 \geqslant z_1$, 再转下一步;

(2) 再判断第二枚举点所对应的目标函数值是否满足新的过滤条件, 若不满足, 则转下一步; 若满足, 接着判断该枚举点是否满足各约束条件, 若有一个约束条件不满足, 则转下一步, 若均满足, 则将该枚举点所对应的目标函数值 $z_2(z_2 > z_1)$ 作为新的目标值, 并修改过滤条件为 $20x_1 + 40x_2 + 20x_3 + 30x_4 \geqslant z_2$, 再转下一步;

(3) 重复步骤 (2), 直至所有的枚举点均比较结束为止.

由隐枚举法的求解步骤, 我们可给出该问题的求解过程如表 4.4.2 所示, 并得到最优解为 $(x_1, x_2, x_3, x_4) = (0, 1, 1, 1)$, 相应的目标值为 90(千元). 故应上马的工程为 2 号、3 号、4 号工程.

表 4.4.2　隐枚举法计算表

枚举点	当前目标值	满足约束条件 (含过滤条件)?				新目标值
		(0)	(1)	(2)	(3)	
$(0, 0, 0, 0)$	30	×				30
$(0, 0, 0, 1)$	30	√	√	√	√	30
$(0, 0, 1, 0)$	30	×				30
$(0, 0, 1, 1)$	30	√	√	√	√	50
$(0, 1, 0, 0)$	50	×				50
$(0, 1, 0, 1)$	50	√	√	√	√	70
$(0, 1, 1, 0)$	70	×				70
$(0, 1, 1, 1)$	70	√	√	√	√	90
$(1, 0, 0, 0)$	90	×				90
$(1, 0, 0, 1)$	90	×				90
$(1, 0, 1, 0)$	90	×				90
$(1, 0, 1, 1)$	90	×				90
$(1, 1, 0, 0)$	90	×				90
$(1, 1, 0, 1)$	90	√	√	√	×	90
$(1, 1, 1, 0)$	90	×				90
$(1, 1, 1, 1)$	90	√	×			90

注: 在该表中, √ 表示满足相应条件, × 表示不满足相应条件.

例 4.4.2　求下面 0-1 规划的解.

$$\max z = 3x_1 - 2x_2 + 5x_3,$$
$$\text{s.t.} \begin{cases} x_1 + 2x_2 - x_3 \leqslant 2, & ① \\ x_1 + 4x_2 + x_3 \leqslant 4, & ② \\ x_1 + x_2 \leqslant 3, & ③ \\ 4x_2 + x_3 \leqslant 6, & ④ \\ x_j = 0 \text{ 或 } 1 \ (j = 1, 2, 3). \end{cases}$$

解　首先用试探的方法找一个可行解 $(x_1, x_2, x_3) = (1, 0, 0)$, 它满足约束条件 (1) 到 (4), 且对应的目标函数值 $z = 3$. 于是过滤条件为

$$3x_1 - 2x_2 + 5x_3 \geqslant 3 \qquad ⓪$$

用全部枚举法, 3 个变量共有 $2^3 = 8$ 个解, 原来 4 个约束条件共需 32 次运算, 现在用隐枚举法, 将 5 个约束条件按⓪—④顺序排好 (见表 4.4.3), 对每个解依次代入约束条件左侧, 求出数值, 看是否适合不等式条件, 如某一条件不适合, 同行以下各条件可不必再检查, 因而就减少了运算次数. 本例实际只作 18 次运算. 最优解 $(x_1, x_2, x_3) = (1, 0, 1), \max z = 8$.

表 4.4.3　隐枚举法计算表

(x_1, x_2, x_3)	约束条件 (含过滤条件)					满足 √ 否则 ×	z
	⓪	①	②	③	④		
$(0, 0, 0)$	0					×	
$(0, 0, 1)$	5	−1	1	0	1	√	5
$(0, 1, 0)$	−2					×	
$(0, 1, 1)$	3					×	
$(1, 0, 0)$	3					×	
$(1, 0, 1)$	8	0	2	1	1	√	8
$(1, 1, 0)$	1					×	
$(1, 1, 1)$	6					×	

从上面的两个例子看出, 隐枚举法简单实用, 且易于计算机计算, 但隐枚举法有两个明显的缺陷.

(1) 与穷举法相比, 隐枚举法所减少的计算量的程度强烈地依赖于给定的具体问题. 简而言之, 可构造特殊的例子, 应用隐枚举法求解时, 计算量一点也不减少, 使得隐枚举法成了穷举法.

(2) 随着决策变量个数 n 的增大, 隐枚举法的计算量将急剧地增加, 也就是说, 隐枚举法存在着规模 "爆炸" 的问题. 实际上, 求解整数规划的任何一种方法都存在着这一问题, 这是由于整数规划问题本身是居于 NP 问题所决定的.

4.5　指 派 问 题

指派问题 (assignment problem) 也称为分配问题, 是 0-1 规划的特殊情况, 对人员和设备的科学管理具有重要的意义.

4.5.1　指派问题的概念

指派问题就是人员和设备的任务安排问题. 设某部门需完成 n 项任务, 恰好有

n 个人可以承担这些任务, 每人分别完成其中一项. 因工作性质和个人专长的差异, 每个人完成各个任务的时间或收益不同. 于是便提出这样的问题: 指派哪个人完成哪项任务, 可使他们完成 n 项任务的总时间最短或总收益最大?

凡是能同这个典型事例比照的问题, 诸如: 有 n 项加工任务, 如何指定 n 台机器分别来完成, 可使它们总的加工时间最短? 有 n 条航线, 怎样分配 n 艘船舶各自去航行, 能让它们总的经济效益最大? 等等, 统称为典型的指派问题.

例 4.5.1   某单位的四名翻译 (甲、乙、丙、丁) 完成四项翻译任务 (A, B, C, D) 所消耗的时间见表 4.5.1. 问哪个翻译员担当哪项翻译任务, 可使所需总时间最少?

表 4.5.1   翻译工作所需时间   (单位: min)

	A	B	C	D
甲	2	15	13	4
乙	10	4	8	15
丙	9	14	16	13
丁	7	8	15	9

分析   为了方便叙述和建立数学模型, 设 $i = 1, 2, 3, 4$ 分别表示翻译甲, 乙, 丙, 丁; $j = 1, 2, 3, 4$ 分别表示 A, B, C, D 四项翻译任务; b_{ij} 表示第 i 名翻译完成第 j 项任务所需要的时间;

$$x_{ij} = \begin{cases} 1, & \text{表示第 } i \text{ 名翻译担任第} j \text{项翻译任务,} \\ 0, & \text{表示第 } i \text{ 名翻译不担任第} j \text{项翻译任务.} \end{cases}$$

四名翻译所消耗的总时间为 z, 于是数学模型为

$$\min z = \sum_{i=1}^{4} \sum_{j=1}^{4} b_{ij} x_{ij},$$

$$\text{s.t.} \begin{cases} \sum_{i=1}^{4} x_{ij} = 1 \ (j = 1, 2, 3, 4), \\ \sum_{j=1}^{4} x_{ij} = 1 \ (i = 1, 2, 3, 4), \\ x_{ij} = 0 \text{ 或 } 1 \ (i, j = 1, 2, 3, 4). \end{cases}$$

其中 $(b_{ij}) = \begin{pmatrix} 2 & 15 & 13 & 4 \\ 10 & 4 & 8 & 15 \\ 9 & 14 & 16 & 13 \\ 7 & 8 & 15 & 9 \end{pmatrix}.$

由于目标函数是求 z 的最小值, 所以本例也称为最小化指派问题.

一般地, 最小化指派问题的数学模型是

$$\min z = \sum_{i=1}^{n}\sum_{j=1}^{n} b_{ij}x_{ij} \, (b_{ij} \geqslant 0),$$

$$\text{s.t.} \begin{cases} \sum_{i=1}^{n} x_{ij} = 1 \ (j = 1, 2, \cdots, n), \\ \sum_{j=1}^{n} x_{ij} = 1 \ (i = 1, 2, \cdots, n), \\ x_{ij} = 0, 1 \ (i, j = 1, 2, \cdots, n). \end{cases}$$

其中 $(b_{ij}) = \begin{pmatrix} b_{11} & b_{12} & \cdots & b_{1n} \\ b_{21} & b_{22} & \cdots & b_{2n} \\ \vdots & \vdots & & \vdots \\ b_{n1} & b_{n2} & \cdots & b_{nn} \end{pmatrix}$ 称为效率矩阵. 约束条件中的第一组等式表

示第 j 项任务只能由一个人去完成; 第二组等式表示第 i 个人只能去作一项任务. 这种问题的实质就是: 找出效率矩阵 (b_{ij}) 中位于不同行、不同列的 n 个元素, 使其和最小. 另一方面, 它既可视作 0-1 规划, 也可视作运输问题. 所以解法很多, 这里仅根据它的特殊性, 介绍一种手工算法 —— 匈牙利法.

4.5.2 指派问题的匈牙利算法

匈牙利数学家科尼格 (Konig) 利用指派问题的特点, 给出一种简便、有效、也是十分常用的方法. 基本原理是: 如果效率矩阵 (b_{ij}) 中某行各元素, 分别减去一个常数 K, 得到新的效率矩阵 (b'_{ij}), 则两效率矩阵的最优解相同. 对于列也具有这样的性质. 这个原理不难理解, 对任何一项任务来说, n 个人完成这项任务的效率表现在效率矩阵中该任务对应的一列上, 效率高的人, 所用的时间少, 效率低的人所用的时间多. 如果对这些时间都加上或减去一个常数 K, 并不改变 n 个人完成这项任务的快慢顺序, 因此不影响指派方案. 同理对任何一个人来说, 他完成各项任务的效率表现在效率矩阵相应的一行上, 对这一行所有的时间加上或减去同一个常数 K, 只会影响完成任务的总时间, 不会改变他完成各项任务的快慢顺序, 所以也不影响指派方案.

这个原理也可由指派问题的数学模型直接推出, 若在例 4.5.1 的效率矩阵第 2 列每个元素加上常数 K, 则目标函数变为

$$z' = 2x_{11} + (15 + K)x_{12} + 13x_{13} + 4x_{14} + 10x_{21} + (4 + K)x_{22} + 8x_{23} + 15x_{24}$$

$$+ 9x_{31} + (14 + K)x_{32} + 16x_{33} + 13x_{34} + 7x_{41} + (8 + K)x_{42} + 15x_{43} + 9x_{44}.$$

容易看出它与原目标函数 z 相比, 多了一项 $K(x_{12} + x_{22} + x_{32} + x_{42})$, 但由约束条件得 $x_{12} + x_{22} + x_{32} + x_{42} = 1$, 因此, 目标函数只多了一个常数 K, 约束条件没有变化, 所以不会改变最优解, 只会使目标函数值增加常数 K.

下面就例 4.5.1 说明求解最小化指派问题的匈牙利算法的具体步骤.

第一步　修改效率矩阵. 在效率矩阵 (b_{ij}) 中, 让每行 (列) 元素减去该行 (列) 元素的最小值, 使每行、每列都至少有一个 0 元素. 得到矩阵 (c_{ij}).

$$(b_{ij}) = \begin{pmatrix} 2 & 15 & 13 & 4 \\ 10 & 4 & 8 & 15 \\ 9 & 14 & 16 & 13 \\ 7 & 8 & 15 & 9 \end{pmatrix} \begin{matrix} -2 \\ -4 \\ -9 \\ -7 \end{matrix} \longrightarrow (b'_{ij}) = \begin{pmatrix} 0 & 13 & 11 & 2 \\ 6 & 0 & 4 & 11 \\ 0 & 5 & 7 & 4 \\ 0 & 1 & 8 & 2 \end{pmatrix}$$
$$-4 \quad -2$$

$$\longrightarrow (c_{ij}) = \begin{pmatrix} 0 & 13 & 7 & 0 \\ 6 & 0 & 0 & 9 \\ 0 & 5 & 3 & 2 \\ 0 & 1 & 4 & 0 \end{pmatrix}.$$

第二步　试求最优指派方案. 根据指派问题的实质和求解原理, 只要能在修改后的效率矩阵中找到 n 个不同行、不同列的 0 元素, 并令它们所对应的 $x_{ij} = 1$, 其他元素对应的 $x_{ij} = 0$, 这样的指派方案就是最优的. 在矩阵 (c_{ij}) 中, 对所有的 0 元素进行标号, 首先找出含 0 最少的行 (列), 并且把其中的一个 0 括起来, 即 (0); 然后划掉与 (0) 同行、同列的 0 元素, 即 ∅. 其次对未被标号的 0 元素再进行标号, 直至所有的 0 元素均被标号为止.

$$(c_{ij}) = \begin{pmatrix} \emptyset & 13 & 7 & 0 \\ 6 & 0 & 0 & 9 \\ (0) & 5 & 3 & 2 \\ \emptyset & 1 & 4 & 0 \end{pmatrix} \longrightarrow \begin{pmatrix} \emptyset & 13 & 7 & (0) \\ 6 & 0 & 0 & 9 \\ (0) & 5 & 3 & 2 \\ \emptyset & 1 & 4 & \emptyset \end{pmatrix} \longrightarrow \begin{pmatrix} \emptyset & 13 & 7 & (0) \\ 6 & (0) & \emptyset & 9 \\ (0) & 5 & 3 & 2 \\ \emptyset & 1 & 4 & \emptyset \end{pmatrix}$$

对于效率矩阵为 n 阶方阵的最小化指派问题, 此时若能得到 n 个 (0) 元素, 则相应的最优指派方案就确定了. 若所得 (0) 元素的个数小于 n, 就要修改效率矩阵, 进入下一步骤.

第三步　继续修改效率矩阵. ① 在第二步的最后一个效率矩阵中, 过每个 (0) 元素划一条水平线或竖直线, 以覆盖所有 0 元素 (包含 (0)、∅ 及 0), 直线的个数应与 (0) 元素个数相同; ② 在直线不穿过 (没有覆盖) 的所有元素中找出最小元素, 记作 θ; ③ 没有划水平线的行中各元素减 θ, 在划竖直线的列中各元素加 θ, 对所得新的效率矩阵, 重新选 0 元素, 回到第二步.

$$
\begin{pmatrix}
\varnothing & 13 & 7 & (0) \\
6 & (0) & \varnothing & 9 \\
(0) & 5 & 3 & 2 \\
\varnothing & 1 & 4 & \varnothing
\end{pmatrix}
\begin{matrix} -1 \\ \\ -1 \\ -1 \end{matrix}
\longrightarrow
\begin{pmatrix}
0 & 12 & 6 & 0 \\
7 & 0 & 0 & 10 \\
0 & 4 & 2 & 2 \\
0 & 0 & 3 & 0
\end{pmatrix}
\longrightarrow
\begin{pmatrix}
\varnothing & 12 & 6 & (0) \\
7 & \varnothing & (0) & 10 \\
(0) & 4 & 2 & 2 \\
\varnothing & (0) & 3 & \varnothing
\end{pmatrix}
$$

$$+1 \qquad\qquad +1$$

例 4.5.1 的效率矩阵到此已能找到 4 个不同行、不同列的 0 元素. 从而相应的最优解为

$$
(x_{ij}) = \begin{pmatrix}
0 & 0 & 0 & 1 \\
0 & 0 & 1 & 0 \\
1 & 0 & 0 & 0 \\
0 & 1 & 0 & 0
\end{pmatrix}.
$$

将最优解代入目标函数 z, 可得最优值为 $\min z = 4 + 8 + 9 + 8 = 29 (\min)$.

这表明, 让翻译甲、乙、丙、丁分别担当翻译任务 D, C, A, B, 可使他们总的消耗时间最短, 只消耗 29min, 就能完成四项翻译工作.

4.5.3 其他类型指派问题的求解

1. 最大化指派问题

匈牙利法实质上是一种求最小化指派问题的方法, 如果给我们的效率矩阵 (b_{ij}) 中的 b_{ij} 是第 i 个人去作第 j 项任务的收益, 我们该怎样指派, 才能使总收益最大呢?

例 4.5.2 某单位准备选拔人事科、设备科、总务科的三名科长. 几经筛选, 仅剩下赵、钱、孙三名候选人. 根据民主评议的统计结果, 他们主持各个科的工作能力 (以得分多少来衡量) 如表 4.5.2 所示. 试从工作能力出发, 确定各科长的指定方案, 使总体效能最大.

表 4.5.2 工作能力表 (单位: 分)

	工作能力		
	人事	设备	总务
赵	35	30	27
钱	37	35	29
孙	38	28	32

分析 用 $i = 1, 2, 3$ 分别表示赵、钱、孙三人; 用 $j = 1, 2, 3$ 分别表示人事、设备、总务三个科. 则可以设

$$
x_{ij} = \begin{cases} 1, & \text{表示第 } i \text{ 人担任第 } j \text{ 科的科长}, \\ 0, & \text{其他}, \end{cases}
$$

于是数学模型为

$$\max z = \sum_{i=1}^{3} \sum_{j=1}^{3} b_{ij} x_{ij},$$

$$\text{s.t.} \begin{cases} \sum_{i=1}^{3} x_{ij} = 1 \ (j = 1, 2, 3), \\ \sum_{j=1}^{3} x_{ij} = 1 \ (i = 1, 2, 3), \\ x_{ij} = 0 \ \text{或} \ 1 \ (i, j = 1, 2, 3), \end{cases}$$

其中 $(b_{ij}) = \begin{pmatrix} 35 & 30 & 27 \\ 37 & 35 & 29 \\ 38 & 28 & 32 \end{pmatrix}$.

实际上, 只要找出效率矩阵 (b_{ij}) 中的最大元素 $\bar{b}$, 用 $\bar{b}$ 减去矩阵中的每个元素 b_{ij}, 得到的矩阵 (c_{ij}) 我们称为原矩阵对应的缩减矩阵 $(c_{ij} = \bar{b} - b_{ij})$. 易见 c_{ij} 越小表示原效率矩阵中第 i 个人去做第 j 项任务的收益越大, 反之则收益越小. 因此求 (b_{ij}) 的最大化问题解, 等价于求它对应的缩减矩阵 (c_{ij}) 最小化问题的解.

解　由于 $(b_{ij}) = \begin{pmatrix} 35 & 30 & 27 \\ 37 & 35 & 29 \\ 38 & 28 & 32 \end{pmatrix}$ 中的最大元素为 $\bar{b} = 38$, 所以它对应的缩

减矩阵为

$$(c_{ij}) = (\bar{b} - b_{ij}) = \begin{pmatrix} 3 & 8 & 11 \\ 1 & 3 & 9 \\ 0 & 10 & 6 \end{pmatrix}.$$

用匈牙利法求 (c_{ij}) 的最优解

$$(c_{ij}) = \begin{pmatrix} 3 & 8 & 11 \\ 1 & 3 & 9 \\ 0 & 10 & 6 \end{pmatrix} \begin{matrix} -3 \\ -1 \\ \ \end{matrix} \longrightarrow \begin{pmatrix} 0 & 5 & 8 \\ 0 & 2 & 8 \\ 0 & 10 & 6 \end{pmatrix} \longrightarrow \begin{pmatrix} 0 & 3 & 2 \\ 0 & 0 & 2 \\ 0 & 8 & 0 \end{pmatrix} \longrightarrow \begin{pmatrix} (0) & 3 & 2 \\ \varnothing & (0) & 2 \\ \varnothing & 8 & (0) \end{pmatrix}.$$
$$\begin{matrix} \qquad\qquad\qquad\qquad\qquad -2 \ -6 \end{matrix}$$

可见最优解为 $(x_{ij}) = \begin{pmatrix} 1 & 0 & 0 \\ 0 & 1 & 0 \\ 0 & 0 & 1 \end{pmatrix}$, 这也是原最大化指派问题的最优解, 即派赵、

钱、孙分别担任人事科、设备科和总务科的科长, 这样可使总的工作能效达到最大值 102 分.

2. 效率矩阵不是方阵

在实践中, 往往出现人少任务多或人多任务少的情况. 对效率矩阵来说, 表现为矩阵不是方阵, 甚至要求某人不能完成某项任务或某项工作不能由某人去做. 这都需要做适当改进, 再应用匈牙利法去解决.

对于效率矩阵不是方阵, 可以虚设几行或几列, 使其构成方阵, 虚设的行 (列) 的元素要根据目标函数的具体情况确定. 对于后一问题, 只要将效率矩阵相应的元素取得充分大 (极小问题) 或充分小 (极大化问题), 使得最优指派方案不可能取在该元素上.

例 4.5.3   某课题组有三名博士研究员甲、乙、丙, 估计他们完成 5 个子课题 A, B, C, D, E 的研究任务, 能获得利润 (单位: 万元) 分别如表 4.5.3 所示, 要求每人只能作一个子课题, 每项子课题也只能由一个人作, 怎样安排工作, 可使课题组的总收入最高?

表 4.5.3   课题研究获利情况

	A	B	C	D	E
甲	6	5	4	7	6
乙	8	7	5	4	7
丙	4	6	7	8	5

解   3 个人要完成 5 项任务, 现虚设 2 人, 构成 5 人完成 5 项任务; 由于虚设的人是不可能完成任务、获得收益的, 因而获利为 0, 这样在效率矩阵中补两行 0 元素即方阵 (b_{ij}), 可用匈牙利法求解.

$$(b_{ij}) = \begin{pmatrix} 6 & 5 & 4 & 7 & 6 \\ 8 & 7 & 5 & 4 & 7 \\ 4 & 6 & 7 & 8 & 5 \\ 0 & 0 & 0 & 0 & 0 \\ 0 & 0 & 0 & 0 & 0 \end{pmatrix} \xrightarrow{\overline{b}=8} (c_{ij}) = (\overline{b} - b_{ij}) = \begin{pmatrix} 2 & 3 & 4 & 1 & 2 \\ 0 & 1 & 3 & 4 & 1 \\ 4 & 2 & 1 & 0 & 3 \\ 8 & 8 & 8 & 8 & 8 \\ 8 & 8 & 8 & 8 & 8 \end{pmatrix} \begin{matrix} -1 \\ \\ \\ -8 \\ -8 \end{matrix}$$

$$\longrightarrow (c'_{ij}) = \begin{pmatrix} 1 & 2 & 3 & 0 & 1 \\ 0 & 1 & 3 & 4 & 1 \\ 4 & 2 & 1 & 0 & 3 \\ 0 & 0 & 0 & 0 & 0 \\ 0 & 0 & 0 & 0 & 0 \end{pmatrix} \longrightarrow \begin{pmatrix} 1 & 2 & 3 & (0) & 1 \\ (0) & 1 & 3 & 4 & 1 \\ 4 & 2 & 1 & \emptyset & 3 \\ \emptyset & (0) & \emptyset & \emptyset & \emptyset \\ \emptyset & \emptyset & (0) & \emptyset & \emptyset \end{pmatrix} \begin{matrix} -1 \\ -1 \\ -1 \\ \\ \end{matrix}$$
$$ +1 \quad\quad\quad +1$$

$$
\longrightarrow
\begin{pmatrix}
1 & 1 & 2 & 0 & 0 \\
0 & 0 & 2 & 4 & 0 \\
4 & 1 & 0 & 0 & 2 \\
1 & 0 & 0 & 1 & 0 \\
1 & 0 & 0 & 1 & 0
\end{pmatrix}
$$

$$
\longrightarrow
\begin{pmatrix}
1 & 1 & 2 & (0) & \varnothing \\
(0) & \varnothing & 2 & 4 & \varnothing \\
4 & 1 & (0) & \varnothing & 2 \\
1 & (0) & \varnothing & 1 & \varnothing \\
1 & \varnothing & \varnothing & 1 & (0)
\end{pmatrix}
\;\text{或}\;
\begin{pmatrix}
1 & 1 & 2 & \varnothing & (0) \\
(0) & \varnothing & 2 & 4 & \varnothing \\
4 & 1 & \varnothing & (0) & 2 \\
1 & (0) & \varnothing & 1 & \varnothing \\
1 & \varnothing & (0) & 1 & \varnothing
\end{pmatrix}
$$

因为已经得到 5 个 (0) 元素, 所以最优方案为: 甲做课题 D, 乙做课题 A, 丙做课题 C, 可得最高收入 $7 + 8 + 7 = 22$ (万元). 容易看出, 若 (0) 元素选在另外位置上, 还有其他最优方案: 甲做课题 E, 乙做 A, 丙做 D, 其收入仍为 22 万元.

复习思考题

4.1 有人提出, 求解整数规划时, 可先不考虑变量的整数约束, 而求解其相应的线性规划问题, 然后对求解结果中为非整数的变量凑整. 试问这种方法是否可行, 为什么?

4.2 试述用割平面法求解整数规划问题时的主要思想, 又在构造割平面约束时如何做到从原可行域中只切去变量的非整数解.

4.3 试述匈牙利法的原理及基本步骤.

4.4 如何把一个最大化分派问题转化为最小化分派问题?

4.5 如何利用匈牙利法来处理人数事数不相等的分派问题?

4.6 如何利用匈牙利法求解一个人可做几件事的分派问题?

4.7 判断下列说法是否正确:

1) 整数规划最优解的目标函数值一般优于其相应的线性规划问题的最优解的目标函数值;

2) 用分枝限界法求解一个极大化的整数规划问题时, 任何一个可行解的目标函数值都是该问题目标函数值的下界;

3) 用分枝限界法求解一个极大化的整数规划问题, 当得到多于一个可行解时, 可通过任取其中一个作为下界值, 再进行比较剪枝;

4) 用割平面法求解整数规划时, 构造的割平面有可能切去一些不属于最优解的整数解;

5) 用割平面法求解纯整数规划时, 要求包括松弛变量在内的全部变量必须取整数值; 分派问题效率矩阵的每个元素都乘上相同常数 k, 将不影响最优分派方案;

6) 分派问题数学模型的形式同运输问题十分相似, 故也可以用表上作业法求解.

习　题　4

4.1 用分枝限界法求解下述整数规划问题.

1) $\max z = x_1 + x_2,$

$$\text{s.t.} \begin{cases} 14x_1 + 9x_2 \leqslant 51, \\ -6x_1 + 3x_2 \leqslant 1, \\ x_1, x_2 \geqslant 0 \text{ 且取整数}. \end{cases}$$

2) $\max z = 3x_1 + x_2 + 3x_3,$

$$\text{s.t.} \begin{cases} -x_1 + 2x_2 + x_3 \leqslant 4, \\ 4x_2 - 3x_3 \leqslant 2, \\ x_1 - 3x_2 + 2x_3 \leqslant 3, \\ x_1, x_2, x_3 \geqslant 0 \text{ 且 } x_1, x_3 \text{为整数}. \end{cases}$$

3) $\max z = 7x_1 + 9x_2,$

$$\text{s.t.} \begin{cases} -x_1 + 3x_2 \leqslant 6, \\ 7x_1 + x_2 \leqslant 35, \\ x_1, x_2 \geqslant 0 \text{ 且为整数}. \end{cases}$$

4.2 用割平面法求解整数规划问题.

1) $\max z = 3x_1 + x_2 + 3x_3,$

$$\text{s.t.} \begin{cases} -x_1 + 2x_2 + x_3 \leqslant 4, \\ 4x_2 - 3x_3 \leqslant 2, \\ x_1 - 3x_2 + 2x_3 \leqslant 3, \\ x_1, x_2, x_3 \geqslant 0 \text{ 且为整数}. \end{cases}$$

2) $\max z = x_1 + x_2,$

$$\text{s.t.} \begin{cases} 2x_1 + x_2 \leqslant 6, \\ 4x_1 + 5x_2 \leqslant 20, \\ x_1, x_2 \geqslant 0 \text{ 且为整数}. \end{cases}$$

4.3 求解下述 0-1 规划问题.

1) $\max z = 2x_1 - x_2 + 5x_3 - 3x_4 + 4x_5,$

$$\text{s.t.} \begin{cases} 3x_1 - 2x_2 + 7x_3 - 5x_4 + 4x_5 \leqslant 6, \\ x_1 - x_2 + 2x_3 - 4x_4 + 2x_5 \leqslant 0, \\ x_j = 0 \text{ 或 } 1 \ (j = 1, 2, 3, 4, 5). \end{cases}$$

2) $\max z = 2x_1 + 5x_2 + 3x_3 + 4x_4,$

$$\text{s.t.} \begin{cases} -4x_1 + x_2 + x_3 + x_4 \geqslant 0, \\ -2x_1 + 4x_2 + 2x_3 + 4x_4 \geqslant 4, \\ x_1 + x_2 - x_3 + x_4 \geqslant 1, \\ x_j = 0 \text{ 或 } 1 \ (j = 1, 2, 3, 4). \end{cases}$$

4.4 某公司拟在某省城东、西两个区设立门市部, 共有 5 个位置 A_1, A_2, A_3, A_4, A_5 可供选用. 不同位置所需的投资额及预期利润如表 4.x.1 所示. 规定在东区 A_1, A_2, A_3 中至多选两点; 在西区 A_4, A_5 中至少选一点, 问如何选址可使预期总利润最大?

表 4.x.1　不同位置的投资、利润表　　　　　　　　(单位: 万元)

门市部	A_1	A_2	A_3	A_4	A_5	总投资额
投资额	20	30	25	40	45	100
年利润	10	25	20	25	30	

4.5 某航空公司为满足客运量日益增长的需要, 正考虑购置一批新的远程、中程及短程的喷气式客机. 每架远程客机价格 670 万元, 中程客机 500 万元, 短程客机 350 万元. 该公司现有资金 12000 万元可用于购买飞机. 据估计年净利润 (扣除成本) 每架远程客机 82 万元, 中程客机 60 万元, 短程客机 40 万元. 设该公司现有熟练驾驶员可用来配备 30 架新购飞机. 维修设备足以维修新增加 40 架新的短程客机, 每架中程客机维修量相当于 $\frac{4}{3}$ 架短程客机, 每架远程客机维修量相当于 $\frac{5}{3}$ 架短程客机. 为获取最大利润, 该公司应购买各类客机各多少架?

4.6 指派问题的实质是什么? 简述求解指派问题的匈牙利法的基本原理.

4.7 利用匈牙利法求解下列指派问题.

1) $\min z = \sum_{i=1}^{4} \sum_{j=1}^{4} b_{ij} x_{ij}$,

$$\text{s.t.} \begin{cases} \sum_{i=1}^{4} x_{ij} = 1, \\ \sum_{j=1}^{4} x_{ij} = 1, \\ x_{ij} = 0, 1 \ (i, j = 1, 2, 3, 4). \end{cases}$$

效率矩阵为

$$(b_{ij}) = \begin{pmatrix} 7 & 9 & 10 & 12 \\ 13 & 12 & 16 & 17 \\ 15 & 16 & 14 & 15 \\ 11 & 12 & 15 & 16 \end{pmatrix}.$$

2) $\max z = \sum_{i=1}^{4} \sum_{j=1}^{4} a_{ij} x_{ij}$,

$$\text{s.t.} \begin{cases} \sum_{i=1}^{4} x_{ij} = 1, \\ \sum_{j=1}^{4} x_{ij} = 1, \\ x_{ij} = 0, 1 \ (i, j = 1, 2, 3, 4). \end{cases}$$

效率矩阵为

$$(a_{ij}) = \begin{pmatrix} 15 & 17 & 9 & 6 \\ 11 & 7 & 8 & 12 \\ 4 & 13 & 14 & 11 \\ 11 & 9 & 7 & 13 \end{pmatrix}.$$

4.8 某医院的五位大夫 A_1, A_2, A_3, A_4 和 A_5 从家中直接出诊, 各去五个家庭病床 B_1,

B_2, B_3, B_4 和 B_5 中的一个. 从每位大夫的家到每个家庭临床的路程见表 4.x.2. 怎样安排他们的出诊任务, 方能使其总路程最短?

表 4.x.2　路程表

	路程/km				
	B_1	B_2	B_3	B_4	B_5
A_1	11	14	24	21	21
A_2	14	19	15	29	25
A_3	20	17	7	28	11
A_4	10	18	16	15	19
A_5	19	12	19	28	17

4.9 某研究所准备指派赵、钱、孙、李充当专家周、吴、郑、王的助手. 根据过去的经验, 他们在一起工作的效率如表 4.x.3 所示. 如何搭配可使他们的总工作效率最高?

表 4.x.3　工作效率表

	工作效率			
	周	吴	郑	王
赵	11	9	10	1
钱	1	9	3	13
孙	5	8	5	12
李	8	1	10	11

4.10 某学校为了活跃学术气氛, 决定下周举办信息、金融、安全和生物工程四个专题讲座. 每个讲座在下周下午各举办一次, 每个下午不许多于一个讲座. 根据详细的调查资料, 估计每天下午不能出席的学生人数如表 4.x.4 所示. 试从缺席的学生人数最少着想, 设计一个讲座日程表.

表 4.x.4　缺席人数表

	缺席人数			
	信息	金融	安全	生物工程
星期一	40	60	20	50
星期二	30	40	30	40
星期三	20	30	20	60
星期四	30	20	30	30
星期五	20	10	30	10

4.11 某公司拟派四名推销员甲、乙、丙、丁各去四座城市 A, B, C, D 推销产品. 由于这些推销员的能力和经验各不相同, 他们去各地推销而使该厂获取的利润预计如表 4.x.5 所示. 试制订可获最大利润的指派方案.

表 4.x.5   利润表

	利润/万元			
	A	B	C	D
甲	37	27	28	35
乙	40	34	29	28
丙	33	24	32	35
丁	28	32	25	24

第 5 章

目标规划

本章基本要求

1. 理解目标规划中的基本概念: 决策变量、偏差变量、目标函数、目标等级、目标约束条件、资源约束条件;

2. 掌握目标规划建模技巧, 能熟练建立目标规划问题的数学模型;

3. 掌握目标规划与线性规划的区别与联系;

4. 能用图解法求解含两个决策变量的目标规划问题;

5. 能用单纯形法求解比较简单的目标规划问题;

6. 能够用相关软件求解目标规划问题.

前面的线性规划问题, 研究的都是只有一个目标函数、若干个约束条件的最优决策问题. 然而现实生活中, 衡量一个方案的好坏标准往往不止一个, 而且这些标准之间往往不协调, 甚至是相互冲突的, 标准的度量单位也常常各不相同. 例如, 在资源的最优利用问题中, 除了考虑所得的利润最大, 还要考虑使生产的产品质量好, 劳动生产率高, 对市场的适应性强等等. 目标规划 (goal programming, GP) 正是在线性规划的基础上, 为适应经济管理中多目标决策的需要而逐步发展起来的一个运筹学分支, 是实行目标管理这种现代化管理技术的一个有效工具. 它对众多的目标分别确定一个希望实现的目标值, 然后按目标的重要程度 (级别) 依次进行考虑与计算, 以求得最接近各目标预定数值的方案, 如果某些目标由于种种约束不能完全实现, 它也能指出目标值不能实现的程度以及原因, 以供决策者参考.

早在 1952 年, 美国学者 Charnes 就提出了目标规划问题. 目标规划的有关概念和模型最早在 1961 年由美国学者查恩斯 (A. Charnes) 和库伯 (W. W. Coopor)

在他们合著的《管理模型和线性规划的工业应用》一书中提出, 之后这种模型又经尤吉·艾吉里 (Yuji.Ijiri) 等人不断完善改进. 1976 年, 伊格尼齐奥 (J. P. Ignizio) 发表了《目标规划及其扩展》一书, 系统归纳总结了目标规划的理论和方法. 目前研究较多的有线性目标规划、非线性目标规划、线性整数目标规划和 0-1 目标规划等. 此后, 运筹学学者在关于目标规划的基本概念、数学模型和计算方法等方面做了大量工作, 取得了许多应用成果. 本章主要讨论线性目标规划, 简称目标规划.

目标规划在处理实际决策问题时, 承认各项决策要求 (即使是冲突的) 的存在有其合理性; 在作最终决策时, 不强调其绝对意义上的最优性. 由于目标规划在一定程度上弥补了线性规划的上述局限性, 因此, 被认为是一种较线性规划更接近于实际决策过程的决策工具.

目标规划与线性规划相比, 有以下优点.

(1) 线性规划研究的是一个线性目标函数, 在一组线性约束条件下的最优问题. 而实际问题中, 往往需要考虑多个目标的决策问题, 这些目标可能没有统一的度量单位, 因而很难进行比较; 甚至各个目标之间可能互相矛盾. 目标规划能够兼顾地处理多种目标的关系, 求得更切合实际的解.

(2) 线性规划的约束条件不能互相矛盾, 否则线性规划无可行解. 而实际问题中往往存在一些相互矛盾的约束条件, 目标规划所要讨论的问题就是如何在这些相互矛盾的约束条件下, 找到一个满意解.

(3) 线性规划的约束条件是同等重要, 不分主次的, 是全部要满足的 "绝对约束". 而实际问题中, 多个目标和多个约束条件不一定是同等重要的, 而是有轻重缓急和主次之分的, 目标规划的任务就是如何根据实际情况确定模型和求解, 使其更符合实际需要.

(4) 线性规划的最优解可以说是绝对意义下的最优, 为求得这个最优解, 可能需要花费大量的人力、物力和财力. 而在实际问题中, 却并不一定需要去找这种最优解. 目标规划所求的满意解是指尽可能地达到或接近一个或几个已给定的指标值, 这种满意解更能够满足实际的需要.

因此可以认为, 目标规划更能够确切描述和解决经济管理中的许多实际问题. 目前目标规划的理论和方法已经在经济计划、生产管理、经营管理、市场分析、财务管理等方面得到广泛的应用, 它对各个目标分级加权与逐级优化的思想更符合人们处理问题要分别轻重缓急保证重点的思考方式.

本章先通过例子引出目标规划问题, 然后着重介绍目标规划基本概念和数学模型, 再介绍目标规划的求解方法, 目的是让学生体会目标规划与线性规划的区别与联系, 最后介绍目标规划的应用.

5.1 目标规划的基本概念与数学模型

5.1.1 目标规划问题的提出

例 5.1.1 某工厂在计划期内要生产甲、乙两种产品, 现有的资源及两种产品的技术消耗定额、单位利润如表 5.1.1 所示. 试确定计划期内的生产计划, 使利润最大, 同时厂领导为适应市场需求, 尽可能扩大甲产品的生产, 减少乙产品的生产, 同时考虑这些问题, 就形成多目标规划问题.

表 **5.1.1**

	甲/件	乙/件	现有资源
钢材/kg	9.2	4	3600
木材/m³	4	5	2000
设备负荷/台小时	3	10	3000
单位产品利润/元	70	120	

分析 设 x_1, x_2 分别是计划期内甲、乙产品的产量. 则该问题的数学模型为

$$\begin{cases} \max z_1 = 70x_1 + 120x_2, \\ \max z_2 = x_1, \\ \min z_3 = x_2, \end{cases} \quad \text{s.t.} \quad \begin{cases} 9.2x_1 + 4x_2 \leqslant 3600, \\ 4x_1 + 5x_2 \leqslant 2000, \\ 3x_1 + 10x_2 \leqslant 3000, \\ x_1, x_2 \geqslant 0. \end{cases}$$

这是一个多目标规划问题, 用线性规划方法很难找到最优解.

对于这样的多目标问题, 线性规划很难为其找到最优方案. 极有可能出现: 第一个方案使第一目标的结果优于第二方案, 而对于第二目标, 第二方案优于第一方案. 就是说很难找到一个方案使所有目标同时达到最优, 特别当约束条件中有矛盾方程时, 线性规划方法是无法解决的. 实践中, 人们转而采取 "不求最好, 但求满意" 的策略, 在线性规划的基础上建立一种新的数学规划方法 —— 目标规划. 下面我们介绍如何用目标规划的方法来解决这一类问题.

5.1.2 目标规划的基本概念

1. 目标值和正、负偏差变量

决策变量仍用 $x_1, x_2, \cdots, x_n$ 表示, 如例 5.1.1 中的 x_1, x_2.

目标规划通过引入目标值和正、负偏差变量, 可将目标函数转化为目标约束.

所谓目标值是预先给定的某个目标的一个期望值, 实现值或决策值是当决策变量 $x_j (j = 1, 2, \cdots, n)$ 选定以后, 该目标函数的对应值. 对应不同的决策方案, 实现值和目标值之间会有不同的差异, 这种差异可用偏差变量 (deviation variable) 来表

示. 正偏差变量表示实现值超过目标值 p_i 的部分, 记为 $d_i^+(d_i^+ \geqslant 0)$; 负偏差变量表示实现值未达到目标值 p_i 的部分, 记为 $d_i^-(d_i^- \geqslant 0)$. 因为实现值不可能既超过目标值, 同时又未达到目标值, 所以恒有 $d_i^+ \times d_i^- = 0$.

如在例 5.1.1 中, 若提出目标 z_1 的期望值 $p_1 = 45000$ 元, z_2 的期望值 $p_2 = 250$ 件, z_3 的期望值 $p_3 = 200$ 件, 则可引入偏差变量 $d_i^+, d_i^- (i = 1, 2, 3)$, d_1^+ 表示利润超过 45000 元的数量, d_1^- 则表示利润距 45000 元还差的数量, d_2^- 表示甲产品产量不足 250 件的部分, d_2^+ 表示甲产品产量超过 250 件的部分, d_3^- 表示乙产品产量不足 200 件的部分, d_3^+ 表示乙产品产量超过 200 件的部分. 对于偏差变量 d_1^+ 和 d_1^-, 由于利润实现值和目标值之间可能会有差异, 因此实际中可能出现以下三种情况之一:

(1) 超额完成规定的利润指标 45000, 可表示为 $d_1^+ > 0, d_1^- = 0$;

(2) 未完成规定的利润指标, 可表示为 $d_1^+ = 0, d_1^- > 0$;

(3) 恰好完成利润指标, 则可表示为 $d_1^+ = 0, d_1^- = 0$.

以上三种情况只能出现其中一种, 且恒有 $d_1^+ \times d_1^- = 0$.

同理, 也有 $d_2^+ \times d_2^- = 0$, $d_3^+ \times d_3^- = 0$, $d_4^+ \times d_4^- = 0$.

2. 绝对约束和目标约束

绝对约束 (absolute restrictions) 又称系统约束, 是指必须严格满足的等式和不等式约束.

本节的例 5.1.1 中, 钢材资源约束为 $9.2x_1 + 4x_2 \leqslant 3600$; 木材资源约束为 $4x_1 + 5x_2 \leqslant 2000$; 设备负荷约束为 $3x_1 + 10x_2 \leqslant 3000$; 这三个约束都是绝对约束.

目标约束 (goal restrictions) 是目标规划所特有的. 对于绝对约束, 把约束左端表达式看作一个目标函数, 把约束右端项看作要求的目标值. 在引入正、负偏差变量后, 可以将目标函数加上负偏差变量 d_i^-, 减去正偏差变量 d_i^+, 使其等于目标值; 对于原目标函数, 在给定目标值后, 将目标函数加上负偏差变量 d_i^-, 减去正偏差变量 d_i^+, 使其等于目标值; 这样形成一个新的函数方程, 把它作为一个新的约束条件, 加入到原问题中去, 称这种新的约束条件为目标约束.

在本节的例 5.1.1 中, 目标函数 $z_1 = 70x_1 + 120x_2$, 由于计划实现的利润指标是 45000, 引入偏差变量 d_1^-, d_1^+, 可转换为目标约束 $70x_1 + 120x_2 + d_1^- - d_1^+ = 45000$.

同理, 对于目标函数 $z_2 = x_1$ 和 $z_3 = x_2$ 可分别转换为目标约束 $x_1 + d_2^- - d_2^+ = 250$ 和 $x_2 + d_3^- - d_3^+ = 200$.

3. 目标规划的目标函数

引入偏差变量, 使原规划问题中的目标函数变成了目标约束, 那么现在问题的目标是什么呢? 从决策者角度看, 判断其优劣的依据是决策值与目标值的偏差越小越好. 由此决策者可根据自己的要求构造一个使总偏差量为最小的目标函数, 这种函数称为达成函数 (achievement functions), 记为

$$\min z = f(d^-, d^+),$$

即达成函数是正、负偏差变量的函数.

一般来说, 可能提出的要求只能是以下三种情况之一, 对应每种要求, 可分别构造的达成函数是

(1) 要求恰好达到规定的目标值, 即正、负偏变量都要尽可能地小, 这时目标函数是

$$\min z = f(d^- + d^+);$$

(2) 要求不超过目标值, 即尽量不超过目标值, 即使超过, 一定要越小越好. 就是正偏差变量要尽可能地小, 这时目标函数是

$$\min z = f(d^+);$$

(3) 要求超过目标值, 即尽量不低于目标值, 即使低于, 一定要越小越好. 就是负偏差变量尽可能地小, 这时达成函数是

$$\min z = f(d^-).$$

对于由绝对约束转化而成的目标约束, 也可以根据需要, 按照上面三种方式, 将正、负偏差变量列入达成函数中去.

4. 优先因子与权系数

上面只分析了达成函数的基本组成部分, 即对正、负偏差变量的控制. 但是要正确写出达成函数, 还必须引入优先因子和权系数这两个重要概念. 我们知道, 在一个多目标决策问题中, 要找出使所有目标都达到的最优解是很不容易的, 在有些情况下, 这样的解根本不存在 (当这些目标是互相矛盾时). 实际作法是: 决策者将这些目标分出主次, 或根据这些目标的轻重缓急不同区别对待, 也就是说, 将这些目标按其重要程度排序, 并用优先因子 $P_k(k = 1, 2, \cdots, K)$ 来标记, 即要求第一位达到的目标赋予优先因子 P_1, 要求第二位达到的目标赋予优先因子 $P_2, \cdots$, 要求第 K 位达到的目标赋予优先因子 P_K. 规定

$$P_1 \gg P_2 \gg \cdots \gg P_k \gg P_{k+1} \gg \cdots \gg P_K,$$

符号 "$\gg$" 表示 "远大于", 表示 P_k 与 P_{k-1} 不是同一各级别的量, 即 P_k 与 P_{k-1} 有更大的优先权. 这些目标优先等级因子也可以理解为一种特殊的系数, 可以量化, 但必须满足

$$P_k > M P_{K+1}(k = 1, 2, \cdots, K-1),$$

其中 $M > 0$ 是一个充分大的数.

决策者可以根据各自目标对本部门经营管理的不同重要程度, 给每个目标赋予相应的优先因子 $P_k(k = 1, 2, \cdots, K)$. 各目标应赋予何级优先因子, 可采用民主评议或专家评定等方法来确定. 同一目标在不同的情况下可能赋予不同的优先因子; 不同的目标, 若它们的重要程度不相上下, 也可以赋予同一优先因子. 决策时, 首先要保证 P_1 级目标的实现, 这时可以不考虑 P_2 级目标; 而 P_2 级目标是在实现 P_1 级目标的基础上考虑的, 或者说是在不破坏 P_1 级目标的基础上再考虑 P_2 级目标; $\cdots\cdots$ 依次类推. 总之是在不破坏上一级目标的前提下, 再考虑下一级目标的实现.

在同一优先级别中, 可能包含有两个或多个目标, 它们的正负偏差变量的重要程度还可以有差别, 这时还可以给处于同一优先级别的正负偏变量赋予不同的权系数 w_{kl}^+, w_{kl}^- $(k = 1, 2, \cdots, K; l = 1, 2, \cdots, L)$, 重要的目标, 赋值较大, 反之权系数的值就小. 这些都由决策者按具体情况而定.

如在例 5.1.1 中, 我们可把利润视作第一位重要, 甲、乙产品的产量分配视作第二位, 权重分别为 10 和 2, 即

$$w_{11}^+ = 0, \quad w_{11}^- = 1; \quad w_{12}^+ = 0, \quad w_{12}^- = 0; \quad w_{13}^+ = 0, \quad w_{13}^- = 0,$$
$$w_{21}^+ = 0, \quad w_{21}^- = 0; \quad w_{22}^+ = 0, \quad w_{22}^- = 10; \quad w_{23}^+ = 2, \quad w_{23}^- = 0,$$

则目标函数为 $\min z = P_1 d_1^- + P_2(10 d_2^- + 2 d_3^+)$.

通过上面分析, 例 5.1.1 中问题的数学模型为

$$\min z = P_1 d_1^- + P_2(10 d_2^- + 2 d_3^+),$$
$$\text{s.t.} \begin{cases} 70 x_1 + 120 x_2 + d_1^- - d_1^+ = 45000, \\ x_1 + d_2^- - d_2^+ = 250, \\ x_2 + d_3^- - d_3^+ = 200, \\ 9.2 x_1 + 4 x_2 \leqslant 3600, \\ 4 x_1 + 5 x_2 \leqslant 2000, \\ 3 x_1 + 10 x_2 \leqslant 3000, \\ x_1, x_2 \geqslant 0; d_i^-, d_i^+ \geqslant 0 \ (i = 1, 2, 3). \end{cases}$$

5. 满意解

目标规划问题的求解是分级进行的, 首先要求满足 P_1 级目标的解; 然后在保证 P_1 级目标不被破坏的前提下, 再要求满足 P_2 级目标的解; $\cdots\cdots$ 依次类推. 总之, 是在不破坏上一级目标的前提下, 实现下一级目标的最优. 因此, 这样最后求出的解就不是通常意义下的最优解, 我们称之为 "满意解". 之所以称为满意解, 是因

为对于这种解来说, 前面的目标是可以保证实现或部分实现的, 后面的目标就不一定能保证实现或部分实现, 有些可能就不能实现.

满意解这一概念的提出是对最优化概念的一个突破. 显然它更切合实际, 更便于运用.

5.1.3 目标规划的数学模型及建模步骤

以上介绍的几个基本概念, 实际上就是建立目标规划模型时必须分析的几个要素, 把这些要素分析清楚了, 目标规划的模型也就建立起来了.

对于含有 n 个决策变量, L 个目标, K 个优先等级 $(K \leqslant L)$ 的目标规划问题的一般数学模型可表述为

$$\min z = \sum_{k=1}^{K} P_k \left[\sum_{l=1}^{L} (w_{kl}^- d_l^- + w_{kl}^+ d_l^+) \right], \tag{5.1.1}$$

$$\text{s.t.} \begin{cases} \sum_{j=1}^{n} c_{ij} x_j + d_l^- - d_l^+ = q_l \ (l = 1, 2, \cdots, L), & (5.1.2) \\ \sum_{j=1}^{n} a_{ij} x_j = b_i \ (i = 1, 2, \cdots, m), & (5.1.3) \\ x_j \geqslant 0 \ (j = 1, 2, \cdots, n), & (5.1.4) \\ d_l^-, d_l^+ \geqslant 0 \ (l = 1, 2, \cdots, L), & (5.1.5) \end{cases}$$

其中 (5.1.1) 式是目标规划数学模型的目标函数, 即达成函数; (5.1.2) 式是目标规划的目标约束, q_l 是 L 个目标的预定目标值; (5.1.3) 式是目标规划的绝对约束, 这是人力、财力、物力等资源的约束; (5.1.4), (5.1.5) 式是目标规划的非负约束.

目标规划问题建立模型的步骤为

(1) 根据问题所提出的各个目标与条件, 确定目标值, 列出目标约束与绝对约束;

(2) 根据决策者的需要将某些或全部绝对约束转化为目标约束, 这时只需要给绝对约束加上负偏差变量和减去正偏差变量;

(3) 给各个目标赋予相应的优先因子 $P_k(k = 1, 2, \cdots, K)$;

(4) 对同一优先等级中的各偏差变量, 根据需要可按其重要程度不同, 赋予相应的权系数 w_{kl}^+ 和 w_{kl}^- $(k = 1, 2, \cdots, K; l = 1, 2, \cdots, L)$;

(5) 根据决策者需求, 按下列三种情况:

① 恰好达到目标值, 取 $\min\{d_l^- + d_l^+\}$;

② 允许超过目标值, 取 $\min\{d_l^-\}$;

③ 不允许超过目标值, 取 $\min\{d_l^+\}$

构造一个由优先因子和权系数相对应的偏差变量组成的, 要求实现极小化的目标函数.

下面通过实例来建立目标规划的数学模型.

例 5.1.2　某工厂计划在生产周期内生产 A, B 两种产品. 已知单位产品所需资源数、现有资源可用量及每件产品可获得的利润如表 5.1.2 所示.

表 5.1.2

产品 资源	A	B	资源可用量
原料	2	3	24
设备台时	3	2	26
单位产品的利润	4	3	

若工厂提出下列要求:

第 1 级目标: 产品 B 产量不低于产品 A 的产量;

第 2 级目标: 充分利用设备台时, 但不加班;

第 3 级目标: 利润不小于 30.

试建立目标规划模型.

解　正偏差变量 d_1^+ 表示产品 A 的产量 x_1 超过产品 B 的产量 x_2 时的超过部分, 负偏差量 d_1^- 表示 x_1 低于 x_2 时的不足部分, 因此第 1 级目标函数 $\min z = d_1^+$.

正偏差变量 d_2^+ 表示设备台时实际使用量 $3x_1 + 2x_2$ 超过 26 时的超过部分, 负偏差量 d_2^- 表示实际使用量低于 26 时的不足部分, 因此第 2 级目标函数 $\min z = d_2^+ + d_2^-$.

正偏差变量 d_3^+ 表示利润实现值 $4x_1 + 3x_2$ 超过 30 时的超过部分, 负偏差量 d_3^- 表示利润实现值低于 30 时的不足部分, 因此第 3 级目标函数 $\min z = d_3^-$.

分别赋予三个目标优先因子 P_1, P_2, P_3, 该问题的目标规划模型为

$$\min z = P_1 d_1^+ + P_2(d_2^+ + d_2^-) + P_3 d_3^-,$$

$$\text{s.t.} \begin{cases} 2x_1 + 3x_2 \leqslant 24, \\ x_1 - x_2 + d_1^- - d_1^+ = 0, \\ 3x_1 + 2x_2 + d_2^- - d_2^+ = 26, \\ 4x_1 + 3x_2 + d_3^- - d_3^+ = 30, \\ x_1, x_2, d_j^-, d_j^+ \geqslant 0, j = 1, 2, 3. \end{cases}$$

例 5.1.3　某制药公司有甲、乙两个工厂, 现要生产 A, B 两种药品均需在两

个工厂生产. A 药品在甲厂加工 2h, 然后送到乙厂检测包装 2.5h 才能成品; B 药在甲厂加工 4h, 再到乙厂检测包装 1.5h 才能成品. A, B 药在公司内的每月存储费分别为 8 元和 15 元. 甲厂有 12 台制造机器, 每台每天工作 8h, 每月正常工作 25 天, 乙厂有 7 台检测包装机, 每天每台工作 16h, 每月正常工作 25 天, 每台机器每小时运行成本: 甲厂为 18 元, 乙厂为 15 元, 单位产品 A 销售利润为 20 元, B 为 23 元, 依市场预测次月 A, B 销售量估计分别为 1500 单位和 1000 单位.

该公司依下列次序为目标的优先次序, 以实现次月的生产与销售目标.

P_1: 厂内的储存成本不超过 23000 元.

P_2: A 销售量必须完成 1500 单位.

P_3: 甲、乙两工厂的设备应全力运转, 避免有空闲时间, 两厂的单位运转成本当作它们的权系数.

P_4: 甲厂的超过作业时间全月份不宜超过 30h.

P_5: B 药的销量必须完成 1000 单位.

P_6: 两个工厂的超时工作时间总和要求限制, 其限制的比率依各厂每小时运转成本为准.

试确定药 A, B 各生产多少, 使目标达到最好. 试建立目标规划模型.

解 设 x_1, x_2 分别表示次月份 A, B 药品的生产量, d_i^+ 和 d_i^- 为相应目标约束的正、负偏差变量.

(1) 甲、乙两厂设备运转时间约束: 甲的总时间为 $8 \times 12 \times 25 = 2400$(h), 乙的总工作时间为 $16 \times 7 \times 25 = 2800$(h), 则

$$2x_1 + 4x_2 + d_1^- - d_1^+ = 2400, \quad 2.5x_1 + 1.5x_2 + d_2^- - d_2^+ = 2800.$$

(2) 公司内储存成本约束: $8x_1 + 15x_2 + d_3^- - d_3^+ = 23000$.

(3) 销售目标约束: $x_1 + d_4^- - d_4^+ = 1500, x_2 + d_5^- - d_5^+ = 1000$.

(4) 甲厂超时作业约束: $d_1^+ + d_{11}^- - d_{11}^+ = 30$.

(5) 目标函数:

$$\min z = P_1 d_3^+ + P_2 d_4^- + P_3(6d_1^- + 5d_2^-) + P_4 d_{11}^+ + P_5 d_5^- + P_6(6d_1^+ + 5d_2^+),$$

其中: 6:5 = 18:15 为运转成本比率.

综合上述过程, 可得该问题的目标规划模型

$$\min z = P_1 d_3^+ + P_2 d_4^- + P_3(6d_1^- + 5d_2^-) + P_4 d_{11}^+ + P_5 d_5^- + P_6(6d_1^+ + 5d_2^+),$$

$$\text{s.t.} \begin{cases} 2x_1 + 4x_2 + d_1^- - d_1^+ = 2400, \\ 2.5x_1 + 1.5x_2 + d_2^- - d_2^+ = 2800, \\ 8x_1 + 15x_2 + d_3^- - d_3^+ = 23000, \\ x_1 + d_4^- - d_4^+ = 1500, \\ x_2 + d_5^- - d_5^+ = 1000, \\ d_1^+ + d_{11}^- - d_{11}^+ = 30, \\ x_1, x_2 \geqslant 0, d_i^-, d_i^+ \geqslant 0 \ (i = 1, 2, 3, 4, 5, 11). \end{cases}$$

由上面分析看到, 目标规划比起线性规划来适应面要灵活得多. 它可同时考虑多个目标, 而且目标的计量单位也可以多种多样. 目标规划的目标约束, 给决策方案的选择带来很大的灵活性, 并且由于目标规划中划分优先级和权系数的大小, 使决策者可根据外界条件变化, 通过调整目标优先级和权系数, 求出不同方案以供选择. 但是, 用目标规划来处理问题也存在困难, 主要表现在构造模型时需事先拟定目标值、优先级和权系数, 而这些信息来自人的主观判断, 往往带有模糊性, 很难定出一个绝对的数值.

5.2   目标规划的图解法

由于目标规划是在线性规划的基础上建立的, 并弥补了线性规划的部分不足, 所以两种规划模型结构没有本质区别, 解法也非常类似. 形式上的区别主要在于: ① 线性规划只能处理一个目标, 而目标规划能统筹兼顾地处理多个目标关系, 以求得切合实际需求的解; ② 线性规划是求满足所有约束条件的最优解, 而目标规划是要在相互矛盾的目标或约束条件下找到尽量好的满意解; ③ 线性规划的约束条件是不分主次地同等对待, 而目标规划可根据实际需要给予轻重缓急的考虑.

与线性规划问题一样, 对于只有两个决策变量的目标规划问题可以用图解法求解. 目标规划图解法的具体演算过程与线性规划图解法类似. 图解法操作简便, 原理一目了然, 有助于理解一般目标规划问题的求解原理和过程.

5.2.1   图解法的步骤

(1) 在平面上画出所有约束条件: 绝对约束条件的作图与线性规划相同; 对于目标约束, 先令正负偏差变量为 0, 画出目标约束所代表的边界线, 然后在该直线上, 用箭头标出正、负偏差变量值增大的方向.

(2) 求出第一优先等级目标的解.

(3) 转到下一个优先等级的目标, 在不破坏所有较高优先等级目标的前提下, 求出该优先等级目标的解.

(4) 重复 (3), 直到所有优先等级的目标都已审查完毕为止.

(5) 确定满意解.

下面通过例子来说明目标规划图解法的原理和步骤.

例 5.2.1 用图解法求解下面目标规划

$$\min z = P_1 d_1^- + P_2 d_2^+ + P_3 d_3^-,$$

$$\text{s.t.} \begin{cases} 5x_1 + 10x_2 \leqslant 60, \\ x_1 - 2x_2 + d_1^- - d_1^+ = 0, \\ 4x_1 + 4x_2 + d_2^- - d_2^+ = 36, \\ 6x_1 + 8x_2 + d_3^- - d_3^+ = 48, \\ x_1, x_2 \geqslant 0; d_i^-, d_i^+ \geqslant 0 \ (i = 1, 2, 3). \end{cases}$$

解 将约束方程以直线形式画在图上, 这里只使用决策变量 (即 x_1, x_2), 偏差变量在画直线时被去掉, 直线画好后, 在该直线上标出目标函数中与该直线相关的偏差变量增大时直线的平移方向 (用垂直于直线的箭头来反映). 如图 5.2.1.

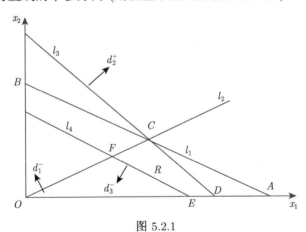

图 5.2.1

按优先级高低, 首先考虑 P_1 级目标, 要求 $\min d_1^-$, 为了实现这个目标, 必须 $d_1^- = 0$. 从图 5.2.1 可以看出, 凡落在图中区域 $\triangle OAC$ 中的点都能满足 $d_1^- = 0$ 和 $x_1, x_2 \geqslant 0$; 再考虑 P_2 级目标, 此时要求 $\min d_2^+$, 为了实现这个目标, 必须 $d_2^+ = 0$. 从图 5.2.1 可以看出, 凡落在图中区域 $\triangle OCD$ 中的点都能满足 $d_2^+ = 0$ 和 $x_1, x_2 \geqslant 0$; 最后考虑 P_3 级, 此时要求 $\min d_3^-$, 为了实现这个目标, 必须 $d_3^- = 0$. 从图 5.2.1 可以看出, 凡落在图中区域四边形 $CDEF$ 中的点都能满足 $d_3^- = 0$ 和 $x_1, x_2 \geqslant 0$, 这个区域内的任一点均是该问题的满意解, 可使目标函数 $\min z = 0$.

由于 C, D, E, F 坐标分别为 $(6, 3)$, $(9, 0)$, $(8, 0)$, $(4.8, 2.4)$, 故满意解可表

示为

$$(x_1, x_2) = \alpha_1(6,3) + \alpha_2(9,0) + \alpha_3(8,0) + \alpha_4(4.8, 2.4)$$
$$= (6\alpha_1 + 9\alpha_2 + 8\alpha_3 + 4.8\alpha_4, 3\alpha_1 + 2.4\alpha_4).$$

其中：$\alpha_1 + \alpha_2 + \alpha_3 + \alpha_4 = 1, \alpha_i \geqslant 0(i = 1, 2, 3, 4)$.

这种满足目标函数中所有目标要求的情况，即 $\min z = 0$ 在实际中并不多见，很多目标规划问题只能满足前面几级目标要求.

例 5.2.2　用图解法求解下面目标规划问题

$$\min z = P_1 d_1^+ + P_2 d_2^- + P_3 d_3^-,$$
$$\text{s.t.} \begin{cases} 10x_1 + 15x_2 + d_1^- - d_1^+ = 40, \\ x_1 + x_2 + d_2^- - d_2^+ = 10, \\ x_2 + d_3^- - d_3^+ = 7, \\ x_1, x_2, d_j^-, d_j^+ \geqslant 0, \ (j = 1, 2, 3). \end{cases}$$

解　现在首先暂不考虑每个约束方程中的正、负偏差变量，将上述每一个约束条件用一条直线表示出来，再用两个箭头分别表示上述目标约束中的正、负偏差变量. 如图 5.2.2 所示.

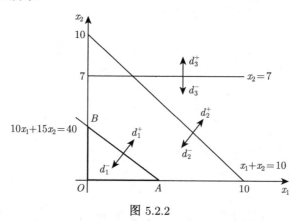

图 5.2.2

接着先考虑具有最高优先等级的目标 $P_1 d_1^+$, 即 $\min d_1^+$. 为了实现这个目标，必须 $d_1^+ = 0$. 从图 5.2.2 可以看出，凡落在图中区域 $\triangle OAB$ 中的点都能满足 $d_1^+ = 0$ 和 $x_1, x_2 \geqslant 0$.

其次考虑第二优先等级目标 $P_2 d_2^-$. 为了满足第二优先等级目标，必须使 d_2^- 最小. 从图 5.2.2 可以看出，d_2^- 不可能等于 0. 因为如果 d_2^- 等于 0, 就会影响第一优先等级目标的解. 在不影响第一优先等级目标的前提下，d_2^- 的极小值在图中 A 点达到. 此时 $x_1 = 4, x_2 = 0$.

再来考虑第三优先等级目标 $P_3 d_3^-$. 从图 5.2.2 可以看出, d_3^- 的任何微小变化都会改变前面已经求出的解, 即会影响到较高优先等级的目标.

因此, 最终的满意解是 $x_1 = 4, x_2 = 0$. 此时 $d_1^+ = 0, d_2^- = 6, d_3^- = 7$, 这表明最高优先等级的目标已经完全达到, 而第二优先等级和第三优先等级目标都没有达到.

5.2.2 目标规划模型与线性规划模型在求解思想上的差别

(1) 目标规划对各个目标分级加权与逐级优化, 立足于求满意解. 这种思想更符合人们处理问题要分别轻重缓急保证重点的思考方式.

(2) 任何目标规划问题都可以找到满意解.

(3) 目标规划模型的满意解虽然可能是只有部分目标能够实现, 但它却有助于了解问题的薄弱环节以便有的放矢改进工作.

一般地, 目标要求确定得越低, 可供选择的解越多; 目标定得太高, 满意解的选择余地也越小, 甚至一些低级别的目标无法实现.

另外值得一提的是, 在目标规划中, 考虑低级别目标时, 不能破坏已经满足的高级别目标, 这是基本原则. 但它并不是说, 当某一高级别目标不可能满足时, 其后的低级别目标就一定不能满足, 而是在有些目标规划中, 当某一优先级的目标不能满足时, 其后的某些低级别目标仍可能被满足.

5.3 目标规划的单纯形法

目标规划的数学模型实际上是最小化形式的线性规划问题, 可以用单纯形法求解.

这时, 我们应该把目标优先等级系数 $P_k(k = 1, 2, \cdots, K)$ 理解为一种特殊的正常数, 且注意到各等级系数之间的关系: $P_1 \gg P_2 \gg \cdots \gg P_k \gg P_{k+1} \gg \cdots \gg P_K$. 检验数就是各优先因子 $P_1, P_2, \cdots, P_K$ 的线性组合, 当所有检验数都满足最优性条件时, 从最终表上即可得出目标规划的满意解.

对单纯形法进行适当修改后可用来求解目标规划. 在组织、构造具体算法时, 考虑目标规划的数学模型一些特点, 解目标规划问题的单纯形法的计算步骤:

(1) 将目标规划视为线性规划问题, 化为标准形式.

(2) 建立初始单纯形表. 在表中将检验数行按优先因子个数分别列成 K 行. 初始的检验数需根据初始可行解计算出来, 方法同基本单纯形法. 当不含绝对约束时, $d_l^-(l = 1, 2, \cdots, L)$ 构成了一组初始基变量, 这样很容易得到初始单纯形表. 置 $k = 1$.

(3) 检查当前检验数行中是否存在正数, 且该数同列的较高优先级的行中不存在负数. 若有, 取其中最大者对应的变量为换入变量, 转 (4); 若无这样的正数, 则转 (6).

(4) 按单纯形法中的最小比值规则确定换出变量, 当存在两个和两个以上相同的最小比值时, 选取具有较高优先级别的变量为换出变量.

(5) 按单纯形法进行换基运算, 迭代得新的单纯形表, 返回 (3).

(6) 当 $k = K$ 时, 计算结束, 表中的解就是满意解. 否则置 $k = k+1$, 返回 (3).

通常用单纯形法求解目标规划时, 检验是否达到满意解的准则有两条:

① 如果检验数 $P_1, P_2, \cdots, P_K$ 行所有数均非正, 则相应单纯形表中的解就是满意解.

② 如果检验数 $P_1, P_2, \cdots, P_i$ 行所有数均非正, 检验数 P_{i+1} 行存在正数, 但正数所在列的上面行中有负数, 则相应单纯形表中的解也是满意解.

例 5.3.1   用单纯形法求解目标规划问题

$$\min z = P_1 d_1^+ + P_2 d_2^- + P_3 d_3^-,$$
$$\text{s.t.} \begin{cases} 10x_1 + 15x_2 + d_1^- - d_1^+ = 40, \\ x_1 + x_2 + d_2^- - d_2^+ = 10, \\ x_2 + d_3^- - d_3^+ = 7, \\ x_1, x_2 \geqslant 0; d_j^-, d_j^+ \geqslant 0 \ (j = 1, 2, 3). \end{cases}$$

解   (1) 标准形式为

$$\max z' = -P_1 d_1^+ - P_2 d_2^- - P_3 d_3^-,$$
$$\text{s.t.} \begin{cases} 10x_1 + 15x_2 + d_1^- - d_1^+ = 40, \\ x_1 + x_2 + d_2^- - d_2^+ = 10, \\ x_2 + d_3^- - d_3^+ = 7, \\ x_1, x_2 \geqslant 0; d_j^-, d_j^+ \geqslant 0 \ (j = 1, 2, 3). \end{cases}$$

(2) 因不含绝对约束, d_1^-, d_2^-, d_3^- 就是一组基变量, 列出初始单纯形表, 如表 5.3.1.

(3) $k = 1$, 检查检验数的 P_1 行, 因该行无正检验数, 故转 (6).

(4) 因 $k(= 1) < K(= 3)$, 置 $k = k + 1 = 2$, 返回 (3).

(5) 检验数 P_2 行有两个 1, 取第一个 1 对应的变量 x_1 为换入变量, 转 (4).

(6) 在表 5.3.1 中计算最小比值:

$$\theta = \min\left\{ \frac{40}{10}, \frac{10}{1}, - \right\} = \frac{40}{10},$$

表 5.3.1

c_j			0	0	0	$-P_1$	$-P_2$	0	$-P_3$	0	θ
C_B	X_B	b	x_1	x_2	d_1^-	d_1^+	d_2^-	d_2^+	d_3^-	d_3^+	
0	d_1^-	40	[10]	15	1	-1	0	0	0	0	$\dfrac{40}{10}$
$-P_2$	d_2^-	10	1	1	0	0	1	-1	0	0	
$-P_3$	d_3^-	7	0	1	0	0	0	0	1	-1	
		P_1	0	0	0	-1	0	0	0	0	
λ_j		P_2	1	1	0	0	0	-1	0	0	
		P_3	0	1	0	0	0	0	0	-1	

它对应的 d_1^- 为换出变量, 转入 (5).

(7) 按单纯形法进行换基运算, 得到新的单纯形表 (表 5.3.2), 返回 (3).

表 5.3.2

c_j			0	0	0	$-P_1$	$-P_2$	0	$-P_3$	0	θ
C_B	X_B	b	x_1	x_2	d_1^-	d_1^+	d_2^-	d_2^+	d_3^-	d_3^+	
0	x_1	4	1	$\dfrac{15}{10}$	$\dfrac{1}{10}$	$-\dfrac{1}{10}$	0	0	0	0	
$-P_2$	d_2^-	6	0	$-\dfrac{1}{2}$	$-\dfrac{1}{10}$	$\dfrac{1}{10}$	1	-1	0	0	
$-P_3$	d_3^-	7	0	1	0	0	0	0	1	-1	
		P_1	0	0	0	-1	0	0	0	0	
λ_j		P_2	0	$-\dfrac{1}{2}$	$-\dfrac{1}{10}$	$\dfrac{1}{10}$	0	-1	0	0	
		P_3	0	1	0	0	0	0	0	-1	

(8) 检查表 5.3.2 可见, 检验数 P_1 行所有数均非正, 检验数 P_2 行有一个正数 $1/10$, 但 $1/10$ 所在列的上面行中有负数, 因此已经得到最终表.

表 5.3.2 所示的满意解: $x_1 = 4$, $x_2 = 0$, $d_1^- = d_1^+ = 0$, $d_2^- = 6$, $d_3^- = 7$.

例 5.3.2 用单纯形法解下列目标规划

$$\min z = P_1 d_1^- + P_2 d_2^+ + P_3 d_3^-,$$

$$\text{s.t.} \begin{cases} 5x_1 + 10x_2 \leqslant 60, \\ x_1 - 2x_2 + d_1^- - d_1^+ = 0, \\ 4x_1 + 4x_2 + d_2^- - d_2^+ = 36, \\ 6x_1 + 8x_2 + d_3^- - d_3^+ = 48, \\ x_1, x_2 \geqslant 0; d_i^-, d_i^+ \geqslant 0 \ (i = 1, 2, 3). \end{cases}$$

解　先化为标准形式

$$\max z' = -P_1 d_1^- - P_2 d_2^+ - P_3 d_3^-,$$

$$\text{s.t.} \begin{cases} 5x_1 + 10x_2 + x_3 = 60, \\ x_1 - 2x_2 + d_1^- - d_1^+ = 0, \\ 4x_1 + 4x_2 + d_2^- - d_2^+ = 36, \\ 6x_1 + 8x_2 + d_3^- - d_3^+ = 48, \\ x_i \geqslant 0; d_i^-, d_i^+ \geqslant 0 \ (i = 1, 2, 3). \end{cases}$$

再列表计算 (表 5.3.3).

表 5.3.3

C_B	X_B	b	x_1	x_2	x_3	d_1^- ($-P_1$)	d_1^+	d_2^-	d_2^+ ($-P_2$)	d_3^- ($-P_3$)	d_3^+	θ
	c_j		0	0	0	$-P_1$	0	0	$-P_2$	$-P_3$	0	
0	x_3	60	5	10	1	0	0	0	0	0	0	12
$-P_1$	d_1^-	0	[1]	−2	0	1	−1	0	0	0	0	0
0	d_2^-	36	4	4	0	0	0	1	−1	0	0	9
$-P_3$	d_3^-	48	6	8	0	0	0	0	0	1	−1	8
	λ_j　P_1		1	−2	0	0	−1	0	0	0	0	
	P_2		0	0	0	0	0	0	−1	0	0	
	P_3		6	8	0	0	0	0	0	0	−1	
0	x_3	60	0	20	1	−5	5	0	0	0	0	3
0	x_1	0	1	−2	0	1	−1	0	0	0	0	
0	d_2^-	36	0	12	0	−4	4	1	−1	0	0	3
$-P_3$	d_3^-	48	0	[20]	0	−6	6	0	0	1	−1	2.4
	λ_j　P_1		0	0	0	−1	0	0	0	0	0	
	P_2		0	0	0	0	0	0	−1	0	0	
	P_3		0	20	0	0	0	0	0	0	−1	
0	x_3	12	0	0	1	1	−1	0	0	−1	1	
0	x_1	$\frac{24}{5}$	1	0	0	$\frac{2}{5}$	$-\frac{2}{5}$	0	0	$\frac{1}{10}$	$-\frac{1}{10}$	
0	d_2^-	$\frac{36}{5}$	0	0	0	$-\frac{2}{5}$	$\frac{2}{5}$	1	−1	$-\frac{3}{5}$	$\frac{3}{5}$	
0	x_2	$\frac{12}{5}$	0	1	0	$-\frac{3}{10}$	$\frac{3}{10}$	0	0	$\frac{1}{20}$	$-\frac{1}{20}$	
	λ_j　P_1		0	0	0	−1	0	0	0	0	0	
	P_2		0	0	0	0	0	0	−1	0	0	
	P_3		0	0	0	0	0	0	0	−1	0	

此时非基变量 d_1^+, d_3^+ 的检验数 $= 0$, 所以原目标规划有无穷多满意解.

5.4 目标规划应用举例

目标规划是一种十分有用的多目标决策工具, 有着广泛的实际应用.

例 5.4.1 某研究所现有科研人员 38 名, 定编人数 42 名, 人员的工资级别与各级人员定编数如表 5.4.1 所示.

表 5.4.1

级别	年工资额/(百元/人)	现有人数	定编人数
IV. 实习研究员	10	18	15
III. 助理研究员	12	10	15
II. 副研究员	15	7	8
I. 研究员	20	3	4

现拟进行工资与人员调整, 调整的原则与目标如下:

P_1: 工资总额不超过 5 万元/年;

P_2: 各级人员数不超过定编人数;

P_3: 升入 I, II, III级的人数分别不低于各定编人数的 20%, 25%, 40%.

并且规定IV级人员的缺额由外调或招聘增补, 其余各级人员应从原有次低级别的人员中晋升. 已知 I, II级人员即将离休各一人. 应如何确定各级人员调整人数? 试建立该问题的目标规划模型.

解 (1) 决策变量

设 $x_j(j=1,2,3,4)$ 为第 j 级人员增补数.

(2) 目标约束

① 工资总额的目标约束

$$10(18-x_3+x_4)+12(10-x_2+x_3)+15(7-1-x_1+x_2)+20(3-1+x_1) \leqslant 500,$$

化简得 $5x_1+3x_2+2x_3+10x_4 \leqslant 70$, 故有

$$5x_1+3x_2+2x_3+10x_4+d_1^- - d_1^+ = 70.$$

② 各级定编人数的目标约束

$$\text{IV级}: 18-x_3+x_4 \leqslant 15, \quad 即\ x_3-x_4 \geqslant 3.$$
$$\text{III级}: 10-x_2+x_3 \leqslant 15, \quad 即\ -x_2+x_3 \leqslant 5.$$
$$\text{II级}: 6-x_1+x_2 \leqslant 8, \quad 即\ -x_1+x_2 \leqslant 2.$$
$$\text{I级}: 2+x_1 \leqslant 4, \quad 即\ x_1 \leqslant 2.$$

故有

$$x_3 - x_4 + d_2^- - d_2^+ = 3,$$
$$-x_2 + x_3 + d_3^- - d_3^+ = 5,$$
$$-x_1 + x_2 + d_4^- - d_4^+ = 2,$$
$$x_1 + d_5^- - d_5^+ = 2.$$

③ 晋级人数的目标约束

晋入III级: $x_3 \geqslant 15 \times 0.40 = 6.$
晋入II级: $x_2 \geqslant 8 \times 0.25 = 2.$
晋入 I 级: $x_1 \geqslant 4 \times 0.20 \approx 1.$

故有

$$x_3 + d_6^- - d_6^+ = 6,$$
$$x_2 + d_7^- - d_7^+ = 2,$$
$$x_1 + d_8^- - d_8^+ = 1.$$

(3) 目标函数

P_1 级: $z_1 = d_1^+.$
P_2 级: $z_2 = d_2^- + d_3^+ + d_4^+ + d_5^+.$
P_3 级: $z_3 = d_6^- + d_7^- + d_8^-.$

目标函数为 $\min z = P_1 d_1^+ + P_2(d_2^- + d_3^+ + d_4^+ + d_5^+) + P_3(d_6^- + d_7^- + d_8^-).$
综上, 可知问题的目标规划模型为

$$\min z = P_1 d_1^+ + P_2(d_2^- + d_3^+ + d_4^+ + d_5^+) + P_3(d_6^- + d_7^- + d_8^-),$$

$$\text{s.t.} \begin{cases} 5x_1 + 3x_2 + 2x_3 + 10x_4 + d_1^- - d_1^+ = 70, \\ x_3 - x_4 + d_2^- - d_2^+ = 3, \\ -x_2 + x_3 + d_3^- - d_3^+ = 5, \\ -x_1 + x_2 + d_4^- - d_4^+ = 2, \\ x_1 + d_5^- - d_5^+ = 2, \\ x_3 + d_6^- - d_6^+ = 6, \\ x_2 + d_7^- - d_7^+ = 2, \\ x_1 + d_8^- - d_8^+ = 1, \\ x_1, x_2, x_3 \geqslant 0; d_i^-, d_i^+ \geqslant 0 \ (i = 1, 2, \cdots, 8). \end{cases}$$

例 5.4.2 某公司生产 A, B 两种药品, 这两种药品每小时的产量均为 1000 盒, 该公司每天采用两班制生产, 每周最大工作时间为 80 小时, 按预测每周市场最大销量分别为 70000 盒和 45000 盒. A 种药每盒的利润为 2.5 元, B 种为 1.5 元.

试确定公司每周 A, B 两种药品生产量 x_1 和 x_2(单位: 千盒), 使公司的下列目标得以实现:

P_1: 避免每周 80 小时生产能力的过少使用.

P_2: 加班的时间限制在 10 小时以内.

P_3: A, B 两种药品的每周产量尽量分别达到 70000 盒和 45000 盒, 其权系数依它们每盒的利润为准.

P_4: 尽量减少加班时间.

解 先建立这个问题的目标规划模型

$$\min z = P_1 d_1^- + P_2 d_{11}^+ + P_3 \left(5d_2^- + 3d_3^-\right) + P_4 d_1^+,$$

$$\text{s.t.} \begin{cases} x_1 + x_2 + d_1^- - d_1^+ = 80, \\ d_1^+ + d_{11}^- - d_{11}^+ = 10, \\ x_1 + d_2^- - d_2^+ = 70, \\ x_2 + d_3^- - d_3^+ = 45, \\ x_1, x_2 \geqslant 0, d_i^-, d_i^+ \geqslant 0 \ (i = 1, 2, 3). \end{cases}$$

建立单纯形表运算如表 5.4.2 所示.

表 **5.4.2**

	c_j		0	0	$-P_1$	$-5P_3$	$-3P_3$	0	$-P_4$	$-P_2$	θ
C_B	X_B	b	x_1	x_2	d_1^-	d_2^-	d_3^-	d_{11}^-	d_1^+	d_{11}^+	
$-P_1$	d_1^-	80	1	1	1	0	0	0	-1	0	
$-5P_3$	d_2^-	70	[1]	0	0	1	0	0	0	0	
$-3P_3$	d_3^-	45	0	1	0	0	1	0	0	0	
0	d_{11}^-	10	0	0	0	0	0	1	1	-1	
		P_1	1	1	0	0	0	0	-1	0	
λ_j		P_2	0	0	0	0	0	0	0	-1	
		P_3	5	3	0	0	0	0	0	0	
		P_4	0	0	0	0	0	0	-1	0	
$-P_1$	d_1^-	10	0	[1]	1	-1	0	0	-1	0	
0	x_1	70	1	0	0	1	0	0	0	0	
$-3P_3$	d_3^-	45	0	1	0	0	1	0	0	0	
0	d_{11}^-	10	0	0	0	0	0	1	1	-1	
		P_1	0	1	0	-1	0	0	-1	0	
λ_j		P_2	0	0	0	0	0	0	0	-1	
		P_3	0	3	0	-5	0	0	0	0	
		P_4	0	0	0	0	0	0	-1	0	
0	x_2	10	0	1	1	-1	0	0	-1	0	
0	x_1	70	1	0	0	1	0	0	0	0	
$-3P_3$	d_3^-	35	0	0	-1	1	1	0	1	0	
0	d_{11}^-	10	0	0	0	0	0	1	[1]	-1	
λ_j		P_1	0	0	-1	0	0	0	0	0	

C_B	X_B	b	x_1 (0)	x_2 (0)	d_1^- ($-P_1$)	d_2^- ($-5P_3$)	d_3^- ($-3P_3$)	d_{11}^- (0)	d_1^+ ($-P_4$)	d_{11}^+ ($-P_2$)	θ
\multicolumn{2}{c}{λ_j}	P_2	0	0	0	0	0	0	0	-1	
	P_3	0	0	-3	-2	0	0	3	0	
	P_4	0	0	0	0	0	0	1	0	
0	x_2	20	0	1	1	-1	0	1	0	-1	
0	x_1	70	1	0	0	1	0	0	0	0	
$-3P_3$	d_3^-	25	0	0	-1	1	1	-1	0	1	
$-P_4$	d_1^+	10	0	0	0	0	0	1	1	-1	
\multicolumn{2}{c}{λ_j}	P_1	0	0	-1	0	0	0	0	0	
	P_2	0	0	0	0	0	0	0	-1	
	P_3	0	0	-3	-2	0	-3	0	3	
	P_4	0	0	0	0	0	1	0	-1	

至此, 可知各检验数均非负, 从而得最优解为: $x_1 = 70, x_2 = 20, d_1^- = 0$, $d_1^+ = 10, d_2^- = 0, d_3^- = 25, d_{11}^- = 0, d_{11}^+ = 0$, 即生产 A 种药品 70000 盒, B 种药品 20000 盒, P_1, P_2 级目标可完全实现. 因 $d_1^+ = 10$, 故每周需加班 10 小时, 每周利润为: $70000 \times 2.5 + 20000 \times 1.5 = 205000$(元).

例 5.4.3　　波德桑小姐是一个小学教师, 她刚刚继承了一笔遗产, 交纳税金后净得 50000 美元. 波德桑小姐感到她的工资已足够她每年的日常开支, 但是还不能满足她暑假旅游的计划. 因此, 她打算把这笔遗产全部用去投资, 利用投资的年息资助她的旅游. 她的目标当然是在满足某些限制的条件下进行投资, 使这些投资的年息最大.

波德桑小姐的目标优先等级是: 第一, 她希望至少投资 20000 美元去购买年息为 6% 的政府公债; 第二, 她打算最少用 5000 美元, 至多用 15000 美元购买年息为 5% 的信用卡; 第三, 她打算最多用 10000 美元购买随时可兑换现款的股票, 这些股票的平均年息为 8%; 第四, 她希望给她的侄子的新企业至少投资 30000 美元, 她侄子允诺给她 7% 的年息.

解　　设

$$x_1 = 购买公债的投资额 (美元),$$

$$x_2 = 购买信用卡的投资额 (美元),$$

$$x_3 = 购买可兑换股票的投资额 (美元),$$

$$x_4 = 对她侄子企业的投资额 (美元).$$

这个问题的线性规划模型如下:

$$\max z = 0.06x_1 + 0.05x_2 + 0.08x_3 + 0.07x_4,$$

$$\text{s.t.} \begin{cases} x_1 + x_2 + x_3 + x_4 \leqslant 50000, \\ x_1 \geqslant 20000, \\ x_2 \geqslant 5000, \\ x_2 \leqslant 15000, \\ x_3 \leqslant 10000, \\ x_4 \geqslant 30000, \\ x_1, x_2, x_3, x_4 \geqslant 0. \end{cases}$$

如果用线性规划的单纯形法求解这个问题, 就会发现这个问题无可行解, 或者说这个问题 "不可行". 只要检查一下第 1, 第 2, 第 3 和第 6 个约束, 问题的不可行性是一目了然的. 简而言之, 波德桑小姐没有足够的钱来实现她的愿望.

然而, 对于波德桑小姐来说, 用线性规划得出的这样一个答案是不能使她满意的. 而能够使她满意的是, 她希望知道 —— 即使不可能绝对地满足她的全部愿望, 那么怎样才能尽可能地接近于满足她的愿望? 在这样一个更为实际的许可条件下, 我们假定她的目标优先等级是

P_1: 她的全部投资额不允许超过 50000 美元, 这是一个绝对约束;

P_2: 尽可能地满足: 用 20000 美元购买公债, 用 5000~15000 美元购买信用卡. 她认为购买信用卡比购买公债重要 2 倍;

P_3: 尽可能资助她的侄子 30000 美元;

P_4: ①尽可能用 10000 美元购买兑换股票; ②每年利息的总收入尽可能达到 4000 美元.

那么, 可以建立这个问题的目标规划模型

$$\max z = P_1 d_1^+ + P_2(d_2^- + 2d_3^- + 2d_4^+) + P_3 d_6^- + P_4(d_5^- + d_7^+)x_4,$$

$$\text{s.t.} \begin{cases} x_1 + x_2 + x_3 + x_4 + d_1^- - d_1^+ = 50000, \\ x_1 + d_2^- - d_2^+ = 20000, \\ x_2 + d_3^- - d_3^+ = 5000, \\ x_2 + d_4^- - d_4^+ = 15000, \\ x_3 + d_5^- - d_5^+ = 10000, \\ x_4 + d_6^- - d_6^+ = 30000, \\ 0.06x_1 + 0.05x_2 + 0.08x_3 + 0.07x_4 + d_7^- - d_7^+ = 4000, \\ x_j(j = 1, 2, 3, 4); d_k^-, d_k^+(k = 1, 2, \cdots, 6) \geqslant 0. \end{cases}$$

求解这个目标规划问题, 得到的满意解是

$$x_1 = 20000 \text{ 美元}; \quad x_2 = 5000 \text{ 美元}; \quad x_3 = 0; \quad x_4 = 25000 \text{ 美元}$$

　　因此, 我们得到了一个有意义的解, 这个解能够最好地满足 (即使不能绝对地满足) 波德桑小姐的全部目标. 事实上, 在实际的决策中, 决策者的某些目标不可能完全地达到, 这本来也是很自然的事情.

复习思考题

5.1 试述目标规划的数学模型同一般线性规划数学模型的相同点和不同点.

5.2 通过实例解释下列概念.

1) 正负偏差变量;

2) 绝对约束与目标约束;

3) 优先因子与权系数.

5.3 为什么求解目标规划时要提出满意解的概念, 它同最优解有什么区别.

5.4 试述求解目标规划单纯形法与求解线性规划的单纯形法的异同点.

5.5 判断下列说法是否正确:

1) 线性规划问题是目标规划问题的一种特殊形式;

2) 正偏差变量应取正值, 负偏差变量应取负值;

3) 目标规划模型中, 应同时包含系统约束 (绝对约束) 与目标约束.

5.6 试论述采用单纯形法求解该问题的满意解时需要注意的事项.

习　题　5

5.1 用图解法求解下面的目标规划.

1)

$$\min z = P_1 d_1^- + P_2 d_2^+ + P_3(5d_3^- + 3d_4^-) + P_4 d_1^+,$$

$$\text{s.t.} \begin{cases} x_1 + 2x_2 + d_1^- - d_1^+ = 6, \\ x_1 + 2x_2 + d_2^- - d_2^+ = 9, \\ x_1 - 2x_2 + d_3^- - d_3^+ = 4, \\ x_2 + d_4^- - d_4^+ = 2 \\ x_1, x_2 \geqslant 0; d_i^-, d_i^+ \geqslant 0 \ (i = 1, 2, 3, 4). \end{cases}$$

2)

$$\min z = P_1 d_1^+ + P_2(d_2^+ + d_2^-) + P_3 d_3^-,$$

$$\text{s.t.} \begin{cases} x_1 - x_2 + d_1^- - d_1^+ = 0, \\ x_1 + 2x_2 + d_2^- - d_2^+ = 10, \\ 8x_1 + 10x_2 + d_3^- - d_3^+ = 56, \\ 2x_1 + x_2 \leqslant 11, \\ x_1, x_2 \geqslant 0; d_j^+, d_j^- \geqslant 0 \ (j = 1, 2, 3). \end{cases}$$

3)

$$\min z = P_1(d_1^+ + d_2^+) + P_2 d_3^-,$$

$$\text{s.t.} \begin{cases} -x_1 + x_2 + d_1^- - d_1^+ = 1, \\ -\dfrac{1}{2}x_1 + x_2 + d_2^- - d_2^+ = 2, \\ 3x_1 + 3x_2 + d_3^- - d_3^+ = 50, \\ x_1, x_2 \geqslant 0; d_i^+, d_i^- \geqslant 0 \ (i = 1,2,3). \end{cases}$$

4)

$$\min z = P_1(2d_1^+ + 3d_2^+) + P_2 d_3^- + P_3 d_4^+,$$

$$\text{s.t.} \begin{cases} x_1 + x_2 + d_1^- - d_1^+ = 10, \\ x_1 + d_2^- - d_2^+ = 4, \\ 5x_1 + 3x_2 + d_3^- - d_3^+ = 56, \\ x_1 + x_2 + d_4^- - d_4^+ = 12, \\ x_1, x_2 \geqslant 0; d_i^-, d_i^+ \geqslant 0 \ (i = 1,2,3,4). \end{cases}$$

5.2 用单纯形法解下列目标规划.

1)

$$\min z = P_1(2d_1^+ + 3d_2^+) + P_2 d_3^- + P_3 d_4^+,$$

$$\text{s.t.} \begin{cases} x_1 + x_2 + d_1^- - d_1^+ = 10, \\ x_1 + d_2^- - d_2^+ = 4, \\ 5x_1 + 3x_2 + d_3^- - d_3^+ = 56, \\ x_1 + x_2 + d_4^- - d_4^+ = 12, \\ x_1, x_2 \geqslant 0; d_i^-, d_i^+ \geqslant 0 \ (i = 1,2,3,4). \end{cases}$$

2)

$$\min z = P_1 d_1^- + P_2 d_2^+ + P_3(2d_3^- + d_4^-),$$

$$\text{s.t.} \begin{cases} 4x_1 + x_2 + d_1^- - d_1^+ = 80, \\ x_1 - x_2 + d_2^- - d_2^+ = 100, \\ x_1 + d_3^- - d_3^+ = 15, \\ x_2 + d_4^- - d_4^+ = 44, \\ x_1, x_2 \geqslant 0; d_i^-, d_i^+ \geqslant 0 \ (i = 1,2,3,4). \end{cases}$$

3)

$$\min z = P_1 d_1^- + P_2 d_2^+ + P_3(2d_3^- + d_4^-),$$

$$\text{s.t.} \begin{cases} x_1 + x_2 + d_1^- - d_1^+ = 40, \\ x_1 + x_2 + d_2^- - d_2^+ = 50, \\ x_1 + d_3^- - d_3^+ = 24, \\ x_2 + d_4^- - d_4^+ = 30, \\ x_1, x_2 \geqslant 0; d_i^-, d_i^+ \geqslant 0 \ (i = 1,2,3,4). \end{cases}$$

4)
$$\min z = P_1 d_1^+ + P_2(d_2^+ + d_2^-) + P_3 d_3^-,$$
$$\text{s.t.} \begin{cases} x_1 - x_2 + d_1^- - d_1^+ = 0, \\ x_1 + 2x_2 + d_2^- - d_2^+ = 10, \\ 8x_1 + 10x_2 + d_3^- - d_3^+ = 56, \\ 2x_1 + x_2 \leqslant 11, \\ x_1, x_2 \geqslant 0; d_j^+, d_j^- \geqslant 0 \ (j = 1, 2, 3). \end{cases}$$

5.3 已知一个生产计划的线性规划模型为

$$\min z = 30_1 x_1 + 12 x_2,$$
$$\text{s.t.} \begin{cases} 2x_1 + x_2 \leqslant 140, \\ x_1 \leqslant 60, \\ x_2 \leqslant 100, \\ x_1, x_2 \geqslant 0, \end{cases}$$

其中目标函数为总利润, 则三个约束条件均为甲、乙、丙三种资源限制. x_1, x_2 为产品 A, B 的产量, 现有下列目标:

第一, 要求总利润必须超过 2500 元;

第二, 虑到产品 A, B 受市场影响, 为避免造成产品积压, 其生产量不超过 60 件和 100 件;

第三, 由于原料甲供应比较紧张, 因此不要超过现有量 140.

试建立目标规划模型.

5.4 某电视机厂装配黑白和彩色两种电视机, 每装配一台, 电视机需占用装配线 1 小时, 装配线每周计划开动 40 小时, 预计市场每周彩色电视机的销量是 24 台, 每台可获利 80 元, 黑白电视机的销量是 30 台, 每台可获利 40 元, 该厂确定的目标为

P_1: 充分利用装配线每周计划开动 40 小时;

P_2: 允许装配线加班, 但加班时间每周不超过 10 小时;

P_3: 装配电视机的数量尽量满足市场需要.

试建立该问题的目标规划模型.

5.5 某计算机制造厂生产 A, B, C 三种型号的计算机, 它们在同一条生产线上装配, 三种产品的工时消耗分别为 5 小时、8 小时、12 小时, 生产线上每月正常运转时间是 170 小时, 这三种产品的利润分别为每台 1000 元、1440 元、2520 元, 该厂的经营目标为

P_1: 充分利用现有工时, 必要时可以加班;

P_2: A, B, C 的最低产量分别为 5, 5, 8 台, 并依单位工时的利润比例确定权系数;

P_3: 生产线的加班时间每月不超过 20 小时;

P_4: A, B, C 三种产品的月销售指标分别定为 10, 12, 10 台, 并依单位工时的利润比例确定权系数.

试建立目标规划模型.

5.6 某厂有甲、乙两个车间生产同一种产品, 每小时产量分别是 18, 12 件. 若每天正常工作时间为 8 小时, 试拟订生产计划以满足下列目标:

P_1: 日产量不低于 300 件;

P_2: 充分利用工作指标 (依甲、乙厂量比例确定权数);

P_3: 必须加班时应使两车间加班时间均衡.

5.7 某厂拟生产甲、乙两种产品, 每件利润分别为 20, 30 元. 这两种产品都要在 A, B, C, D 四种设备上加工, 每件甲产品需占用各设备依次为 2, 1, 4, 0 机时, 每件乙产品需占用各设备依次为 2, 2, 0, 4 机时, 而这四种设备正常生产能力依次为每天 12, 8, 16, 12 机时. 此外, A, B 两种设备每天还可加班运行. 试拟订一个满足下列目标的生产计划:

P_1: 两种产品每天总利润不低于 120 元;

P_2: 两种产品的产量尽可能均衡;

P_3: A, B 设备都应不超负荷, 其中 A 设备能力还应充分利用 (A 比 B 重要 3 倍).

5.8 某纺织厂生产两种布料: 衣料布与窗帘布, 利润分别为每米 1.5, 2.5 元. 该厂两班生产, 每周生产时间为 80 小时, 每小时可生产任一种布料 1000 米. 据市场调查分析知道每周销量为: 衣料布 45000 米, 窗帘布 70000 米. 试拟订生产计划以满足以下目标:

P_1: 不使产品滞销;

P_2: 每周利润不低于 225000 元;

P_3: 充分利用生产能力, 尽量少加班.

第 6 章

动 态 规 划

本章基本要求

1. 理解多阶段决策问题的含义;

2. 掌握动态规划的基本概念, 特别是状态变量、决策变量、状态转移方程、指标函数与最优值函数、边界条件、基本方程;

3. 掌握最优化原理的内容、动态规划的求解步骤及逆序递推法、顺序递推法;

4. 掌握求解动态规划的解析法与列表法;

5. 会判定动态规划问题的类型并求解.

在生产、计划、管理中往往需要研究处理包含多个阶段决策过程的问题, 这类问题能分解为若干阶段或若干个子问题, 通过对每个子问题作出决策得到解决, 动态规划就是研究这种多阶段决策问题的优化方法. 它能为分析问题的全过程提供总的框架, 在这个框架内又可用各种优化技术解决每一阶段上的具体问题. 根据决策过程是离散的还是连续的, 是确定的还是随机的, 动态规划大体可分为离散确定型、离散随机型、连续确定型和连续随机型等四种决策类型.

本章首先介绍多阶段决策问题及动态规划的基本概念, 然后介绍动态规划的基本原理、求解步骤和方法, 最后介绍动态规划的一些应用.

6.1 多阶段决策问题

动态规划 (dynamic programming) 是运筹学的一个重要分支, 是求解多阶段决策问题的一种最优化方法. 20 世纪 50 年代初, R. E. Bellman 等人在研究多阶段决策过程 (multistep decision process) 的优化问题时, 提出了著名的最优性原理

(principle of optimality), 把多阶段过程转化为一系列单阶段问题, 逐个求解, 创立了解决这类优化问题的新方法 —— 动态规划. 1957 年他的名著 *Dynamic Programming* 出版了, 这是该领域的第一本著作.

动态规划问世以来, 在经济管理、生产调度、工程技术和最优控制等方面得到了广泛的应用. 例如最短路线、库存管理、资源分配、设备更新、排序、装载等问题, 用动态规划方法比用其他方法求解更为方便.

动态规划的成功之处在于, 它可以把一个 n 维决策问题变换为 n 个一维最优化问题, 一个一个地求解. 这是经典极值方法所做不到的, 它几乎超越了所有现存的计算方法, 特别是经典优化方法. 另外, 动态规划能够求出全局极大或极小, 这也是其他优化方法很难做到的.

虽然动态规划主要用于求解以时间划分阶段的动态过程的优化问题, 但是一些与时间无关的静态规划 (如线性规划、非线性规划等), 只要人为地引进时间因素, 把它视为多阶段决策过程, 也可以用动态规划方法方便地求解.

应该指出的是, 动态规划是求解某类问题的一种方法, 是考察问题的一种途径, 而不是一种特殊的算法, 它不像线性规划那样有统一的数学模型和算法 (例如单纯形法), 而必须对具体问题进行具体分析, 针对不同的问题, 运用动态规划的原理和方法, 建立起相应的模型, 然后再用动态规划方法去求解. 因此, 读者在学习时, 除了要对动态规划的基本原理和方法正确理解外, 还应以丰富的想象力去建立模型, 用灵活的技巧去求解.

多阶段决策问题很多, 下面通过几个具体例子说明什么是多阶段决策问题.

例 6.1.1　最短路径问题

设有一个旅行者从图 6.1.1 中的 A 点出发途中需经 B, C, D 等处, 最后到达终点 E. 从 A 到 E 有很多条路线可供选择, 各点之间的距离如图所示, 问旅行者应选择哪一条路线, 使从 A 到达 E 的总路程最短?

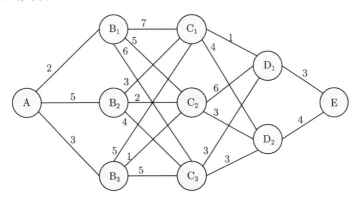

图 6.1.1　A 经 B, C, D 到 E 的路径图

从 A 出发有三种方案可供选择: 到 B_1, B_2 或 B_3, 如果仅考虑一段内最优, 自然要选 A 到 B_1, 但从整体上考虑, 从 A 到 E 的最短路却经 B_3 而不经过 B_1, 因此, 分段孤立地从本段最优考虑, 总体不一定最优. 如果把从 A 到 E 的所有可能路线一一列举出来, 找出最短一条, 这不仅费事, 而且当阶段数多时也很难办到.

实际上, 这是一个多阶段决策问题. 显然可以将全过程划分为 4 个阶段, 每个阶段开始时要确定选择哪一条路径, 而且上一个阶段的决策必然影响到下一个阶段选择路径时的状态. 决策的目标是使总的路程最短.

例 6.1.2 生产计划问题

工厂生产某种产品, 每单位 (千件) 的成本为 1(千元), 每次开工的固定成本为 3(千元), 工厂每季度的最大生产能力为 6(千件). 经调查, 市场对该产品的需求量第一、二、三、四季度分别为 2, 3, 2, 4(千件). 如果工厂在第一、二季度将全年的需求都生产出来, 自然可以降低成本 (少付固定成本费), 但是对于第三、四季度才能上市的产品需付存储费, 每季每千件的存储费为 0.5(千元). 还规定年初和年末这种产品均无库存. 试制订一个生产计划, 即安排每个季度的产量, 使一年的总费用 (生产成本和存储费) 最少.

这也是一个多阶段决策问题. 显然可以将全过程划分为 4 个阶段 (一个季度一个阶段), 每个阶段开始时要确定该季度的产量, 而且上一个阶段的决策必然影响到下一个阶段的生产状态. 决策的目标是使一年的总费用 (生产成本和存储费) 最少.

例 6.1.3 机器负荷分配问题

某种机器可以在高低两种不同的负荷下进行生产, 在高负荷下生产时, 产品的年产量 g 和投入生产的机器数量 x 的关系为 $g = g(x)$, 这时的年完好率为 a, 即如果年初完好机器数为 x, 到年终时完好的机器数为 $ax(0 < a < 1)$. 在低负荷下生产时, 产品的年产量 h 和投入生产的机器数量 y 的关系为 $h = h(y)$, 相应的完好率为 $by(0 < b < 1)$, 且 $a < b$.

假定开始生产时完好的机器数量为 s_1, 要制订一个五年计划, 确定每年投入高、低两种负荷生产的完好机器数量, 使五年内产品的总产量达到最大.

这同样是一个多阶段决策问题. 显然可以将全过程划分为 5 个阶段 (一年一个阶段), 每个阶段开始时要确定投入高、低两种负荷下生产的完好机器数, 而且上一个阶段的决策必然影响到下一个阶段的生产状态. 决策的目标是使产品的总产量达到最大.

例 6.1.4 装载问题

某运输公司要为某企业运送物资, 现有 n 种货物供其选择装运. 这 n 种货物的编号为 $1, 2, \cdots, n$. 已知第 j 种货物每件重 a_j 千克, 每件可收费 c_j 元, $j = 1, 2, \cdots, n$. 又知该公司的车辆所能承受的总重量不超过 b 千克. 问该公司应如何选择这种货物的件数, 使得收取的运费最多.

设该公司选择第 j 种货物的件数为 $x_j(j = 1, 2, \cdots, n)$, 则问题可归结为

$$\max z = \sum_{j=1}^{n} c_j x_j,$$

$$\text{s.t.} \begin{cases} \sum_{j=1}^{n} a_j x_j \leqslant b, \\ x_j \geqslant 0 \text{ 且为整数 } (j = 1, 2, \cdots, n). \end{cases}$$

这是一个整数规划问题, 当然可以用整数规划的方法求解. 然而, 由于这一模型的特殊结构, 我们可以把本来属于 "静态规划" 的各问题引进 "时间" 因素, 分成若干个阶段, 用动态规划的方法求解.

以上几个问题虽然具体意义各不相同, 但也有一些共同的特点, 即都可以看成一个多阶段的决策问题, 而且各个阶段决策的选取不是任意的, 它依赖于当前面临的状态, 又对以后的发展产生影响. 当各个阶段的决策确定之后, 就组成了一个决策序列, 也就决定了整个过程的一条活动路线. 这种把一个问题变成一个前后关系具有链状态结构的多阶段决策过程, 也称为序贯决策过程, 相应的问题就称为多阶段决策问题.

下面以例 6.1.1 为例简单地介绍一下动态规划方法求解多阶段决策问题的基本思路与基本步骤.

动态规划方法解题的基本思路是: 将一个多阶段决策问题转化为依次求解多个单阶段决策问题, 从而简化计算过程, 这种转化的实现是从最后一个阶段出发进行反推, 这种算法称为逆序算法. 对于例 6.1.1, 具体求解步骤如下:

(1) 考虑一个阶段的最优选择. 旅行者到达 E 点前, 上一站必然到达 D_1 或 D_2. 如果上一站为 D_1, 则本阶段最优决策为 $D_1 \to E$, 距离 $d(D_1, E) = 3$, 其中 $d(I, J)$ 表示 I, J 之间的距离, 记 $f(D_1) = 3$, $f(D_1)$ 表示某阶段初从 D_1 出发到终点 E 的最短距离.

同理, 若上一站为 D_2, 则最优决策为 $D_2 \to E$, $f(D_2) = 4$.

(2) 联合考虑两个阶段的最优选择. 当旅行者离终点 E 还剩两站时, 他必然位于 C_1, C_2 或 C_3 的某一点, 如果位于 C_1, 则从 C_1 到终点 E 的路线可能有两条: $C_1 \to D_1 \to E$ 或 $C_1 \to D_2 \to E$, 旅行者从这两条路线中选取最短的一条, 并且不管经过 D_1 或 D_2, 到达该点后, 他应沿着从 D_1 或 D_2 到 E 的最短路程继续走. 故从 C_1 出发到 E 的最短路程为

$$\min \left\{ \begin{array}{l} d(C_1, D_1) + f(D_1) \\ d(C_1, D_2) + f(D_2) \end{array} \right\} = \min \left\{ \begin{array}{l} 1 + 3 \\ 4 + 4 \end{array} \right\} = 4.$$

即从 C_1 到 E 的最短路线为 $C_1 \to D_1 \to E$, 并记 $f(C_1) = 4$.

同理, 从 C_2 出发到 E 的最优选择为

$$\min \left\{ \begin{array}{l} d(C_2, D_1) + f(D_1) \\ d(C_2, D_2) + f(D_2) \end{array} \right\} = \min \left\{ \begin{array}{l} 6 + 3 \\ 3 + 4 \end{array} \right\} = 7.$$

即从 C_2 到 E 的最短路线为 $C_2 \to D_2 \to E$, 并记 $f(C_2) = 7$.

从 C_3 出发到 E 的最优选择为

$$\min \left\{ \begin{array}{l} d(C_3, D_1) + f(D_1) \\ d(C_3, D_2) + f(D_2) \end{array} \right\} = \min \left\{ \begin{array}{l} 3 + 3 \\ 3 + 4 \end{array} \right\} = 6.$$

即从 C_3 到 E 的最短路线为 $C_3 \to D_1 \to E$, 并记 $f(C_3) = 6$.

(3) 再考虑三个阶段联合起来的最优选择.

当旅行者离终点 E 还有三站时, 他位于 B_1, B_2 或 B_3 中的某一点, 如果位于 B_1, 则出发到 E 的最优选择为

$$\min \left\{ \begin{array}{l} d(B_1, C_1) + f(C_1) \\ d(B_1, C_2) + f(C_2) \\ d(B_1, C_3) + f(C_3) \end{array} \right\} = \min \left\{ \begin{array}{l} 7 + 4 \\ 5 + 7 \\ 6 + 6 \end{array} \right\} = 11.$$

即从 B_1 到 E 的最短路线为 $B_1 \to C_1 \to D_1 \to E$, 记 $f(B_1) = 11$.

如果从 B_2 出发, 到 E 点的最优选择为

$$\min \left\{ \begin{array}{l} d(B_2, C_1) + f(C_1) \\ d(B_2, C_2) + f(C_2) \\ d(B_2, C_3) + f(C_3) \end{array} \right\} = \min \left\{ \begin{array}{l} 3 + 4 \\ 2 + 7 \\ 4 + 6 \end{array} \right\} = 7.$$

即从 B_2 到 E 的最短路线为 $B_2 \to C_1 \to D_1 \to E$, 记 $f(B_2) = 7$,

如果从 B_3 出发, 到 E 点的最优选择为

$$\min \left\{ \begin{array}{l} d(B_3, C_1) + f(C_1) \\ d(B_3, C_2) + f(C_2) \\ d(B_3, C_3) + f(C_3) \end{array} \right\} = \min \left\{ \begin{array}{l} 5 + 4 \\ 1 + 7 \\ 5 + 6 \end{array} \right\} = 8.$$

即从 B_3 到 E 的最短路线为 $B_3 \to C_2 \to D_2 \to E$, 记 $f(B_3) = 8$.

(4) 四个阶段联合考虑. 从 A 到 E 的最优选择为

$$\min \left\{ \begin{array}{l} d(A, B_1) + f(B_1) \\ d(A, B_2) + f(B_2) \\ d(A, B_3) + f(B_3) \end{array} \right\} = \min \left\{ \begin{array}{l} 2 + 11 \\ 5 + 7 \\ 3 + 8 \end{array} \right\} = 11.$$

即从 A 到 E 的最短路线为 $A \to B_3 \to C_2 \to D_2 \to E$, 距离长度为 $f(A) = 11$.

6.2 动态规划的基本概念

用动态规划处理多阶段决策问题时, 首先建立一些基本概念, 通过这些概念定量描述这个多阶段决策问题, 现结合例 6.1.1 解释这些概念.

(1) **阶段** 指一个问题需要作出决策的步数. 如例 6.1.1 中有 4 个阶段.

描述问题阶段数的变量称为阶段变量, 常用 k 来表示, k 编号方法常用顺序编号法, 即, 初始阶段编号为 1, 以后随进程逐渐增大. 通常将所给问题的过程按时间或空间特征分解为若干互相联系的阶段.

(2) **状态** 对于多阶段决策问题, 我们把每一阶段的起始 "位置" 叫作状态, 它既是该阶段的某一起点, 又是前一阶段的某一终点. 例如在例 6.1.1 中第二阶段的状态有三个: B_1, B_2 和 B_3. 我们把描述过程状态的变量称为状态变量. 它可以用一个数, 一组数或一个向量来描述, 通常用 s_k^i 表示第 k 阶段的第 i 个状态. 一般每一阶段都有若干个状态, 故我们用 $S_k = \{s_k^1, s_k^2, \cdots, s_k^m\}$ 表示第 k 段的所有状态构成的状态集合. 在最短路问题例 6.1.1 中

$$S_1 = \{A\}, \quad S_2 = \{B_1, B_2, B_3\}, \quad S_3 = \{C_1, C_2, C_3\}, \quad S_4 = \{D_1, D_2\}, \quad S_5 = \{E\}.$$

应当指出, 这里说的状态和常识中的状态不尽相同, 它一般要满足:

① 要能描述问题的变化过程.

② 给定某一阶段的状态, 以后各阶段的发展不受以前各阶段状态的影响, 也就是说, 当前的状态是过去历史的一个完整总结, 过程的过去历史只能通过当前状态去影响它未来的发展, 这个性质称为**无后效性**.

③ 要能直接或间接地计算出来.

(3) **决策** 指某阶段初从给定的状态出发, 决策者从面临的若干种不同方案中做出的选择. 决策变量 $x_k(s_k)$ 表示第 k 阶段状态为 s_k 时对方案的选择, 决策变量的取值要受到一定的限制, 用 $D_k(s_k)$ 表示 k 阶段状态为 s_k 时决策允许的取值范围, 称为允许决策集合. 故有

$$x_k(s_k) \in D_k(s_k)$$

例如, 例 6.1.1 最短路径问题中 $D_2(B_1) = \{C_1, C_2, C_3\}$, 而 $x_2(B_1) = C_1$ 是可能的决策.

(4) **策略** 当每一阶段的决策都确定以后, 按先后顺序排列的决策组成的集合, 称为一个全过程策略, 简称策略, 记为 $p_{1,n}$, 即

$$p_{1,n} = \{x_1(s_1), x_2(s_2), \cdots, x_n(s_n)\}.$$

如例 6.1.1 中选取 A → B₁ → C₂ → D₂ → E 就是一个策略. 而 $p_{k,n} = \{x_k(s_k), \cdots, x_n(s_n)\}$, 称为后部子过程策略, 如例 6.1.1 中选取从 B₁ 到 E 的一条路线 B₁ → C₂ → D₁ → E 就是一个后部子过程策略. 对于多阶段决策问题, 可供选择的策略很多, 用 $P_{1,n}(s_1)$ 及 $P_{k,n}(s_k)$ 表示全体策略集合和后部子策略集合, 显然有

$$p_{1,n} \in P_{1,n}(s_1),$$
$$p_{k,n} \in P_{k,n}(s_k).$$

由于每一阶段都有若干个可能的状态和多种不同的决策, 因而一个多阶段决策问题存在许多策略可供选择, 称其中能够满足预期目标的策略为最优策略. 如例 6.1.1 中路线 A → B₃ → C₂ → D₂ → E 为最优策略.

(5) **状态转移方程** 从 s_k 的某一个状态出发, 当决策变量 $x_k(s_k)$ 的取值决定后, 下一个阶段状态变量 s_{k+1} 的取值也就随之确定. 这种从上阶段的某一状态值到下阶段某一状态值的转移的规律称为状态转移律. 显然下一阶段状态 s_{k+1} 的取值是上阶段状态变量 s_k 和上阶段决策变量 $x_k(s_k)$ 的函数, 记为

$$s_{k+1} = T_k(s_k, x_k).$$

状态转移律也叫状态转移方程. 如例 6.1.1 中由于前一阶段的终点即为后一阶段的起点, 故状态转移方程为 $s_{k+1} = x_k(s_k)$.

(6) **指标函数** 用来衡量允许策略优劣的数量指标称为指标函数, 它分为阶段指标函数与过程指标函数.

阶段指标函数是指对应某一阶段状态 s_k 和从该状态出发的一个阶段的决策 x_k 的某种效益度量, 用 $r_k(s_k, x_k)$ 表示. 过程的指标函数是指从状态 s_k 出发 $(k = 1, 2, \cdots, n)$ 至过程最终, 当采取某种策略时, 按预定标准得到的效益值, 这个值既与 s_k 的状态值有关, 又与 s_k 以后所选取的策略有关, 它是两者的函数. 记作

$$V_{k,n} = V_{k,n}(s_k, x_k, s_{k+1}, x_{k+1}, \cdots, s_n, x_n)$$
$$= V_{k,n}(s_k, p_{k,n}).$$

例如, 在例 6.1.1 中, 两点间距离 $d(A, B_1)$ 即为阶段的指标函数, 而从 B₁ 到终点 E 的距离即为过程指标函数.

常见指标函数的形式为

①

$$V_{k,n} = \sum_{i=k}^{n} r_i(s_i, x_i)$$

$$= r_k(s_k, x_k) + \sum_{i=k+1}^{n} r_i(s_i, x_i)$$

$$= r_k(s_k, x_k) + V_{k+1,n};$$

②

$$V_{k,n} = \prod_{i=k}^{n} r_i(s_i, x_i)$$

$$= r_k(s_k, x_k) \cdot \prod_{i=k+1}^{n} r_i(s_i, x_i)$$

$$= r_k(s_k, x_k) \cdot V_{k+1,n}.$$

(7) **最优值函数** 指标函数的最优值, 称为最优值函数, 记为 $f_k(s_k)$, 它表示从第 k 个阶段的状态 s_k 出发到第 n 个阶段的终止状态的过程, 采取最优策略所得到的指标函数值, 即

$$f_k(s_k) = \text{opt } V_{k,n}(s_k, p_{k,n}), \quad p_{k,n} \in P_{k,n},$$

式中, opt 表示最优化, 根据效益值的具体含义可以是求最大或求最小.

6.3 动态规划的基本原理和建立动态规划模型的步骤

6.3.1 最优化原理

我们知道, 最短路问题具有这样的特点: 如果最短路线经过第 k 阶段的状态 s_k, 那么从 s_k 出发到达终点的这条路线, 对于从 s_k 出发到达终点的所有路线来说, 也是最短路线. 实际上具有上述特点的问题很多, Bellman 正是在研究这样一类所谓多阶段决策问题的过程中, 发现它们都有这一共同特点, 于是提出了解决这类问题的最优化原理.

最优化原理 作为整个过程的最优策略具有这样的性质: 无论过去的状态和决策如何, 对前面所形成的状态而言, 余下的决策必然构成一个最优子策略. 简言之, 一个最优策略的子策略仍是最优的.

例 6.1.1 正是根据这一原理求解的. 从图 6.1.1 可以看出, 无论从哪一段的某状态出发到终点 E 的最短路线, 只与此状态有关, 而与这点以前的状态路线无关, 即

不受从 A 点是如何到达这点的决策影响, 而且从 A 到 E 的最短路线若经过 B_i, 则此路线由 B_i 到 E 的后半部分应是由 B_i 到 E 的最短路线.

根据这个原理写出的计算动态规划问题的递推关系式称为动态规划方程.

当 $V_{k,n} = \sum\limits_{i=k}^{n} r_i(s_i, x_i)$ 时,

$$f_k(s_k) = \mathrm{opt}\ V_{k,n}(s_k, p_{k,n})(p_{k,n} \in P_{k,n})$$
$$= \mathrm{opt}\{r_k(s_k, x_k) + f_{k+1}(s_{k+1})\}(x_k \in D_k(s_k));$$

当 $V_{k,n} = \prod\limits_{i=k}^{n} r_i(s_i, x_i)$ 时,

$$f_k(s_k) = \mathrm{opt}\ V_{k,n}(s_k, p_{k,n})(p_{k,n} \in P_{k,n})$$
$$= \mathrm{opt}\{r_k(s_k, x_k)f_{k+1}(s_{k+1})\}(x_k \in D_k(s_k)).$$

6.3.2　建立动态规划模型的步骤

用动态规划求解多阶段决策问题的基本思想是: 利用最优化原理, 建立动态规划方程, 即建立动态规划的数学模型, 最后再设法求其数值解.

建立动态规划模型的步骤为:

(1) 将问题的过程恰当地分成若干个阶段, 一般按问题所处的时间或空间进行划分, 并确定阶段变量;

(2) 正确选取状态变量 s_k 使之满足无后效性等三个条件;

(3) 确定决策变量 $x_k(s_k)$ 及每个阶段的允许决策集合 $D_k(s_k)$;

(4) 写出状态转移方程 $s_{k+1} = T_k(s_k, x_k)$;

(5) 根据题意列出指标函数 $V_{k,n}$, 最优函数 $f_k(s_k)$ 及阶段指标函数 $r_k(s_k, x_k)$;

(6) 明确边界条件;

动态规划方程是递推关系, 方程中含有 $f_{k+1}(s_{k+1})$, 当 $k = n$ 时, 也即从最后一个阶段开始逆推时出现 $f_{n+1}(s_{n+1})$, 这个项称为问题的边界条件.

边界条件 $f_{n+1}(s_{n+1})$ 的值要根据问题的条件来决定, 例如, 当指标函数值是各阶段指标函数值的和时, 可取 $f_{n+1}(s_{n+1}) = 0$; 当指标函数值是各阶段指标函数值的积时, 可取 $f_{n+1}(s_{n+1}) = 1$.

(7) 写出动态规划方程.

最后, 根据最优化原理, 结合所给的边界条件, 可以写出如下的动态规划方程

$$\begin{cases} f_k(s_k) = \mathrm{opt}\{r_k(s_k, x_k) + f_{k+1}(s_{k+1})\}, \\ f_{n+1}(s_{n+1}) = 0, \end{cases} (k = n, n-1, \cdots, 1) \qquad (6.3.1)$$

或
$$\begin{cases} f_k(s_k) = \mathrm{opt}\{r_k(s_k, x_k).f_{k+1}(s_{k+1})\}, \\ f_{n+1}(s_{n+1}) = 1, \end{cases} \quad (k = n, n-1, \cdots, 1). \quad (6.3.2)$$

上面七步是构造动态规划模型的基础, 是正确写出动态规划基本方程的基本要素, 一个问题的动态规划模型构造得是否正确, 又集中地反映在要恰当地定义最优值函数、正确地写出递推关系和边界条件, 下面我们就来讨论这个问题.

公式 (6.3.1) 和 (6.3.2) 称为动态规划的递推方程. 由于是从 $k = n$ 开始向前逆序递推, 又称为逆序递推方程. 在递推过程中, 将前面几个公式写在一起就构成对第一类指标函数式 (加法形式) 的一组基本方程:
$$\begin{cases} f_k(s_k) = \mathrm{opt}\{r_k(s_k, x_k) + f_{k+1}(s_{k+1})\}, \\ f_{n+1}(s_{n+1}) = 0, \\ s_{k+1} = T_k(s_k, x_k)(k = n, n-1, \cdots, 1). \end{cases} \quad (6.3.3)$$

同理, 对于第二类指标函数 (乘法形式), 也可写出它的一组基本方程:
$$\begin{cases} f_k(s_k) = \mathrm{opt}\{r_k(s_k, x_k).f_{k+1}(s_{k+1})\}, \\ f_{n+1}(s_{n+1}) = 1, \\ s_{k+1} = T_k(s_k, x_k)(k = n, n-1, \cdots, 1). \end{cases} \quad (6.3.4)$$

于是得到求解动态规划的逆序方法的求解过程: 运用公式 (6.3.3)、(6.3.4)(或者公式 (6.3.1)、(6.3.2)) 之一, 从 $k = n$ 开始, 由后向前逆推, 逐步求得各阶段的最优决策和相应的最优值, 求出 $f_1(s_1)$, 就是全过程的最优值 (将 s_1 的值代入计算即得), 然后再由 s_1 和 x_1^*, 利用状态转移方程计算出 s_2, 从而确定 $x_2^*, \cdots$, 依次类推, 最后确定 x_n^*, 于是得最优策略
$$p_{1,n}^* = \{x_1^*, x_2^*, \cdots, x_n^*\}.$$

后面的计算过程称为 "回代", 又称为 "反向追踪". 总之, 动态规划的计算过程是由递推和回代两部分组成.

逆序递推的过程如图 6.3.1 所示.

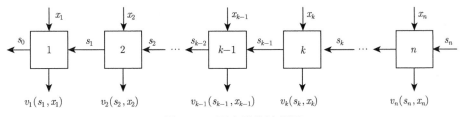

图 6.3.1　顺序递推过程图

另外, 动态规划的寻找途径可以分为顺序法和逆序法两种方式, 所谓顺序是指寻优过程与阶段进展的次序一致; 所谓逆序是指寻优过程与阶段进展的次序相反, 前面介绍的是逆序法. 下面我们介绍顺序法.

与逆序递推方程推导的方法类似, 可得顺序递推方程如下:

对于第一类指标函数 (加法形式), 我们有

$$
\begin{cases}
f_k(s_k) = \text{opt}\{r_k(s_k, x_k) + f_{k-1}(s_{k-1})\}, \\
f_0(s_0) = 0, \\
s_{k-1} = T_k(s_k, x_k)(k = 1, 2, \cdots, n).
\end{cases}
\tag{6.3.5}
$$

对于第二类指标函数 (乘法形式), 我们有

$$
\begin{cases}
f_k(s_k) = \text{opt}\{r_k(s_k, x_k) \cdot f_{k-1}(s_{k-1})\}, \\
f_0(s_0) = 1, \\
s_{k-1} = T_k(s_k, x_k)(k = 1, 2, \cdots, n).
\end{cases}
\tag{6.3.6}
$$

于是得到求解动态规划的顺序方法的求解过程: 运用公式 (6.3.5) 或 (6.3.6), 从 $k = 1$ 开始, 由前向后递推, 逐步求出各阶段的最优决策和相应的最优值, 最后求出 $f_n(s_n)$, 就是全过程的最优值 (将 s_n 的值代入计算即得), 然后再回代求出最优策略.

由上面的介绍不难看出, 当初始状态给定时, 用逆序的方式比较好; 当终止状态给定时, 用顺序的方式比较好. 通常初始状态给定时的情况居多, 所以用逆序的方法也比较多, 以下主要介绍逆序法.

6.4　动态规划的求解方法

本节主要讨论一维动态规划的求解法. 所谓一维动态规划问题是指: 在一个多阶段决策过程中, 每一个阶段只用一个状态变量 s_k 就足以描述系统的状态演变, 并且在每一个阶段, 只需要选择一个决策变量 x_k 就够了. 前面讨论的问题都属于这一类. 若每个阶段需要两个或多个状态变量才能描述系统的演变, 或者每个阶段需要选择两个或多个决策变量时, 这类问题都属于多维动态规划问题, 本书不做讨论.

求解一维动态规划问题, 基本上有两类方法: 一类是解析法; 一类是列表法 (数值计算法). 所谓解析法, 它需要用到指标函数的数学公式表示式, 并且能用经典求极值的方法得到最优解, 即用解析的方法求得最优解. 所谓列表法, 它在计算过程中不用或者很少用到指标函数的解析性质, 而是通过列表的方式来逐步求得最优解, 它可以解决解析法难于解决的问题. 下面通过实例来分别介绍这两种方法.

6.4.1 动态规划的解析法

我们首先讨论仅有一个约束条件的数学规划问题

$$\max Z = g_1(x_1) + g_1(x_2) + \cdots + g_n(x_n),$$

$$\text{s.t.} \begin{cases} a_1x_1 + a_2x_2 + \cdots + a_nx_n \leqslant b, \\ x_j \geqslant 0 \ (j = 1, 2, \cdots, n), \end{cases}$$

这里, 当 $g_j(x_j), j = 1, 2, \cdots, n$ 均为线性函数时, 则为线性规划问题; 当 $g_j(x_j)$ 不全为线性函数时, 则为非线性规划问题; 当 x_j 有整数要求时, 则为整数规划问题. 虽然这一类问题可在线性规划、非线性规划及整数规划中讨论, 但是, 用动态规划方法来解决这一类问题有其特殊的优点和方便之处.

用动态规划求解这一类问题, 有一个统一的模式, 即把问题划分为 n 个阶段, 取 x_k 为第 k 阶段的决策变量. 第 k 阶段的效益为 $g_k(x_k)(k = 1, 2, \cdots, n)$. 过程指标函数为各阶段效益之和, 即

$$V_{k,n} = \sum_{j=k}^{n} g_j(x_j) \quad (k = 1, 2, \cdots, n).$$

问题是如何选择状态变量 s_k. 正如线性规划问题中可以将约束条件看成资源限制一样, 这里也可以这样理解, 即将现有数量为 b 个单位的某种资源用来生产 n 种产品, 问如何分配使总利润最大. 假设工厂的决策者分几个阶段来考虑这个问题, 如果是用逆序递推法, 决策者首先考虑的是第 n 种产品生产几件, 消耗资源多少; 然后考虑第 $n-1$ 种和第 n 种产品各生产多少, 消耗资源多少, 依次向前递推. 在第 k 阶段时, 就要考虑第 k 种、第 $k+1$ 种、$\cdots$、第 n 种产品各生产多少, 消耗资源多少. 于是我们就可以这样来选择状态变量, 即令 s_k 表示可供第 k 种产品至第 n 种产品消耗的资源数. 显然由 $s_k \geqslant 0$, 且 s_k 满足无后效性, 而第 k 阶段的资源消耗为 a_kx_k, 于是得状态转移方程为

$$s_{k+1} = s_k - a_kx_k, \quad k = n, n-1, \cdots, 1.$$

再由 $s_k \geqslant 0$ 及决策变量 x_k 的非负性, 可得允许决策集合为

$$D_k(s_k) = \left\{ x_k \middle| 0 \leqslant x_k \leqslant \frac{s_k}{a_k} \right\},$$

允许状态集合为

$$S_k = \{ s_k | 0 \leqslant s_k \leqslant b \}$$

且 $S_1 = \{b\}$.

设最优函数 $f_k(s_k)$ 表示从第 k 阶段到第 n 阶段指标函数的最优值, 则逆序递推方程为

$$f_k(s_k) = \max\{g_k(x_k) + f_{k+1}(s_{k+1})\} \quad (k = n, n-1, \cdots, 1),$$

边界条件为 $f_{n+1}(s_{n+1}) = 0$, 然后再依次逆序递推求解.

对于第二类指标函数, 且只有一个约束条件的数学规划模型, 也可以类似处理. 当决策变量 x_k 有整数要求时, 只要对允许决策集合 $D_k(s_k)$ 和允许状态集合 S_k 限制在整数集合内取值即可.

下面看几个例子.

例 6.4.1　用动态规划方法求解线性规划问题

$$\max z = 4x_1 + 5x_2 + 6x_3,$$
$$\text{s.t.} \begin{cases} 3x_1 + 4x_2 + 5x_3 \leqslant 10, \\ x_j \geqslant 0 \ (j = 1, 2, 3). \end{cases}$$

解　利用上面的分析和有关符号, 我们直接计算如下:

当 $k = 3$ 时, 有

$$f_3(s_3) = \max_{0 \leqslant x_3 \leqslant s_3/5} \{6x_3 + f_4(s_4)\} = \max_{0 \leqslant x_3 \leqslant s_3/5} \{6x_3\}.$$

注意, 这里 $f_4(s_4) = 0$ 为边界条件. 再由函数 $6x_3$ 的单调性可知, 它必在 $x_3 = \dfrac{s_3}{5}$ 处取得极大值, 故得

$$f(s_3) = \frac{6}{5}s_3, \quad x_3^* = \frac{s_3}{5}.$$

这时 s_3 究竟等于多少还不知道, 要等递推完成后, 再用回代的方法确定.

当 $k = 2$ 时, 有

$$f_2(s_2) = \max_{0 \leqslant x_2 \leqslant s_2/4} \{5x_2 + f_3(s_3)\} = \max_{0 \leqslant x_2 \leqslant s_2/4} \left\{5x_2 + \frac{6}{5}s_3\right\}$$

再用状态转移方程 $s_3 = s_2 - 4x_2$ 来替换上式中的 s_3, 得

$$f_2(s_2) = \max_{0 \leqslant x_2 \leqslant s_2/4} \left\{5x_2 + \frac{6}{5}(s_2 - 4x_2)\right\}$$

$$= \max_{0 \leqslant x_2 \leqslant s_2/4} \left\{\frac{1}{5}x_2 + \frac{6}{5}s_2\right\}$$

$$= \frac{5}{4}s_2,$$

$$x_2^* = \frac{s_2}{4}.$$

当 $k=1$ 时, 状态转移方程 $s_2 = s_1 - 3x_1$, 故

$$
\begin{aligned}
f_1(s_1) &= \max_{0 \leqslant x_1 \leqslant s_1/3} \{4x_2 + f_2(s_2)\} \\
&= \max_{0 \leqslant x_1 \leqslant s_1/3} \left\{4x_1 + \frac{5}{4}(s_1 - 3x_1)\right\} \\
&= \max_{0 \leqslant x_1 \leqslant s_1/3} \left\{\frac{1}{4}x_1 + \frac{5}{4}s_1\right\} \\
&= \frac{4}{3}s_1,
\end{aligned}
$$

$$
x_1^* = \frac{s_1}{3}.
$$

由于 $s_1 = 10$ 及 $f_1(s_1)$ 关于 s_1 是单调增函数, 故这时

$$
f_1(10) = \frac{4}{3} \times 10 = \frac{40}{3},
$$

这就是指标函数的最优值.

再回代求最优决策: 由于 $s_1 = 10$, 所以

$$
x_1^* = \frac{s_1}{3} = \frac{10}{3},
$$

$$
s_2 = s_1 - 3x_1 = 10 - 3 \times \frac{10}{3} = 0, \quad x_2^* = \frac{s_2}{4} = 0,
$$

$$
s_3 = s_2 - 4x_2 = 0 - 4 \times 0 = 0, \quad x_3^* = \frac{s_3}{5} = 0,
$$

即线性规划问题的最优解为

$$
X^* = \left(\frac{10}{3}, 0, 0\right)^{\mathrm{T}},
$$

最优值 $z^* = 40/3$.

例 6.4.2 用动态规划方法求解

$$
\begin{aligned}
&\max z = x_1^2 x_2 x_3^3, \\
&\text{s.t.} \begin{cases} x_1 + x_2 + x_3 \leqslant 6, \\ x_j \geqslant 0 \ (j = 1, 2, 3). \end{cases}
\end{aligned}
$$

解 这个问题可以理解为将一个数 6(或某种资源数) 分成三部分, 使目标函数 $\max z = x_1^2 x_2 x_3^3$ 达到最大. 取阶段变量 $k = 1, 2, 3$ 共分三个阶段. 决策变量 x_k 表示第 k 阶段分配的数量, 状态变量 s_k 表示从第 k 阶段至第 3 阶段可供分配的总数量, 则状态转移方程为

$$
s_{k+1} = s_k - x_k.
$$

允许决策集合

$$D_k(s_k) = \{x_k | 0 \leqslant x_k \leqslant s_k\},$$

允许状态集合

$$S_k = \{s_k | 0 \leqslant s_k \leqslant 6\}, \quad S_1 = \{6\},$$

递推方程为

$$\begin{cases} f_k(s_k) = \max\{r_k(s_k, x_k) \cdot f_{k+1}(s_{k+1})\}, \\ f_4(s_4) = 1 \ (k = 3, 2, 1), \end{cases}$$

当 $k = 3$ 时, 有

$$f_3(s_3) = \max_{0 \leqslant x_3 \leqslant s_3} \{x_3^3\} = s_3^3, \quad x_3^* = s_3;$$

当 $k = 2$ 时, 有

$$f_2(s_2) = \max_{0 \leqslant x_2 \leqslant s_2} \{x_2 \cdot f_3(s_3)\} = \max_{0 \leqslant x_2 \leqslant s_2} \{x_2(s_2 - x_2)^3\}.$$

令 $\varphi_2(x_2) = x_2(s_2 - x_2)^3$, 则

$$\varphi_2'(x_2) = (s_2 - x_2)^2(s_2 - 4x_2).$$

再由 $\varphi_2'(x_2) = 0$ 得 $x_2 = s_2$ 或 $x_2 = \dfrac{s_2}{4}$, 又由直接验证可知 $\varphi_2''\left(\dfrac{s_2}{4}\right) < 0$, 故 $x_2 = \dfrac{s_2}{4}$ 为 $\varphi_2(x_2)$ 的极大值点. 这时

$$f_2(s_2) = \frac{27}{256}s_2^4, \quad x_2^* = \frac{s_2}{4}.$$

当 $k = 1$ 时, 有

$$f_1(s_1) = \max_{0 \leqslant x_1 \leqslant s_1} \{x_1^2 \cdot f_2(s_2)\} = \max_{0 \leqslant x_1 \leqslant s_1} \left\{x_1^2 \frac{27}{256}(s_1 - x_1)^4\right\}.$$

令

$$\varphi_1(x_1) = x_1^2 \cdot \frac{27}{256}(s_1 - x_1)^4,$$

则

$$\varphi_1'(x_1) = \frac{27}{256}x_1(s_1 - x_1)^3(2s_1 - 6x_1).$$

再令

$$\varphi_1'(x_1) = 0,$$

得

$$x_1 = 0, \quad x_1 = s_1, \quad x_1 = \frac{s_1}{3}.$$

又由直接验证可知 $\varphi_1''\left(\dfrac{s_1}{3}\right) < 0$, 故 $x_1 = \dfrac{s_1}{3}$ 为 $\varphi_1(x_1)$ 的极大值点. 这时

$$f_1(s_1) = \frac{27}{256}\left(\frac{s_1}{3}\right)^2\left(\frac{2s_1}{3}\right)^4 = \frac{1}{16 \times 3^3}s_1^6,$$

但 $s_1 = 6$, 故

$$f_1(6) = \frac{1}{16 \times 3^3}6^6 = 108, \quad x_1^* = \frac{1}{3}s_1 = 2.$$

又

$$s_2 = s_1 - x_1 = 6 - 2 = 4, \quad x_2^* = \frac{s_2}{4} = 1;$$

$$s_3 = s_2 - x_2 = 4 - 1 = 3, \quad x_3^* = s_3 = 3,$$

所以最优解为

$$x_1^* = 2, \quad x_2^* = 1, \quad x_3^* = 3.$$

目标函数的最优值为 $z^* = 108$.

例 6.4.3 用动态规划方法求解

$$\max z = 8x_1^2 + 4x_2^2 + x_3^3,$$
$$\text{s.t.} \begin{cases} 2x_1 + x_2 + 10x_3 \leqslant 20, \\ x_1, x_2, x_3 \geqslant 0. \end{cases}$$

解 用顺序递推法求解. 设阶段变量 $k = 1, 2, 3$, 共 3 个阶段, 决策变量为 $x_k(k = 1, 2, 3)$. 状态变量 s_k 表示从第 1 阶段到第 k 阶段可供分配的数, 则状态转移方程为

$$s_{k-1} = s_k - a_k x_k \quad (k = 1, 2, 3),$$

并取 $s_0 = 0$, 相当于将一个不大于 20 的量按照三阶段进行分配. 其中 a_1, a_2, a_3 分别为约束条件中 x_1, x_2, x_3 的系数.

最优值函数 $f_k(s_k)$ 表示从第 1 阶段到第 k 阶段指标函数的最优值.

则当 $k = 1$ 时, 有

$$f_1(s_1) = \max_{0 \leqslant x_1 \leqslant \frac{s_1}{2}}\{8x_1^2\} = 2s_1^2, \quad x_1^* = \frac{s_1}{2}.$$

当 $k = 2$ 时, 有

$$f_2(s_2) = \max_{0 \leqslant x_2 \leqslant s_2}\{4x_2^2 + f_1(s_1)\} = \max_{0 \leqslant x_2 \leqslant s_2}\{4x_2^2 + 2(s_2 - x_2)^2\}.$$

令 $\varphi_2(x_2) = 4x_2^2 + 2(s_2 - x_2)^2$, 则 $\varphi_2'(x_2) = 8x_2 - 4(s_2 - x_2)$.

由 $\varphi_2'(x_2) = 0$ 得 $x_2 = \dfrac{s_2}{3}$. 但由于 $\varphi_2''(x_2) = 12 > 0$, 所以 $x_2 = \dfrac{s_2}{3}$ 为最小值

点. 故极大值点必在区间 $[0, s_2]$ 的端点, 计算两端点的函数值

$$\varphi_2(0) = 2s_2^2, \quad \varphi_2(s_2) = 4s_2^2,$$

并比较其大小可知极大值点为 $x_2 = s_2$. 这时

$$f_2(s_2) = 4s_2^2.$$

当 $k = 3$ 时, 有

$$f_3(s_3) = \max_{0 \leqslant x_3 \leqslant s_3/10} \{s_3^3 + f_2(s_2)\}$$
$$= \max_{0 \leqslant x_3 \leqslant s_3/10} \{s_3^3 + 4(s_3 - 10x_3)^2\},$$

但 $s_3 \leqslant 20$, 所以取 $s_3 = 20$, 得

$$f_3(20) = \max_{0 \leqslant x_3 \leqslant s_2} \{x_3^3 + 4(20 - 10x_3)^2\}.$$

由直接验证可知, $x_3 = 0$ 为极大值点. 故

$$f_3(20) = 1600, \quad x_3^* = 0.$$

又

$$s_2 = s_3 - 10x_3 = 20, \quad x_2^* = s_2 = 20;$$
$$s_1 = s_2 - x_2 = 20 - 20 = 0, \quad x_1^* = \frac{s_1}{2} = 0,$$

即最优解为

$$x_1^* = 0, \quad x_2^* = 20, \quad x_3^* = 0,$$

目标函数最优值为 1600.

以上几个例子中, 由于将状态变量和决策变量都是作为连续变量看待的, 且指标函数和状态转移方程都有确定的解析表达式, 求极值时所用的方法是微积分中的方法, 所以我们把这类问题的求解方法统称为动态规划的解析法.

6.4.2   动态规划的列表法

在多阶段决策问题中, 当指标函数没有明确的解析表达式 (例如用数值表给出), 或者对变量有整数要求时, 则不能用解析法求解, 只能用列表法 (数值计算法) 求解, 下面举例说明.

例 6.4.4 (资源分配问题)   设有 8×10^6 元资金用于扩建三个工厂投资数均为整数 (单位: 10^6 元), 每个工厂的利润增长额与投资数有关, 详细数据见表 6.4.1.

表 6.4.1　　投资与利润增长的关系　　　　　　　　　　(单位: 10^6 元)

工厂 ＼ 投资	0	1	2	3	4	5	6	7	8
1	0	5	15	40	80	90	95	98	100
2	0	5	15	40	60	70	73	74	75
3	0	4	26	40	45	50	51	52	53

问应如何确定这三个工厂的投资数, 使总的利润增长额为最大?

解　将问题分为三个阶段, 即把向第 k 个工厂进行投资作为第 k 个阶段, $k = 3, 2, 1$.

第 k 阶段初, 选取可用于向第 k 个工厂至第 3 个工厂进行的投资数, 作为该阶段的状态变量, 用 s_k 表示. 选取用于第 k 个工厂的投资数作为决策变量, 用 x_k 表示, 显然每个阶段的允许决策集合为

$$D_k(s_k) = \{x_k | 0 \leqslant x_k \leqslant s_k\}.$$

因每阶段初可用的投资数是上阶段初可用的投资数减去上阶段用去的投资数, 故状态转移方程为

$$s_{k+1} = s_k - x_k \quad (k = 1, 2, 3).$$

用 $g_k(x_k)$ 表示给工厂 k 分配资金 x_k 时得到的利润增长额, 故指标函数可写为

$$V_{k,3} = g_k(x_k) + \sum_{i=k+1}^{3} g_i(x_i)$$
$$= g_k(x_k) + V_{k+1,3}.$$

设用 $f_k(s_k)$ 表示从 k 阶段状态 s_k 开始采用最优策略时的利润增长额, 则有

$$f_k(s_k) = \max\{g_k(x_k) + f_{k+1}(s_{k+1})\}, \quad x_k \in D_k(s_k).$$

因问题中只有三个工厂, 故假想的第 4 阶段初拥有的投资数已不可能促使这三个工厂利润额的增长, 故边界条件 $f_4(s_4) = 0$.

动态规划递推方程为

$$\begin{cases} f_k(s_k) = \max\{g_k(x_k) + f_{k+1}(s_k - x_k)\}, \\ f_4(s_4) = 0 \ (k = 3, 2, 1). \end{cases}$$

(1) 当 $k = 3$ 时, 可用于投资的只有第 3 个工厂, 投资额 $s_3(s_3 = 0, 1, 2, \cdots, 8)$ 全部给第 3 个工厂, 最大利润增长额为

$$f_3(s_3) = \max\{g_3(x_3)\}, \quad x_3 \in D_3(s_3).$$

根据这个关系式, 由表 6.4.1 中数据, 得表 6.4.2 的结果.

表 6.4.2　仅投资第三个工厂的情况　　　　　　(单位: 10^6 元)

状态 s_3	0	1	2	3	4	5	6	7	8
$f_3(s_3)$	0	4	26	40	45	50	51	52	53
对应决策 x_3^*	0	1	2	3	4	5	6	7	8

(2) 当 $k = 2$ 时, 可用于投资的工厂为 2 和 3. 这时有

$$f_2(s_2) = \max\{g_2(x_2) + f_3(s_2 - x_2)\},$$

$$0 \leqslant x_2 \leqslant s_2.$$

s_2 可能取得值为 $0, 1, 2, 3, 4, 5, 6, 7, 8$.

具体计算步骤见表 6.4.3.

表 6.4.3　投资 2 和 3 两个工厂的情况

s_2 \ x_2	$g_2(x_2) + f_3(s_2 - x_2)$									$f_2(s_2)$	$x_2^*(s_2)$
	0	1	2	3	4	5	6	7	8		
0	0+0									0	0
1	0+4	5+0								5	1
2	0+26	5+4	15+0							26	0
3	0+40	5+26	15+4	40+0						40	0 或 3
4	0+45	5+40	15+26	40+4	60+0					60	4
5	0+50	5+45	15+40	40+26	60+4	70+0				70	5
6	0+51	5+50	15+45	40+40	60+26	70+4	73+0			86	4
7	0+52	5+51	15+50	40+45	60+40	70+26	73+4	74+0		100	4
8	0+53	5+52	15+51	40+50	60+45	70+40	73+26	74+4	75+0	110	5

(3) 当 $k = 1$ 时, 可用于投资的工厂为 1,2 和 3. 这时有

$$f_1(s_1) = \max\{g_1(s_1) + f_2(s_1 - x_1)\},$$

$$0 \leqslant x_1 \leqslant s_1.$$

利用动态规划方程 s_1 分别求出不同值时的 $f_1(s_1)$ 及 $x_1^*(s_1)$. 计算步骤见表 6.4.4.

表 6.4.4　投资三个工厂的情况

s_1 \ x_1	$g_1(x_1) + f_2(s_1 - x_1)$									$f_1(s_1)$	$x_1^*(s_1)$
	0	1	2	3	4	5	6	7	8		
8	0+110	5+100	15+86	40+70	80+60	90+40	95+26	98+5	100+0	140	4

由表 6.4.4 可知, 当 $s_1 = 8 \times 10^6$ 时, 投资给第 1 个工厂的金额为 4×10^6 元, 即 $x_1(8) = 4 \times 10^6$(元);

当 $s_2 = 4 \times 10^6$ 时, 查表 6.4.3 知投资给第 2 个工厂的金额为 4×10^6 元, 即 $x_2(4) = 4 \times 10^6$ (元);

当 $s_3 = 0$ 时, 查表 6.4.2 知, 投资给第 3 个工厂的金额为 0, 即 $x_3(0) = 0$;

即最优策略为 4×10^6 元, 4×10^6 元, 0 元.

预期最大投资增长额为 140×10^6 元.

6.5 动态规划的应用

6.5.1 设备更新问题

固定资产的更新重置是进行简单再生产和扩大再生产的必要准备. 一台机械设备, 在其役龄 (已使用年限) 较小时, 故障少, 维修费和生产费都较低, 生产效率高, 收益也高, 随着役龄的增大, 故障增多, 维修费和生产费增加, 效率降低, 收益也减少. 因此对任何机械设备都应选择适当的时机进行更新重置, 对一台设备来说, 使用多长时间更新, 才能使总的效益最大或支付费用最少, 是设备更新问题所要解决的.

例 6.5.1 某医院要考虑一种设备在 5 年内的更新问题. 在每年年初需作出决策, 是继续使用还是更新. 如果继续使用, 则需支付维修费用. 已知使用了不同年限后的设备每年所需的维修费用 $(R(i), i = 0, 1, \cdots, 5)$(单位：百元) 如表 6.5.1 所示; 如果要更新设备, 则已知在各年年初该种设备的价格 $(C_i, i = 1, 2, \cdots, 5)$ 如表 6.5.2 所示.

表 6.5.1 维修费用表

使用年数	0	1	2	3	4	5
每年维修费用	5	6	8	11	18	25

表 6.5.2 设备价格表

年份	1	2	3	4	5
价格/百元	11	11	12	12	13

如果开始时设备已使用 1 年, 问每年年初应怎样作出决策, 才能使 5 年内该项设备的购置和维修费最少?

解 以每一年作为一个阶段, 共 5 个阶段.

状态变量 s_k: 第 k 年年初设备已使用的年限 $(k = 1, 2, 3, 4, 5)$. 若 $s_1 = 1$ 表示

第一年年初设备已使用的年限为 1; $s_2 = 1$ 则表示上一年设备进行了更新, 所以第二年年初设备使用一年; $s_2 = 2$ 则表示上一年设备继续使用.

决策变量 x_k: 在每一阶段每一状态所需作出的决策只有两个, 继续使用 (keep) 或更新 (replacement).

状态转移方程:

$$s_{k+1} = \begin{cases} s_k + 1, & x_k = K, \\ 1, & x_k = R. \end{cases}$$

其中 $x_k = K$ 表示设备继续使用, $x_k = R$ 表示更新设备.

由于阶段 k 的状态变量 s_k 表示第 k 年年初设备已使用的年限, 于是可得到各阶段不同状态下的最优解.

对 $k = 5$, 当决策继续使用时, 指标函数值为 $R(s_5)$; 当决策为更新时, 指标函数值为 $C_5 + R(0)$.

而

$$f_5(s_5) = \min\{R(s_5), C_5 + R(0)\},$$
$$\text{边界条件}: f_6(s_6) = 0.$$

对 $k < 5$, 当决策为继续使用时, 指标函数值为 $R(s_k) + f_{k+1}(s_k + 1)$; 当决策为更新时, 指标函数值为 $C_k + R(0) + f_{k+1}(1)$.

而

$$f_k(s_k) = \min\{R(s_k) + f_{k+1}(s_k + 1), C_k + R(0) + f_{k+1}(1)\}$$

其中 $R(s_k), C_k$ 的值可根据表 6.5.1 和表 6.5.2 得到, 见表 6.5.3.

表 6.5.3　维修费用、设备价格表

状态 s_k	0	1	2	3	4	5
维修费 $R(s_k)$	5	6	8	11	18	25
年份 k	1	2	3	4	5	
设备价格 C_k	11	11	12	12	13	

用逆序递推法求问题的最优解.

第五阶段 $k = 5$

本阶段状态变量 $s_5 = 1, 2, 3, 4$.

根据 $f_5(s_5)$ 的计算公式及表 6.5.3 可得到 $f_5(s_5)$ 在 s_5 取不同值时的指标值, 见表 6.5.4.

第四阶段 $k = 4$

本阶段状态变量 $s_4 = 1, 2, 3, 4$.

根据 $f_k(s_k)$ 的计算公式及表 6.5.3、表 6.5.4 可得到 $f_4(s_4)$ 在 s_4 取不同值时的指标值, 见表 6.5.5.

表 6.5.4　第五阶段决策表

s_5	x_5		$f_5(s_5)$	x_5^*
---	继续使用	更新		
1	6	13+5+0=18	6	继续使用
2	8	13+5+0=18	8	继续使用
3	11	13+5+0=18	11	继续使用
4	18	13+5+0=18	18	继续使用或更新
5	25	13+5+0=18	18	更新

表 6.5.5　第四阶段决策表

s_4	x_4		$f_4(s_4)$	x_4^*
---	继续使用	更新		
1	6+8=14	12+5+6=23	14	继续使用
2	8+11=19	12+5+6=23	19	继续使用
3	11+18=29	12+5+6=23	23	更新
4	18+18=36	12+5+6=23	23	更新

对表 6.5.5 的解释:

当 $s_4 = 2$, x_4 为继续使用, 则

$$R(s_4) + f_5(s_4 + 1) = R(2) + f_5(2 + 1) = 8 + 11 = 19;$$

当 $s_4 = 2$, x_4 为更新, 则

$$C_4 + R(0) + f_5(1) = 12 + 5 + 6 = 23;$$

而

$$f_4(2) = \min\{19, 23\} = 19.$$

由此类推可得到表 6.5.5 中的其他数据.

第三阶段 $k = 3$

本阶段状态变量 $s_3 = 1, 2, 3$.

根据 $f_k(s_k)$ 的计算公式及表 6.5.3、表 6.5.5 可得到 $f_3(s_3)$ 在 s_3 取不同值时的指标值, 见表 6.5.6.

表 6.5.6　第三阶段决策表

s_3	x_3		$f_3(s_3)$	x_3^*
---	继续使用	更新		
1	6+19=25	12+5+14=31	25	继续使用
2	8+23=31	12+5+14=31	31	继续使用
3	11+23=34	12+5+14=31	31	更新

第二阶段 $k = 2$

本阶段状态变量 $s_2 = 1, 2$.

根据 $f_k(s_k)$ 的计算公式及表 6.5.3、表 6.5.6 可得到 $f_2(s_2)$ 在 s_2 取不同值时的指标值, 见表 6.5.7.

表 6.5.7　第二阶段决策表

s_2	x_2		$f_2(s_2)$	x_2^*
	继续使用	更新		
1	6+31=37	11+5+25=41	37	继续使用
2	8+31=39	11+5+25=41	39	继续使用

第一阶段 $k = 1$

本阶段状态变量 $s_1 = 1$.

根据 $f_k(s_k)$ 的计算公式及表 6.5.3、表 6.5.7 可得到 $f_1(s_1)$ 在 $s_1 = 1$ 时的指标值, 见表 6.5.8.

表 6.5.8　第一阶段决策表

s_1	x_1		$f_1(s_1)$	x_1^*
	继续使用	更新		
1	6+39=45	11+5+37=53	45	继续使用

故最优决策为: 第一年继续使用, 第二年继续使用, 第三年更新, 第四年继续使用, 第五年继续使用, 这时总成本最小, 最小总成本为 4500 元.

6.5.2　生产与库存问题

一个生产项目, 在一定时间内, 增大生产量可以降低成本费, 但如果超过市场的需求量, 就会因积压增加库存费而造成损失; 相反, 如果减少生产量, 虽然可以降低库存费, 但又会增加生产的成本费, 同样会造成损失. 因此, 如何正确地制订生产计划, 使得在一定时期内, 生产的成本费与库存费之和最小, 这是企业最关心的优化指标, 这就是生产与库存问题, 下面举例来说明该类问题的解法.

例 6.5.2　某工厂需对一种产品制订今后四个月的生产计划, 据估计在今后四个月内, 市场对于该产品的需求量 (单位: 千件) 见表 6.5.9. 该厂生产每批产品的固定成本为 4 千元, 若不生产则为零; 每生产 1 千件产品可变成本费为 1 千元, 而每 1 千件库存费为 $\frac{1}{2}$ 千元, 该厂月生产能力为 6 千件, 第一个月初库存量为零, 第四个月末的库存量亦为零, 试问该厂应如何安排各月的生产与库存才能既满足市场需求, 又使生产与库存的总费用最少?

表 6.5.9   市场对某产品的需求

月份	1	2	3	4
需求量 (D_k)	2	3	2	4

解   以每个月为一个阶段, 按生产计划将问题划分为四个阶段, $n = 4$.

设状态变量 s_k 表示第 k 阶段初的库存量, 决策变量 x_k 表示第 k 阶段的计划生产量, d_k 表示第 k 阶段的需求量, 状态转移方程为

$$s_{k+1} = s_k + x_k - d_k \quad (k = 4, 3, 2, 1).$$

第 k 月总费用包括生产费和库存费两项, 记为 $v_k(s_k, x_k)$, 则有

$$v_k(s_k, x_k) = \begin{cases} 4 + x_k + \dfrac{1}{2}s_k, & x_k > 0, \\[2mm] \dfrac{1}{2}s_k, & x_k = 0. \end{cases}$$

又设以 $f_k(s_k)$ 表示当第 k 阶段初仓库存货为 s_k 时, 从第 k 阶段初到第 4 月底的最低总费用, 则

$$\begin{cases} f_k(s_k) = \min\{v_k(s_k, x_k) + f_{k+1}(s_{k+1})\}, \\ \sigma_k'' < x_k \leqslant \sigma_k', \\ f_5(s_5) = 0. \end{cases}$$

其中

$$\sigma_k' = \min\left\{m, \sum_{i=k}^{n} d_i - s_k\right\},$$
$$\sigma_k'' = \max\{d_k - s_k, 0\}.$$

这是因为一方面每阶段生产量不能超过上限 m, 另一方面要保证供应, 即在以后各月均不生产条件下仍能保证供应, 故有

$$x_k \leqslant \sum_{i=k}^{n} d_i - s_k,$$

又 $s_{k+1} \geqslant 0$, 所以

$$x_k \geqslant d_k - s_k.$$

(1) 当 $k = 4$ 时, $s_5 = 0$, 故有 $x_4 = d_4 - s_4 = 4 - s_4$, 此时

$$f_4(s_4) = \min\{v_4(s_4, x_4)\},$$
$$x_4 = 4 - s_4.$$

又 $x_4 \geqslant 0$, 所以 $0 \leqslant s_4 \leqslant 4$. 计算结果见表 6.5.10.

表 6.5.10 $k = 4$ 的计算结果

s_4	0	1	2	3	4
$x_4 = 4 - s_4$	4	3	2	1	0
$v_4(s_4, x_4)$	8	7	7	6.5	2
$f_4(s_4)$	8	7	7	6.5	2
$x_4^*(s_4)$	4	3	2	1	0

(2) 当 $k = 3$ 时,

$$f_3(x_3) = \min\{v_3(s_3, x_3) + f_4(s_3 + x_3 - 2)\},$$

其中

$$\max\{d_3 - s_3, 0\} \leqslant x_3 \leqslant \min\{d_3 + d_4 - s_3, 6\}$$

即

$$\max\{2 - s_3, 0\} \leqslant x_3 \leqslant \min\{6 - s_3, 6\}$$

因为 $x_3 \geqslant 0$, 所以 $6 - s_3 \geqslant 0$, 从而 $0 \leqslant s_3 \leqslant 6$.

当 $s_3 = 0$ 时,

$$f_3(s_3) = \min_{2 \leqslant x_3 \leqslant 6}\{v_3(0, x_3) + f_4(x_3 - 2)\}$$

$$= \min \left\{ \begin{array}{l} v_3(0, 2) + f_4(0) \\ v_3(0, 3) + f_4(1) \\ v_3(0, 4) + f_4(2) \\ v_3(0, 5) + f_4(3) \\ v_3(0, 6) + f_4(4) \end{array} \right\} = \min \left\{ \begin{array}{l} 6 + 8 \\ 7 + 7.5 \\ 8 + 7 \\ 9 + 6.5 \\ 10 + 2 \end{array} \right\} = 12,$$

$x_3^*(0) = 6$. 具体计算结果见表 6.5.11.

(3) 当 $k = 2$ 时,

$$f_2(s_2) = \min\{v_2(s_2, x_2) + f_3(s_2 + x_2 - 3)\},$$

其中

$$\max\{0, 3 - s_2\} \leqslant x_2 \leqslant \min\{d_2 + d_3 + d_4 - s_2, 6\},$$

即

$$\max\{0, 3 - s_2\} \leqslant x_2 \leqslant \min\{9 - s_2, 6\}.$$

表 6.5.11 $k = 3$ 的计算结果

s_3	x_3	d_3	v_3	$s_4 = s_3 + x_3 - d_3$	$f_4(s_4)$	$f_3(s_3)$	$x_3^*(s_3)$
	2		6.0	0	8.0		
	3		7	1	7.5		
0	4	2	8	2	7	12	6
	5		9	3	6.5		
	6		10.0	4	2.0		
	1		5.5	0	8.0		
	2		6.5	1	7.5		
1	3	2	7.5	2	7.0	11.5	5
	4		8.5	3	6.5		
	5		9.5	4	2.0		
	0		1.0	0	8.0		
	1		6.0	1	7.5		
2	2	2	7.0	2	7.0	9.0	0
	3		8.0	3	6.5		
	4		9.0	4	2.0		
	0		1.5	1	7.5		
3	1	2	6.5	2	7.0	9.0	0
	2		7.5	3	6.5		
	3		8.5	4	2.0		
	0		2	2	7.0		
4	1	2	7	3	6.5	9.0	0
	2		8	4	2.0		
5	0	2	2.5	3	6.5	9.0	0
	1		7.5	4	2.0		
6	0	2	3	4	2.0	5.0	0

因为 1 月份市场需求量为 2, 月初库存为零, 而最大生产能力为 6, 故 $0 \leqslant s_2 \leqslant 4$. 具体计算结果见表 6.5.12.

(4) $k = 1$ 时,

$$f_1(s_1) = \min\{v_1(s_1, x_1) + f_2(s_1 + x_1 - 2)\},$$

其中, $\max\{2 - s_1, 0\} \leqslant x_1 \leqslant \min\left\{\sum_{i=1}^{4} d_i - s_1, 6\right\}$.

因为 $s_1 = 0$, 所以 $2 \leqslant x_1 \leqslant 6$. 求得

$$f_1(0) = \min \left\{ \begin{array}{l} v_1(0, 2) + f_2(0) \\ v_1(0, 3) + f_2(1) \\ v_1(0, 4) + f_2(2) \\ v_1(0, 5) + f_2(3) \\ v_1(0, 6) + f_2(4) \end{array} \right\}$$

$$= \min \left\{ \begin{array}{c} 6+18 \\ 7+17.5 \\ 8+17 \\ 9+13.5 \\ 10+13.5 \end{array} \right\} = 22.5,$$

$$x_1^*(0) = 5.$$

表 6.5.12　$k=2$ 的计算结果

s_2	x_2	d_2	v_2	$s_3 = s_2 + x_2 - d_2$	$f_3(s_3)$	$f_2(s_2)$	$x_2^*(s_2)$
0	3	3	7	0	12	18.0	5
	4		8	1	11.5		
	5		9	2	9.0		
	6		10	3	9.0		
1	2	3	6.5	0	12	17.5	4
	3		7.5	1	11.5		
	4		8.5	2	9.0		
	5		9.5	3	9.0		
	6		10.5	4	9.0		
2	1	3	6.0	0	12.0	17	3
	2		7.0	1	11.5		
	3		8.0	2	9.0		
	4		9.0	3	9.0		
	5		10.0	4	9.0		
	6		11.0	5	9.0		
3	0	3	1.5	0	12.0	13.5	0
	1		6.5	1	11.5		
	2		7.5	2	9.0		
	3		8.5	3	9.0		
	4		9.5	4	9.0		
	5		10.5	5	9.0		
	6		11.5	6	5.0		
4	0	3	2.0	1	11.5	13.5	0
	1		7.0	2	9.0		
	2		8.0	3	9.0		
	3		9.0	4	9.0		
	4		10.0	5	9.0		
	5		11.0	6	5.0		

由此可知, 第 1 至第 4 月生产与库存总费用为 22.5×10^3 元.

各月的最佳产量通过查表 6.5.10~表 6.5.12 可得

$$s_1 = 0, \quad x_1^*(0) = 5;$$

$$s_2 = 3, \quad x_2^*(3) = 0;$$
$$s_3 = 0, \quad x_3^*(0) = 6;$$
$$s_4 = 4, \quad x_4^*(4) = 0.$$

6.5.3 随机动态规划

在以上介绍的几个问题中, 状态转移是完全确定的, 即后一阶段的状态 s_{k+1} 是依状态转移方程由本阶段状态 s_k 和所采取的决策 $x_k(s_k)$ 唯一确定的. 但在很多实际问题中, 系统可能受一些不可忽视的随机因素的影响, s_{k+1} 不能由 s_k 和 x_k 所唯一确定, 而是一个随机变量, s_k 和 x_k 仅确定 s_{k+1} 的概率分布, 具有这种性质的多阶段决策问题称为随机性多阶段决策问题. 这类问题的求解方法与确定型的递推求解方法类似, 下面举例说明.

例 6.5.3 某公司承担一种新产品试制任务, 合同要求三个月内交出一台合格的样品, 否则将负担 1500 元的赔偿费. 据有经验的技术人员估计, 试制时投产一台合格的概率为 $\frac{1}{3}$, 投产一批的准备结束费用为 250 元, 每台试制费用为 100 元. 若投产一批后全部不合格, 可再投产一批试制, 但每投产一批的周期需一个月, 要求确定每批投产多少台, 使总的试制费用 (包括可能发生的赔偿损失) 的期望值为最小.

解 (1) 合同期为三个月, 投产一批的周期一个月作为一个阶段, 故将整个合同期分为三个阶段.

(2) 状态变量 s_k, 假定尚没有一台合格品时 $s_k = 1$, 已得到一台以上合格品时 $s_k = 0$, 故签订合同时有 $s_1 = 1$.

(3) 决策变量 x_k 为每一阶段的投产试制台数. 当 $s_k = 1$ 时允许决策集合为

$$D_k(s_k) = \{1, 2, \cdots, N\},$$

当 $s_k = 0$ 时,

$$D_k(s_k) = \{0\}.$$

(4) 状态转移方程

$$p\{s_{k+1} = 1\} = \left(\frac{2}{3}\right)^{x_k},$$
$$p\{s_{k+1} = 0\} = 1 - \left(\frac{2}{3}\right)^{x_k}.$$

(5) 第 k 阶段的费用支出为

$$C(x_k) = \begin{cases} 250 + 100x_k, & x_k \neq 0, \\ 0, & x_k = 0. \end{cases}$$

(6) 设 $f_k(s_k)$ 为从状态 s_k 决策 x_k 出发的第 k 阶段以后的最小期望费用, 故有 $f_k(0) = 0$.

$$f_k(1) = \min \left\{ C(x_k) + \left(\frac{2}{3} \right)^{x_k} f_{k+1}(1) + \left[1 - \left(\frac{2}{3} \right)^{x_k} \right] f_{k+1}(0) \right\}$$

$$= \min_{x_k \in D_k(s_k)} \left\{ C(x_k) + \left(\frac{2}{3} \right)^{x_k} f_{k+1}(1) \right\}.$$

当 $k = 3$ 时, $f_3(0) = 0$,

$$f_3(1) = \min_{x_3 \in D_3(s_3)} \left\{ C(x_3) + \left(\frac{2}{3} \right)^{x_3} f_4(1) \right\}.$$

$f_4(1)$ 的意义为第四个月初仍未得到一件合格产品, 因按合同要求需赔偿 1500 元, 故有 $f_4(1) = 1500$.

具体计算见表 6.5.13.

表 6.5.13 $k = 3$ 的计算结果

s_3 \ x_3	$C(x_3) + \left(\frac{2}{3} \right)^{x_3} \times 1500$						$f_3(s_3)$	x_3^*
	0	1	2	3	4	5		
0	0						0	0
1	1500	1350	1117	994	946	948	946	4

当 $k = 2$ 时, $f_2(0) = 0$; $f_2(1) = \min\limits_{x_2 \in D_2(s_2)} \left\{ C(x_2) + \left(\frac{2}{3} \right)^{x_2} f_3(1) \right\}$.

具体计算过程见表 6.5.14.

表 6.5.14 $k = 2$ 的计算结果

s_2 \ x_2	$C(x_2) + \left(\frac{2}{3} \right)^{x_2} \times 946$						$f_2(s_2)$	x_2^*
	0	1	2	3	4	5		
0	0							
1	946	981	870	830	837	875	830	3

当 $k = 1$ 时, $f_1(1) = \min\limits_{x_1 \in D_1(s_1)} \left\{ C(x_1) + \left(\frac{2}{3} \right)^{x_1} f_2(1) \right\}$.

具体计算过程见表 6.5.15.

表 6.5.15 $k = 1$ 的计算结果

s_1 \ x_1	$C(x_1) + \left(\frac{2}{3} \right)^{x_1} \times 946$					$f_1(s_1)$	x_1^*
	0	1	2	3	4		
1	830	903	818	796	814	796	3

即该公司的最优决策为第一批投产 3 台, 如果无合格品, 第二批再投产 3 台, 如果仍全部不合格, 第三批投产 4 台, 这样使总的期望研制费用为最小, 共 796 元.

6.5.4 背包问题

有一个旅行者, 有 n 种物品供他选择装入背包中. 每种物品的重量及使用价值由表 6.5.16 给出. 又知这位旅行者只能携带重量不超过 a 千克的物品, 他应如何选择 n 种物品的件数, 才能使得所选物品的使用价值最大.

表 6.5.16 重量使用价值

物品	1	2	$\cdots$	j	$\cdots$	n
每件物品的重量	a_1	a_2	$\cdots$	a_j	$\cdots$	a_n
每件物品的使用价值	c_1	c_2	$\cdots$	c_j	$\cdots$	c_n

设旅行者选取第 j 种物品的数量为 x_j 件, $j = 1, 2, \cdots, n$. 于是该问题可转化为如下形式的整数规划问题

$$\max z = \sum_{j=1}^{n} c_j x_j,$$

$$\text{s.t.} \begin{cases} \sum_{j=1}^{n} a_j x_j \leqslant a, \\ x_j \geqslant 0 \ (j = 1, 2, \cdots, n). \end{cases}$$

这一问题可以用整数规划模型去求解, 也可以用动态规划方法求解. 下面我们通过例 6.5.4 的实际问题, 来说明背包问题的动态规划解法.

例 6.5.4 某药厂安排 10 个工作日生产四种类型药品, 每种类型药品的待生产件数、生产每件药品所需的工作日数及生产每件药品所获得的利润 (单位: 万元) 见表 6.5.17.

表 6.5.17 工作日数利润统计表

药品类型	待生产件数	生产每件药品所需的工作日数	生产每件药品所获得的利润/万元
1	4	1	2
2	3	3	8
3	2	4	11
4	2	7	20

由表 6.5.17 可知, 该药厂不可能在 10 天内生产完所有待生产件数, 药厂可以挑选一些药品类型去做, 剩余的介绍给其他药厂做, 问该药厂应如何安排生产, 才能使该药厂在 10 天内所获利润最大?

解 首先将这一问题写成整数规划模型

$$\max z = 2x_1 + 8x_2 + 11x_3 + 20x_4,$$

$$\text{s.t.} \begin{cases} x_1 + 3x_2 + 4x_3 + 7x_4 \leqslant 10, \\ x_i \geqslant 0, i = 1, 2, 3, 4. \end{cases}$$

我们的问题为, 当 $x_1, x_2, x_3, x_4 (x_i \geqslant 0)$ 分别取何值时 z 值最大. 下面分 4 个阶段求问题的最优解.

将药品类型作为阶段变量, 第 k 阶段将决策生产多少件第 k 类药品 ($k = 1, 2, 3, 4$). 设:

x_k 表示在第 k 阶段生产的第 k 类药品的数量 (第 k 阶段的决策变量);

s_k 表示从第 k 阶段到第四阶段所用的总工作日 (第 k 阶段的状态变量);

$d_k(s_k, x_k)$ 表示从第 k 阶段到第四阶段所获得的总利润 (指标函数值).

已知 $s_1 = 10$, 状态转移方程如下:

$$s_2 = T_1(s_1, x_1) = s_1 - x_1,$$
$$s_3 = T_2(s_2, x_2) = s_2 - 3x_2,$$
$$s_4 = T_3(s_3, x_3) = s_3 - 4x_3,$$

并且

$$s_4 = 7x_4,$$

用逆序递推法从第四阶段开始进行递推.

第四阶段 $k = 4$, 本阶段状态变量 $s_4 = 0, 1, 2, \cdots, 10$.

由表 6.5.17 可知, 第四种类型药品利润最高, 应尽量多生产第四种类型药品, 由于, $s_4 = 7x_4$, 则决策变量 $x_4 = 0, 1$; 又因为第四阶段是最后阶段, 于是

$$f_4(s_4) = \max_{x_4 \in D_4(s_4)} \{d_4(s_4, x_4)\} = \max_{x_4 = 0, 1} \{d_4(s_4, x_4)\}.$$

如

$$f_4(7) = \max_{x_4 = 0, 1} \{d_4(7, x_4)\} = \max \{d_4(7, 0), d_4(7, 1)\}$$
$$= \max \{0, 20\} = 20,$$

其中 $d_4(7, 0), d_4(7, 1)$ 为利润值, 类似的方法可求出其他 $f_4(s_4)$ ($s_4 = 0, 1, 2, \cdots, 10$) 的值, 见表 6.5.18.

第三阶段 $k = 3$, 本阶段状态变量 $s_3 = 0, 1, 2, \cdots, 10$.

由方程 $s_4 = T_3(s_3, x_3) = s_3 - 4x_3$ 可知, 本阶段决策变量 $x_3 = 0, 1, 2$.

表 6.5.18　第三阶段决策表

s_4	x_4		$f_4(s_4)$	x_4^*
	0	1		
0	0		0	0
1	0		0	0
2	0		0	0
3	0		0	0
4	0		0	0
5	0		0	0
6	0		0	0
7	0	20	20	1
8	0	20	20	1
9	0	20	20	1
10	0	20	20	1

而

$$f_3(s_3) = \max_{x_3 \in D_3(s_3)} \{d_3(s_3, x_3) + f_4(s_4)\}$$
$$= \max_{x_3=0,1,2} \{d_3(s_3, x_3) + f_4(s_3 - 4x_3)\}.$$

如

$$f_3(9) = \max_{x_3=0,1,2} \{d_3(9, x_3) + f_4(9 - 4x_3)\},$$

当 x_3 分别取 $0, 1, 2$ 时, 可求出 $d_3(9, x_3) + f_4(9 - 4x_3)$ 的相应值为 $20, 11, 22$. 于是

$$f_3(9) = \max_{x_3=0,1,2} \{d_3(9, x_3) + f_4(9 - 4x_3)\} = \max \{20, 11, 22\} = 22.$$

类似的方法可求出其他 $f_3(s_3)$ 值, 见表 6.5.19.

表 6.5.19　第三阶段决策表

s_3	x_3			$f_3(s_3)$	x_3^*
	0	1	2		
0	0+0=0			0	0
1	0+0=0			0	0
2	0+0=0			0	0
3	0+0=0			0	0
4	0+0=0	11+0=11		11	1
5	0+0=0	11+0=11		11	1
6	0+0=0	11+0=11		11	1
7	0+20=20	11+0=11		20	0
8	0+20=20	11+0=11	22+0=22	22	2
9	0+20=20	11+0=11	22+0=22	22	2
10	0+20=20	11+0=11	22+0=22	22	2

第二阶段 $k = 2$. 本阶段状态变量 $s_2 = 0, 1, 2, \cdots, 10$.

由状态转移方程 $s_3 = T_2(s_2, x_2) = s_2 - 3x_2$ 可知, 该阶段决策变量 $x_2 = 0, 1, 2, 3$. 而

$$f_2(s_2) = \max_{x_2 \in D_2(s_2)} \{d_2(s_2, x_2) + f_3(s_3)\} = \max_{x_2 = 0,1,2,3} \{d_3(s_3, x_3) + f_4(s_3 - 4x_3)\}$$

与第三阶段类似的方法可求出 $f_2(s_2)$ 的值, 见表 6.5.20.

表 6.5.20   第二阶段决策表

s_2	x_2				$f_2(s_2)$	x_2^*
	0	1	2	3		
0	0+0=0				0	0
1	0+0=0				0	0
2	0+0=0				0	0
3	0+0=0	8+0=8			8	1
4	0+11=11	8+0=8			11	0
5	0+11=11	8+0=8			11	0
6	0+11=11	8+0=8	16+0=16		16	2
7	0+20=20	8+11=19	16+0=16		20	0
8	0+22=22	8+11=19	16+0=16		22	0
9	0+22=22	8+11=19	16+0=16	24+0=24	24	3
10	0+22=22	8+20=28	16+11=27	24+0=24	28	1

第一阶段 $k = 1$. 本阶段状态变量 $s_1 = 10$.

由状态转移方程 $s_2 = T_1(s_1, x_1) = s_1 - x_1$, 可知该阶段决策变量 $x_1 = 0, 1, 2, \cdots, 10$. 而

$$f_1(s_1) = \max_{x_1 \in D_1(s_1)} \{d_1(s_1, x_1) + f_2(s_2)\}$$
$$= \max_{x_1 = 0,1,\cdots,10} \{d_1(s_1, x_1) + f_2(s_1 - x_1)\}.$$

与前面类似的方法可求出 $f_1(s_1)$ 的值, 见表 6.5.21.

表 6.5.21   第一阶段决策表

s_1	x_1					$f_1(s_1)$	x_1^*
	0	1	...	9	10		
10	0+28	2+24	...	18+0	20+0	28	0

从表 6.5.21 可知 $f_1(10) = 28$, 而相对应的 $x_1^* = 0$, 再根据递推关系按表 6.5.20, 表 6.5.19, 表 6.5.18 的顺序最后得到问题最优解:

$$(x_1^*, x_2^*, x_3^*, x_4^*) = (0, 1, 0, 1).$$

按这样的方法安排生产可使药厂在 10 日内获得最大利润, 此时的最大利润为 28 万元.

以上是多阶段决策问题的一些最基本的应用例子, 从这几个例子可以看出, 多阶段决策的思想方法, 对于处理一些大而繁琐的问题是具有重要意义的, 是一个企业管理人员必须掌握的有效工具.

用动态规划求解多阶段决策问题, 求出的不单是全过程的解, 而且是包括所有后部子过程的一族解. 动态规划方法推演过程, 能反映问题逐段演变时前后的关系, 这样就与过程的实际特征联系得更紧密, 因而可以在推演过程中利用实际经验, 以提高求解的效率. 同时, 动态规划方法求出的解族, 在分析指标最优值和最优策略对于状态变量的稳定性时, 也是非常有用的. 这种稳定性分析, 对于确定所求出的最优解是否实用, 或断定采用比较易于实施的次优方案等, 往往十分重要.

但是动态规划方法有其应用的局限性, 它没有统一的处理方法, 而是要求根据问题的各种特性采用不同的技巧进行处理; 另外, 它要求无后效性的条件也是很强的; 此外它存在 "维数障碍", 即当问题中变量个数太大时, 计算机容量难以实现, 这些都限制了动态规划的广泛运用.

复习思考题

6.1 举例说明什么是多阶段的决策过程及具有多阶段决策问题的特性.

6.2 解释下列概念.

① 状态; ② 决策; ③ 最优策略; ④ 状态转移方程; ⑤ 指标函数和最优值函数; ⑥ 边界条件.

6.3 试述动态规划方法的基本思想, 动态规划基本方程的结构及方程中各符号的含义及正确写出动态规划基本方程的关键因素.

6.4 试述动态规划的最优化原理以及它同动态规划基本方程之间的关系.

6.5 判断下列说法是否正确:

1) 在动态规划模型中, 问题的阶段数等于问题中的子问题的数目;

2) 动态规划中定义状态时应保证在各个阶段中所做决策的相互独立性;

3) 动态规划的最优性原理保证了从某一状态开始的未来决策独立于先前已做过的决策.

习 题 6

6.1 某公司打算在三个不同地区设置 4 个销售点, 根据市场预测估计, 在不同地区设置不同数量的销售店, 每月可得到的利润如表 6.x.1. 试问在各个地区应如何设置销售店, 才能使每月获得的总利润最大? 其值是多少?

表 6.x.1 某公司在不同地区设销售点数的利润

地区 ＼ 销售店	0	1	2	3	4
1	0	16	25	30	32
2	0	12	17	21	22
3	0	10	14	16	17

6.2 计算从 A 到 B, C 和 D 的最短路线, 已知各路段的长度如图 6.x.1 所示.

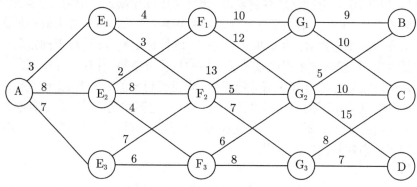

图 6.x.1　A 至 B, C, D 的路线

6.3 用动态规划方法求解下列各题.

1) $\max z = 5x_1 - x_1^2 + 9x_2 - 2x_2^2,$

s.t. $\begin{cases} x_1 + x_2 \leqslant 5, \\ x_1, x_2 \geqslant 0. \end{cases}$

2) $\max z = x_1 x_2 x_3^2,$

s.t. $\begin{cases} 2x_1 + x_2 + x_3 \leqslant 8. \\ x_j \geqslant 0, j = 1, 2, 3. \end{cases}$

6.4 某厂生产一种产品, 该产品在未来四个月的销量估计如表 6.x.2 所示, 该项产品的生产准备费用为每批 500 元, 每件的生产费用为 1 元, 每件的存储费用每月为 1 元, 假定 1 月初存货为 100 件, 5 月初的存货为零, 假定仓库存货能力不限, 生产能力不限, 试求该厂在这四个月内的最优生产计划.

表 6.x.2 某厂的产品未来四月的销量

未来月份	1	2	3	4
销售量/百件	4	5	3	2

6.5 某工厂根据国家的需要交货任务如表 6.x.3 所示, 表中数字为月底的交货量. 该厂的生产能力为每月 4×10^2 件, 该厂仓库的存货能力为 3×10^2 件, 已知每 100 件货物的生产费为 10×10^3 元, 在进行生产月份, 工厂要支出经常费 4×10^3 元, 仓库保管费为每百件货物每月 1×10^3 元. 假定开始时即 6 月底交货后无存货. 试问应在每个月各生产多少件物品, 才能既满足交货任务又使总费用最小?

表 6.x.3　某厂未来六月的交货量

未来月份	1	2	3	4	5	6
需交货物量	1	2	5	3	2	1

6.6 某公司需要采购一批原料, 为不影响生产, 这批原料必须在五周内采购到, 但是, 估计在未来五周内, 这种原料的价格可能随机浮动, 其浮动价格及概率见表 6.x.4. 试制订一个最优采购策略, 使采购价格的数学期望值最小.

表 6.x.4　某原料的价格浮动及概率

单价	500	600	700
概率	0.3	0.3	0.4

6.7 某汽车公司的某个型号汽车每台平均利润函数 $r(t)$ 与平均维修费用函数 $u(t)$ 的数值如表 6.x.5. 购买同型号新汽车每台 2 万元, 若汽车公司将汽车卖出, 其价格见表 6.x.6. 该公司年初有一台新汽车, 试给出四年盈利最大的更新计划.

表 6.x.5　某型汽车的 $r(t)$ 和 $u(t)$

项目	役龄			
	0	1	2	3
$r(t)$	2	1.8	1.75	1.5
$u(t)$	0.2	0.25	0.4	0.6

表 6.x.6　汽车再卖出的价格

役龄	0	1	2	3
价格	1.7	1.6	1.55	1.5

6.8 某单位在 5 年内需使用一台机器, 该种机器的年收入、年运行费及每年年初一次性更新重置的费用随机器的役龄变化见表 6.x.7. 该单位现有一台役龄为 1 年的旧机器, 试制订最优更新计划, 以使 5 年内的总利润最大 (不计 5 年期末时机器的残值).

表 6.x.7　某机器的年收入、年运行费及更新费

机龄	0	1	2	3	4	5
年收入	20	19	18	16	14	10
年运行费	4	4	6	6	9	10
更新费	25	27	30	32	35	36

6.9 某工厂有 5×10^4 元资金可以向 3 种活动投资, 其收益情况见表 6.x.8, 试确定投资方案使总收益最大.

表 6.x.8　三种活动的投资及收益　　　　　　　　(收益/万元)

种类 \ 投资数量/万元	0	1	2	3	4	5
1	0	3	5	7	8	9
2	0	4	6	8	9	9
3	0	1	3	7	9	10

第 7 章

网络计划技术

本章基本要求

1. 了解网络计划技术的概念;

2. 了解网络图的概念, 掌握网络图的绘制方法;

3. 了解网络图的时间参数的概念, 掌握时间参数的计算方法;

4. 理解关键路线法的概念和原理, 掌握关键路线法在网络优化中的应用;

5. 理解计划协调技术的概念和原理, 掌握作业时间的估算方法、工程完工概率的估算方法.

　　网络计划技术是计划协调技术 (program evaluation and review technique, PERT) 和关键路线法 (critical path method, CPM) 等有关技术的统称. 因为这些方法都是建立在网络模型的基础上, 所以也统称为网络计划方法. 网络计划技术起源于美国, 在 20 世纪 50 年代末逐步发展起来, 它适应了当代经济和社会发展的需要, 很快得到了广泛的应用. 1956 年, 美国杜邦公司在制订企业不同业务部门的系统规划时, 制订了第一套网络计划. 这种计划借助于网络表示各项工作与所需要的时间, 以及各项工作的相互关系. 通过网络分析研究工程费用与工期的相互关系, 并找出在编制计划时及计划执行过程中的关键路线. 这种方法称为关键路线法. 1958 年, 美国海军武器部, 在制订研制 "北极星" 导弹计划时, 同样地应用了网络分析方法与网络计划, 但它注重于对各项工作安排的评价和审查. 这种计划称为计划评审方法.

　　对于大型、复杂涉及众多因素的一次性生产或工程项目, 应用网络计划技术能尽可能缩短完工周期, 并能有效合理利用人、财、物各种资源.

网络计划技术是一种先进的组织生产和进行计划管理的科学方法. 其基本原理是: 利用网络图表达计划任务的进度安排, 反映其中各项作业 (或工序) 之间的相互关系, 通过网络分析, 计算网络时间找出对全局有影响的关键工序及路线, 利用时差改善网络计划, 寻求工期、资源、成本的优化方案, 保证计划目标的顺利完成. 到目前为止网络计划技术已发展至近二十余种, 常用的有以下三种:

(1) 关键路线法 (CPM): 属于确定型方法, 其活动项目及作业时间是唯一确定的.

(2) 计划协调技术 (计划评审技术 (PERT): 属于概率型方法, 其活动完工时间是有确定概率分布的随机变量.

(3) 随机网络 (GERT): 属于不定型方法, 其活动项目及时间均呈随机性质.

网络计划技术的应用步骤:

(1) 确定目标. 进行计划的准备工作 (决定在哪一项具体任务中应用网络计划技术, 该任务何时完成, 各种资源的准备);

(2) 划分活动, 分解任务, 列出全部作业明细表;

(3) 分析活动, 确定各活动的作业时间, 先后次序及相互关系;

(4) 制订活动清单, 对各活动编号, 绘制网络图;

(5) 计算网络时间参数;

(6) 确定关键线路, 计算工程周期;

(7) 网络优化和完工概率估算;

(8) 网络计划的实施与动态调整.

7.1 网络图的组成及绘制

网络图是工程计划的 "模型", 它是计划任务及其组成部分相互关系的综合反映, 是进行网络分析和网络计算的基础. 绘制计划网络图就是为工程计划建模.

7.1.1 网络图的组成

网络图是由节点、箭线以及节点和箭线连成的线路所组成. 根据节点和箭线的含义不同, 网络图有箭线型和节点型之分. 本章以箭线型网络图为主来研究网络计划技术.

1. 工序

根据工艺技术和组织管理上的需要, 将工程划分为按一定顺序执行而又相对独立的若干项消耗一定时间和资源的活动, 这些活动称为工序.

根据工序的不同表示方法, 网络图可分为双代号网络图 (又称箭线型网络图, 每一个工作由一根箭线和两端的两个节点来表示) 和单代号网络图 (又称节点型网络图, 每一个工作由一个节点来表示, 箭头仅表示工作的联系关系). 前者使用较普遍, 本书中所讲述的网络图都是箭线型网络图. 在箭线型网络图中, 箭头表示一项工序的结束, 箭尾表示一项工序的开始. 箭线的长短与工序的时间长短无关, 可长、可短、可弯曲, 但不可中断.

网络图中, 工序 A 用箭线 "$\xrightarrow{A}$" 表示. 工序 A 也可以用 (i, j) 表示. 对于相邻工序, 如工序 A 与工序 B, C 相邻, 工序 B, C 都需要在工序 A 完工后才能开工, 则称工序 A 为工序 B, C 的紧前工序; 称工序 B, C 为工序 A 的紧后工序.

2. 事项

事项指相邻工序的分界点, 本身不消耗任何资源或时间, 只表示某项作业开始或结束的符号, 常用带数字的圆圈表示, 如 "$③\xrightarrow{A}⑦$" 中的③, ⑦. 并规定工序的开工事项的序号小于完工事项的序号, 即 $i < j$.

网络图最左端的节点称为始点事项, 它是网络图中编号最小的事项, 表示一项工程或计划的最初作业的开始, 它无紧前工序. 最右端的节点称为终点事项, 它是网络图中编号最大的事项, 它表示一项工程或计划的最终作业的结束, 它无紧后工序. 其他事项既表示某一工序的开工又表示另一工序的完工.

3. 路线

路线是指从网络图始点事项出发顺着箭线所指方向, 从左到右直到结束节点为止, 中间由一系列首尾相连的节点和箭线所组成的通道. 完成一道工序所需的时间简称工序时间. 路线的长度是指该路线上各项工序时间之和, 在网络图中长度最大的路线称为关键路线, 它决定着工程的完工期. 关键路线上的工序称为关键工序, 若能缩短或者延误关键工序的完工时间就可以提前或者推迟工程的完工时间.

例 7.1.1 设有一工程由五道工艺组成, 名称分别为 A, B, C, D, E, 其间关系为 A 完成后, B, C 要同时开工; B 完工后, D 可以开工; C, D 完工后, E 开工, 用网络图将该项工程表示为图 7.1.1.

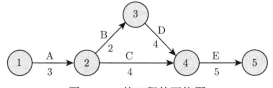

图 7.1.1 某工程的网络图

由图可知: $①\xrightarrow{A}②\xrightarrow{B}③\xrightarrow{D}④\xrightarrow{E}⑤$ 就是一条路, 其路长为 $l = 14$. 在所有路线中路长最大, 故该路线为工程的关键路线, 该路长为该工程的总工期. 网络图的关键路线可以通过时间参数的计算求得.

7.1.2　网络图的绘制

1. 绘制网络图的基本规则

(1) 对节点统一编号, 采用垂直编号法, 即从始点开始, 自左至右逐列编号, 每列则自上而下自箭线开始 (编号可以非连续), 箭头节点号要大于箭尾节点号.

(2) 两事项之间只能有一条箭线, 表示一道工序. 对具有相同开始和结束事项的两项及两项以上的工序 (平行工序), 要引进虚工序. 所谓虚工序是指工序时间为零的实际上并不存在的工序, 即不花时间和资源的非实际工序, 只用来表达相邻工序之间的衔接关系及其他需要, 在网络图上用虚箭线表示虚工序. 如图 7.1.2(a) 中事项③和⑤之间有两道工序, 这种画法是不正确的, 应改画成图 7.1.2(b) 那样, 其中④是虚事项, ③→④, ④→⑤是虚工序, 用虚箭线表示.

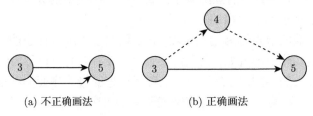

(a) 不正确画法　　　　　　　　(b) 正确画法

图 7.1.2　网络图的画法

(3) 各项工序之间的前后连接关系, 根据一个工程中各个活动项目进行顺序的实际情况而定.

(4) 一道工序结束之后, 如果可以同时紧接着开始一个或几个工序, 则这样的工序称为前一道工序的紧后工序, 画法如图 7.1.3(a) 所示.

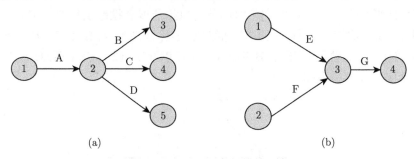

(a)　　　　　　　　　　　　　　　　　(b)

图 7.1.3　紧后工序与紧前工序

(5) 如果在几个工序结束后, 才可以进行下一道工序, 则称前几道工序为后一道工序的紧前工序, 画法如图 7.1.3(b) 所示.

(6) 如果一道工序同时要求在一个活动之后进行, 而其中一个活动又要求在其他活动之后进行, 则它们间相互关系如图 7.1.4 所示. 工序 c 在 a 结束后即可进行, 但工序 d 必须同时在 a 和 b 结束后才能开始.

(7) 网络图中不能出现回路, 出现图 7.1.5 画法是不允许的, 应予改正.

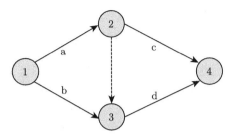

图 7.1.4 工序间的紧前紧后关系

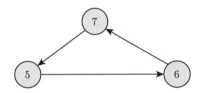

图 7.1.5 网络图中出现回路是错误的

(8) 为了方便计算和做到美观清晰, PERT 网络图中应通过调整布局, 尽量避免箭线上的交叉, 如图 7.1.6(a) 与 (b) 所示 (PERT 局部网络图).

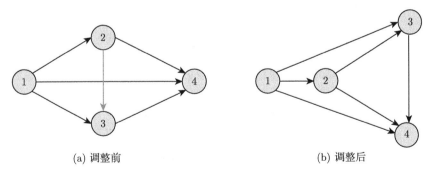

(a) 调整前   (b) 调整后

图 7.1.6 方便美观的网络图

(9) 任何一个完整的网络图都只有一个开始事项和一个终点事项, 所有工序都必须直接或间接地与开始事项和终点事项联结, 不可出现 "缺口" 现象, 如图 7.1.7 所示. 在该网络图中出现虚箭线, 它表示虚工序. 引用虚箭线可以明确表明各项工序之间的相互关系, 消除模棱两可, 含糊不清的现象. 虚工序不消耗时间和资源.

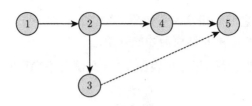

图 7.1.7　虚工序

根据上述规则绘制网络图是为了保证网络图的正确性. 此外, 为了使图面布局合理, 层次分明, 条理清楚, 还要注意画图技巧. 避免弧的交叉, 尽可能将关键路线布置在中心位置, 将联系紧密的工序布置在相近的位置.

2. 网络图的绘制步骤

(1) 任务分解, 将具体的计划任务分解成一定数目的工作, 编制活动分析表, 确定活动作业时间, 明确每一项活动的紧前工作 (某项工作开始之前必须先期完成的工作), 紧后工作 (当前活动完成后紧接着要开始的工作), 平行工作 (和当前工作同步进行的工作).

(2) 作图, 依据活动分析表, 遵照网络图绘制规则画出网络图, 先按工艺流程先后约束条件绘草图.

(3) 编号, 对节点统一编号, 采用垂直编号法, 即从始点开始, 自左至右逐列编号, 每列则自上而下自箭线开始 (编号可以非连续).

3. 网络图的绘制举例

在绘制网络图时, 必须按照作业之间的逻辑关系, 遵循绘图的基本规则, 采用从前往后或从后往前逐步推进, 逐步调整的方法完成.

例 7.1.2　已知某项工程的相关资料如表 7.1.1, 试绘制该工程的网络图.

表 7.1.1　工程资料表

作业名称	紧前作业	作业时间/天
A	—	8
B	—	7
C	A,B	10
D	B	16
E	C	9
F	D,E	11
G	E	5
H	G,F	8

解 如图 7.1.8 所示.

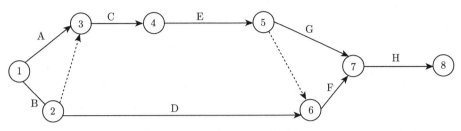

图 7.1.8 例 7.1.2 网络图

例 7.1.3 某一工程的各道工序与所需时间以及它们之间的相互关系如表 7.1.2, 绘制该工程的网络图.

表 **7.1.2**   **工程资料表**

工序	紧前工序	工序时间/天	工序	紧前工序	工序时间/天	工序	紧前工序	工序时间/天
a	—	5	e	b	3	i	b,c	7
b	—	7	f	b,c	2	j	i	3
c	a	4	g	e,f	3	k	g,i	2
d	b	5	h	d,g	5	m	h,k	1

解 根据表中信息, 如图 7.1.9 所示.

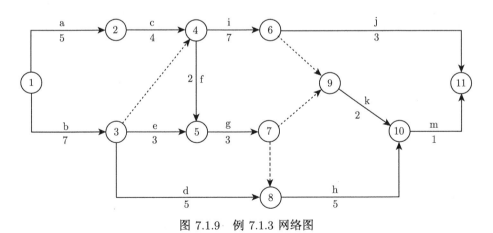

图 7.1.9 例 7.1.3 网络图

4. PERT 网络图分类

网络图可以根据不同指标分类.

(1) 肯定型网络图与概率型网络图.

按工时估计的性质分类: 每个工序的预计工时只估计一个值, 这通常是因为这些工序的实际完成情况一般地可按预计工时达到, 即实现的概率等于或近于 1, 称为肯定型网络图. 而每个工序用三种特定情况下的工时以最快可能完成工时 (最乐观工时), 最可能完成工时 (最可能工时), 最慢可能完成工时 (悲观工时) 来估计时称为概率型 (非确定型) 网络图.

(2) 综合网络图与多级网络图.

按其用途不同, 可分为综合网络图、局部网络图和基层网络图.

例如建设一个大型钢铁联合企业, 在综合网络图上可能只反映矿山、炼钢厂、炼铁厂、轧钢厂、炼焦厂、化工厂、机修厂、铁路码头等一些主要的大的项目的进度计划. 这些大工程项目, 每一个都构成一个局部网络. 如炼钢厂的局部网络图上就可以包括浇灌地基、安装高炉炉体、热风炉炉体、管道、炉料运送、铁水运送等活动. 假如某一工程队负责浇灌地基, 那么这个工程队的网络图上就应进一步将活动分为挖地基、清除土方、运送材料、扎钢筋、浇灌混凝土等.

7.2 网络图时间参数的计算

7.2.1 事项的时间参数

1. 事项的最早时间

事件 j 的最早时间记为 $t_E(j)$, 它表明以它为始点的各工序最早可能开始的时间, 也表示以它为终点的各工序的最早可能结束时间, 它等于从始点事项到该事项的最长路线上所有工序的工时总和. 对于图 7.2.1 所示的事件 j, 显然有

$$t_E(j) = \max\{t_E(1) + t(1,j), t_E(2) + t(2,j), t_E(3) + t(3,j)\}.$$

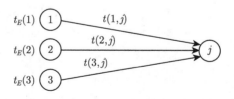

图 7.2.1 事项的最早时间示意图

一般地, 对指向事件 j 的所有箭线 (i,j) 有

$$t_E(j) = \max_{i<j}\{t_E(i) + t(i,j)\}, \qquad (7.2.1)$$

式中 $t(i,j)$ 是箭线所示的工序 (i,j) 的作业时间. 开始事件的最早时间通常定为 0, 计算的次序是由开始事件顺向依节点编号计算中间事件的最早发生时间, 最后计算结束事件的最早发生时间, 称为顺向计算.

例如图 7.2.2.

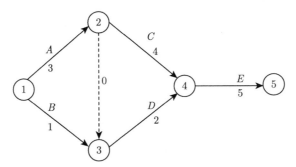

图 7.2.2 事项的最早时间算例

对于图 7.2.2, 计算如下:

$$t_E(1) = 0,$$
$$t_E(2) = t_E(1) + t(1,2) = 3,$$
$$t_E(3) = \max\{t_E(1) + t(1,3), t_E(2) + t(2,3)\} = \max\{3,1\} = 3,$$
$$t_E(4) = \max\{t_E(2) + t(2,4), t_E(3) + t(3,4)\} = \max\{7,5\} = 7,$$
$$t_E(5) = t_E(4) + 5 = 12.$$

2. 事项的最迟时间

这是事件发生的最迟时间, 晚于这个时间就会推迟整个任务的最早完成期. 事件 i 的最迟时间记为 $t_L(i)$, 它表明在不影响任务总工期条件下, 以它为始点的工序的最迟必须开始时间, 或以它为终点的各工序的最迟必须结束时间. 对于图 7.2.3 所示的事件, 显然有

$$t_L(i) = \min\{t_L(4) - t(i,4), t_L(5) - t(i,5), t_L(6) - t(i,6)\}.$$

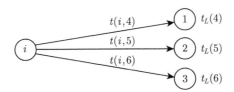

图 7.2.3 事项的最迟时间示意图

一般地, 对离开事件 i 的所有箭线 (i,j) 有

$$t_L(i) = \min_{j>i}\{t_L(j) - t(i,j)\} \tag{7.2.2}$$

结束事件的最迟时间一般作为它的最早时间, 计算各事件最迟时间的次序是由结束事件开始, 逆向依次计算各中间事件, 最后计算开始事件, 称为逆向计算.

对于图 7.2.2, 计算如下:

$$t_L(5) = t_E(5) = 12,$$

$$t_L(4) = t_L(5) - t(4,5) = 7,$$

$$t_L(3) = t_L(4) - t(3,4) = 5,$$

$$t_L(2) = \min\{t_L(4) - t(2,4), t_L(3) - t(2,3)\} = \min\{3,5\} = 3,$$

$$t_L(1) = \min\{t_L(2) - t(1,2), t_L(3) - t(1,3)\} = \min\{0,4\} = 0.$$

7.2.2　工序的时间参数

1. 工序的最早开始的时间和最早完工的时间

工序 (i,j) 的最早开工时间用 $t_{ES}(i,j)$ 表示, 任何 — 个工序都必须在其所有紧前工序全部完工后才能开始. 因而工序的最早开始时间是指它的各紧前工序完工的最早时间, 即它的各紧前工序最早结束时间中的最大值.

工序 (i,j) 的最早完工时间用 $t_{EF}(i,j)$ 表示, 它表示工作按最早开工时间开始所能达到的完工时间. 在数值上它等于其最早开始时间与该工序的计划时间 $t(i,j)$ 之和.

计算公式如下:

$$\begin{cases} t_{ES}(1,j) = 0 \\ t_{ES}(i,j) = \max_{k<i}\{t_{ES}(k,i) + t(k,i)\} \\ t_{EF}(i,j) = t_{ES}(i,j) + t(i,j) \end{cases} \tag{7.2.3}$$

例 7.2.1　已知某工程网络图如图 7.2.4. 已知最初事项在时刻为零时实现, 试计算网络图的时间参数 $t_{ES}(i,j)$ 和 $t_{EF}(i,j)$.

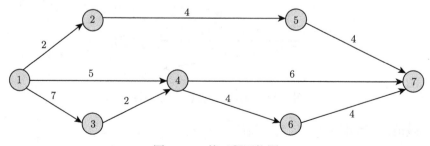

图 7.2.4　某工程网络图

解 因为最初事项在时刻为零时实现, 则有 $t_{ES}(1,2) = t_{ES}(1,3) = t_{ES}(1,4) = 0$. 由公式 (7.2.3) 知

$$t_{EF}(1,2) = t_{ES}(1,2) + t(1,2) = 0 + 2 = 2,$$
$$t_{EF} = t_{ES}(1,3) + t(1,3) = 0 + 7 = 7,$$
$$t_{EF}(1,4) = t_{ES}(1,4) + t(1,4) = 0 + 5 = 5.$$

由公式 (7.2.3) 有

$$t_{ES}(2,5) = t_{EF}(1,2) = 2,$$
$$t_{EF}(2,5) = t_{ES}(2,5) + t(2,5) = 2 + 4 = 6;$$
$$t_{ES}(3,4) = t_{EF}(1,3) = 7,$$
$$t_{EF}(3,4) = t_{ES}(3,4) + t(3,4) = 7 + 2 = 9;$$
$$t_{ES}(4,6) = \max\{t_{EF}(1,4), t_{EF}(3,4)\}$$
$$= \max\{5, 9\} = 9,$$

$$t_{EF}(4,6) = t_{ES}(4,6) + t(4,6) = 9 + 4 = 13;$$
$$t_{ES}(4,7) = \max\{t_{EF}(1,4), t_{EF}(3,4)\} = 9,$$

$$t_{EF}(4,7) = t_{ES}(4,7) + t(4,7) = 9 + 6 = 15;$$
$$t_{ES}(5,7) = t_{EF}(2,5) = 6,$$
$$t_{EF}(5,7) = t_{ES}(5,7) + t(5,7) = 6 + 4 = 10;$$
$$t_{ES}(6,7) = t_{EF}(4,6) = 13,$$
$$t_{EF}(6,7) = t_{ES}(6,7) + t(6,7) = 13 + 4 = 17.$$

完成网络图各项工序的最短周期为

$$\max\{t_{EF}(6,7), t_{EF}(5,7), t_{EF}(4,7)\} = 17.$$

2. 工序的最迟开工时间与最迟完工时间

工序的最迟开始时间是指该工序在不影响整个任务如期完成的前提下, 必须开始的最晚时间. 工序的最迟结束时间指该工序按最迟开始时间开工, 所能达到的完工时间.

工序的最迟结束时间也等于它的各项紧后工序最迟开始时间中的最小值. 各项工序的紧后活动的开始时间应以不延误整个工期为原则, 记为 $t_{LF}(i,j)$.

工序的最迟开始时间也等于它的最迟结束时间减去该项工序的时间, 记为 $t_{LS}(i,j)$. 用公式表示为

$$\begin{cases} t_{LF}(i,n) = \text{总完工期}, \\ t_{LF}(i,j) = \min_k t_{LS}(j,k), \\ t_{LS}(i,j) = t_{LF}(i,j) - t(i,j). \end{cases} \tag{7.2.4}$$

这组公式是按工序的最迟必须结束时间从终点向始点逐个递推的公式. 凡是进入终点事项的工序, 其最迟结束时间必须等于预定总工期或等于这个工序的最早结束时间, 任一工序的最迟结束时间, 由它所有紧后工序的最迟开始时间确定, 而工序的最迟开始时间显然等于本工序的最迟结束时间减去工序时间.

在例 7.2.1 中假定全部工序必须在 17 小时结束. 故有

$$t_{LF}(5,7) = t_{LF}(4,7) = t_{LF}(6,7) = 17.$$

按公式 (7.2.4) 计算得到

$$t_{LS}(5,7) = t_{LF}(5,7) - t(5,7) = 17 - 4 = 13,$$
$$t_{LS}(4,7) = t_{LF}(4,7) - t(4,7) = 17 - 6 = 11,$$
$$t_{LS}(6,7) = t_{LF}(6,7) - t(6,7) = 13;$$
$$t_{LF}(4,6) = t_{LS}(6,7) = 13,$$
$$t_{LS}(4,6) = t_{LF}(4,6) - t(4,6) = 13 - 4 = 9;$$
$$t_{LF}(2,5) = t_{LS}(5,7) = 13,$$
$$t_{LS}(2,5) = t_{LF}(2,5) - t(2,5) = 13 - 4 = 9;$$
$$t_{LF}(1,4) = t_{LF}(3,4) = \min\{t_{LS}(4,7), t_{LS}(4,6)\}$$
$$= \min\{11, 9\} = 9,$$
$$t_{LS}(1,4) = t_{LF}(1,4) - t(1,4) = 9 - 5 = 4,$$
$$t_{LS}(3,4) = t_{LF}(3,4) - t(3,4) = 9 - 2 = 7.$$
$$t_{LF}(1,3) = t_{LS}(3,4) = 7,$$
$$t_{LS}(1,3) = t_{LF}(1,3) - t(1,3) = 7 - 7 = 0;$$
$$t_{LF}(1,2) = t_{LS}(2,5) = 9,$$
$$t_{LS}(1,2) = t_{LF}(1,2) - t(1,2) = 9 - 2 = 7.$$

事项①是整个网络的初始事项, 以它为起点的有三个工序, 由此事项①的最迟实现时间为

$$\min\{t_{LS}(1,2), t_{LS}(1,4), t_{LS}(1,3)\} = 0.$$

由于任一事项 i (除去始点事项和终点事项) 既表示某些工序的开始又表示某些工序的结束, 所以从事项与工序的关系考虑, 用公式 (7.2.3) 和 (7.2.4) 求得的有

关工序的时间参数也可以通过事项时间参数公式 (7.2.1) 和 (7.2.2) 来计算, 如工序 (i,j) 的最早开始时 $t_{ES}(i,j)$ 等于事项 i 的最早时间 $t_E(i)$, 它的最迟结束时间等于事项 j 的最迟时间 $t_L(j)$.

3. 工序的时差

工序的时差又叫做工序的机动时间或富裕时间. 按性质可分为工序的总时差 $R(i,j)$ 和单时差 $r(i,j)$.

(1) 工序的总时差指在不影响总工期的条件下工序可以延迟其开工时间的最大幅度. 用下式表示:

$$R(i,j) = t_{LS}(i,j) - t_{ES}(i,j), \tag{7.2.5}$$

$$R(i,j) = t_{LF}(i,j) - t_{EF}(i,j), \tag{7.2.6}$$

即工序的总时差等于它的最迟结束时间与最早结束时间的差, 也等于该工序的最迟开始时间与最早开始时间的差.

总时差为零的工序为关键工序, 用计算总时差来确定关键路线和关键工序是常用的方法.

如例 7.2.1 中,

$$R(1,2) = t_{LS}(1,2) - t_{ES}(1,2) = 7 - 0 = 7,$$

$$R(3,4) = t_{LS}(3,4) - t_{ES}(3,4) = 7 - 7 = 0.$$

如图 7.2.5 所示.

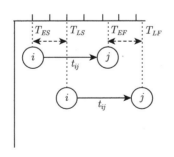

图 7.2.5 总时差示意图

(2) 工序的单时差是指不影响紧后工序最早开始时间的条件下, 此工序可以延迟其开工时间的最大幅度, 记为 $r(i,j)$.

计算公式为

$$r(i,j) = \min\{t_{ES}(j,k) - t_{EF}(i,j)\}, \tag{7.2.7}$$

即单时差等于其紧后工序的最早开始时间与本工序的最早结束时间之差.

总时差为零的工序, 开始和结束时间没有机动余地, 为关键工序, 由这些工序组成的路线在时间上也没有机动余地, 构成了整个工程耗时最长的路线即关键路线.

如例 7.2.1 中, 由 (7.2.7) 式,

$$r(1,2) = \min_{k>2}\{t_{ES}(2,k)\} - t_{EF}(1,2) = t_{ES}(2,5) - t_{EF}(1,2) = 2 - 2 = 0,$$

$$r(6,7) = \min_{k>7}\{t_{ES}(7,k)\} - t_{EF}(6,7)$$

$$= t_{ES}(7,8) - t_{EF}(6,7)$$

$$= \max\{t_{EF}(4,7), t_{EF}(5,7), t_{EF}(6,7)\} - t_{EF}(6,7)$$

$$= \max\{t_{EF}(4,7), t_{EF}(5,7), t_{EF}(6,7)\} - t_{EF}(6,7)$$

$$= \max\{15, 10, 17\} - 17 = 0,$$

其中工序 $(7,8)$ 是假想的.

4. 工序时间参数的两种计算方法

1) 图上计算法

直接在网络图上计算时间参数时一般只标出 $t_{ES}(i,j)$, $t_{LF}(i,j)$, $t(i,j)$, $R(i,j)$, 因为 $t_{EF}(i,j)$, $t_{LS}(i,j)$, $r(i,j)$ 等时间参数可以利用已标出的时间参数比较容易推算出来. 例如, 对于图 7.2.4 所示的网络图用图上计算法计算其时间参数如图 7.2.6.

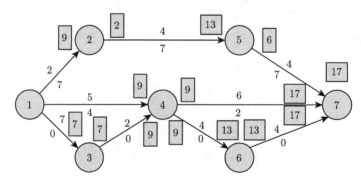

图 7.2.6　图上计算法

图中标记如图 7.2.7 所示.

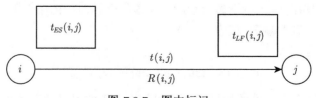

图 7.2.7　图中标记

图中在箭尾的数据为最早结束时间, 箭头的数据为最迟完工时间, 箭线上方的数据为工序时间, 箭线下方的数据为总时差.

图上计算法的优点是比较直观但缺点是图上数字标记太多不够清晰, 对于比较复杂的网络图通常利用表格法进行计算.

2) 表上计算法

网络图工序的时间参数也可以利用公式在形如表 7.2.1 的表格上进行.

表 **7.2.1** **时间参数表**

工序	$t(i,j)$	$t_{ES}(i,j)$	$t_{EF}(i,j)$	$t_{LS}(i,j)$	$t_{LF}(i,j)$	$R(i,j)$	$r(i,j)$
(1)	(2)	(3)	(4)	(5)	(6)	(7)	(8)
			(2)+(3)	(6)−(2)		(5)−(3)	

具体计算步骤:

(1) 按照网络图填写第一列和第二列 (只需要在图上观察, 不需要计算).

(2) 在第三列中计算各工序最早开始时间 $t_{ES}(i,j)$.

计算从上至下. 起始事项 $t_{ES}(1,j) = 0$; 紧前只有一道工序时, 工序最早开始时间 $t_{ES}(i,j)$ 等于紧前工序最早开始时间加工序时间, 即 (2)+(3); 紧前有几道工序时, 工序最早开始时间 $t_{ES}(i,j)$ 为紧前工序最早可能开始时间加工序时间的最大值, 即 $\max\{(2) + (3)\}$. 在表上找紧前工序时, 可以从本工序箭尾找符号相同的箭头.

(3) 在第四列中计算各工序最早开始时间 $t_{EF}(i,j)$, 它等于第二列和第三列上相应位置上的数字之和.

(4) 在第六列中计算各工序最迟结束时间 $t_{LF}(i,j)$.

从下至上. 将进入终点事项的各工序在第四列相应位置的数值较大者填入第六列; 紧后只有一道工序时, 工序的最迟结束时间 $t_{LF}(i,j)$ 等于紧后工序的最迟开始时间 $t_{LS}(i,j)$, 将其紧后工序在第五列相应位置的数值填入第六列; 紧后有几道工序时, 工序的最迟结束时间 $t_{LF}(i,j)$ 为紧后工序的最迟开始时间的最小值, 将其紧后工序在第五列相应位置的数值较小者填入第六列. 在表上找紧后工序时, 可以从本工序箭头找符号相同的箭尾.

(5) 在第五列中计算各工序最迟开始时间 $t_{LS}(i,j)$, 它等于第六列的数字减去第二列上相应位置上的数字.

(6) 在第七列中计算各工序的总时差 $R(i,j)$, 它等于第五列的数字减去第三列上相应位置上的数字.

(7) 在第八列中计算各工序的单时差 $r(i,j)$. 紧后只有一道工序时, 单时差 $r(i,j)$ 等于其紧后工序在第三列上的数值减去该工序在第四列上的数值; 紧后有几道工序时, 单时差 $r(i,j)$ 等于其紧后工序在第三列上的数值减去该工序在第四列上的数值所得差值的最小者; 对于进入终点事项的各工序, 则用该工序在第六列上的数值减去该工序在第四列上的数值填入第八列.

例如, 对于例 7.2.1 的网络图的时间参数, 利用表上计算法计算结果如表 7.2.2.

表 7.2.2　表上计算法

工序	$t(i,j)$	$t_{ES}(i,j)$	$t_{EF}(i,j)$	$t_{LS}(i,j)$	$t_{LF}(i,j)$	$R(i,j)$	$r(i,j)$
(1)	(2)	(3)	(4)	(5)	(6)	(7)	(8)
			(2)+(3)	(6)−(2)		(5)−(3)	
①→②	2	0	2	7	9	7	0
①→③	7	0	7	0	7	0	O
①→④	5	0	5	4	9	4	4
②→⑤	4	2	6	9	13	7	0
③→④	2	7	9	7	9	O	0
④→⑥	4	9	13	9	13	O	0
④→⑦	6	9	15	11	17	2	2
⑤→⑦	4	6	10	13	17	7	7
⑥→⑦	4	13	17	13	17	O	0

7.3　非肯定型网络

在关键路线法中, 各作业的时间估计有经验数据可循, 着重研究工程费用与工期的关系, 大部分应用于已经进行过的类似项目, 如建筑工程等. 对于研究和开发性项目, 各项作业时间估计无经验数据可循, 这时需应用计划协调技术, 它假定作业时间服从某种概率分布, 着重评审各作业的安排, 按期完成的概率. 通常情况下, 对完成一项工序可以给出三个时间上的估计值: 最乐观时间 (a), 最悲观时间 (b), 最可能时间 (m).

按最乐观时间去完成一道工序的概率很小, 按最悲观时间完成一道工序的概率也很小, 而按最可能时间完成一道工序的概率为最大. 那么是不是就用最可能时间作为完成一道工序的时间来计算呢? 不能, 因为概率最大的值并不一定是概率分布的期望值, 在实际计算中完成一道工序的期望时间 $Et(i,j)$ 是按以下经验公式来计算的:

$$Et(i,j) = \frac{a + 4m + b}{6},$$

均方差

$$\sigma_{Et}^2 = \left(\frac{b-a}{6}\right)^2.$$

华罗庚教授曾对上述计算结果的由来作了如下说明: 由实际工作情况表明, 工作进行时出现最顺利和最不利情况都比较少, 更多的是在最可能完成时间内完成, 工时的分布近似服从于正态分布. 假定 m 两倍于 a 的可能性, 加权平均得 (a, m) 之间的平均值为 $\dfrac{a+2m}{3}$; 同样, 假定 m 两倍于 b, 加权平均得 (b, m) 的平均值 $\dfrac{b+2m}{3}$. 如期望完成时间以 $\dfrac{a+2m}{3}, \dfrac{b+2m}{3}$ 的 $\dfrac{1}{2}$ 的可能性出现, 这两者的平均数为

$$Et(i,j) = \frac{1}{2}\left(\frac{a+2m}{3} + \frac{b+2m}{3}\right) = \frac{a+4m+b}{6},$$

$$\sigma_{Et}^2 = \frac{1}{2}\left[\left(\frac{a+4m+b}{6} - \frac{a+2m}{3}\right)^2 + \left(\frac{a+4m+b}{6} - \frac{b+2m}{3}\right)^2\right]$$

$$= \left(\frac{b-a}{6}\right)^2.$$

在一项工程中, 工程完工时间 (即工期) 等于各关键工序的时间之和, 若关键线路有 n 道工序, 则工程完工时间 T 可以看作服从正态分布, 其中正态分布的均值为

$$T_E = \sum_{i=1}^{n} \frac{a_i + 4m_i + b_i}{6},$$

方差

$$\sigma^2 = \sum_{i=1}^{m} \left(\frac{b_i - a_i}{6}\right)^2.$$

在已知 T_E 和 σ^2 的情况下, 我们可以计算出

(1) 工程完工时间出现的概率,

(2) 具有一定概率值的完工时间.

因为 T 服从以 T_E, σ^2 为参数的正态分布, 所以 $X = \dfrac{T - T_E}{\sigma} \sim N(0, 1)$.

因此, 上述两种情况的计算可以通过查标准正态分布表得以实现.

例 7.3.1 已知某工程由四道工序组成有关数据见表 7.3.1.

表 7.3.1 某工程各工序完工的时间

工序	a_i	m_i	b_i	$E_i(i,j)$
①→②	1	2	3	2
②→④	3	4	11	5
④→⑤	5	6	13	7
⑤→⑥	3	6	9	6

试求: (1) 工程 21 天完工和 19 天完工的概率;

(2) 工程完工时间的概率不小于 0.9 的完工时间.

解 (1) $T_E = \sum_{i=1}^{4} (a_i + 4m_i + b_i)/6 = 2 + 5 + 7 + 6 = 20$,

$$\sigma = \sqrt{\sum_{i=1}^{4} \left(\frac{b_i - a_i}{6} \right)^2} = \sqrt{\frac{1}{9} + \frac{16}{9} + \frac{16}{9} + 1} = \sqrt{\frac{42}{9}} \approx 2.16.$$

若要求 21 天完工, 则 $T = 21$. 所以 $X = \dfrac{T - T_E}{\sigma} = \dfrac{21 - 20}{2.16} \approx 0.46$. 查标准正态分布表知 $\varphi(0.46) = 0.68$, 即 21 天完工的概率为 0.68. 若 $T = 19$, 则

$$X = \frac{T - T_E}{\sigma} = \frac{19 - 20}{2.16} \approx -0.46.$$

查标准正态分布表知

$\varphi(-0.46) = 1 - \varphi(0.46) = 1 - 0.68 = 0.32$, 即 19 天完工的概率为 0.32.

(2) 由 $\varphi(x) = 0.9$ 查标准正态分布表, 知 $x = 1.3$, 从而可知

$$T = T_E + x\sigma = 20 + 1.3 \times 2.16 = 22.8(天) \approx 23(天).$$

即: 概率不小于 0.9 的完工时间为 23 天.

7.4 网络计划优化——关键路线法

通过绘制网络图, 计算网络时间参数, 以及确定关键路线, 得到的仅是一个初步计划方案. 为了得到一个从各方面都较好的方案, 一般一项工程或任务的网络计划, 往往要根据项目的要求综合考虑进度、资源利用和降低费用等目标, 进行调整和改善. 综合地考虑时间、资源和费用等目标, 进行网络优化, 确定最优的方案. 为了缩短计划完工时间, 就必须缩短关键活动作业时间, 这需要增加一笔费用 (直接费), 但同时可节省间接费以及获得其他好处. 关键路线模型研究在计划完成时间不迟于某个 T 时, 应加快哪些活动, 使增加的直接费最少, 同时还研究加快多少时间使总费用最少, 即求最低成本工期.

7.4.1 时间与费用的关系

工程所需时间与工程所需费用是一对矛盾. 一般情况下, 缩短一道工序时间, 就要采取一些措施, 如加班、增加设备等, 需要增加一定费用, 同时也会得到一些收益, 如节约了管理费用等. 要想缩短整个工程的工期, 必须从两方面考虑: 一方面要分析缩短工期所需代价; 另一方面要分析缩短工期带来得收益. 在一定条件下, 达到工程时间与工程费用的最佳结合是网络计划时间–费用优化工作的关键.

工程所需费用, 基本上分为两大部分:

直接费用——完成工序直接有关的费用, 如人力、机械、原材料等费用.

间接费用——管理费、设备租金等, 是根据各道工序时间按比例分摊的. 工序时间越少, 间接费用就越少; 反之, 工序时间越多, 间接费用就越多.

工程总费用就是直接费用与间接费用的总和, 即

$$W = U = V,$$

式中 W 为工程总费用, U 为直接费用, V 为间接费用.

工程费用与完工期之间的关系可用图 7.4.1 表示.

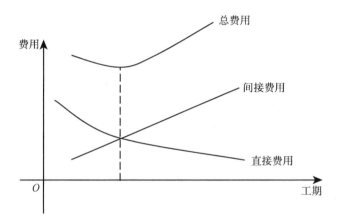

图 7.4.1 工程费用与完工期之间的关系图

为了简便起见, 假设工序的直接费用与工序时间是线性关系, 设工序 k 每赶一天进度所需要增加的费用为 $q(k)$, 则

$$q(k) = \frac{c-n}{n_t - c_t}, \tag{7.4.1}$$

式中 $q(k)$ 又称为费用斜率, c 为赶工所需费用, n 为正常完工所需费用, n_t 为正常完工所需时间, c_t 为赶工时间.

显然, 费用斜率越大的工序, 每缩短一天, 花的费用就越多. 在考虑缩短工程工期时, 当然是要缩短各关键工序中的某一道或某几道工序的工期, 而选择缩短哪道工序要以总费用最省为根据. 在赶进度完工时, 其总费用为

$$W = U_n + (c-n) + V, \tag{7.4.2}$$

式中 W 为总费用, U_n 为正常完工的直接费用, $c-n$ 为赶工增加的费用, V 为间接费用.

7.4.2　时间——费用优化

从图 7.4.1 中可直观看出, 在正常工期和最短工期 (缩短工期的最低限度, 也简称赶工时间) 之间, 存在着一个最优工期, 此时总费用最少. 这个时间称为最少工程费日程. 从关键路线入手, 找出最少工程费日程的方法, 就是关键路线法 (CPM).

在关键路线法中, 有如下一些假定:

(1) 资源无限制;

(2) 每一作业有一个不增加资源时的正常完成时间 (最长时间) 和增加资源后所能达到的最快完成时间 (最短时间);

(3) 费用与时间存在线性关系. 若存在非线性关系, 可用分段线性关系近似代替;

在压缩网络图时, 应按照以下原则进行:

(1) 压缩关键路线上费用增长率最小的工序时间, 达到以增加最少的费用来缩短工期;

(2) 在选择压缩某项工序的作业时间时, 既要满足供需费用–时间的变化限制, 又要考虑网络图中和该工序并列各工序时差数的限制, 而取这两个限制的最小值;

(3) 当网络图不断压缩出现数条关键路线时, 继续压缩工期, 需要同时缩短这数条线路, 仅缩短一条不会达到缩短工期的目的.

基本步骤:

(1) 选关键工序中成本斜率最低工序赶工, 确定可缩时间;

(2) 重新计算网络计划关键路线;

(3) 计算相应总费用.

例 7.4.1　已知某工程的网络图及有关资料如图 7.4.2 及表 7.4.1 所示. 试求该工程的最低成本工期.

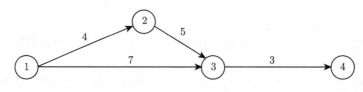

图 7.4.2　例 7.4.1 某工程的网络图

解　按表中资料可以计算, 该工程的正常作业时间为 12 天, 所需费用为

$$W = U_n + (c - n) + V = 4500 + 0 + 300 \times 12 = 8100(元).$$

表 7.4.1 例 7.4.1 某工程的相关资料

工序	正常情况下		采取措施以后		直接费用增长率/(百元/天)
	正常时间/天	工序的直接费用/百元	最短时间/天	工序的直接费用/百元	
①→②	4	12	2	20	4
①→③	7	15	3	19	1
②→③	5	8	2	14	2
③→④	3	10	1	18	4
间接费用	300 元/天				

分析关键路线①→②→③→④中以②→③的费用增长率最低, 每赶工一天增加 200 元, 故应缩短②→③的工序时间. 当②→③赶工 2 天后, ①→②→③→④和①→③→④需要的时间均为 10 天, 如图 7.4.3 所示.

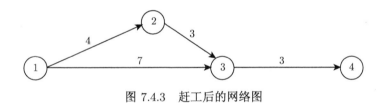

图 7.4.3 赶工后的网络图

该方案所需总费用为

$$W = U_n + (c - n) + V = 4500 + 200 \times 2 + 300 \times 10 = 7900 (\text{元}).$$

现在有两条关键路线, 如要缩短工期, 则有三种方式可供选择:
(1) 缩短③→④工序;
(2) 缩短①→③和①→②工序;
(3) 缩短①→③和②→③工序.
现分析赶工一天所需费用如表 7.4.2 所示.
可见, 以赶工①→③和②→③工序所需费用最低, 而②→③工序仅有一天可赶, 如图 7.4.4 所示.

表 7.4.2 赶工一天所需费用

赶工方式	赶工一天费用
③→④	4
①→③, ①→②	1+4=5
①→③, ②→③	1+2=3

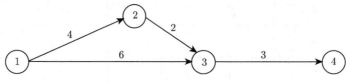

图 7.4.4 赶工后的网络图

该方案所需总费用为

$$W = U_n + (c - n) + V = 4500 + (100 + 200 \times 3) + 300 \times 9 = 7900(\text{元}).$$

经以上改善后, 以工序③ → ④赶工较经济, 可赶工 2 天, 如图 7.4.5 所示.

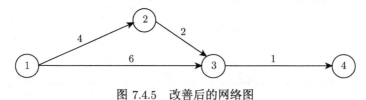

图 7.4.5 改善后的网络图

$$W = U_n + (c - n) + V = 4500 + (100 + 200 \times 3 + 400 \times 2) + 300 \times 7$$
$$= 8100(\text{元}).$$

此时费用增加了, 故该工程应以图 7.4.5 所示的工期 9 天完成为最优.

由以上例子可知, 随着工程完时间的缩短, 直接费用增加, 间接费用降低, 工程总费用是这两项费用的总和. 在不同的赶工方案中, 最低工程费用所对应的工程完工期就是最优计划方案.

复习思考题

7.1 解释下列概念.

1) 关键路线;

2) 紧前工序、紧后工序、虚工序;

3) 事项最早时间、最迟时间, 工序的最早开始、最早结束时间, 工序的最迟开始、最迟结束时间;

4) 工序的总时差、单时差.

7.2 网络图有哪些要素?

7.3 说明绘制网络图应注意哪些问题.

7.4 说明如何应用 CPM 法解决工程进度控制问题.

7.5 网络计划技术的基本原理是什么?

7.6 判断下列说法是否正确.

1) 箭线式网络图中结点的最迟开始时间等于最早开始时间;

2) 对于一项工程的费用而言, 工程成本费用可分为直接费用和间接费用;

3) 对于一项工程的费用而言, 直接费用随工期延长而增加;

4) 对于一项工程的费用而言, 直接费用占工程成本费用的绝大部分;

5) 对关键线路上的各项活动而言, 它们的时差为零;

6) 对关键线路上的各项活动而言, 每个活动的最早开始时间都等于各自的最迟开始时间.

习　题　7

7.1 指出图 7.x.1 所示网络图中的错误, 若能够改正, 请改正.

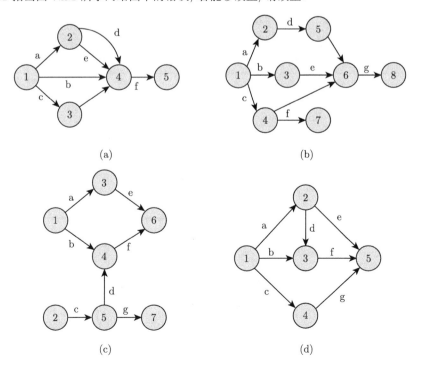

(a)　　　　　　　　　　　　(b)

(c)　　　　　　　　　　　　(d)

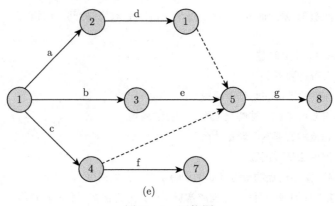

(e)

图 7.x.1   网络图

7.2 根据表 7.x.1 和表 7.x.2 作业明细表绘制网络图.

表 7.x.1   7.2 题的作业明细表 (a)

工序	紧前工序	紧后工序
a	—	b,c
b	a	d,e
c	a	e
d	b	f,g
e	b,c	f,g
f	d,e	—
g	d,e	—

表 7.x.2   7.2 题的作业明细表 (b)

工序	紧前工序
a	—
b	—
c	—
d	a,b
e	b
f	b
g	f,c
h	b
i	h,e
j	h,e
k	d,j,c,f
l	k
m	l,i,g

7.3 某工程项目网络计划如图 7.x.2 所示, 图中箭线下方为工序时间 (月). 试确定该工程的完工时间, 并按工序计算网络计划的时间参数, 确定出关键路线.

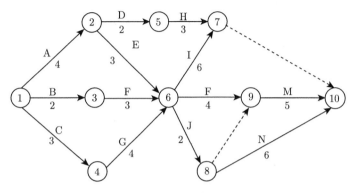

图 7.x.2　网络图

7.4 已知某计划项目的资料见表 7.x.3.

表 7.x.3　某工程各工序完工的时间

工序	紧前工序	需要天数		
		最乐观时间 (a)	最可能时间 (m)	最悲观时间 (b)
a	—	7	7	7
b	—	6	7	9
c	—	8	10	15
d	b,c	9	10	12
e	a	6	7	8
f	d,e	15	20	27
g	d,e	18	20	24
h	c	4	5	7
i	g,f	4	5	7
j	i,h	7	10	30

要求:

1) 计算完成这一计划项目需要的期望工期和方差;

2) 该计划项目在 60 天内完成的概率是多少?

7.5 已知有关资料见表 7.x.4.

表 7.x.4 明细表

工序	紧前工序	工序时间/天	工序	紧前工序	工序时间/天
a	g,m	3	g	b,c	2
b	h	4	h	—	5
c	—	7	i	a,l	2
d	l	3	k	f,i	1
e	c	5	l	b,c	7
f	a,e	5	m	c	3

要求: 1) 绘制网络图;

2) 计算各工序的最早开工、最早完工、最迟开工、最迟完工时间及总时差, 并指出关键工序;

3) 若要求工程完工时间缩短 2 天, 缩短哪些工序及缩短多少天为宜?

7.6 已知某项工程的作业明细表有关资料见表 7.x.5, 试计算最低成本日程.

表 7.x.5 明细表

工序	紧前工序	正常进度		赶工进度		每赶工一天所需费用
		工序时间/天	直接费用/元	工序时间/天	直接费用/元	
a	—	3	10	1	18	4
b	a	7	15	3	19	1
c	a	4	12	2	20	4
d	c	5	8	2	14	2

间接费用为每天 4.5 元

第 8 章

层次分析法

本章基本要求

1. 理解层次分析法的基本原理;
2. 掌握层次分析法建模的步骤;
3. 会用层次分析法解决实际问题.

日常生活中经常会遇到许多决策问题. 所谓决策, 就是人们为了达到一定目标, 依据一定的标准, 从若干可能的方案中选取最好方案的过程. 决策者面对各种各样的方案, 要进行比较、判断、评价、最后作出选择. 这个过程主观因素占有相当大的比重, 各种因素的影响很难量化, 从而给用数学方法解决问题带来不便. 美国运筹学家 T. L. Saaty 等人在 20 世纪 70 年代提出了一种能有效处理这类问题的实用方法——层次分析法.

层次分析法 (analytic hierarchy process, AHP) 是一种解决多目标复杂问题的定性和定量相结合的系统化的层次化的决策分析方法. 过去研究自然和社会现象主要有机理分析法和统计分析法两种方法, 前者用经典的数学工具分析现象的因果关系, 后者以随机数学为工具, 通过大量的观察数据寻求统计规律. 近年发展的系统分析是又一种方法, 而层次分析法是系统分析的数学工具之一.

层次分析法将定量分析与定性分析结合起来, 用决策者的经验判断各衡量目标能否实现的标准之间的相对重要程度, 并合理地给出每个决策方案的每个标准的权数, 利用权数求出各方案的优劣次序, 比较有效地应用于那些难以用定量方法解决的课题.

8.1　层次分析法的基本原理与步骤

人们在进行社会的、经济的以及科学管理领域问题的系统分析中, 面临的常常是一个由相互关联、相互制约的众多因素构成的复杂而往往缺少定量数据的系统. 层次分析法为这类问题的决策和排序提供了一种新的、简洁而实用的建模方法.

层次分析法根据问题的性质和要达到的总目标, 将问题分解为不同的组成因素, 并按照因素间的相互关联影响以及隶属关系将因素按不同层次聚集组合, 形成一个多层次的分析结构模型, 从而最终使问题归结为最低层 (供决策的方案、措施等) 相对于最高层 (总目标) 的相对重要权值的确定或相对优劣次序的排定.

运用层次分析法建模解决实际问题, 大体上可按下面四个步骤进行:

(i) 建立递阶层次结构模型;

(ii) 构造出各层次中的所有判断 (成对比较) 矩阵;

(iii) 层次单排序及一致性检验;

(iv) 层次总排序及一致性检验.

下面分别说明这四个步骤的实现过程.

8.1.1　递阶层次结构的建立与特点

应用 AHP 分析决策问题时, 首先要把问题条理化、层次化, 构造出一个有层次的结构模型. 在这个模型下, 复杂问题被分解为元素的组成部分. 这些元素又按其属性及关系形成若干层次. 上一层次的元素作为准则对下一层次有关元素起支配作用. 这些层次可以分为三类:

(1) 最高层: 这一层次中只有一个元素, 一般它是分析问题的预定目标或理想结果, 因此也称为目标层.

(2) 中间层: 这一层次中包含了为实现目标所涉及的中间环节, 它可以由若干个层次组成, 包括所需考虑的准则、子准则, 因此也称为准则层.

(3) 最底层: 这一层次包括了为实现目标可供选择的各种措施、决策方案等, 因此也称为措施层或方案层.

递阶层次结构中的层次数与问题的复杂程度及需要分析的详尽程度有关, 一般地, 层次数不受限制. 每一层次中各元素所支配的元素一般不要超过 9 个, 这是因为支配的元素过多会给两两比较判断带来困难.

下面结合一个实例来说明递阶层次结构的建立.

例 8.1.1　假期旅游有 P_1, P_2, P_3 3 个旅游胜地供你选择, 试确定一个最佳地点.

在此问题中, 你会根据诸如景色、费用、居住、饮食和旅途条件等一些准则去反复比较 3 个候选地点. 可以建立如下的层次结构模型 (图 8.1.1).

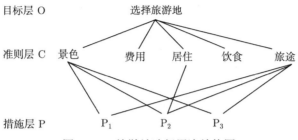

图 8.1.1   旅游地选择层次结构图

8.1.2   构造判断矩阵

层次结构反映了因素之间的关系, 但准则层中的各准则在目标衡量中所占的比例并不一定相同, 在决策者的心目中, 它们各占有一定的比例.

在确定影响某因素的诸因子在该因素中所占的比例时, 遇到的主要困难是这些比重常常不易定量化. 此外, 当影响某因素的因子较多, 直接考虑各因子对该因素有多大程度的影响时, 常常会考虑不周全、顾此失彼而使决策者提出与他实际认为的重要性程度不相一致的数据, 甚至有可能提出一组隐含矛盾的数据. 为看清这一点, 可作如下假设: 将一块重为 1 千克的石块砸成 n 小块, 你可以精确称出它们的重量, 设为 $w_1, \cdots, w_n$. 现在, 请人估计这 n 小块的重量占总重量的比例 (不能让他知道各小石块的重量), 此人不仅很难给出精确的比值, 而且完全可能因顾此失彼而提供彼此矛盾的数据.

设现在要比较 n 个因子 X $= \{x_1, \cdots, x_n\}$ 对某因素 Z 的影响大小, 怎样比较才能提供可信的数据呢? Saaty 等人建议可以采取对因子进行两两比较建立成对比较矩阵的办法, 即每次取两个因子 x_i 和 x_j, 以 a_{ij} 表示 x_i 和 x_j 对 Z 的影响大小之比, 全部比较结果用矩阵 $A = (a_{ij})_{n \times n}$ 表示, 称 A 为 Z—X 的成对比较判断矩阵 (简称判断矩阵). 容易看出, 若 x_i 与 x_j 对 Z 的影响之比为 a_{ij}, 则 x_j 与 x_i 对 Z 的影响之比应为 $a_{ji} = \dfrac{1}{a_{ij}}$.

定义 8.1.1   若矩阵 $A = (a_{ij})_{n \times n}$ 满足

(i) $a_{ij} > 0$,

(ii) $a_{ji} = \dfrac{1}{a_{ij}} (i, j = 1, 2, \cdots, n)$,

则称之为正互反矩阵 (易见 $a_{ii} = 1, i = 1, \cdots, n$).

关于如何确定 a_{ij} 的值, Saaty 等建议引用数字 1～9 及其倒数作为标度. 表 8.1.1 列出了 1～9 标度的含义.

　　从心理学观点来看, 分级太多会超越人们的判断能力, 既增加了作判断的难度, 又容易因此而提供虚假数据. Saaty 等人还用实验方法比较了在各种不同标度下人们判断结果的正确性, 实验结果也表明, 采用 1~9 标度最为合适.

表 8.1.1　1~9 标度表

标度	含义
1	表示两个因素相比, 具有相同重要性
3	表示两个因素相比, 前者比后者稍重要
5	表示两个因素相比, 前者比后者明显重要
7	表示两个因素相比, 前者比后者强烈重要
9	表示两个因素相比, 前者比后者极端重要
2, 4, 6, 8	表示上述相邻判断的中间值
倒数	若因素 i 与因素 j 的重要性之比为 a_{ij}, 那么因素 j 与因素 i 重要性之比为 $a_{ji} = \dfrac{1}{a_{ij}}$

　　最后, 应该指出, 一般地作 $\dfrac{n(n-1)}{2}$ 次两两判断是必要的. 有人认为把所有元素都和某个元素比较, 即只作 $n-1$ 个比较就可以了. 这种作法的弊病在于, 任何一个判断的失误均可导致不合理的排序, 而个别判断的失误对于难以定量的系统往往是难以避免的. 进行 $\dfrac{n(n-1)}{2}$ 次比较可以提供更多的信息, 通过各种不同角度的反复比较, 从而导出一个合理的排序.

8.1.3　层次单排序及一致性检验

　　层次单排序　确定下层各因素对上层某因素影响程度的过程. 用权值表示影响程度, 先从一个简单的例子看如何确定权值.

　　例如, 一块石头重量记为 1, 打碎分成 n 个小块, 各小块的重量 $w_1, w_2, \cdots, w_n$, 则可得判断矩阵

$$A = \begin{pmatrix} 1 & \dfrac{w_1}{w_2} & \cdots & \dfrac{w_1}{w_n} \\ \dfrac{w_2}{w_1} & 1 & \cdots & \dfrac{w_2}{w_n} \\ \vdots & \vdots & & \vdots \\ \dfrac{w_n}{w_1} & \dfrac{w_n}{w_2} & \cdots & 1 \end{pmatrix},$$

从矩阵可以看出: $\dfrac{w_i}{w_j} = \dfrac{w_i}{w_k} \cdot \dfrac{w_k}{w_j}$. 即

$$a_{ij}a_{jk} = a_{ik}, \quad \forall i, j, k = 1, 2, \cdots, n. \tag{8.1.1}$$

　　定义 8.1.2　满足关系式 (8.1.1) 的正互反矩阵称为一致矩阵.

一致矩阵具有以下性质.

定理 8.1.1 若 A 为一致矩阵, 则

(i) A 必为正互反矩阵;

(ii) A 的转置矩阵 A^{T} 也是一致矩阵;

(iii) A 的任意两行成比例, 比例因子大于零, 从而 $\mathrm{rank}(A) = 1$(同样, A 的任意两列也成比例);

(iv) A 的最大特征值 $\lambda_{\max} = n$, 其中 n 为矩阵 A 的阶. A 的其余特征根均为零;

(v) 若 A 的最大特征值 $\lambda_{\max}$ 对应的特征向量为 $W = (w_1, \cdots, w_n)^{\mathrm{T}}$, 则 $a_{ij} = \dfrac{w_i}{w_j}, \forall i, j = 1, 2, \cdots, n$, 即

$$
A = \left(
\begin{array}{cccc}
\dfrac{w_1}{w_1} & \dfrac{w_1}{w_2} & \cdots & \dfrac{w_1}{w_n} \\
\dfrac{w_2}{w_1} & \dfrac{w_2}{w_2} & \cdots & \dfrac{w_2}{w_n} \\
\vdots & \vdots & & \vdots \\
\dfrac{w_n}{w_1} & \dfrac{w_n}{w_2} & \cdots & \dfrac{w_n}{w_n}
\end{array}
\right).
$$

也就是说: A 的任一列 (行) 都是对应于特征根 n 的特征向量. 若判断矩阵是一致阵, 则我们自然会取对应于最大特征根 n 的归一化特征向量 $\{w_1, w_2, \cdots, w_n\}$, 且 $\sum\limits_{i=1}^{n} w_i = 1$. w_i 表示下层第 i 个因素对上层某因素影响程度的权值.

若判断矩阵不是一致阵, 但在不一致的容许范围内, **Saaty** 等人建议用其最大特征根对应的归一化特征向量作为权向量 w, 则 $Aw = \lambda w, w = \{w_1, w_2, \cdots, w_n\}$. 这样确定权向量的方法称为特征根法.

定理 8.1.2 n 阶判断矩阵 A 为一致矩阵当且仅当其最大特征根 $\lambda_{\max} = n$, 且当正互反矩阵 A 非一致时, 必有 $\lambda_{\max} > n$.

根据定理 8.1.2, 我们可以由 $\lambda_{\max}$ 是否等于 n 来检验判断矩阵 A 是否为一致矩阵. 由于特征根连续地依赖于 a_{ij}, 则 $\lambda_{\max}$ 比 n 大得越多, A 的不一致性越严重. 用最大特征值对应的特征向量作为被比较因素对上层某因素影响程度的权向量, 其不一致程度越大, 引起的判断误差越大. 因而可以用 $\lambda_{\max} - n$ 数值的大小来衡量 A 的不一致程度.

通常, 对判断矩阵的一致性检验的步骤如下:

(i) 计算一致性指标 CI:

$$
\mathrm{CI} = \frac{\lambda_{\max} - n}{n - 1}.
$$

(ii) 查找相应的平均随机一致性指标 RI. 对 $n = 1, \cdots, 9$, Saaty 给出了 RI 的值, 如表 8.1.2 所示.

表 8.1.2　RI 的值

n	1	2	3	4	5	6	7	8	9
RI	0	0	0.58	0.90	1.12	1.24	1.32	1.41	1.45

RI 的值是这样得到的, 用随机方法构造 500 个样本矩阵 $A_1, A_2, \cdots, A_{500}$, 则可得一致性指标 $\mathrm{CI}_1, \mathrm{CI}_2, \cdots, \mathrm{CI}_{500}$,

$$\mathrm{RI} = \frac{\mathrm{CI}_1 + \mathrm{CI}_2 + \cdots + \mathrm{CI}_{500}}{500} = \frac{\dfrac{\lambda_1 + \lambda_2 + \cdots + \lambda_{500}}{500} - n}{n-1}.$$

(iii) 计算一致性比例 CR:

$$\mathrm{CR} = \frac{\mathrm{CI}}{\mathrm{RI}}.$$

当 $\mathrm{CR} < 0.10$ 时, 认为判断矩阵的一致性是可以接受的, 否则应对判断矩阵作适当修正.

对于判断矩阵的最大特征根和相应的特征向量, 可利用一般线性代数的方法进行计算, 但从实用的角度来看, 一般采用近似方法计算, 主要有方根法与和积法.

1. 方根法

(1) 计算 $\bar{w}_i$. 其中

$$\bar{w}_i = \sqrt[n]{\prod_{j=1}^{n} a_{ij}} \quad (i = 1, \cdots, n). \tag{8.1.2}$$

(2) 将 $\bar{w}_i$ 规范化, 得到 w_i:

$$w_i = \frac{\bar{w}_i}{\displaystyle\sum_{i=1}^{n} \bar{w}_i} \quad (i = 1, 2, \cdots, n), \tag{8.1.3}$$

w_i 即特征向量 W 的第 i 个分量.

(3) 求 $\lambda_{\max}$:

$$\lambda_{\max} = \sum_{i=1}^{n} \frac{\displaystyle\sum_{j=1}^{n} a_{ij} w_j}{n w_i}. \tag{8.1.4}$$

2. 和积法

(1) 按列将 A 规范化, 有

$$\bar{b}_{ij} = a_{ij} - \sum_{k=1}^{n} a_{kj}. \tag{8.1.5}$$

(2) 计算 $\bar{w}_i$:

$$\bar{w}_i = \sum_{j=1}^{n} \bar{b}_{ij}(i = 1, \cdots, n). \tag{8.1.6}$$

(3) 将 $\bar{w}_i$ 规范化得到 w_i:

$$w_i = \frac{\bar{w}_i}{\sum_{i=1}^{n} \bar{w}_i}, \tag{8.1.7}$$

w_i 即特征向量 W 的第 i 个分量.

(4) 计算

$$\lambda_{\max} = \sum_{i=1}^{n} \frac{\sum_{j=1}^{n} a_{ij}w_j}{nw_i}. \tag{8.1.8}$$

8.1.4 层次总排序及一致性检验

上面我们得到的是一组元素对其上一层中某元素的权重向量. 我们最终要得到各元素, 特别是最低层中各方案对于目标的排序权重, 从而进行方案选择. 确定某层所有因素对于总目标相对重要性的排序权值过程, 称为层次总排序.

总排序权重要自上而下地将单准则下的权重进行合成.

设上一层次 (A 层) 包含 $A_1, \cdots, A_m$ 共 m 个因素, 它们的层次总排序权重分别为 $a_1, \cdots, a_m$. 又设其后的下一层次 (B 层) 包含 n 个因素 $B_1, \cdots, B_n$, 它们关于 A_j 的层次单排序权重分别为 $b_{1j}, \cdots, b_{nj}$(当 B_i 与 A_j 无关联时, $b_{ij} = 0$). 现求 B 层中各因素关于总目标的权重, 即求 B 层各因素的层次总排序权重 $b_1, \cdots, b_n$, 计算按表 8.1.3 所示方式进行, 即 $b_i = \sum_{j=1}^{m} b_{ij}a_j, i = 1, \cdots, n$.

表 8.1.3　B 层各因素的层次总排序权重计算表

B 层 ＼ A 层	A_1 a_1	A_2 a_2	$\cdots$	A_m a_m	B 层总排序权值
B_1	b_{11}	b_{12}	$\cdots$	b_{1m}	$\sum_{j=1}^{m} b_{1j}a_j$
B_2	b_{21}	b_{22}	$\cdots$	b_{2m}	$\sum_{j=1}^{m} b_{2j}a_j$
$\vdots$	$\vdots$	$\vdots$		$\vdots$	$\vdots$
B_n	b_{n1}	b_{n2}	$\cdots$	b_{nm}	$\sum_{j=1}^{m} b_{nj}a_j$

对层次总排序也需作一致性检验, 检验仍像层次总排序那样由高层到低层逐层进行. 这是因为虽然各层次均已经过层次单排序的一致性检验, 各判断矩阵都已具有较为满意的一致性. 但当综合考察时, 各层次的非一致性仍有可能积累起来, 引起最终分析结果较严重的非一致性.

设 B 层中与 A_j 相关的因素的成对比较判断矩阵在单排序中经一致性检验, 求得单排序一致性指标为 $\text{CI}(j)(j = 1, \cdots, m)$, 相应的平均随机一致性指标为 $\text{RI}(j)$ ($\text{CI}(j), \text{RI}(j)$ 已在层次单排序时求得), 则 B 层总排序随机一致性比例为

$$\text{CR} = \frac{\sum_{j=1}^{m} \text{CI}(j)a_j}{\sum_{j=1}^{m} \text{RI}(j)a_j}.$$

当 CR < 0.10 时, 认为层次总排序结果具有较满意的一致性并接受该分析结果.

8.1.5 层次分析法的基本步骤

1. 建立层次结构模型

该结构图包括目标层、准则层、方案层.

2. 构造判断矩阵

从第二层开始用成对比较矩阵和 1~9 尺度.

3. 计算单排序权向量并做一致性检验

对每个判断矩阵计算最大特征值及其对应的特征向量, 利用一致性指标、随机一致性指标和一致性比率做一致性检验. 若检验通过, 特征向量 (归一化后) 即为权向量; 若不通过, 需要重新构造判断矩阵.

4. 计算总排序权向量并做一致性检验

计算最下层对最上层总排序的权向量. 利用总排序一致性比率

$$\text{CR} = \frac{a_1\text{CI}_1 + a_2\text{CI}_2 + \cdots + a_m\text{CI}_m}{a_1\text{RI}_1 + a_2\text{RI}_2 + \cdots + a_m\text{RI}_m}, \quad \text{CR} < 0.1$$

进行检验. 若通过, 则可按照总排序权向量表示的结果进行决策, 否则需要重新考虑模型或重新构造那些一致性比率较大的判断矩阵.

8.2 层次分析法的应用

在应用层次分析法研究问题时, 遇到的主要困难有两个: ①如何根据实际情况

抽象出较为贴切的层次结构; ②如何将某些定性的量作比较接近实际定量化处理. 层次分析法对人们的思维过程进行了加工整理, 提出了一套系统分析问题的方法, 为科学管理和决策提供了较有说服力的依据. 但层次分析法也有其局限性, 主要表现在: ①它在很大程度上依赖于人们的经验, 主观因素的影响很大, 它至多只能排除思维过程中的严重非一致性, 却无法排除决策者个人可能存在的严重片面性. ② 比较、判断过程较为粗糙, 不能用于精度要求较高的决策问题. AHP 至多只能算是一种半定量 (或定性与定量结合) 的方法.

AHP 方法经过几十年的发展, 许多学者针对 AHP 的缺点进行了改进和完善, 形成了一些新理论和新方法, 像群组决策、模糊决策和反馈系统理论近几年成为该领域的一个新热点.

在应用层次分析法时, 建立层次结构模型是十分关键的一步. 现再分析一个实例, 以便说明如何从实际问题中抽象出相应的层次结构.

例 8.2.1   某单位拟从 3 名干部中选拔一人担任领导职务, 选拔的标准有政策水平、工作作风、业务知识、口才、写作能力和健康状况. 下面用 AHP 方法对 3 人综合评估、量化排序.

解   (1) 建立层次结构模型 (图 8.2.1).

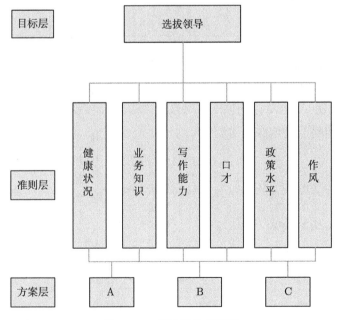

图 8.2.1   层次结构模型图

(2) 构造判断矩阵及层次单排序.

把这 6 个标准进行成对比较后, 得到判断矩阵 A.

由表 8.2.1 可知

$$
A = \begin{pmatrix}
1 & 1 & 1 & 4 & 1 & \dfrac{1}{2} \\
1 & 1 & 2 & 4 & 1 & \dfrac{1}{2} \\
1 & \dfrac{1}{2} & 1 & 5 & 3 & \dfrac{1}{2} \\
\dfrac{1}{4} & \dfrac{1}{4} & \dfrac{1}{5} & 1 & \dfrac{1}{3} & \dfrac{1}{3} \\
1 & 1 & \dfrac{1}{3} & 3 & 1 & 1 \\
2 & 2 & 2 & 3 & 1 & 1
\end{pmatrix}.
$$

表 8.2.1 判断矩阵表

目标	健康状况	业务知识	写作能力	口才	政策水平	工作作风
健康状况	1	1	1	4	1	$\dfrac{1}{2}$
业务知识	1	1	2	4	1	$\dfrac{1}{2}$
写作能力	1	$\dfrac{1}{2}$	1	5	3	$\dfrac{1}{2}$
口才	$\dfrac{1}{4}$	$\dfrac{1}{4}$	$\dfrac{1}{5}$	1	$\dfrac{1}{3}$	$\dfrac{1}{3}$
政策水平	1	1	$\dfrac{1}{3}$	3	1	1
作风	2	2	2	3	1	1

矩阵 A 表明, 这个单位选拔干部时最重视作风, 而最不重视口才. A 的最大特征值为 6.35, 相应的特征向量为

$$
B_2 = (0.16, 0.19, 0.19, 0.05, 0.12, 0.30)^{\mathrm{T}}.
$$

一致性指标 $\mathrm{CI} = \dfrac{6.35 - 6}{6 - 1} = 0.07$, 随机一致性指标 $\mathrm{RI} = 1.24$, 一致性比率 $\mathrm{CR} = \dfrac{0.07}{1.24} = 0.0565 < 0.1$, 通过一致性检验.

具体计算过程如下:

$$
\bar{w}_1 = \sqrt[6]{2} = 1.123, \quad \bar{w}_2 = \sqrt[6]{4} = 1.261,
$$
$$
\bar{w}_3 = \sqrt[6]{\dfrac{15}{4}} = 1.246, \quad \bar{w}_4 = \sqrt[6]{\dfrac{1}{720}} = 0.334,
$$
$$
\bar{w}_5 = 1, \quad \bar{w}_6 = \sqrt[6]{24} = 1.698, \quad \sum_{i=1}^{6} \bar{w}_i = 6.662.
$$

所以

$$w_1 = 0.169, \quad w_2 = 0.189, \quad w_3 = 0.187,$$
$$w_4 = 0.050, \quad w_5 = 0.150, \quad w_6 = 0.255.$$

又

$$\sum_{j=1}^{6} a_{1j}w_j = 0.169 + 0.189 + 0.187 + 4 \times 0.050 + 0.150 + 0.255 \times \frac{1}{2} = 1.007.$$

$$\sum_{j=1}^{6} a_{2j}w_j = 0.169 + 0.189 + 2 \times 0.187 + 4 \times 0.050 + 1 \times 0.150 + \frac{1}{2} \times 0.255 = 1.209.$$

同理

$$\sum_{j=1}^{6} a_{3j}w_j = 1.278, \quad \sum_{j=1}^{6} a_{4j}w_j = 0.3119,$$
$$\sum_{j=1}^{6} a_{5j}w_j = 0.975, \quad \sum_{j=1}^{6} a_{6j}w_j = 1.645.$$

所以

$$\lambda_{\max} = \sum_{i=1}^{6} \frac{\sum_{j=1}^{6} a_{1j}w_j}{6w_j} = 6.35.$$

类似地, 可用特征向量法求 3 个干部相对于上述 6 个标准中每一个的权系数, 用 A, B, C 表示 3 个干部, 假设 3 人关于 6 个标准的判断矩阵为

健康情况

$$\begin{array}{c} \quad\ A \quad\ B \quad\ C \\ \begin{array}{c} A \\ B \\ C \end{array} \begin{pmatrix} 1 & \frac{1}{4} & \frac{1}{2} \\ 4 & 1 & 3 \\ 2 & \frac{1}{3} & 1 \end{pmatrix} \end{array}$$

业务知识

$$\begin{array}{c} \quad\ A \quad\ B \\ \begin{array}{c} A \\ B \\ C \end{array} \begin{pmatrix} 1 & \frac{1}{4} & \frac{1}{5} \\ 4 & 1 & \frac{1}{2} \\ 5 & 2 & 1 \end{pmatrix} \end{array}$$

写作能力

$$\begin{array}{c} \quad\ A \quad\ B \quad\ C \\ \begin{array}{c} A \\ B \\ C \end{array} \begin{pmatrix} 1 & 3 & \frac{1}{3} \\ \frac{1}{3} & 1 & 1 \\ 3 & 1 & 1 \end{pmatrix} \end{array}$$

口才

$$\begin{pmatrix} 1 & \frac{1}{3} & 5 \\ 3 & 1 & 7 \\ \frac{1}{5} & \frac{1}{7} & 1 \end{pmatrix}$$

政策水平

$$\begin{pmatrix} 1 & 1 & 7 \\ 1 & 1 & 7 \\ \frac{1}{7} & \frac{1}{7} & 1 \end{pmatrix}$$

工作作风

$$\begin{pmatrix} 1 & 7 & 9 \\ \frac{1}{7} & 1 & 5 \\ \frac{1}{9} & \frac{1}{5} & 1 \end{pmatrix}$$

由此可求得各属性的最大特征值 (表 8.2.2) 和相应特征向量按列组成的矩阵 B_3.

表 8.2.2 各属性的最大特征值

	健康水平	业务知识	写作能力	口才	政策水平	工作作风
$\lambda_{\max}$	3.02	3.02	3.56	3.05	3.00	3.21

$$
B_3 = \begin{matrix} A \\ B \\ C \end{matrix} \begin{pmatrix} 0.14 & 0.10 & 0.32 & 0.28 & 0.47 & 0.77 \\ 0.63 & 0.33 & 0.22 & 0.65 & 0.47 & 0.17 \\ 0.24 & 0.57 & 0.46 & 0.07 & 0.07 & 0.05 \end{pmatrix}
$$

均通过一致性检验.

(3) 层次总排序

$$
W^3 = B_3 B_2 = \begin{pmatrix} 0.14 & 0.10 & 0.32 & 0.28 & 0.47 & 0.77 \\ 0.63 & 0.33 & 0.22 & 0.65 & 0.47 & 0.17 \\ 0.24 & 0.57 & 0.46 & 0.07 & 0.07 & 0.05 \end{pmatrix} \begin{pmatrix} 0.16 \\ 0.19 \\ 0.19 \\ 0.05 \\ 0.12 \\ 0.30 \end{pmatrix}
$$

$$
= (0.40, 0.34, 0.26)^{\mathrm{T}},
$$

即在 3 人中应选拔 A 担任领导职务.

复习思考题

8.1 叙述层次分析法的特点.

8.2 叙述层次分析法的基本步骤.

8.3 说明填写判断矩阵的方法.

8.4 若发现一成对比较判断矩阵 A 的非一致性较为严重, 应如何寻找引起非一致性的元素?

8.5 说明应用层次分析法的注意事项.

习 题 8

8.1 计算下列判断矩阵中各要素的权重, 并对判断矩阵进行一致性检验.

$$
1)\ A = \begin{pmatrix} 1 & \dfrac{1}{4} & \dfrac{1}{7} \\ 4 & 1 & \dfrac{1}{2} \\ 7 & 2 & 1 \end{pmatrix}; \qquad 2)\ A = \begin{pmatrix} 1 & 5 & 2 & 4 \\ \dfrac{1}{5} & 1 & \dfrac{1}{2} & \dfrac{1}{2} \\ \dfrac{1}{2} & 2 & 1 & 2 \\ \dfrac{1}{4} & 2 & \dfrac{1}{2} & 1 \end{pmatrix}.
$$

8.2 某公司到人才市场招聘一名地区销售经理. 根据业务需要拟考核应聘人员的外语 (F)、计算机 (C) 和从事销售的知识经验 (M). 经两轮筛选, 初步选定甲、乙、丙三名候选人. 根据招聘目标, 对 F, C, M 三个要素两两比较的判断矩阵, 以及对三名候选人用三个要素衡量时的判断矩阵分别见表 8.x.1 至表 8.x.4. 试应用 AHP 方法帮助该公司确定一名比较理想的销售经理.

表 8.x.1

目标	F	C	M
F	1	3	4
C	$\frac{1}{3}$	1	3
M	$\frac{1}{4}$	$\frac{1}{3}$	1

表 8.x.2

F	甲	乙	丙
甲	1	4	2
乙	$\frac{1}{4}$	1	$\frac{1}{3}$
丙	$\frac{1}{2}$	3	1

表 8.x.3

C	甲	乙	丙
甲	1	$\frac{1}{2}$	$\frac{1}{4}$
乙	2	1	$\frac{1}{3}$
丙	4	3	1

表 8.x.4

M	甲	乙	丙
甲	1	$\frac{1}{2}$	$\frac{1}{3}$
乙	2	1	$\frac{1}{3}$
丙	3	3	1

第 9 章

决 策 分 析

本章基本要求

1. 理解决策分析法的基本原理;
2. 掌握决策分析法建模的步骤;
3. 会用决策分析法解决实际问题.

9.1 决策的基本概念

9.1.1 决策的概念

"决策" 一词简单来说就是做出决定, 它是人们在工作和生活中的一种综合活动, 是为了达到特定的目标, 运用科学的理论方法, 分析主客观条件后, 提出各种不同的方案, 并从中选择最优方案的一种过程.

虽然决策以完整的理论作为管理科学的一个重要部分, 还仅仅是四十年来的事, 然而, 它在政治、经济、技术、经营管理等领域的作用是举足轻重的. 在一切失误中, 决策的失误是最大的失误. 诺贝尔经济学奖获得者著名经济学家西蒙 (H.Simon) 有一句名言 "管理就是决策", 这就是说管理的核心是决策. 西蒙教授曾说过: "决策包括三个步骤: 找出决策所需要的条件; 找出所有可能的行动方案; 从所有可行的方案中选择一个最优方案." 实际上, 决策论 (Decision Theory) 主要研究西蒙所说的最后一步, 即从所有可行方案中选择最优方案. 作为决策者, 在受到各种不同类型的不确定因素影响下的可行方案中, 如何选出最优方案; 在对待风险的态度上, 是敢于冒险还是偏于求稳; 对有助于正确决策的信息资源的价值如何评价等问题, 则正是我们在本章所要研究的主要问题.

9.1.2 决策的分类

从不同的角度出发可进行不同的决策分类.

1. 按照决策者所处的层次划分

按照决策者所处的层次划分, 可划分为高层、中层和基层决策. 高层决策, 是由上层领导所作的战略性决策. 战略决策是涉及全局性和长远利益的决策, 例如对一个企业来说, 厂址选择、新产品开发方向、企业的兼并重组等. 中层决策, 是由中层管理人员所作的管理性决策, 又称为策略决策. 策略决策是为了实现战略决策所规定的目标而进行的决策, 例如企业的产品规格的选择、工艺方案和设备的选择等. 基层决策则是由基层管理人员所作的技术性决策, 又称为执行决策, 例如生产中合格品标准的选择、日常生产调度等, 这类决策大多属于程序化决策.

2. 按照决策的结构划分

按照决策的结构划分, 可划分为程序化决策和非程序化决策两类. 程序化决策是指日常工作中经常重复出现的例行决策活动. 在处理这类决策问题时, 决策者不必每次都做出新的决策, 基本上可遵照例行程序来做出规定, 所以程序化决策又称为定型化决策. 所采用的现代方式和技术有运筹学和管理信息系统等. 与此相反, 非程序化决策一般是无章可循的, 不重复出现的决策活动, 处理这种决策问题, 需要决策者具有丰富的经验和创造性判断思维能力. 所采用的现代方式和技术有对决策者的培训以及人工智能、专家系统等.

3. 按照定量和定性划分

按照定量和定性划分, 可划分为定量决策和定性决策. 当描述决策对象的指标都可以量化时, 可用定量决策, 否则只能用定性决策. 总的趋势是尽可能把决策问题量化 (例如, 应用模糊数学等方法对问题进行定量化处理).

4. 按照决策的可靠程度划分

按照掌握的信息是否完全和可靠划分, 可划分为确定型、不确定型和随机型 (风险型) 决策. 确定型决策是指决策环境是完全确定的, 做出的选择的结果也是确定的; 不确定型决策是指决策者对将发生结果的有关信息一无所知, 只能凭决策者的主观倾向进行决策; 随机型决策是指决策的环境不是完全确定的, 而其发生的概率是已知的.

5. 按照决策过程的连续性划分

按照决策过程的连续性划分, 可划分为单项决策和序贯决策. 单项决策是指整个决策过程只做一次决策就得到结果; 序贯决策是指整个决策过程由一系列决策组成. 一般来说, 管理工作是由一系列决策组成的, 但其中几个关键环节的决策可分别看作单项决策.

6. 按照决策目标的数量划分

按照决策目标的数量划分, 可划分为单目标决策和多目标决策.

单目标决策: 决策的目标只有一个, 或者经过综合可形成单一目标. 例如决策目标为经济效益最大化.

多目标决策: 决策的目标有多个, 且不宜综合成单一目标. 例如决策目标为提高经济效益, 生产发展的可持续性, 自然资源的合理利用和环境保护等.

9.1.3 决策模型的基本要素

例 9.1.1   已知某企业选择生产方案的决策所需资料如表 9.1.1 所示, 从中选择最优策略 (表 9.1.2). 表中效益值的单位为万元.

表 9.1.1   生产方案选择相关资料表

自然状态S_j 效益值a_{ij} 概率p_j 策略d_i	S_1(产品销路好) $P(S_1) = 0.3$	S_2(产品销路一般) $P(S_2) = 0.5$	S_3(产品销路差) $P(S_3) = 0.2$
d_1 选甲方案	40	26	15
d_2 选乙方案	35	30	20
d_3 选丙方案	30	24	20

表 9.1.2   决策表

施工方案	S_1(施工期间下雨 天数$D < 10$) $P(S_1) = 0.2$	S_2(施工期间下雨 天数$10 \leqslant D < 20$) $P(S_2) = 0.5$	S_3(施工期间下雨 天数$20 \leqslant D < 30$) $P(S_3) = 0.2$	S_4(施工期间下雨 天数$D \geqslant 30$) $P(S_4) = 0.1$
d_1 选甲方案	40	70	30	35
d_2 选乙方案	95	75	65	40
d_3 选丙方案	80	45	90	35
d_4 选丙方案	60	50	65	45

从以上的例子可看出, 一般的决策模型都包括四个最基本的要素.

(1) 自然状态 S_j 是指研究对象、系统所处的各种可能的状态. 例如上例中产品销路的好、中、差都是自然状态, 这是决策者无法控制的因素. 假设共有 n 个可能的状态: $S_1, S_2, \cdots, S_n$, 则状态集合 S(也称为状态空间) 为

$$S = \{S_1, S_2, \cdots, S_n\}.$$

(2) 概率 p_j 是指各自然状态 S_j 发生的概率.

(3) 策略 d_i 是指决策者可采用的方案. 若所有可能的策略为 $d_1, d_2, \cdots, d_m$, 则策略集合 D(也称为策略空间) 为

$$D = \{d_1, d_2, \cdots, d_m\}.$$

(4) 益损值 a_{ij} 是指在不同的自然状态 S_j 下, 采取不同的策略 d_i 的收益或损失值 a_{ij}. 益损值 a_{ij} 是策略和自然状态的函数.

决策者根据以上几个基本要素, 按照一定的决策准则, 即可进行决策. 需要注意的是, 当决策的准则不同, 或者各自然状态发生的概率未知的情况下, 决策不仅取决于客观条件, 还与决策者的主观条件有关, 例如, 经济地位、价值观念、心理素质和对风险的态度等.

9.1.4 决策分析的特点

由于决策过程的复杂性, 决策分析具有自身的固有的一些特点, 现分述如下.

(1) 多目标: 复杂问题中, 决策者关心的目标很多, 这些目标有可能互相矛盾或冲突, 必须善于分析和处理, 包括必要的折中和调整.

(2) 时间延续性: 一些重要问题的决策, 影响深远往往延续若干年.

(3) 模糊性: 决策中往往具有一些模糊因素, 如 "很好、一般、较差".

(4) 不确定性: 各种情况的出现具有随机性.

(5) 信息样本的必要性: 通常要设法收集信息样本来帮助选定方案, 否则, 方案往往不可靠. 例如, 市场调查、预测的信息是制订生产计划的依据; 必要的地质资料是开采矿藏或修建铁路、公路的依据.

(6) 决策的动态性: 方案实施中 (后) 会有变化, 往往经过一段时间, 又需做出新决策, 强调另几个目标. 如某个时期强调地区的经济发展, 而后又开始重视环境因素、生态平衡. 因此, 决策时应尽可能对相关的影响, 决策可能带来的结果做出全面的分析.

9.2 风险型决策

9.2.1 最优期望益损值决策

由于已知各自然状态 S_j 发生的概率 p_j, 故当采用某一策略 d_i 时, 可算出相应期望益损值如下:

$$E(d_i) = \sum_{j=1}^{n} a_{ij} p_j \quad (i = 1, 2, \cdots, m),$$

式中 a_{ij} 是在自然状态 S_j 下, 采取策略 d_i 的收益或损失值.

计算后, 比较各策略的期望益损值, 以最大期望收益或最小期望损失值相对应的策略为选定策略, 这一准则即最优期望益损值决策准则.

如上节中例 9.1.1, 先计算出各方案的效益的期望值, 即

$$E(d_1) = 40 \times 0.3 + 26 \times 0.5 + 15 \times 0.2 = 28,$$

$$E(d_2) = 35 \times 0.3 + 30 \times 0.5 + 20 \times 0.2 = 29.5,$$

$$E(d_3) = 30 \times 0.3 + 24 \times 0.5 + 20 \times 0.2 = 25.$$

然后选择效益期望值最大的方案 d_2(最优方案).

最优期望益损值决策准则是建立在统计基础上的, 它可使大量重复决策得到最优的平均益损效果.

9.2.2　决策树法

决策树是一种树状图, 它实质上是期望益损值决策的另一种形式: 图形解法. 形象直观, 因此是决策分析最常使用的方法之一.

1. 决策树的构成要素

□ 表示决策节点, 从它引出的分枝叫做策略 (方案) 分枝, 分枝数反映可能采取的策略数, 决策者需要在此做出决策, 将选中方案的期望益损值标注在决策节点上方, 其余的方案要 "剪枝", 即在相应的方案分枝划上 "//";

○ 表示策略节点, 它位于策略 (方案) 分枝的末端, 从它引出的分枝叫做概率分枝, 每个分枝上面标注所处的自然状态及其出现的概率, 分枝数反映可能出现的自然状态数, 将该策略的期望益损值标注在策略节点上方 (状态枝);

△ 表示结果节点, 它位于概率分枝的末梢, 将每一策略在相应状态下的益损值标注在结果节点右方.

2. 单级决策

单级决策问题中只包括一次决策. 下面用决策树法求解 9.1 节中的例 9.1.1.

首先画出该问题的决策树, 并将已知数据标在上面, 见图 9.2.1. 决策树是由左向右依次绘出的, 然后, 再由右向左计算各策略节点的期望益损值, 标注在策略节点上方, 最后比较各策略的期望益损值, 按最优期望益损值决策准则选定最优方案, 将选中方案的期望益损值标注在决策节点上方 (单位: 万元).

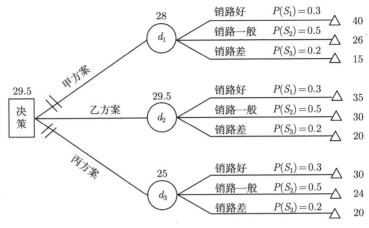

图 9.2.1 单级决策问题决策树

3. 多级决策

多级决策问题为包含两级或两级以上的决策.

例 9.2.1 某施工单位要承建一施工项目, 施工计划从 7 月 1 日开始, 到 7 月底完工. 天气预报在 7 月 16 日以后将出现中雨或大雨. 7 月 16 日以后天气可能的变化的概率及其对施工的影响如下:

天气较好的概率为 0.4, 这时工程可按时完工;

中雨天气的概率为 0.5, 这时工程将延迟 5 天完工;

大雨天气的概率为 0.1, 这时工程将延迟 10 天完工.

如果在 7 月 16 日前加班突击完成任务, 则每天需增加加班费 75 元; 如果在延迟 5 天内完工, 则每天将造成经济损失 400 元; 如果在延迟的第二个 5 天内完工, 则每天将造成经济损失 600 元; 如果在延迟内紧急加班, 则每天需增加紧急加班费 200 元.

因天气造成的额外支出估计如表 9.2.1 所示, 试用决策树法进行各方案的比较分析.

表 9.2.1 天气造成的额外支出估计表

延期	应急措施	概率	增加成本
第一个 5 天	节约 1 天	0.5	$4 \times 400 + 4 \times 200 = 2400$
	节约 2 天	0.3	$3 \times 400 + 3 \times 200 = 1800$
	节约 3 天	0.2	$2 \times 400 + 2 \times 200 = 1200$
第二个 5 天	节约 2 天	0.7	$(5 \times 400 + 3 \times 600) + 8 \times 200 = 5400$
	节约 3 天	0.2	$(5 \times 400 + 2 \times 600) + 7 \times 200 = 4600$
	节约 4 天	0.1	$(5 \times 400 + 1 \times 600) + 6 \times 200 = 3800$

解　增加成本 = 经济损失 + 紧急加班费.

(1) 绘制决策树如图 9.2.2 所示.

(2) 计算各策略节点的损失期望值并标在图上.

$$E(5) = 0.5 \times (-2400) + 0.3 \times (-1800) + 0.2 \times (-1200) = -1980(元).$$
$$E(6) = 0.7 \times (-5400) + 0.2 \times (-4600) + 0.1 \times (-3800) = -5080(元).$$
$$E(2) = 0.4 \times 0 + 0.5 \times (-1980) + 0.1 \times (-5000) = -1490(元).$$

(3) 选择最优方案. 由图可见, 采用在 7 月 16 日前加班突击方案增加成本最少, 此为最优方案.

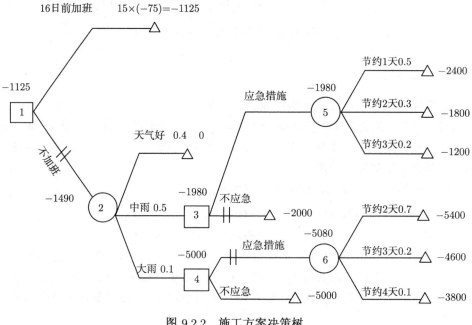

图 9.2.2　施工方案决策树

9.2.3　完全情报及其价值

正确的决策基于可靠的情报或信息. 能完全确定某一自然状态发生的情报称为完全情报. 否则, 称为不完全情报. 有了完全情报, 决策者可把风险型决策化为确定型决策.

由于获得完全情报非常困难, 实际上大多数情报属于不完全情报.

为了获取情报, 必须付出人力、物力等代价, 或者直接购买. 因此, 在获得完全情报之前, 必须先估计出该情报的价值. 完全情报的价值, 等于因获得这项情报使决策者期望收益增加的数值. 因此, 完全情报的价值给出了支付情报费用的上限.

例 9.2.2　考虑例 9.1.1 中的问题, 若支付 0.7 万元可买到关于产品销路好坏的完全情报, 问是否值得购买?

解　可这样考虑, 假如完全情报确定产品销路好, 就选策略 d_1, 可获 40 万元; 假如完全情报确定产品销路一般, 就选策略 d_2, 可获 30 万元; 假如完全情报确定产品销路差, 就选策略 d_3, 可获 20 万元. 该问题的决策树如图 9.2.3.

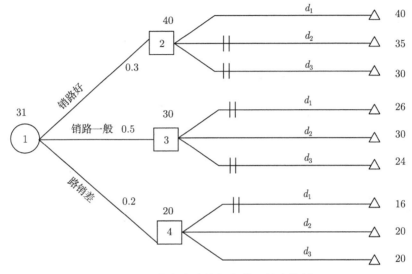

图 9.2.3　获取完全情报条件下的决策树

这时可根据各自然状态出现的概率计算出期望效益值:

$$0.3 \times 40 + 0.5 \times 30 + 0.2 \times 20 = 31.$$

由于得到完全情报使期望效益值增加了 $31-29.5 = 1.5$ (万元), 即该完全情报的价值为 1.5 万元. 因此, 支付 0.7 万元买关于产品销路好坏的完全情报是合算的.

9.3　不确定型决策

下面介绍几种不确定性问题的决策准则. 在不同情况下, 对于具有不同观点、不同价值观、不同态度及不同冒险精神的人, 可选用不同的准则.

9.3.1　等可能性准则

等可能性准则是 19 世纪的数学家 Laplace 提出的, 因此又叫做 Laplace 准则. 他认为一个人面对 n 种自然状态可能发生时, 如果没有确切理由说明这一自然状态比那一自然状态有更多的发生机会, 那么就只能认为它们是机会均等的, 即每一种自然状态发生的概率都是 $1/n$. 根据这一观点, 决策者可把一个不确定性问题转化成一个风险型决策问题, 然后按照风险型决策方法, 即最优期望益损值决策准则进行决策, 这里就不再赘述.

9.3.2 乐观准则

按照乐观 (max max) 准则决策时, 对客观状态的估计总是非常乐观的, 决策者不放弃任何一个可能获得最好结果的机会, 充满乐观、冒险精神.

决策方法如下:

首先从每一个方案中选取一个最大效益值, 再比较各方案的最大效益值, 从中选出最大值, 其对应的方案即为所选方案. 因此, 乐观准则又称为 "大中取大" 准则.

例 9.3.1   已知方案选择的有关数据如表 9.3.1 所示, 试以乐观准则确定最优方案.

表 9.3.1   方案选择的有关数据表

方案 \ 效益值 \ 状态	S_1	S_2	S_3
d_1	3	6	5
d_2	2	7	4
d_3	4	4	5
d_4	3	5	5

解   首先从 4 个方案中各选取一个最大效益值:

$$\max(3,6,5) = 6; \quad \max(2,7,4) = 7; \quad \max(4,4,5) = 5; \quad \max(3,5,5) = 5.$$

而其中的最大值为

$$\max(6,7,5,5) = 7.$$

故最优方案为 d_2.

按乐观准则决策, 实际上就是瞄准效益值中的最大者, 这当然不会轻易丧失获得最好结果的机会, 但未避免可能落入较坏的结局. 比如例题中, 选择 d_2, 若自然状态 S_1 发生, 则将落入最坏的结局.

9.3.3 悲观准则

按照悲观 (max min) 准则决策时, 决策者是非常谨慎保守的, 他总是从每个方案的最坏情况出发, 从各方案的最坏结果中选择一个相对最好的结果. 因此, 悲观准则又称为 max min 准则.

仍以表 9.3.1 中数据为例.

$$\min(3,6,5)=3; \quad \min(2,7,4)=2; \quad \min(4,4,5)=4; \quad \min(3,5,5)=3.$$

而其中的最大值为

$$\max(3,2,4,3)=4.$$

故最优方案为 d_3.

按照悲观准则决策, 可能丧失掉获得最好结果的机会, 但它能避免落入最坏的结局.

9.3.4 折中准则

所谓折中准则 (Hurwicz), 是指在乐观准则与悲观准则之间的折中. 用乐观系数 α 表示乐观的程度, 有 $0 \leqslant \alpha \leqslant 1$, 而 $1-\alpha$ 就是悲观系数, 它表示悲观的程度.

上例中, 令 $\alpha = 0.6$, 先求出每个方案 d_i 的折中效益值 H_i, 根据

$$H_i = \alpha \max_j(a_{ij}) + (1-\alpha) \min_j(a_{ij}) \quad (i=1,2,3,4)$$

可得

$$H_1 = 0.6 \times 6 + 0.4 \times 3 = 4.8,$$

$$H_2 = 0.6 \times 7 + 0.4 \times 2 = 5.0,$$

$$H_3 = 0.6 \times 5 + 0.4 \times 4 = 4.6,$$

$$H_4 = 0.6 \times 5 + 0.4 \times 3 = 4.2,$$

再从各方案的折中效益值中选一个最大值, 其相应方案即为所选方案:

$$\max(4.8, 5.0, 4.6, 4.2) = 5.0.$$

故最优方案为 d_2.

当乐观系数 α 取不同值时, 选择的方案可能不同. 当 α 为 1 时, 折中准则即成为乐观准则; 当 α 为 0 时, 折中准则成为悲观准则.

9.3.5 后悔值准则

后悔值 (min max) 准则又称为最小后悔值决策准则. 决策者做出决策之后, 若不够理想, 必有后悔之感. 后悔值准则就是把每一个自然状态 (每列) 对应的最大效益值视为理想目标, 把它与该状态下的其他效益值之差作为未达到理想目标的后悔值, 这样可列出一个后悔值表. 再把表中每行的最大值求出来, 这些最大值中的最小者所对应的方案即为所求. 和悲观准则类似, 按后悔值准则决策时, 决策者也是非常谨慎保守的.

表 9.3.1 所对应的后悔值表为表 9.3.2.

表 9.3.2   后悔值表

方案 \ 状态 后悔值	S_1	S_2	S_3	最大后悔值
d_1	1	1	0	1
d_2	2	0	1	2
d_3	0	3	0	3
d_4	1	2	0	2

因为各方案的最大后悔值的最小者为 1, 故选对应方案 d_1 为最优方案.

本节简要介绍了解决不确定性问题的五种准则. 当遇到不确定型决策问题时, 应采用哪种准则, 这取决于决策者的主观态度和经验等. 不同的考虑有可能做出不同的选择. 当然, 为使决策更为合理, 应尽可能对客观条件多作一些调查研究, 设法求得各种自然状态可能出现的概率或可能性, 以便应用风险决策方法进行决策, 使决策更为合理和符合实际.

复习思考题

9.1 叙述决策的分类及决策的程序.

9.2 叙述构成一个决策问题的几个因素.

9.3 简述确定型决策、风险型决策和不确定型决策之间的区别. 不确定型决策能否转化成风险型决策?

9.4 什么是决策矩阵? 收益矩阵、损失矩阵、风险矩阵、后悔值矩阵在含义方面有什么区别?

9.5 试述效用的概念及其在决策中的意义和作用.

9.6 什么是转折概率? 如何确定转折概率?

9.7 判断下列说法是否正确.

1) 不管决策问题如何变化, 一个人的效用曲线总是不变的.

2) 具有中间型效用曲线的决策者, 对收入的增长和对金钱的损失都不敏感.

3) 用 DP 方法处理资源分配问题时, 通常总是选阶段初资源的拥有量作为决策变量, 每个阶段资源的投放量作为状态变量.

习 题 9

9.1 某乡镇企业的产品供不应求, 市场的需要量大于目前企业的生产能力. 企业准备进行技术改造, 以扩大生产规模, 原来手工生产为主时, 全年固定费用 6 万元, 单位变动费用为 155 元, 每单位产品的销售价格为 175 元, 进行技术改造的企业采用自动化程度较高的流水生产线, 需投资 750 万元, 每年固定费用增加到 80 万元, 单位变动费用可降至 75 元, 面临变化的市场需求, 企业的决策应如何?

9.2 某机床厂 1994 年 3 月, 收集了铸工车间烘模外废铸件缺陷原因分类的数据: 因气孔缺陷造成的废铸件 31.75 吨, 砂孔造成的废铸件 12.32 吨, 尺寸不对造成的废铸件 3.79 吨, 试绘制排列图, 并填写烘模外废铸件缺陷统计表 (表 9.x.1).

表 9.x.1　烘模外废铸件缺陷统计表

序号	缺陷原因分类	频数	累计频数	频数/%	累计频数/%
1	气孔	31.75	31.75	66.34	66.34
2	砂孔	12.32	44.07	25.74	92.08
3	尺寸不对	3.79	47.86	7.92	100

9.3 某企业平均每天消耗钢材 2 吨, 每吨 2000 元, 每次订货费用 200 元, 存储费用每天每吨 5 元, 若该企业每年订货 2 次, 存储总费用是多少? 若订货 5 次, 存储总费用是多少? 经济订购批量是多少?

9.4 某企业准备生产某种产品, 预计该产品的销售有两种可能: 销路好, 概率为 0.7; 销路差, 概率为 0.3. 可采用的方案有两个: 一个是新建一条流水线, 需投资 220 万元; 另一个是对原有设备进行技术改造, 需投资 80 万元. 两个方案的使用期均为 10 年. 其损益资料如表 9.x.2 所示.

表 9.x.2　损益资料表　　　　　　　　　(单位: 万元)

方案	投资	每年增加收益		使用期
		销路好 (0.7)	销路差 (0.3)	
甲: 新建流水线	220	80	−30	10 年
乙: 技术改造	80	40	10	10 年

试用决策树方法选择最佳方案.

9.5 设某企业销售摩托车每辆售价 6000 元, 每辆摩托车变动费用 3800 元, 总固定成本 10 000 000 元.

1) 试求当企业处于盈亏平衡状态时的产量水平;

2) 若要实现目标利润 38 000 000 元, 试求销售量应达到多少? 并判断经营状况?

9.6 某公司拟建一罐头厂, 有三个方案, 对市场状况的概率估计及不同方案的损益值估计如表 9.x.3, 试用期望值法进行决策.

表 9.x.3 对市场状况的概率估计及不同方案的损益值估计表

销路状况, 概率	方案		
损益值/万元	建大厂	建中厂	建小厂
销路好 0.3	350	160	80
销路中 0.5	50	10	20
销路差 0.2	−160	−20	0

9.7 某企业生产一种新产品, 因缺资料, 对未来市场销路只能估计有好、中、差三种状态的可能性, 但无法估计其概率, 并备有三个方案, 新建车间、改建车间或部分零件与外协作生产. 各方案在不同销路下的损益值, 见表 9.x.4.

表 9.x.4 决策损益表 (乐观系数为 0.7)

状态损益方案	新建	改建	对外协作
销路好	8	6	4
销路中	3	5	2
销路差	−2	−1	1

试分别用乐观准则、悲观准则、折中准则、后悔值准则求得最佳方案.

第10章

存储论

本章基本要求

1. 理解存储论的基本原理;
2. 掌握存储论建模的步骤;
3. 会用存储论解决实际问题.

存储论 (inventory theory) 是研究存储系统的性质、运行规律以及最优运营的一门学科, 它是运筹学的一个分支. 存储论又称库存理论, 早在 1915 年, 哈里斯 (F.Harris) 针对银行货币的储备问题进行了详细的研究, 建立了一个确定性的存储费用模型, 并求得了最优解, 即最佳批量公式. 1934 年威尔逊 (R.H.Wilson) 重新得出了这个公式, 后来人们称这个公式为经济订购批量公式 (EQQ 公式). 20 世纪 50 年代以后, 存储论成为运筹学的一个独立分支.

10.1 存储问题的提出

现代化的生产和经营活动都离不开存储. 为了使生产和经营有条不紊地进行, 一般的工商企业总需要一定数量的储备物资来支持. 例如, 企业为了连续生产, 需要储备一定数量的原材料和半成品; 商店为了满足顾客的需求, 需要有足够的商品库存; 银行为了进行正常的业务, 需要有一定量的货币余额以供周转. 在信息时代的今天, 人们又建立了各种数据库和信息库, 存储大量的信息等等. 因此, 存储问题是人类社会活动, 特别是生产经营活动中普遍存在的问题.

但是, 存储物资需要占用大量的资金、人力、物力, 有时甚至造成资源的严重浪费. 此外, 大量的库存物资还会引起某些货物劣化变质, 造成巨大损失. 那么, 一个企业究竟应存放多少物资最为合适呢? 这个问题很难笼统地给出准确的答案, 必须根据企业自身的实际情况和外部的经营环境来决定. 若能通过科学的存储管理, 建立一套控制库存的有效方法, 这对于一个企业带来的效益是十分可观的.

存储在各行各业的大大小小的系统的运行过程中, 是一个不可或缺的重要环节. 尤其是随着物流管理研究的兴起, 存储管理将扮演越来越重要的角色. 一个系统若无存储物, 则会降低系统的效率, 但是存储物品过多, 不仅影响资金周转率, 从而降低经济效益, 而且存储活动本身也需耗费人、财、物力, 因而会提高存储费用. 因此, 保持合理的存储水平, 使总的损失费用达到最小, 便是存储论研究的主要问题.

10.2 基 本 概 念

10.2.1 存储系统

存储论的对象, 是一个由补充、存储、需求三个环节紧密构成的现实运行系统, 并且以存储为中心环节, 故称为存储系统, 其一般结构如图 10.2.1 所示. 由于生产或销售等的需求, 从存储点 (仓库) 取出一定期数量的库存货物, 这就是存储的输出; 对存储点货物的补充, 这就是存储的输入. 任一存储系统都有存储、补充、需求三个组成部分.

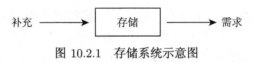

图 10.2.1 存储系统示意图

存储   存储的某种货物简称为存储, 它随时间的推移所发生的盘点数量的变化, 称为存储状态. 存储状态随需求过程而减少, 随补充过程而增大.

需求   对于一个存储系统而言, 需求就是它的输出, 即从存储系统中取出一定数量的物资以满足生产或消费的需要, 存储量因满足需求而减少. 需求可以有不同的形式: ① 间断的或连续的, 如商业存储系统中, 顾客对时令商品的需求是间断的, 对日用品的需求是连续的; ② 均匀的 (线性的) 或不均匀的 (非线性的), 如工厂自动流水线对原料的需求是均匀的, 而一个城市对电力的需求则是不均匀的; ③ 确定性的或随机的, 如生产活动中对原材料的需求一般是确定性的, 而销售活动中对商品的需求则往往是随机的. 对于随机需求, 通过大量观察试验, 其统计规律性也是可以认识的. 因而无论需求形式如何, 存储系统的输出特点还是可以明确的.

补充   存储由于需求而不断减少, 必须加以补充. 补充就是存储系统的输入. 补充有内部生产和外部订购 (采购) 两种方式. 存储系统对于补充订货的订货时间及每次订货的数量是可以控制的.

通常, 从订货到交货之间有一段滞后时间, 称为**拖后时间**. 为使存储在某一时刻获得补充, 就必须提前一段时间订货, 这段时间称为**提前时间**(订货提前期), 它可能是确定性的或随机的.

费用 衡量一个存储策略优劣的常用数量指标就是存储系统的运营费用 (operating cost). 它包括进货费用、存储费用、缺货费用这三项费用.

1. 进货费用

进货费用补充存储而发生的费用, 记为 C_0, 其一般形式为

$$C_0 = \begin{cases} a + cQ, & Q > 0, \\ 0, & Q = 0, \end{cases}$$

其中, a——每次进货的固定费用, 跟进货批量 Q 的大小无关;

c——单位变动费用; 而 cQ 则是变动费用, 它与进货批量 Q 有关.

进货费用又分为内部生产与外部订购两种费用:

(1) 订购费用: 订货与购货而发生的费用. 订购费用是指为补充库存, 办理一次订货所发生的有关费用, 包括:

a——每次订货费用 (ordering cost), 如手续费、电信费、外出采购的差旅费、最低起运费、检查验收费等等, 订购费只与订购次数有关, 而与订货批量 Q 无关;

c——单位货物的购置费用, 如货物本身的购价、单位运费等等, 而 cQ 就是一批货物的购置费用, 与订货批量 Q 有关.

(2) 生产费用: 生产货物所发生的费用. 此处:

a——对于生产企业, 每批次的装配费用 (或准备、结束费用), 如更换生产线上的器械、添置专用设备等的费用, 与生产批量 Q 无关;

c—— 单位产品的生产费用, 即单位产品所消耗的原材料、能源、人工、包装等费用之和; 而 cQ 就是一批产品的变动生产费用, 与生产批量 Q 有关.

2. 存储费用

存储费用 (holding or carrying cost) 又称为持货费用、保管费用, 即因持有这些货物而发生的费用. 包括仓库使用费、管理费、货物维护费、保险费、税金, 积压资金所造成的损失 (利息、占用资金费待), 存货陈旧、变质、损耗、降价等所造成的损失, 等等. 记

C_H——存储费用, 与单位时间的存储量有关;

h——单位时间内单位货物的存储费用.

3. 缺货费用

缺货费用 (shortage loss cost, 或 stock ort cost) 是指因存储供不应求时所引起

的损失. 如停工待料所造成的生产损失、失去销售机会而造成的机会损失 (少得的收益)、延期付货所交付的罚金以及商誉降低所造成的无形损失等等. 记

C_S——缺货费用, 与单位时间的缺货量有关;

l——单位时间内缺少单位货物所造成的损失费.

运营费用即为上述三项费用之和, 故又称为总费用, 记为 C_T, 则

$$C_T = C_0 + C_H + C_S.$$

又记 f——单位时间的平均 (或期望) 运营费用.

能使运营费用 f 达到极小的进货批量称为经济批量 (Economic Lot Size), 记为 Q^*. 对几种确定性存储系统, 人们已经导出了经济批量 Q^* 的数学表达式, 通称为经济批量公式. 这些公式也是存储模型的一种形式, 称为经济批量模型.

10.2.2 存储策略

对一个存储系统而言, 需求是其服务对象, 不需要进行控制. 需要控制的是存储的输入过程. 此处, 有两个基本问题要做出决策: ①何时补充? 称为 "期" 的问题; ②补充多少? 称为 "量" 的问题.

管理者可以通过控制补充的期与量这两个决策变量, 来调节存储系统的运行, 以便达到最优运营效果. 这便是存储系统的最优运营问题.

决定何时补充, 每次补充多少的策略称为存储策略. 常用的存储策略有以下几种类型.

(1) t 循环策略. 设

t——运营周期, 它是一个决策变量;

Q——进货 (补充) 批量, 它也是一个决策变量.

该策略的含义是: 每隔 t 时段补充存储量为 Q, 使库存水平达到 S. 这种策略又称为经济批量策略, 它适用于需求确定的存储系统.

(2) (s, S) 策略. 每当存储量 $x > s$ 时不补充, 当 $x \leqslant s$ 时补充存储, 补充量 $Q = S - x$, 使库存水平达到 S. 其中 s 称为最低库存量.

(3) (t_0, a, S) 策略. 设

t_0——固定周期 (如一年、一月、一周等), 它是一个常数而非决策变量;

a——临界点, 即判断进货与否的存储状态临界值, 它是一个决策变量;

S——存储上限, 即最大存储量, 它也是一个决策变量;

I——本周期初 (或上周期末) 的存储状态, 它是一个参数而非决策变量.

该策略的含义是: 每隔 t_0 时段盘点一次, 若 $I \geqslant a$, 则不补充; 若 $I < a$, 则把存储补充到 S 水平, 因而进货批量为 $Q = S - I$.

(4) (T_0, β, Q) 策略. 设

β——订货点, 即标志订货时刻的存储状态, 它是一个决策变量;

$I(\tau)$——τ 时刻的存储状态, 它是一个参量而非决策变量.

该策略的含义是: 以 T_0 为一个计划期, 期间每当 $I(\tau) \leqslant \beta$ 时立即订货, 订货批量为 Q.

后两种策略适用于需求随机的存储系统. 其中 (2) 称为定期盘点策略; 而 (3) 称为连续盘点策略, 采用这种策略需要用计算机进行监控, 储存必要的数据并发出何时补充及补充多少的信号.

10.3   确定性存储系统的基本模型

本节介绍具有连续确定性需求, 采用 t 循环策略的存储系统的三种基本模型. 它们都是在一些假设条件下建立的, 因此实际应用时首先必须检查真实系统是否与这些假设相符或相近.

10.3.1   模型 I——经典经济批量模型

假设:

(1) 需求连续均匀, 需求率为一常数 d;

(2) 当库存降至零时, 可以立即得到补充, 即一订货就交货;

(3) 缺货损失费为无穷大, 即不允许缺货;

(4) 在每一运营周期 t 的初始时刻进行补充, 每期进货批量相同, 均为 Q.

不允许缺货情况下的存储状态图如图 10.3.1 所示. 根据上述条件可知: $I(\tau) = Q - d\tau, \tau \in [0, t]$; 图中 L 是订货提前期, 当每个运营周期 t 内存储状态 $I(\tau) = Ld$ 时就立即订货, 这样可保证在 $I(t) = 0$ 时将存储立即补充到最高水平 Q, 易知 $Q = dt$.

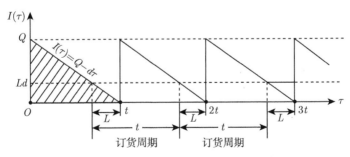

图 10.3.1   不允许缺货情况下的存储状态图

由图 10.3.1 可知, 在 $[0, t]$ 时段内的存储量为

$$\int_0^t I(\tau)\mathrm{d}\tau = \int_0^t (Q - d \times \tau)\mathrm{d}\tau = Qt - \frac{1}{2}dt^2 = \frac{1}{2}Qt,$$

而单位时间内单位货物的存储费用为 h. 因此, 在一个运营周期 t 内的存储费为

$$C_H = \frac{1}{2}hQt,$$

而订购费为

$$C_o = a + cQ.$$

由于不允许缺货, 无缺货费用, 故一个周期 t 内的运营费用 C_T 只包括上述两项, 为

$$C_r = C_H + C_O = \frac{1}{2}hQt + a + cQ.$$

而单位时间的平均运营费用为

$$f = \frac{C_r}{t} = \frac{1}{2}hQ + \frac{a}{t} + \frac{cQ}{t}. \tag{10.3.1}$$

式中有 Q, t 两个决策变量. 因 $Q = dt$, 故 $t = Q/d$, 代入上式得

$$f(Q) = \frac{1}{2}hQ + \frac{ad}{Q} + cd. \tag{10.3.2}$$

为了求得 $f(Q)$ 的极小点, 由一阶条件

$$f(Q) = \frac{1}{2}h - \frac{ad}{Q^2} = 0$$

解得驻点

$$Q^* = \sqrt{\frac{2ad}{h}} \tag{10.3.3}$$

(根号前取正号是因为 $Q > 0$). 又由二阶条件

$$f(Q) = \frac{2ad}{Q^3} > 0 \quad (Q > 0)$$

可知: (10.3.3) 式给出的 Q^* 为 f 在 $Q \in (0, \infty)$ 上的全局唯一最小点. 而最佳运营周期为

$$t^* = \frac{Q^*}{d} = \sqrt{\frac{2a}{hd}}, \tag{10.3.4}$$

最优值 (最小平均运营费用) 为

$$f^* = \sqrt{2ahd} + cd. \tag{10.3.5}$$

(10.3.3) 式即经典经济批量公式, 也称为哈里斯–威尔逊公式.

例 10.3.1   某建筑公司每天需要某种标号的水泥 100 吨, 设该公司每次向水泥厂订购, 需支付订购费 100 元, 每吨水泥在该公司仓库内每存放一天需付 0.08 元的存储保管费, 若不允许缺货, 且一订货就可提货, 试问

(1) 每批订购时间多长, 每次订购多少吨水泥, 费用最省, 其最小费用是多少?

(2) 从订购之日到水泥入库需 7 天时间, 试问当库存为多少时应发出订货.

解 (1) 这里 $a=100$ 元, $c=0.50$ 元, $d=100$, $h=0.08$, 由公式 $(10.3.3)\sim(10.3.5)$, 分别有

$$Q^* = \sqrt{\frac{2ad}{h}} = \sqrt{\frac{2 \times 100 \times 100}{0.08}} = 500(\text{吨});$$

$$t^* = \sqrt{\frac{2a}{hd}} = \sqrt{\frac{2 \times 100}{0.08 \times 100}} = 5(\text{天});$$

$$f^* = \sqrt{2ahd} + cd = \sqrt{2 \times 100 \times 0.08 \times 100} + 0.50 \times 100 = 40 + 50 = 90(\text{元}).$$

(2) 因拖后时间 $l = 7$ 天, 即订货的提前时间为 7 天, 这 7 天内的需求量

$$s^* = Dl = 100 \times 7 = 700(\text{吨}).$$

故当库存量为 700 吨时应发出订货. s^* 称为再订购点.

例 10.3.2 有一个生产和销售图书馆设备的公司, 经营一种图书馆专用书架. 基于以往的销售记录和今后市场的预测, 估计今后一年的需求量为 4900 个. 由于占有的利息、存储库房以及其他人力物力的费用, 存储一个书架一年要花费 1000 元. 这种书架是该公司自己生产的, 而组织一次生产要花费设备调试等生产准备费 500 元, 该公司为了最大限度降低成本, 应如何组织生产?

解 已知 $a = 500$ 元/次, $d = 4900$ 个/年, $h = 1000$ 元/(个 · 年),

$$Q^* = \sqrt{\frac{2ad}{h}} = \sqrt{\frac{2 \times 500 \times 4900}{1000}} = 70(\text{年}),$$

$$t^* = \sqrt{\frac{2a}{hd}} = \sqrt{\frac{2 \times 500}{1000 \times 4900}} = \frac{1}{70}(\text{年}).$$

10.3.2 模型 II——非即时补充的经济批量模型

模型 I 有个前提条件, 即每次进货能在瞬间全部入库, 可称为即时补充. 许多实际存储系统并非即时补充, 例如订购的货物很多, 不能一次运到, 需要一段时间陆续入库; 又如工业企业通过内部生产来实现补充时也往往需要一段时间陆续生产出所需批量的零部件等等. 在这种情况下, 假定除了进货时间大于 0 外, 模型 I 的其余假设条件均成立. 设

T——进货周期, 即每次进货的时间 $(0 < T < t)$;

p——进货速率, 即单位时间内入库的货物数量 $(p > d)$.

又设在每一运营周期 t 的初始时刻开始进货, 且每期开始与结束时刻存储状态均为 0.

由图 10.3.2 可见, 一个周期 $[0, t]$ 被分为两段: $[0, T]$ 内, 存储状态从 0 开始以 $p - d$ 的速率增加, 到 T 时刻达到最高水平 $(p - d)T$, 这时停止进货, 而 pT 就是一个周期 t 内的总进货量, 即有 $Q = pT$; 在 $[T, t]$ 内, 存储状态从最高水平 $(p - d)T$ 以速率 d 减少, 到时刻 t 降为 0.

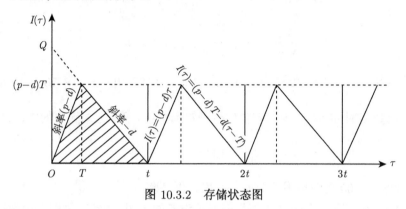

图 10.3.2 存储状态图

综上可知, 在 $[0, t]$ 内的存储状态为

$$I(\tau) = \begin{cases} (p - d)\tau, & \tau \in [0, T], \\ (p - d)\tau - d(\tau - T), & \tau \in [T, t]. \end{cases}$$

故每一运营周期 t 内的存储量为

$$\int_0^t I(\tau)\mathrm{d}\tau = \int_0^T (p - d)\tau\mathrm{d}\tau + \int_T^t [(p - d)T - d(\tau - T)]\mathrm{d}\tau.$$

它等于图 10.3.2 中阴影三角形的面积, 即为

$$\int_0^t I(\tau)\mathrm{d}\tau = \frac{1}{2}(p - d)Tt.$$

故每一周期 t 的存储费为

$$C_H = \frac{1}{2}h(p - d)Tt,$$

而订购费为

$$C_o = a + cQ.$$

故每一周期 t 的运营费为

$$C_T = C_H + C_O = \frac{1}{2}h(p-d)Tt + a + cQ.$$

而单位时间内的平均运营费用为

$$f = \frac{C_T}{t} = \frac{1}{2}h(p-d)T + \frac{a}{t} + \frac{cQ}{t}, \tag{10.3.6}$$

式中有三个决策变量 Q, t, T, 易知它们之间有下述关系:

$$Q = pT = dt,$$

故

$$T = \frac{Q}{p}, \quad t = \frac{Q}{d}.$$

代入 (10.3.6) 式得

$$f(Q) = \frac{1}{2}h\left(1 - \frac{d}{p}\right)Q + \frac{ad}{Q} + cd. \tag{10.3.7}$$

由一阶条件

$$f(Q) = \frac{1}{2}h\left(1 - \frac{d}{p}\right) - \frac{ad}{Q^2} = 0$$

解得驻点

$$Q^* = \sqrt{\frac{2ad}{h\left(1 - \dfrac{d}{p}\right)}}. \tag{10.3.8}$$

由二阶条件易知 Q^* 为 f 在 $Q \in (0, \infty)$ 上的全局唯一最小点. 于是有

$$t^* = \frac{Q^*}{d} = \sqrt{\frac{2a}{hd\left(1 - \dfrac{d}{p}\right)}}, \tag{10.3.9}$$

$$T^* = \frac{Q^*}{p} = \sqrt{\frac{2ad}{hp(p-d)}}, \tag{10.3.10}$$

$$f^* = \sqrt{2ahd\left(1 - \frac{d}{p}\right)} + cd. \tag{10.3.11}$$

当 $p \to \infty$ 时, 由上述公式易知: $T^* \to 0$, 而 Q^*t^*, f^* 与模型 I 完全一致.

例 10.3.3 某电视机厂自行生产扬声器用以装配本厂生产的电视机. 该厂每天生产 100 部电视机, 而扬声器生产车间每天可以生产 5000 个, 已知该厂每批电视机装备的生产准备费为 5000 元, 而每个扬声器在一天内的存储保管费为 0.02 元. 试确定该厂扬声器的最佳生产批量、生产时间和电视机的安装周期.

解 此存储模型显然是一个不允许缺货、边生产边装配的模型. 且 $d = 100, p = 5000, h = 0.02, a = 5000$. 所以由公式 (10.3.8) 得

$$Q^* = \sqrt{\frac{2ad}{h\left(1 - \dfrac{d}{p}\right)}} = \sqrt{\frac{2 \times 5000 \times 100 \times 5000}{0.02 \times (5000 - 100)}} \approx 7140,$$

$$t* = \frac{Q*}{d} = \frac{7140}{100} \approx 71.$$

例 10.3.4 承例 10.3.2, 若该公司每年书架的生产能力为 9800 个, 求最佳生产批量, 生产周期.

解 已知 a=500 元/次, d=4900 个/年, h=1000 元/(个 · 年), p=9800 个/年.

$$Q^* = \sqrt{\frac{2ad}{h\left(1 - \dfrac{d}{p}\right)}} = \sqrt{\frac{2 \times 500 \times 4900}{1000\left(1 - \dfrac{4900}{9800}\right)}} = \sqrt{9800} \approx 99(个),$$

每年的生产次数为

$$\frac{d}{Q*} = \frac{4900}{99} = 49.5 \approx 50,$$

相应的周期为 $\dfrac{365}{50} = 7.3(天)$.

10.3.3 模型Ⅲ——允许缺货的经济批量模型

模型Ⅰ的假设条件之一为不允许缺货, 现在考虑放宽这一条件而允许缺货的存储模型, 除此以外, 其余假设同模型Ⅰ一致.

由于允许缺货, 所以当存储告罄时不急于补充, 而是过一段时间再补充. 这样, 虽需要支付一些缺货费, 但可少付一些订货费和存储费, 因而运营费用或许能够减少. 假设在时段 $[0,t]$ 内, 开始存储状态为最高水平 S, 它可以供应长度为 $t_1 \in (0,t)$ 的时段内的需求; 在 $[t_1,t]$ 内则存储状态持续为 0, 并发生缺货, 假设这时本系统采取 "缺货后补" 的办法, 即先对需求者进行预售登记, 待订货一到立即全部付清. 于是有

$$I(\tau) = \begin{cases} S - d\tau, & \tau \in [0, t_1], \\ 0, & \tau \in [t_1, t]. \end{cases}$$

还可画出存储状态图, 如图 10.3.3 所示. 图中 W 为最大缺货量, $W = d(t - t_1)$.

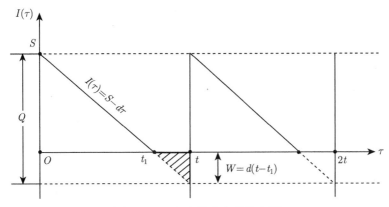

图 10.3.3 允许缺货存储状态图

由图 10.3.3 可知, $[0,t]$ 内的存储量为 $\frac{1}{2}St_1$, 故存储费为

$$C_H = \frac{1}{2}hSt_1.$$

而 $[t_1,t]$ 内的缺货量为 $\frac{1}{2}W(t - t_1) = \frac{1}{2}d(t - t_1)^2$, 即图 10.3.3 中阴影三角形的面积; 因 $[0,t_1]$ 内不缺货, 故 $[0,t]$ 内的缺货费用为

$$C_S = \frac{1}{2}ld(t - t_1)^2.$$

又知订购费为

$$C_O = a + cQ,$$

则 $[0,t]$ 内的运营费用为

$$C_T = C_H + C_S + C_O = \frac{1}{2}hSt_1 + \frac{1}{2}ld(t - t_1)^2 + a + cQ.$$

而单位时间的平均运营费用为

$$f = \frac{1}{t}\left[\frac{1}{2}hSt_1 + \frac{1}{2}ld(t - t_1)^2\right] + \frac{a}{t} + \frac{cQ}{t}, \tag{10.3.12}$$

式中有 Q, S, t, t_1 四个决策变量, 但自由变量只有两个. 易知

$$S = dt_1, \quad Q = dt.$$

代入 (10.3.12) 式得

$$f(t_1, t) = \frac{1}{t}\left[\frac{1}{2}hSt_1^2 + \frac{1}{2}ld(t - t_1)^2\right] + \frac{a}{t} + cd. \tag{10.3.13}$$

其极小点的一阶条件为

$$\begin{cases} \dfrac{\partial f}{\partial t_1} = \dfrac{1}{t}[hdt_1 - ld(t - t_1)] = 0, & \text{①} \\[3mm] \dfrac{\partial f}{\partial t} = \dfrac{1}{t^2}\left[hdt_1^2 + \dfrac{1}{2}ld(t - t_1)^2\right] + \dfrac{1}{t}ld(t - t_1) - \dfrac{a}{t^2} = 0. & \text{②} \end{cases}$$

由①式得

$$t_1 = \frac{l}{h + l}t, \qquad\qquad\qquad ③$$

而②式可化简为

$$\frac{\partial f}{\partial t} = -\frac{1}{2}ld - \frac{1}{2t^2}(h + l)dt_1^2 - \frac{a}{t^2}. \qquad ④$$

把③代入④, 可得

$$\frac{hld}{2(h + l)} - \frac{a}{t^2} = 0.$$

由此可得

$$t^* = \sqrt{\frac{2a(h + l)}{hld}}, \qquad\qquad (10.3.14)$$

$$t_1^* = \frac{l}{h + l}t^* = \sqrt{\frac{2al}{hd(h + l)}}, \qquad\qquad (10.3.15)$$

$$Q^* = dt^* = \sqrt{\frac{2ad(h + l)}{hl}}, \qquad\qquad (10.3.16)$$

$$S^* = dt_1^* = \sqrt{\frac{2ald}{h(h + l)}}, \qquad\qquad (10.3.17)$$

$$W^* = Q^* - S^* = \frac{h}{h + l}Q^* = \sqrt{\frac{2ahd}{l(h + l)}}, \qquad\qquad (10.3.18)$$

$$f^* = \sqrt{\frac{2ahld}{h + l}} + cd. \qquad\qquad (10.3.19)$$

另外, 把③式代入 (10.3.13) 式中, 可得

$$f(t) = \frac{hld}{2(h + l)}t + \frac{a}{t} + cd \qquad\qquad (10.3.20)$$

或

$$f(Q) = \frac{1}{2}hQ\frac{l}{h + l} + \frac{ad}{Q} + cd. \qquad\qquad (10.3.21)$$

若不允许缺货, 则 $l \to \infty$, $\dfrac{l}{h + l} \to 1$, 易见这时模型III就成了模型 I 了.

例 10.3.5 承例 10.3.2, 若此图书馆设备公司只销售书架而不生产书架, 其所销售的书架是靠订货来提供的. 若允许缺货, 设一个书架缺货一年的缺货费为 2000 元, 求出使一年总费用最低的最优每次订货量, 相应的最大缺货量及相应的周期.

解 由题意知 $l=2000$, 已知 $a=500$ 元/次, $d=4900$ 个/年, $h=1000$ 元/个年, $p=9800$ 个/年. 按 (10.3.14)~(10.3.19) 式得

$$Q^* = dt^* = \sqrt{\frac{2ad(h+l)}{hl}} = \sqrt{\frac{2 \times 500 \times 4900(1000+2000)}{1000 \times 2000}} = 85(\text{个}),$$

$$S^* = dt_1^* = \sqrt{\frac{2ald}{h(h+l)}} = \sqrt{\frac{2 \times 500 \times 2000 \times 4900}{1000(1000+2000)}} \approx 28(\text{个}),$$

$$t^* = \sqrt{\frac{2a(h+l)}{hld}} = \sqrt{\frac{2 \times 500(1000+2000)}{1000 \times 2000 \times 4900}} \approx 4.34(\text{天}).$$

10.4 其他模型选介

10.4.1 模型IV——允许缺货、非即时补充的经济批量模型

本模型为模型 II 和III 的综合. 其存储状态如图 10.4.1 所示.

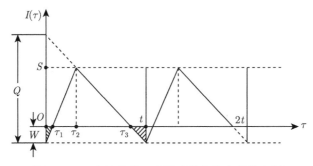

图 10.4.1 允许缺货、非即时补充的存储状态图

在每一周期 $[0,t]$ 内, 从 $\tau=0$ 时刻开始以速率 p 进货, 但因此刻有累计缺货量 W, 因此在开始一段时间 $[0,\tau_1]$: 无存储, 进货除满足该段内的需求外, 还清偿预售的缺货.

$[\tau_1, \tau_2]$: 为进货时间. 从 τ_1 时刻起, 存储以 $p-d$ 的速率由 0 递增, 到 τ_2 时刻达到最高水平 S 并停止进货.

$[\tau_2, \tau_3]$: 为纯消耗期. 存储以速率 d 由 S 递减, 到 τ_3 时刻降为 0. $[\tau_3, t]$ 为缺货期, 不进货但预售, 直到 t 时刻开始进货, 从而又开始新一周期的运行.

图 10.4.1 中的每一周期 t 都对应于图 10.4.1(模型III) 中的一个周期 t, 相应的

需求率记为 d_1, 则有

$$Q_1 = d_1 t.$$

又由图 10.4.1 及假设条件可知

$$S = d(\tau_3 - \tau_2), \quad W = d(t - \tau_3), \quad Q = p\tau_2 = dt,$$

则有

$$Q_1 = S + W = d(t - \tau_2) = d\left(t - \frac{d}{p}t\right) = d\left(1 - \frac{d}{p}\right)t,$$

故

$$d_1 = d\left(1 - \frac{d}{p}\right).$$

用 d_1 取代 (10.3.21) 式中的 d, 即得

$$t^* = \sqrt{\frac{2ap(h+l)}{hld(p-d)}} = \sqrt{\frac{2a(h+l)}{hld\left(1 - \dfrac{d}{p}\right)}}. \tag{10.4.1}$$

类似可得其他公式

$$\tau_3^* = \frac{hd + lp}{p(h+l)}t^* = (hd + lp)\sqrt{\frac{2a}{hlpd(p-d)(h+l)}}, \tag{10.4.2}$$

$$\tau_1^* = \frac{hd}{p(h+l)}t^* = \sqrt{\frac{2a}{lp(p-d)(h+l)}}, \tag{10.4.3}$$

$$\tau_2^* = \frac{d}{p}t^* = \sqrt{\frac{2ad(h+l)}{hlp(p-d)}}, \tag{10.4.4}$$

$$Q^* = dt^* = \sqrt{\frac{2ad(h+l)}{hl\left(1 - \dfrac{d}{p}\right)}}, \tag{10.4.5}$$

$$W^* = \frac{hd}{h+l}\left(1 - \frac{d}{p}\right)t^* = \sqrt{\frac{2ahd}{l(h+l)}\left(1 - \frac{d}{p}\right)}, \tag{10.4.6}$$

$$S^* = \sqrt{\frac{2ald}{h(h+l)}\left(1 - \frac{d}{p}\right)}, \tag{10.4.7}$$

$$f^* = \sqrt{\frac{2ahld}{h+l}\left(1-\frac{d}{p}\right)} + cd, \qquad (10.4.8)$$

$$f(t) = \frac{hld}{2(h+l)}\left(1-\frac{d}{p}\right)t + \frac{a}{t} + cd, \qquad (10.4.9)$$

$$f(Q) = \frac{1}{2}hQ\frac{l}{h+l}\left(1-\frac{d}{p}\right) + \frac{ad}{Q} + cd. \qquad (10.4.10)$$

易见: 当 $p \to \infty$ 时, 模型 IV 就成为模型 III; 当 $l \to \infty$ 时, 模型 IV 就成为模型 II; 而当 $p \to \infty$ 且 $l \to \infty$ 时, 则模型 IV 就成为模型 I.

例 10.4.1 某车间每年能生产本厂日常所需的某种零件 80000 个, 全厂每年均匀地需要这种零件约 20000 个. 已知每个零件存储一个月所需的存储费是 0.1 元, 每批零件生产前所需的安装费是 350 元. 当供货不足时, 每个零件缺货的损失费为 0.2 元/月. 所缺的货到货后要补足. 试问应采取怎样的存储策略最合适?

解 已知: $a=350$ 元, $d=20000/12$, $p=80000/12$, $h=0.1$ 元, $l=0.2$ 元, 则

$$t^* = \sqrt{\frac{2ap(h+l)}{hld(p-d)}} = \sqrt{\frac{2a(h+l)}{hld\left(1-\dfrac{d}{p}\right)}} = \sqrt{\frac{2 \times 350(0.1+0.2)}{0.1 \times 0.2 \times 20000/12\left(1-\dfrac{20000}{80000}\right)}}$$

$$\approx 2.9(月),$$

$$Q^* = dt^* = \frac{20000}{12} \times 2.9 = 4833(个),$$

$$S^* = \sqrt{\frac{2ald}{h(h+l)}\left(1-\frac{d}{p}\right)} = \sqrt{\frac{2 \times 350 \times 0.2 \times 20000/12}{0.1(0.1+0.2)}\left(1-\frac{20000}{80000}\right)} \approx 2415(个).$$

10.4.2 模型 V——订价有折扣的存储模型

所谓 "订价有折扣", 是指供方采取的一种鼓励用户多订货的优惠政策, 即根据订货量的大小规定不同的购价, 订货越多则购价越低. 换言而之, 购价为关于订货量 Q 的分段函数 $c(Q)$. 通常 $c(Q)$ 是一个阶梯函数, 其一般形式为

$$c(Q) = \begin{cases} c_1, & Q \in [0, Q_1], \\ c_2, & Q \in [Q_1, Q_2], \\ \cdots & \cdots \\ c_m, & Q \in [Q_{m-1}, \infty], \end{cases}$$

其中 $c_1 > c_2 > \cdots > c_m$, $0 = Q_0 < Q_1 < Q_2 < \cdots < Q_{m-1} < Q_m = \infty$, 且 $c_i, Q_i(i=1,2,\cdots,m)$ 均为常数. 上式也可简写成

$$c(Q) = c_i, \quad Q \in [Q_{i-1}, Q_i], \quad i=1,2,\cdots,m.$$

下面仅就模型 I 为例加以分析, 其方法也适用于模型 II, III, IV. 按 (10.3.2) 式, 令

$$f_i = \frac{1}{2}hQ + \frac{ad}{Q} + c_id, \quad i = 1, 2, \cdots, m.$$

则目标函数为

$$f(Q) = f_i, \quad Q \in [Q_{i-1}, Q_i], \quad i = 1, 2, \cdots, m. \tag{10.4.11}$$

如图 10.4.2 所示, $f(Q)$ 由以 $Q_1, Q_2, \cdots, Q_m$ 为分界点的几条不连续的曲线段 (实线) 所构成, 因而也是一个分段函数.

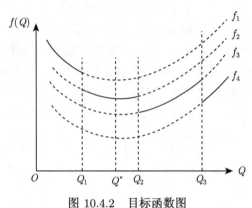

图 10.4.2   目标函数图

由于 c_id 为常数, 所以每一 f_i 的极小点都是

$$Q^* = \sqrt{\frac{2ad}{h}}.$$

如果 $Q^* \in [Q_1, Q_2]$, 则由 (10.4.11) 式可得

$$f(Q^*) = \sqrt{2ahd} + c_2d.$$

对于一切 $Q \in (0, Q_2)$, 都有

$$f(Q^*) \leqslant f(Q).$$

即 Q^* 为 $f(Q)$ 在 $(0, Q_2)$ 上的极小点. 但当 $Q = Q_2$ 时, 由于购价由 c_2 降为 c_3, 所以可能有 $f(Q_2) < f(Q^*)$. 类似地, 对 Q^* 右侧的每一分界点 $Q_i(> Q^*)$, 都可能有 $f(Q_i) < f(Q^*)$. 所以应依次计算 Q^* 右侧各分界点 Q_i 的目标函数值:

$$f(Q_i) = \frac{1}{2}hQ_i + \frac{ad}{Q_i} + c_id \quad (Q_i > Q^*), \tag{10.4.12}$$

并与 $f(Q^*)$ 一起加以比较, 从中选出最小值

$$f(\tilde{Q}) = \min\left\{f(Q^*), f(Q_i) \,|\, Q_i > Q^*\right\},$$

而它所对应的 $\tilde{Q}$ 即最优订购量.

例 10.4.2 某仪表厂今年拟生产某种仪表 30000 个, 该仪表中有个元件需向仪表元件厂订购, 每次订货费用为 50 元, 该元件购价为每只 0.5 元, 全年保管费为购价的 20%. 假设仪表元件厂规定该元件的购价为

$$c(Q) = \begin{cases} 0.50, & Q < 15000, \\ 0.48, & 15000 \leqslant Q < 30000, \\ 0.46, & Q \geqslant 30000. \end{cases}$$

试求仪表厂对该元件的最优存储策略及最小费用.

解 $Q^* = \sqrt{\dfrac{2ad}{h}} = \sqrt{\dfrac{2 \times 50 \times 30000}{0.1}} \approx 5477(只),$

$$f(Q^*) = \sqrt{2ahd} + c_2 d = \sqrt{2 \times 50 \times 0.1 \times 30000} + 0.5 \times 30000 \approx 15548(元/年).$$

又按 (10.4.12) 式得

$$\begin{aligned} f(15000) &= \frac{1}{2} \times 0.1 \times 15000 + 50 \times 2 + 0.48 \times 30000 \\ &= 15250(元/年), \\ f(30000) &= \frac{1}{2} \times 0.1 \times 30000 + 50 \times 1 + 0.46 \times 30000 \\ &= 15350(元/年). \end{aligned}$$

故

$$\tilde{Q} = 15000(只), \quad \tilde{n} = \frac{d}{\tilde{Q}} = 2(次), \quad \tilde{f} = 15250(元/年).$$

10.4.3 模型 VI——(t_0, a, S) 策略模型

假设:

(1) 需求随机. 但在每一固定周期 t_0(如一年、一季、一个月、一周等) 内的需求量 X 的概率分布 $P(X)$ 可知.

(2) 订货与交货之间的时滞很短. 在模型中取作 0, 即被视为无时滞.

(3) 进货时间很短, 在模型中也取作 0, 即被视为即时补充.

(4) 采用 (t_0, a, S) 策略, 即每隔 t_0 周期盘点一次, 若存储状态 $I < a$, 则立即补充到 S 水平; 否则不补充.

该系统的存储状态示意图如图 10.4.3 所示. 图中第 4 周期初的存储状态 $I < 0$, 这时 I 表示最大缺货量; 而进货量为 $Q = S - I(I < a)$. 由于每期初的存储状态 I 各不相同, 因此每次进货量 Q 也各不同.

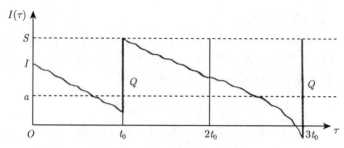

图 10.4.3 (t_0, a, S) 策略系统的存储状态示意图

1. 需求量 X 为离散型随机变量的情况

用一个典型例子——报童问题来分析这类模型的解法.

报童问题: 有一报童每天售报数量是一个离散型随机变量. 设销售量 r 的概率分布 $P(r)$ 为已知, 每张报纸的成本为 u 元, 售价为 v 元 $(v > u)$. 如果报纸当天卖不出去, 第二天就要降价处理, 设处理价为 w 元 $(w < u)$. 问报童每天最好准备多少份报纸?

此问题就是要确定报童每天报纸的订货量 Q 为何值时, 使赢利的期望值最大或损失的期望值最小?

以下用损失的期望值最小来确定订货量.

设售出的报纸数量为 r, 其概率 $P(r)$ 为已知, $\sum_{r=0}^{\infty} P(r) = 1$, 设报童订购报纸数量为 Q, 这时, 损失有两种:

(1) 当供大于求 $(Q \geqslant r)$ 时, 这时报纸因当天不能售完, 第二天需降价处理, 其损失的期望值为

$$\sum_{r=0}^{\infty} (u - w)(Q - r)P(r);$$

(2) 当供不应求 $(Q < r)$ 时, 因缺货而失去销售机会, 其损失的期望值为

$$\sum_{r=0}^{\infty} (v - u)(r - Q)P(r).$$

因此总损失的期望值为

$$C(Q) = (u - w) \sum_{r=0}^{Q} (Q - r)P(r) + (v - u) \sum_{r=Q+1}^{\infty} (r - Q)P(r). \tag{10.4.13}$$

要从上式中决定 Q 的值, 使 $C(Q)$ 最小.

由于报纸订购的份数 Q 只能取整数值, 需求量 r 也只能取整数, 所以不能用微积分的方法求 (10.4.13) 式的极值, 为此, 用差分法. 设报童每天订购报纸的最佳

批量为 Q^*, 则必有

$$
\begin{cases}
C(Q^*) \leqslant C(Q^* + 1), & (10.4.14) \\
C(Q^*) \leqslant C(Q^* - 1) & (10.4.15)
\end{cases}
$$

同时成立. 故将上述两式联立求解可得最佳批量 Q^*.

由 (10.4.14) 式, 有

$$
(u-w) \sum_{r=0}^{Q} (Q-r)P(r) + (v-u) \sum_{r=Q+1}^{\infty} (r-Q)P(r)
$$

$$
\leqslant (u-w) \sum_{r=0}^{Q+1} (Q+1-r)P(r) + (v-u) \sum_{r=Q+2}^{\infty} (r-Q-1)P(r),
$$

经化简后, 得

$$
(v-w) \sum_{r=0}^{Q} P(r) - (v-u) \geqslant 0,
$$

即

$$
\sum_{r=0}^{Q} P(r) \geqslant \frac{v-u}{v-w}. \tag{10.4.16}
$$

由 (10.4.15) 式, 有

$$
(u-w) \sum_{r=0}^{Q} (Q-r)P(r) + (v-u) \sum_{r=Q+1}^{\infty} (r-Q)P(r)
$$

$$
\leqslant (u-w) \sum_{r=0}^{Q-1} (Q-1-r)P(r) + (v-u) \sum_{r=Q}^{\infty} (r-Q+1)P(r)
$$

$$
(v-w) \sum_{r=0}^{Q-1} P(r) - (v-u) \leqslant 0,
$$

即

$$
\sum_{r=0}^{Q-1} P(r) \leqslant \frac{v-u}{v-w}. \tag{10.4.17}
$$

综合 (10.4.16) 和 (10.4.17) 式, 可得

$$
\sum_{r=0}^{Q-1} P(r) \leqslant \frac{v-u}{v-w} \leqslant \sum_{r=0}^{Q} P(r). \tag{10.4.18}
$$

由 (10.4.18) 式可以确定最佳订购批量 Q^*, 其中 $\dfrac{v-u}{v-w}$ 称为临界值.

例 10.4.3   设某货物的需求量在 17 件至 26 件之间, 已知需求量 r 的概率分布如表 10.4.1 所示.

表 10.4.1   需求量 r 的概率分布表

需求量 r	17	18	19	20	21	22	23	24	25	26
概率 $P(r)$	0.12	0.18	0.23	0.13	0.10	0.08	0.05	0.04	0.04	0.03

并知其成本为每件 5 元, 售价为每件 10 元, 处理价为每件 2 元, 问应进货多少, 能使总利润的期望值最大?

解   此题属于单时期需求时离散随机变量的存储模型, 已知 $u = 5, v = 10, w = 2$, 由公式

$$\sum_{r=17}^{Q-1} P(r) \leqslant \frac{10-5}{10-2} \leqslant \sum_{r=17}^{Q} P(r)$$

得

$$\sum_{r=17}^{Q-1} P(r) \leqslant 0.625 \leqslant \sum_{r=17}^{Q} P(r).$$

因为

$$P(17) = 0.12, \quad P(18) = 0.18, \quad P(19) = 0.23, \quad P(20) = 0.13,$$

所以

$$P(17) + P(18) + P(19) = 0.53 < 0.625,$$
$$P(17) + P(18) + P(19) + P(20) = 0.66 > 0.625,$$

故最佳订货批量 Q^*=20(件).

2. 需求量 X 为连续型随机变量的情况

设有某种单时期需求的物资, 需求量 r 为连续型随机变量, 已知其概率密度为 $\varphi(r)$, 每件物品的成本为 u 元, 售价为 v 元 $(v > u)$, 如果当期销售不出去, 下一期就要降价处理, 设处理价为 w 元 $(w < u)$. 求最佳订货批量 Q^*.

同需求为离散型随机变量一样, 如果订货量大于需求量 $(Q \geqslant r)$, 其赢利的期望值为

$$\int_0^Q [(v-u)r - (u-w)(Q-r)]\varphi(r)\mathrm{d}r.$$

如果订货量小于需求量 $(Q \leqslant r)$, 其赢利的期望值为

$$\int_Q^\infty (v-u)Q\varphi(r)\mathrm{d}r$$

故总利润的期望值为

$$C(Q) = \int_0^Q [(v-u)r - (u-w)(Q-r)]\varphi(r)\mathrm{d}r + \int_Q^{+\infty} (v-u)Q\varphi(r)\mathrm{d}r$$

$$= -uQ + (v-w)\int_0^Q r\varphi(r)\mathrm{d}r + w\int_0^Q Q\varphi(r)\mathrm{d}r + v\left[\int_0^{+\infty} Q\varphi(r)\mathrm{d}r - \int_0^Q Q\varphi(r)\mathrm{d}r\right]$$

$$= (v-u)Q + (v-w)\int_0^Q r\varphi(r)\mathrm{d}r - (v-w)\int_0^Q Q\varphi(r)\mathrm{d}r.$$

利用含参变量积分的求导公式, 有

$$\frac{\mathrm{d}C(Q)}{\mathrm{d}Q} = (v-u) + (v-w)Q\varphi(Q) - (v-w)\left[\int_0^Q \varphi(r)\mathrm{d}r + Q\varphi(Q)\right]$$

$$= (v-u) - (v-w)\int_0^Q \varphi(r)\mathrm{d}r.$$

令 $\dfrac{\mathrm{d}C(Q)}{\mathrm{d}t} = 0$, 得

$$\int_0^Q \varphi(r)\mathrm{d}r = \frac{v-u}{v-w}.$$

记 $F(Q) = \displaystyle\int_0^Q \varphi(r)\mathrm{d}r$, 则有

$$F(Q) = \frac{v-u}{v-w}. \tag{10.4.19}$$

又因

$$\frac{\mathrm{d}^2C(Q)}{\mathrm{d}Q^2} = -(v-w)\varphi(Q) < 0,$$

故由 (10.4.19) 式求出的 Q^* 为 $C(Q)$ 的极大值点, 即 Q^* 是使总利润的期望值最大的最佳经济批量. (10.4.19) 式与 (10.4.18) 式是一致的.

例 10.4.4 书亭经营某种杂志, 每册进价 0.8 元, 售价 1.00 元, 如过期, 处理价为 0.50 元. 根据多年统计表明, 需求服从均匀分布, 最高需求量 $b = 1000$ 册, 最低需求量 $a = 500$ 册, 问应进货多少, 才能保证期望利润最高?

解 由概率论可知, 均匀分布的概率密度为

$$\varphi(r) = \begin{cases} \dfrac{1}{b-a}, & a \leqslant r \leqslant b, \\ 0, & \text{其他}. \end{cases}$$

由公式 (10.4.19), 得

$$F(Q) = \frac{v-u}{v-w} = \frac{1.00 - 0.80}{1.00 - 0.50} = 0.40,$$

即

$$\int_0^Q \varphi(r)\mathrm{d}r = 0.40.$$

又

$$\int_0^Q \varphi(r)\mathrm{d}r = \int_a^Q \frac{1}{b-a}\mathrm{d}r = \frac{Q-a}{b-a},$$

所以

$$\frac{Q-500}{1000-500} = 0.40$$

由此解得最佳订货批量为

$$Q^* = 700(\text{册}).$$

复习思考题

10.1 解释下列概念.

① 存储;

② 补充;

③ 存储费;

④ 订货费;

⑤ 生产成本;

⑥ 缺货损失;

⑦ 订货提前期;

⑧ 订货点.

10.2 举出在生产和生活中存储问题的例子, 并说明研究存储论对改进企业经营管理的意义.

10.3 说明常用的存储策略.

习 题 10

10.1 某个食品批发站, 用经济订货批量模型处理某种品牌啤酒的存储策略, 当存储每箱啤酒一年的费用为每箱啤酒价格的 22%, 即每年存储成本率为 22% 时, 该批发站确定的经济订货批量 Q^* =8000 箱. 由于银行贷款利息的增长, 每年存储成本率增长为 27%. 请问:

1) 这时其经济订货批量应为多少?

2) 当每年存储成本率从 i 增长到 i' 时, 请推出经济订货批量变化的一般表达式.

10.2 某出版社要出版一套工具书, 估计其每年的需求率为常量, 每年需求 18000 套, 每套的成本为 150 元, 每年的存储成本率为 18%. 其每次生产准备费为 1600 元, 印制该书的设备生产率为每年 30000 套, 假设该出版社每年 250 个工作日, 要组织一次生产的准备时间为 10 天, 请用不允许缺货的经济生产批量的模型, 求出:

1) 最优经济生产批量;

2) 每年组织生产的次数;

3) 两次生产间隔时间;

4) 每次生产所需时间;

5) 最大存储水平;

6) 生产和存储的全年总成本;

7) 再订货点.

10.3 某公司生产某种商品, 其生产率与需求率都为常量, 年生产率为 50000 件. 年需求率为 30000 件; 生产准备费用每次为 1000 元, 每件产品的成本为 130 元, 而每年的存储成本率为 21%, 假设该公司每年工作日为 250 天, 要组织一次生产的准备时间为 5 天. 请用不允许缺货的经济生产批量的模型, 求出:

1) 最优经济生产批量;

2) 每年组织生产的次数;

3) 两次生产间隔时间;

4) 每次生产所需时间;

5) 最大存储水平;

6) 生产和存储的全年总成本;

7) 再订货点.

10.4 对于习题 10.3 所提出的问题, 假如允许缺货, 并假设每件商品缺货一年的缺货量为 30 元, 请求出此问题的

1) 最优订货批量;

2) 再订货点;

3) 两次订货所间隔的时间;

4) 每年订货、存储与缺货的总费用.

10.5 某公司经理一贯采用不允许缺货的经济订货批量公式确定订货批量, 因为他认为缺货虽然随后补上总不是好事. 但激烈竞争使他不得不考虑采用允许缺货的策略. 已知该公司所销售产品的需求为 $D = 800$ 件/年, 每次的订货费用为 150 元. 存储费为 3 元/(件·年), 发生缺货时的损失为 20 元/(件·年), 试分析:

1) 计算采用允许缺货的策略比以前不允许缺货的策略节约了多少费用;

2) 该公司为了保持一定的服务水平, 规定缺货随后补上的数量不超过总量的 15%, 任何一名顾客因供应不及时, 需要等下批货到达, 补上的时间不得超过 3 周, 在这种情况下, 是否应该采用允许缺货的政策.

10.6 某商场在夏季出售一种驱蚊剂, 每售出一瓶可获利 16 元, 但如果在当年夏季不能售出, 第二年夏季就失效, 每瓶要损失 22 元, 每年售出这种驱蚊剂的数量的概率 $P(d)$, 根据以往经验如表 10.x.1 所示:

表 10.x.1   以往经验销量和对应概率表

销售量/千瓶	8	9	10	11	12	13	14	15
概率 $P(d)$	0.08	0.10	0.15	0.20	0.20	0.15	0.07	0.05

试问该商场今年夏季应订购多少驱蚊剂能使其赚钱的期望值最大?

10.7 某商店经营一种分体空调, 每台进价为 2800 元, 零售价为 4200 元. 该专卖店每到夏季末就把剩余的空调处理给一个批发商, 每台的价格仅为 1500 元. 假设这种空调的需求服从以均值 $\mu=250$、均方差 $\sigma=80$ 的正态分布.

1) 该商店夏季应进多少台空调, 才能使该商店获利的期望值为最大?

2) 这时, 商店卖出所有空调的概率是多少?

第11章

排队论

本章基本要求

1. 理解排队论的基本原理;
2. 掌握排队论建模的步骤;
3. 会用排队论解决实际问题.

排队论 (queuing theory) 是一门应用十分广泛的运筹学分支, 它在各种存在等待情形的环境中都有非常成功的应用. 尽管人们有时可能并不太在意等待时间的长短, 但在许多商务活动中我们必须给顾客的等待时间以充分的重视. 绝大多数大型零售店的设计其实就是平衡顾客方便度和企业运营效率的产物, 这很好地解释了为什么一个超级市场可能会有十几个收银通道, 尽管在大多数时间里可能只有两三个在运作. 零售商不敢让顾客在队伍中等待太长的时间, 因为时间对顾客来说可能是十分宝贵的, 如果等待时间过长, 他们完全有可能转向自己的竞争者.

在管理科学或运筹学中, 等待的队伍被称为队列 (queue), 排队论作为运筹学的一个重要分支在过去的几十年里得到了长足的发展, 代表特定环境的模型的数量稳步增加. 作为最早的定量优化方法之一, 排队论的起源可以追溯到 1909 年爱尔朗发表的一篇论文, 从那时起爱尔朗的名字就与概率排队模型紧密联系在了一起, 该论文的发表为后来排队论的发展奠定了坚实的基础.

排队模型的目的就是要规划一种为顾客提供服务的方式以实现一定的运营效率, 它并不像前面已经遇到的一些模型 (如线性规划模型、存储模型) 那样追逐一个最小成本或最大收益目标. 具体来讲, 排队模型的目的就是要确定排队系统的各项特征, 如平均等待时间、平均队长等; 或者是构建一个服务系统以满足特定的顾客服务水平. 这些平均值是系统对顾客服务水平的标志, 在后续的成本分析中将发挥重要的作用.

11.1　排队系统综述

在日常生活和生产中, 人们会经常碰到各种各样的排队系统, 如道路红绿灯系统、超市的收银系统、电话通信系统等. 一些排队系统的构成十分明显, 而另一些排队系统的构成可能很模糊. 如从广州往北京打电话, 由于受广州与北京之间信道通过能力的限制, 同一时间通话的人数是有限的, 因此, 当要求通话人数超过这一限制时, 就不得不等待, 虽然打电话的人分散在全市的各个角落, 彼此互不见面, 但他们与长话台一起构成一个服务系统, 他们在长话台前形成一个无形的队伍, 其实这种无形的队伍与超市收银系统中的有形队伍都可以构成排队系统中的队列.

在排队系统中总是存在一组服务设施 (service facility), 有许多顾客 (customer) 随机地来到该系统要求得到服务, 服务完毕后即自动离去. 如果顾客到达时有服务设施空闲, 则到达的顾客即刻得到服务, 否则顾客将排队等待或离去. 通常我们会自然地认为顾客就是来到服务系统准备接受服务的人, 然而在排队系统中顾客不该受到任何限制, 可以是人, 也可以是物. 汽车修理厂等待维修的汽车、机场等待降落的飞机都可以构成排队系统中的顾客. 在排队系统中, 服务设施同样可以是人、物或者人和物的集合.

如果顾客按固定的时间间隔到达服务系统, 服务设施用在每个顾客身上的服务时间也是固定的, 就像工厂流水线的生产那样有固定的节拍, 那么这类服务系统的设计是十分简便的. 但在绝大多数的服务系统中, 顾客的到达是随机的, 顾客的服务时间也是随机的, 这就意味着排队论有着广泛的应用前景.

11.1.1　排队系统的基本构成

一个排队系统由**输入**、**队列**、**服务台**和**输出**四部分构成, 可以用图 11.1.1 来加以描述.

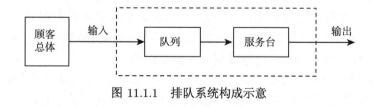

图 11.1.1　排队系统构成示意

1. 输入

输入描述的是顾客出现在排队系统中的方式, 人们通常用某种带有任意参数和适当简化假设的随机过程来表示它. 输入过程又由如下一些元素构成.

(1) **顾客总体** 顾客总体可以是一个有限的集合, 也可以是一个无限的集合, 但只要顾客总体所包含的元素数量充分大, 就可以把顾客总体有限的情况近似看成是顾客总体无限的情况来处理. 上游河水流入水库可以认为顾客总体是无限的, 而工厂里等待修理的机器设备显然是有限的顾客总体.

(2) **顾客到达的时点** 虽然顾客的到达可能是单个发生的, 也可以是成批发生的, 但在排队系统中总是假设在同一时点上只能有一个顾客到达, 同时到达的一批顾客只能看成是一个顾客.

(3) **顾客到达的相关性** 顾客到达可以是相互独立的, 也可以是相关联的. 所谓独立即先前顾客的到达对后续顾客的到达没有影响, 否则就是相关的.

(4) **顾客到达的时间间隔** 顾客到达的时间间隔可以是确定的, 也可以是随机的. 如在流水线上装配的各部件必须按确定的时间间隔到达装配点、定点运行的列车、班机的到达也都是确定的; 但商场购物的顾客、医院就诊的患者、通过路口的车辆的到达都是随机的. 对于随机的情形, 我们必须了解**单位时间的顾客到达数**或**相继到达的时间间隔**的概率分布.

(5) **顾客到达的平稳性** 平稳性是指顾客到达的时间间隔分布及其特征参数 (数学期望、方差等) 不随时间的变化而变化.

最简单的到达过程是符合泊松 (Poisson) 分布的随机过程, 在这种情况下, 顾客到达的时间间隔是一系列相互独立并具有负指数分布的随机变量.

2. 队列

顾客到达时, 如果所有服务台都正在被占用, 顾客可能选择随即离去或排队等待. 随即离去的系统称为即时制系统或损失制系统, 排队等待的系统称为等待系统. 普通电话的呼叫属于损失制. 系统如果有多个服务台, 各服务台可以有各自独立的队列, 也可以有一个公共的队列. 队列可以是具体的也可以是抽象的, 可以是有限的也可以是无限的.

在实际排队系统中, 有时顾客会因等待时间过长而中途离去, 或因某些队列服务较快而更换队列, 但在排队论中假设这些复杂情况不发生.

3. 服务台

一个排队系统中可以有一个服务台, 也可以有多个服务台. 对于多服务台来讲, 各服务台可以串联、并联也可以混联.

(1) **服务方式** 服务可针对单一顾客来进行, 也可以针对一批顾客来进行. 公共汽车对等候的顾客就是成批进行服务的.

(2) **服务时间** 服务时间同到达时间一样, 也可以分为确定和随机两种类型. 自动冲洗汽车的装置、红绿灯系统属于确定服务时间, 而其他更常见的排队系统大多属于随机服务时间.

(3) **服务的平稳性** 服务的平稳性是指服务时间分布及其特征参数不随时间的变化而变化. 服务的平稳性排除了工作时间长短 (疲劳程度) 以及对列长短 (服务员有意加快各种速度) 对服务时间分布的影响.

(4) **服务规则** 按对等待顾客的服务顺序, 服务规则可分为先到先服务 (FIFO, first in, first out)、后到先服务 (LIFO, last in, first out)、有优先权的服务 (SWP, service with priority) 和随机服务 (SIRO, service in random order). 先到先服务对一般排队系统是最符合常理的, 但当顾客是一些待加工的工件时, 就不存在明显的诱因去遵守先到先服务的规则. 事实上, 如果工件是一一堆起来的, 那么服务规则自然是后到先服务; 如果工件是无规则零散存放的, 那么随机服务规则可能是最合适的. 有优先权的服务即服务台对具有某种特性的顾客给予优先服务, 如医院会优先抢救危重患者.

最简单的服务时间分布是负指数分布, 在这种情况下, 平均服务率一个参数就完全描述了整个服务过程.

4. 输出

输出是指顾客从得到服务到离开服务系统的情况, 由于一结束服务顾客即刻离开服务系统, 所以输出是通过服务时间来加以描述的.

11.1.2 排队系统的分类描述

根据排队系统的基本构成, 肯达尔 (Kendall) 于 1953 年提出了排队系统的分类描述法. 这种方法是通过由斜线分割开的 6 项代码来表示一个特定排队模型的. 前两项为字符码, 分别表示到达过程和服务过程的分布形式, 通常用 M 代表泊松输入 (相继到达间隔时间服从负指数分布) 或服务时间服从负指数分布; D 代表确定的相继到达间隔时间或服务时间; E_K 代表 k 阶爱尔朗 (Erlang) 分布的相继到达间隔时间或服务时间; GI代表相互独立的相继到达间隔时间; G 代表一般的服务时间. 第三、四、五三项可以是数字型代码, 分别代表服务台数目、系统的容量和顾客总量. 最后一项表示排队规则, 即顾客接受服务的顺序. 此记法的前三项为必选项必须明确写出, 而后三项为选择项, 在系统容量无限、顾客总量无限和先到先服务的情况下, 它们可以被省略.

按照肯达尔排队模型的记法, $M/M/n$ 代表顾客输入为泊松分布, 服务时间为负指数分布, 有 n 个并联服务台的排队系统; $M/D/2/N$ 代表泊松分布的顾客到达, 确定的服务时间, 有 2 个并联服务台, 系统容量为 N 的排队系统; $D/G/1$ 代表定长输入, 一般服务时间, 单个服务台的排队系统; $GI/E_3/c/10/10/$LIFO代表相互独立的相继到达间隔时间, 三阶爱尔朗分布的服务时间, c 个并联服务台, 系统容量为

10, 顾客总量为 10, 后到先服务的排队系统.

11.1.3 排队系统的数量指标

一个特定的模型可能会有多种假设, 同时也需要通过多种数量指标来加以描述. 由于受所处环境的影响, 我们只需要选择那些起关键作用的指标作为模型求解的对象. 环境不同, 选择的指标也会不同, 例如, 我们有时关心的是顾客平均等待的时间, 有时关心的是服务台的利用率.

尽管人们希望得到关于系统行为的详细信息, 但研究中所能够给出的一切结果都只能是一个稳定指标. 稳定指标并不意味着系统以某种固定的方式有规律地运转, 它们所提供的仅仅是这个系统经历长期运转所反映出的数学期望值.

1. 系统中顾客数量的概率分布 (P_n)

无论什么样的排队模型, 都以 P_n 代表稳定状态下系统中包含 n 个顾客的概率, n 的取值可以从 0 一直到系统容量 N.

2. 系统中顾客数量期望值 (系统状态, L)

系统中顾客数量既包括正在接受服务的顾客, 也包括排队等待的顾客.

3. 队列中顾客数量期望值 (队长, L_q)

系统中等待服务的顾客数量, 它等于系统状态减去正在接受服务的顾客数.

4. 顾客在系统中的平均逗留时间 (W)

顾客在系统中的平均逗留时间包括顾客接受服务的时间, 也包括顾客排队等待的时间.

5. 顾客的平均等待时间 (W_q)

顾客的平均等待时间等于其系统逗留时间减去服务时间.

若用 c 表示并联服务台的数量, 因此 $p_c + p_{c+1} + p_{c+2} + \cdots$ 代表所有服务台均被占用的概率或顾客被迫排队的概率. 被占用服务台的个数是一个与系统状态密切相关的随机变量, 当 $n < c$ 时有 n 个服务台被占用, 当 $n > c$ 时有 c 个服务台被占用. 这也就是说, 在全部的服务台被占满之前, n 个服务台被占用同系统中有 n 个顾客是等价的.

如果用 q_i 代表有 i 个顾客在队列中的概率, 那么

$$q_0 = p_0 + p_1 + \cdots + p_c,$$

$$q_i = p_{c+i} \quad (i > 0).$$

系统状态 L 是系统中顾客数量期望值, 因此与系统顾客数量的概率分布 P_n 具有如下关系:

$$L = \sum_i i \cdot p_i. \tag{11.1.1}$$

用 B 表示被占用服务台数量的期望值, 则

$$B = \sum_{i=0}^c i \cdot p_i + \sum_{i=c+1}^{+\infty} c \cdot p_i. \tag{11.1.2}$$

L_q 是对长, 代表队列中顾客数量的期望值, 则

$$L_q = \sum_i i \cdot q_i. \tag{11.1.3}$$

于是

$$L = L_q + B, \tag{11.1.4}$$

即系统中顾客数量期望值等于队列中顾客数量期望值与被占用服务台数量的期望值之和.

如果用 $\dfrac{1}{\mu}$ 代表服务时间期望值, 与 (11.1.4) 式类似有

$$W = W_q + \frac{1}{\mu}. \tag{11.1.5}$$

用 U 代表服务台利用率期望值, 由于各服务台的利用率不尽相同, 所以 U 是所有服务台综合的利用率期望值. 服务台利用率期望值应该等于被占用服务台数量的期望值与总服务台数之比, 即

$$U = \frac{B}{c}. \tag{11.1.6}$$

如果 $c = 1$, (11.1.6) 式可简化为 $U = B = 1 - p_0$.

11.2 排队系统的数学模型

11.2.1 最简单流

在排队论中经常用到最简单流这一概念. 所谓最简单流就是指在 t 这一时间段里有 k 个顾客到达服务系统的概率 $v_k(t)$ 服从泊松分布, 即

$$v_k(t) = \mathrm{e}^{-\lambda t} \frac{(\lambda t)^k}{k!} \quad (k = 0, 1, 2, \cdots). \tag{11.2.1}$$

由于最简单流与实际顾客到达流的近似性, 更是由于最简单流假设极大地简化了问题的分析与计算, 因此排队论所研究的问题普遍是最简单流问题.

什么样的排队系统才能具有最简单流呢? 我们可以通过如下三个标准来加以判断.

(1) **平稳性** 平稳性是指在一定的时间间隔内, 来到服务系统的顾客数量只与这段时间间隔的长短有关, 而与这段时间间隔的起始时刻无关.

(2) **独立性** 独立性是指顾客的到达率与系统的状态无关, 无论系统中有多少顾客, 顾客的到达率不变.

(3) **唯一性** 唯一性是指在一个充分小的时间间隔里不可能有两个或两个以上的顾客到达, 只能有一个顾客到达.

(11.2.1) 式中的参数 λ 代表单位时间里到达顾客的平均数, 即平均到达率. 我们可以通过令 $t=1$ 求 $v_k(t)$ 的数学期望来加以证明:

$$\sum_{k=0}^{+\infty} k \cdot v_k(1) = \sum_{k=0}^{+\infty} k e^{-\lambda} \frac{\lambda^k}{k!} = \lambda \sum_{k=0}^{+\infty} \frac{\lambda^{k-1}}{(k-1)!} e^{-\lambda} = \lambda.$$

既然 λ 代表单位时间里到达顾客的平均数, 那么 $\frac{1}{\lambda}$ 自然代表平均的顾客到达时间间隔.

11.2.2 负指数分布的服务时间

负指数分布具有如下的概率密度函数和分布函数:

$$f(x) = \lambda e^{-\lambda x}, \quad F(x) = 1 - e^{-\lambda x}.$$

假设服务台对顾客的服务时间 t 服从负指数分布, 即 $f(t) = \mu e^{-\mu t}$, 则对于每一顾客的平均服务时间为 $\frac{1}{\mu}$, 而 μ 自然代表服务率. 这一点可以通过如下式子加以证明:

$$E(t) = \int_0^{+\infty} t f(t) \mathrm{d}t = \int_0^{+\infty} t \mu e^{-\mu t} \mathrm{d}t = -\int_0^{+\infty} t \mathrm{d}(e^{-\mu t})$$
$$= -\frac{1}{\mu} \int_0^{+\infty} e^{-\mu t} \mathrm{d}(-\mu t) = \frac{1}{\mu}.$$

11.2.3 生死过程

一个顾客的到达将使系统状态从 n 到 $n+1$, 这一过程称为**生**; 一个顾客的离开将使系统状态从 n 到 $n-1$, 这一过程称为**死**. 系统状态的转移可以用状态转移图 (图 11.2.1) 来加以描述, 图中结点代表状态, 箭线代表状态转移. 由于在同一时间不可能有两个事件发生, 所以不存在跨状态的状态转移.

利用图 11.2.1 所示的状态转移形式, 根据流的平衡原理可以建立起稳定状态的状态转移方程组. 所谓流的平衡原理就是在稳定状态下, 流入任意一个结点的流量等于流出该结点的流量. 流量的概念是这样定义的, 如果从状态 i 到状态 j 转移弧上的转移率为 r_{ij}, 那么这条转移弧所发生的流量就是 $r_{ij}p_i$. 流的平衡原理具有鲜明的直观性和广泛的适用性.

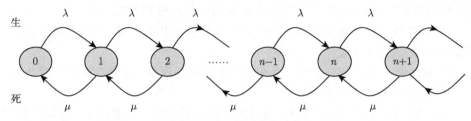

图 11.2.1　生死过程示意

将流的平衡原理应用于转移图的各个状态, 每一状态都可给出一个以 p_i 为变量的线性方程. 这些线性方程组成的线性方程组无条件地决定了 p_i 的分布.

$$\lambda p_0 = \mu p_1,$$
$$\lambda p_1 + \mu p_1 = \lambda p_0 + \mu p_2,$$
$$\lambda p_2 + \mu p_2 = \lambda p_1 + \mu p_3,$$
$$\cdots\cdots$$

流的平衡方程具有一种特别易于手工求解的形式, 第一个方程是根据状态 "0" 的流平衡条件建立的, 因为与状态 "0" 相邻的状态只有状态 "1", 所以此方程只含有 p_0 和 p_1 两个未知量. 虽然 p_0 和 p_1 都随模型的变化而变化, 但利用此方程用 p_0 表示 p_1 总是可以实现的. 第二个方程是根据状态 "1" 的流平衡条件建立的, 它涉及 p_0, p_1 和 p_2 三个未知量. 通过以 p_0 表示 p_1, 可以把未知量减少为 p_0 和 p_2 两个, 进而实现用 p_0 表示 p_2. 依次类推, 每一个方程均可以把一个新的未知量表示为 p_0 的函数, 直到将所有的未知量都用 p_0 表示出来.

因为此时每一个 p_i 都已表示为 p_0 的函数, 所以正规方程 $\sum_i p_i = 1$ 可表示为只含 p_0 一个未知量的形式, 进而求得 p_0 和其他所有的状态概率 p_i. 如果模型含有无限个状态, 正规方程 $\sum_i p_i = 1$ 可表示为只含 p_0 一个未知量的无穷序列.

对于系统容量无限的排队系统, 按照上述求解过程可以得到如下结果:

$$p_1 = \left(\frac{\lambda}{\mu}\right) p_0,$$

$$p_2 = \left(\frac{\lambda}{\mu}\right)^2 p_0,$$
$$\cdots\cdots$$

$$p_i = \left(\frac{\lambda}{\mu}\right)^i p_0.$$

引入正规方程 $\sum\limits_i p_i = 1$ 有

$$p_0 \left[1 + \left(\frac{\lambda}{\mu}\right) + \left(\frac{\lambda}{\mu}\right)^2 + \cdots + \left(\frac{\lambda}{\mu}\right)^n + \cdots\right] = 1.$$

出现在方括号中的无穷序列是一个简单的等比序列, 倘若 $\dfrac{\lambda}{\mu}$ 是一个小于 1 的数, 那么该等比序列将收敛于一个有限的和 $\dfrac{1}{1 - \left(\dfrac{\lambda}{\mu}\right)}$. 解该正规方程有

$$p_0 = 1 - \frac{\lambda}{\mu},$$

进而有

$$p_i = \left(\frac{\lambda}{\mu}\right)^i \left(1 - \frac{\lambda}{\mu}\right).$$

从上述的概率分布解可以看出, λ 和 μ 两个参数总是以比值的形式出现在一起, 所以我们可以用一个小写的希腊字母 ρ 来代替 $\dfrac{\lambda}{\mu}$, 即 $\rho = \dfrac{\lambda}{\mu}$. 将 ρ 代入上述解中去可使其更具简明的形式:

$$p_i = \rho^i (1 - \rho).$$

新的参数 ρ 是到达率与服务率之比, 被称为繁忙率. ρ 也可以有其他的表现形式, 如 $\rho = \dfrac{\dfrac{1}{\mu}}{\dfrac{1}{\lambda}}$, 此时 ρ 的含义是平均服务时间与相继到达平均间隔时间之比; $\rho = \lambda \cdot \dfrac{1}{\mu}$, 此时 ρ 的含义是到达率与平均服务时间的积, 即在一个平均服务时间里到达的平均顾客数量. ρ 的所有这些含义, 均给出了要求 $\rho < 1$ 的逻辑解释. 简言之, 如果顾客的平均到达率大于平均服务率, 那么系统的队长将无限增加, 从而造成系统永远也达不到稳定状态.

11.2.4 基本模型

由于系统中顾客的数量越多, 顾客在系统中逗留的时间也就会越长, 所以可以希望在 W 和 L 之间建立起某种关系. 李特尔 (Little) 公式给出了 L, W 和 λ 三者之间的关系 $L = \lambda \cdot W$, 即系统中平均顾客数等于顾客平均到达率与平均逗留时间的积. 根据李特尔公式, 自然可以得到关系式 $L_q = \lambda \cdot W_q$.

有了李特尔公式, 即可得到如下排队系统的基本模型:

$$L = \sum_{i=0}^{+\infty} i \cdot p_i = (1-\rho)[\rho + 2\rho^2 + 3\rho^3 + \cdots] = \frac{\rho}{1-\rho} = \frac{\lambda}{\mu - \lambda}, \quad (11.2.2)$$

$$W = \frac{L}{\lambda} = \frac{1}{\mu - \lambda}, \quad (11.2.3)$$

$$L_q = 0 \cdot p_0 + \sum_{n=1}^{+\infty}(n-1)p_n = \sum_{n=0}^{+\infty} np_n - \sum_{n=1}^{+\infty} p_n$$

$$= L - (1-p_0) = L - \rho = \frac{\rho^2}{1-\rho} = \frac{\lambda^2}{\mu(\mu-\lambda)}, \quad (11.2.4)$$

$$W_q = \frac{L_q}{\lambda} = \frac{\rho}{\mu - \lambda} = \frac{\lambda}{\mu(\mu - \lambda)}. \quad (11.2.5)$$

需要强调的是, 本节所涉及的所有模型均是基于 $M/M/1$ 排队系统构建的, 对于其他排队系统, 应根据系统的具体情况对某些模型进行适当的调整.

$L - L_q = \rho = B$, 即 ρ 代表了平均被占用的服务台数或服务台利用率. 从 (11.2.2) 式和 (11.2.4) 式可以显示出一个令人关心的问题, 为了限制平均队长为一个适度小的数值, 就不得不牺牲一定的服务台利用率. 例如, 要保持 $L \leqslant 9$, 服务台利用率 ρ 就一定不会超过 90%. 也就是说为了确保系统中的顾客数不超过 9 人, 必须容忍服务台有 10% 的空闲时间.

11.3　排队模型的应用

例 11.3.1　某医院的一个诊室根据患者来诊和诊治的时间记录, 任意抽查 100 个工作小时, 每小时来就诊的患者人数 n 的出现次数, 以及任意抽查 100 个完成诊治的患者病历, 所用时间 v 出现的次数如表 11.3.1 所示, 试分析该排队系统.

表 11.3.1　患者来诊和诊治的时间记录表

患者到达数 n	出现次数 f_n	诊治时间 v	出现次数 f_v
0	10	$0.0 \sim 0.2$	38
1	28	$0.2 \sim 0.4$	25
2	29	$0.4 \sim 0.6$	17
3	16	$0.6 \sim 0.8$	9
4	10	$0.8 \sim 1.0$	6
5	6	$1.0 \sim 1.2$	5
6	1	$1.2 \sim 1.4$	0
合计	100	合计	100

解　将此排队系统抽象为 $M/M/1$ 模型.

(1) 计算每小时病人的平均到达数, 即到达率 λ

$$\lambda = \frac{\sum n f_n}{100} = 2.1(\text{人/时}).$$

(2) 计算每次诊治的平均时间 (v 值取区间中值)

$$\text{每次诊治的平均时间} = \frac{\sum v f_v}{100} = 0.4(\text{时}/\text{人}).$$

(3) 每小时平均完成的诊治人数 (服务率)μ

$$\mu = \frac{1}{0.4} = 2.5(\text{人}/\text{时}).$$

(4) 通过统计检验的方法, 认定在一定显著水平下, 患者的到达服从参数为 2.1 的泊松分布, 诊治时间服从参数为 2.5 负指数分布. 具体检验过程可参见数理统计学.

(5) 计算繁忙率 ρ

$$\rho = \frac{\lambda}{\mu} = \frac{2.1}{2.5} = 0.84.$$

说明该诊室有 84% 的时间在为患者服务, 有 16% 的时间是空闲的.

(6) 计算各排队系统指标

$$L = \frac{\lambda}{\mu - \lambda} = \frac{2.1}{2.5 - 2.1} = 5.25(\text{人}),$$
$$L_q = \rho L = 0.84 \times 5.25 = 4.41(\text{人}),$$
$$W = \frac{1}{\mu - \lambda} = \frac{1}{2.5 - 2.1} = 2.5(\text{小时}),$$
$$W_q = \frac{\rho}{\mu - \lambda} = \frac{0.84}{2.5 - 2.1} = 2.1(\text{小时}).$$

例 11.3.2 顾客到达只有一名理发师的理发部, 顾客平均每 20 分钟到达一位, 每位顾客的处理时间为 15 分钟. 假设以上两种时间均服从负指数分布, 若该理发部希望 90% 的顾客都能有座位, 则应设置多少个等待席位.

解 将此排队系统抽象为 $M/M/1$ 模型并设等待席位为 N.

90% 的顾客都能有座位, 相当于该理发部内的顾客总数不多于 $N+1$ 的概率不小于 0.9, 即

$$\sum_{i=0}^{N+1} p_i = (1 - \rho) \sum_{i=0}^{N+1} \rho^i = 1 - \rho^{N+2} \geqslant 0.9,$$
$$\rho = \frac{\lambda}{\mu} = \frac{3}{4} = 0.75,$$
$$N + 2 \geqslant \frac{\lg 0.1}{\lg \rho} = \frac{\lg 0.1}{\lg 0.75} = 8,$$
$$N \geqslant 6.$$

例 11.3.3 某一大型客运公司, 机车大修率服从泊松分布, 平均每天 2 台. 机修厂对每台大修机车的修理时间服从负指数分布, 平均每台 $\frac{1}{\mu}$ 天. μ 是一个与修理厂年度运行费用 K 有关的函数, $\mu(K) = 0.1 + 10^{-5} \times K$(其中 $K \geqslant 1.9 \times 10^5$ 元).

又已知机车大修平均每天损失 1000 元, 试决定该客运公司机修厂最佳的年度运行费用.

解　将此排队系统抽象为 $M/M/1$ 模型.

(1) 计算每月机车发生故障造成的损失

$$S_1 = (\text{系统中的机车数}) \times (\text{每辆每天损失}) \times (\text{月工作日数})$$
$$= L \times 1000 \times 21.5 = 21500 \left(\frac{\lambda}{\mu - \lambda} \right)$$
$$= 21500 \left(\frac{\lambda}{0.1 + 10^{-5}K - \lambda} \right) = \frac{43000}{10^{-5}K - 1.9}.$$

(2) 计算每月机修厂的运行费用

$$S_2 = \frac{K}{12}.$$

(3) 计算每月总费用

$$S = S_1 + S_2 = \frac{43000}{10^{-5}K - 1.9} + \frac{K}{12}.$$

(4) 求最佳的年度运行费用

$$\frac{\mathrm{d}S}{\mathrm{d}K} = -\frac{43000 \times 10^{-5}}{(10^{-5}K - 1.9)^2} + \frac{1}{12} = 0,$$
$$K \approx 41.8(\text{万元}),$$
$$\mu(K) = 0.1 + 10^{-5} \times 41.8 \times 10^4 = 4.28(\text{辆/ 天}).$$

例 11.3.4　某一个只有一名理发师的理发部, 有 3 个座位供顾客排队等待, 当 3 个等待座位都被占用时, 后来的顾客会自动离开. 顾客的平均到达率为每小时 3 人, 理发的平均时间为 15 分钟, 试分析该排队系统的运行情况.

解　将此排队系统抽象为 $M/M/1/4$ 模型, 其状态转移模型如图 11.3.1.

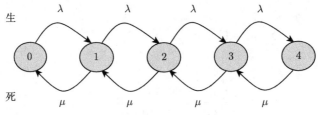

图 11.3.1　状态转移模型图

利用**流平衡方程组**可以得到与 $M/M/1$ 模型具有相同形式的状态概率分布:

$$p_i = \left(\frac{\lambda}{\mu} \right)^i \cdot p_0 = \rho^i \cdot p_0 \quad (i = 0, 1, 2, 3, 4).$$

再利用正规方程即可求得系统空闲的概率 p_0:

$$p_0 = \frac{1-\rho}{1-\rho^{4+1}} = \frac{1-\rho}{1-\rho^5}.$$

(1) 计算顾客一到达即刻就能得到服务的概率

$$\rho = \frac{\lambda}{\mu} = \frac{3}{4} = 0.75, \quad p_0 = \frac{1-\rho}{1-\rho^5} = \frac{1-\dfrac{3}{4}}{1-\left(\dfrac{3}{4}\right)^5} \approx 0.33.$$

(2) 理发部内的平均顾客数和队列中等待的平均顾客数

$$\begin{aligned}
L &= \sum_{i=0}^{4} i \cdot p_i = p_1 + 2p_2 + 3p_3 + 4p_4 \\
&= \rho p_0(1 + 2\rho + 3\rho^2 + 4\rho^3) \\
&= 0.75 \times 0.33(1 + 2 \times 0.75 + 3 \times 0.75^2 + 4 \times 0.75^3) \\
&\approx 1.45, \\
L_q &= L - (1 - p_0) = 1.45 - (1 - 0.33) = 0.78.
\end{aligned}$$

(3) 有效的到达率 λ_e

在队长受到限制的情况下, 当系统满员时, 新来的顾客会自动离开. 虽然顾客以 λ 的速率来到服务系统, 但由于一部分顾客的自动离开, 真正进入系统的顾客输入率应该是比 λ 小的 λ_e. 因为服务系统的利用率可以从两个不同的角度表达为 $1 - p_0$ 或 $\dfrac{\lambda_e}{\mu}$, 即 $1 - p_0 = \dfrac{\lambda_e}{\mu}$, 所以应有 $\lambda_e = \mu(1 - p_0)$.

$$\lambda_e = \mu(1 - p_0) = 4(1 - 0.33) = 2.68(人/时).$$

(4) 顾客在理发部的平均逗留时间和平均等待时间

$$W = \frac{L}{\lambda_e} = \frac{1.45}{2.68} \approx 0.54(小时) \approx 32(分钟),$$

$$W_q = \frac{L_q}{\lambda_e} = \frac{0.78}{2.68} = 0.29(小时) \approx 17(分钟).$$

(5) 顾客的损失率

$$p_4 = \rho^4 p_0 = 0.75^4 \times 0.33 \approx 0.1044 = 10.44\%.$$

例 11.3.5 某医院门前有一个出租车停靠站, 因场地的限制只有 5 个停车位, 在没有停车位时新来的出租车会自动离开. 当停靠站有车时, 从医院出来的患者就租车; 当停靠站无车时, 患者就向出租公司要车. 设出租车以平均每小时 8 辆 ($\lambda = 8$) 的泊松分布到达停靠站, 从医院出来患者的间隔时间为负指数分布, 平均间隔时间为 6 分钟. 试求 (1) 出租车来到医院门前, 停靠站有空位的概率; (2) 进入停靠站的出租车的平均等待时间; (3) 从医院出来的患者直接租到车的概率.

解   将停靠站与到达的出租车作为一个排队系统, 1 号车位相当于正在接受服务的位置, 2, 3, 4, 5 号车位相当于队列, 这样就构建了一个 $M/M/1/5$ 排队模型.

在该排队系统中有效的服务率: $\mu_e = 10(1 - p_0)$.

同上例: $p_0 = \dfrac{1 - \rho}{1 - \rho^6}$,

$$\rho = \frac{\lambda}{\mu_e} = \frac{8}{10(1 - p_0)} = \frac{0.8(1 - \rho^6)}{\rho - \rho^6},$$
$$\rho \approx 0.97, \quad p_0 \approx 0.18, \quad \mu_e = 8.2.$$

将系统状态 i, p_i 和 $i \cdot p_i$ 列于表 11.3.2, 便可十分方便地回答本例的各个问题.

表 11.3.2   参数表

i	$p_i = \rho^i p_0$	$i \cdot p_i$
0	0.180	0
1	0.174	0.174
2	0.169	0.338
3	0.164	0.492
4	0.159	0.636
5	0.154	0.770
合计	1.000	2.410

(1) 出租车来到医院门前, 停靠站有空位的概率

$$p = \sum_{i=0}^{4} p_i = 1 - p_5 = 0.846.$$

(2) 进入停靠站的出租车的平均等待时间

$$\lambda_e = \lambda(1 - p_5) = 8(1 - 0.154) = 6.768,$$
$$L = \sum_{i=0}^{5} i \cdot p_i = 2.410,$$
$$W = \frac{L}{\lambda_e} = \frac{2.410}{6.768} = 0.356(\text{小时}) \approx 21(\text{分钟}).$$

(3) 从医院出来的患者直接租到车的概率

$$p = 1 - p_0 = 1 - 0.18 = 0.82.$$

例 11.3.6 设一名工人负责照管 6 台自动机床, 当机床需要加料或发生故障时就自动停机, 等待工人处理. 设机床平均的停机间隔为 1 小时 ($\lambda = 1$), 工人处理的平均时间为 0.1 小时 ($\mu = 10$), 以上两个时间均服从负指数分布. 试计算系统的各项指标.

解 该例属于顾客总体有限的排队系统, 记为 $M/M/1/6/6$, 可用图 11.3.2 加以描述.

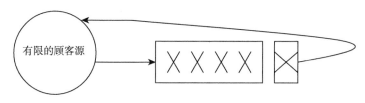

图 11.3.2 有限顾客源排队系统示意

这种模型同前面讨论过的模型的主要区别就在于到达率的不同. 通过直觉的分析, 我们可以得到这样的结论: 顾客源中的潜在顾客越多, 顾客的到达率越大; 而系统中的顾客越多, 顾客的到达率越小. 在顾客源变空 (所有顾客均在系统中) 的极限状态, 顾客的到达率自然减少到 "0".

令 λ 代表每一个顾客的平均到达率, 它可以通过观测每一个顾客在顾客源中所逗留的时间来加以统计. 顾客在顾客源中所逗留的时间是指从某一顾客接受完服务回到顾客源到他再次进入排队系统所经历的时间. 假设此时间服从具有共同数学期望的负指数分布, 那么 λ 将是平均逗留时间的倒数. 需要注意的是, 此时的 λ 不能像以往一样通过观测顾客到达系统的时间间隔来推算, 因为此时的时间间隔与系统中的顾客数之间存在相关关系, 这样得到的到达率仅仅是整个系统的平均到达率而不是每一个顾客的平均到达率.

如果只有一个顾客在顾客源中而其他顾客均在系统中, 很显然此时的顾客到达率就是 λ; 如果顾客源中有两个顾客, 那么此时的顾客到达率将是 2λ, 这样依次类推可以得到图 11.3.3 所示的系统状态转移图.

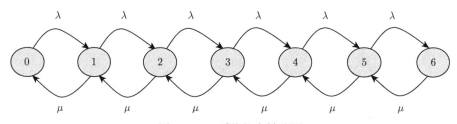

图 11.3.3 系统状态转移图

根据图 11.3.3 可得稳定状态流平衡方程:

$$0 = -6\lambda P_0 + \mu P_1 \quad (i = 0),$$

$$0 = (6 - i + 1)P_{i-1} - [(6 - i)\lambda + \mu]P_i + \mu P_{i+1} \quad (i = 1, 2, 3, 4, 5),$$

$$0 = \lambda P_5 - \mu P_6 \quad (i = 6).$$

求解这些方程可得一般形式的解:

$$P_i = \frac{6!}{(6-i)!}\left(\frac{\lambda}{\mu}\right)^i P_0 \quad (i = 1, 2, 3, 4, 5, 6).$$

此例 $\dfrac{\lambda}{\mu} = \dfrac{1}{10} = 0.1$, 所以有

$$P_1 = \frac{6!}{5!}(0.1)P_0 = 0.6P_0, \quad P_2 = \frac{6!}{4!}(0.1)^2 P_0 = 0.3P_0,$$

$$P_3 = \frac{6!}{3!}(0.1)^3 P_0 = 0.12P_0, \quad P_4 = \frac{6!}{2!}(0.1)^4 P_0 = 0.036P_0,$$

$$P_5 = \frac{6!}{1!}(0.1)^5 P_0 = 0.0072P_0, \quad P_6 = \frac{6!}{0!}(0.1)^6 P_0 = 0.00072P_0.$$

又由于 $\displaystyle\sum_{i=0}^{6} P_i = 1$, 所以有 $P_0 = 0.4845$, 进而有

(1) 工人的忙期

$$1 - P_0 = 1 - 0.4845 = 0.5155.$$

(2) 系统内的平均机床数和队列中等待的平均机床数

$$L = \sum_{i=0}^{6} i \cdot P_i \approx 0.8454,$$

$$L_q = L - (1 - P_0) = 0.8454 - 0.5155 = 0.3299.$$

(3) 机床每次停机的平均时间和等待处理的平均时间

$$\lambda_e = 6\lambda P_0 + 5\lambda P_1 + 4\lambda P_2 + 3\lambda P_3 + 2\lambda P_4 + \lambda P_5$$

$$= 6P_0 + 5P_1 + 4P_2 + 3P_3 + 2P_4 + P_5$$

$$= 6P_0 + 5P_1 + 4P_2 + 3P_3 + 2P_4 + P_5$$

$$= 10.6392P_0 \approx 5.1607,$$

$$W = \frac{L}{\lambda_e} = \frac{0.8454}{5.1607} \approx 0.164(\text{小时}) = 9.84(\text{分钟}),$$

$$W_q = W - \frac{1}{\mu} = 0.164 - \frac{1}{10} = 0.064(小时) = 3.84(分钟).$$

(4) 机床停机时间占总时间的比率

$$\frac{L}{N} = \frac{0.8454}{6} \approx 0.141 = 14.1\%.$$

例 11.3.7　如果将上例改为三名工人联合负责看管 20 台自动机床, 其他各项数据不变, 试分析系统的各项指标.

解　该例属于顾客总体有限并联服务台的排队系统, 记为 $M/M/3/20/20$, 即 $S = 3, N = 20, \frac{\lambda}{\mu} = 0.1$. 系统状态转移如图 11.3.4 所示.

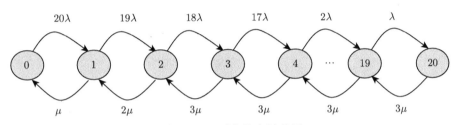

图 11.3.4　系统状态转移图

根据图 11.3.4 可得稳定状态流平衡方程, 从而计算出系统状态的概率分布. 计算数据列于表 11.3.3 中, 由于当 $i > 12$ 时, $P_i < 0.5 \times 10^{-5}$, 故忽略不计.

(1) 工人的平均空闲时间

$$\frac{1}{3} \sum_{i=0}^{2} (3 - i)P_i = \frac{1}{3}(3P_0 + 2P_1 + P_2) = 0.4042.$$

(2) 工人的忙期

$$1 - 0.4042 = 0.5958.$$

(3) 系统内的平均机床数和队列中等待的平均机床数

$$L = \sum_{i=0}^{20} i \cdot P_i \approx 2.12677,$$

$$L_q = \sum_{i=4}^{20} (i - 3)P_i \approx 0.33863.$$

(4) 机床停机时间占总时间的比率

$$\frac{L}{N} = \frac{2.12677}{20} \approx 0.106 = 10.6\%.$$

(5) 机床每次停机的平均时间和等待处理的平均时间

$$\lambda_{\mathrm{e}} = \sum_{i=0}^{20} (20 - i)\lambda P_i \approx 17.8746,$$

$$W = \frac{L}{\lambda_{\mathrm{e}}} = \frac{2.12677}{17.8746} \approx 0.119(\text{小时}) = 7.14(\text{分钟}).$$

$$W_q = \frac{L_q}{\lambda_{\mathrm{e}}} = \frac{0.33863}{17.8746} \approx 0.019(\text{小时}) = 1.14(\text{分钟}).$$

表 11.3.3　计算结果数据表

状态 i	处理数	等待数	空闲人数	P_i/P_0	P_i	$(i-3)P_i$	iP_i
0	0	0	3	1.0000	0.13626	—	—
1	1	0	2	2.0000	0.27250	—	0.27250
2	2	0	1	1.9000	0.25888	—	0.51776
3	3	0	0	1.1400	0.15533	—	0.46599
4	3	1	0	0.6460	0.08802	0.08802	0.35208
5	3	2	0	0.3445	0.04694	0.09388	0.23470
6	3	3	0	0.1722	0.02347	0.07041	0.14082
7	3	4	0	0.0804	0.01095	0.04380	0.07665
8	3	5	0	0.0348	0.00475	0.02375	0.03880
9	3	6	0	0.0139	0.00190	0.01140	0.01710
10	3	7	0	0.0051	0.00070	0.00490	0.00700
11	3	8	0	0.0017	0.00023	0.00184	0.00253
12	3	9	0	0.0005	0.00007	0.00063	0.00084

　　比较上述二例, 可以看出当三名工人联合看管 20 台机床时, 虽然每一名工人平均看管的机床数增加了, 但机床的利用率反而提高了, 这是三名工人相互协作的结果.

　　例 11.3.8　某餐厅有三个服务窗口, 假设顾客的到达服从泊松分布, 平均到达率 $\lambda = 0.6$ 人/分钟, 服务时间服从负指数分布, 平均服务率 $\mu = 0.4$ 人/分钟. 现假设顾客到达后排成一个统一的队列, 从前依次向空闲的窗口购餐, 试分析该排队系统的各项指标.

　　解　该例属于顾客总体无限、系统容量无限的并联服务系统, 记为 $M/M/S$, 即 $S = 3$. 系统状态转移如图 11.3.5 所示.

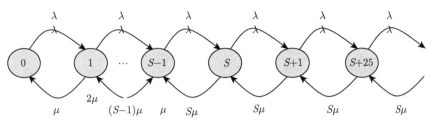

图 11.3.5 系统状态转移

根据图 11.3.5 可得稳定状态流平衡方程:

$$\mu P_1 = \lambda P_0,$$

$$(i+1)\mu P_{i+1} + \lambda P_{i-1} = (\lambda + i\mu)P_i \quad (1 \leqslant i \leqslant S),$$

$$S\mu P_{i+1} + \lambda P_{i-1} = (\lambda + S\mu)P_i \quad (i > S).$$

这里 $\sum_{i=0}^{+\infty} P_i = 1$, 且 $\rho = \dfrac{\lambda}{S\mu} < 1$. 用递推法可求解出系统各状态的概率:

$$P_0 = \left[\sum_{i=0}^{S-1} \frac{1}{i!} \left(\frac{\lambda}{\mu} \right)^i + \frac{1}{S!} \cdot \frac{1}{1-\rho} \left(\frac{\lambda}{\mu} \right)^S \right]^{-1},$$

$$P_i = \frac{1}{i!} \left(\frac{\lambda}{\mu} \right)^i P_0 \quad (i \leqslant S),$$

$$P_i = \frac{1}{S! S^{i-S}} \left(\frac{\lambda}{\mu} \right)^i P_0 \quad (i > S).$$

利用各状态概率, 可求得系统的运行指标:

$$L = L_q + \frac{\lambda}{\mu},$$

$$L_q = \sum_{i=S+1}^{+\infty} (i-S)P_i = \frac{(S\rho)^S \rho}{S!(1-\rho)^2} \cdot P_0,$$

$$W = \frac{L}{\lambda}, \quad W_q = \frac{L_q}{\lambda}.$$

此例 $\dfrac{\lambda}{\mu} = \dfrac{0.6}{0.4} = 1.5$, $\rho = \dfrac{\lambda}{S\mu} = \dfrac{0.6}{3 \times 0.4} = 0.5$, 因此

(1) 餐厅的空闲率

$$P_0 = \left[\frac{1.5^0}{0!} + \frac{1.5^1}{1!} + \frac{1.5^2}{2!} + \frac{1}{3!} \cdot \frac{1.5^3}{1-0.5} \right]^{-1} = 0.21.$$

(2) 队列中的平均顾客数

$$L_q = \frac{1.5^3 \times 0.5}{3!(1-0.5)^2} \times 0.21 \approx 0.236(人).$$

(3) 系统中的平均顾客数

$$L = L_q + \frac{\lambda}{\mu} = 0.236 + 1.5 = 1.736(人).$$

(4) 顾客在队列中的平均等待时间

$$W_q = \frac{L_q}{\lambda} = \frac{0.236}{0.6} \approx 0.393(分钟).$$

(5) 顾客在系统中的平均逗留时间 (不包括就餐的时间)

$$W = \frac{L}{\lambda} = \frac{1.736}{0.6} \approx 2.893(分钟).$$

(6) 顾客到达需要等待的概率

$$P(i \geqslant 3) = 1 - (P_0 + P_1 + P_2) \approx 0.23.$$

例 11.3.9 在黑龙江省的大庆市有一座粮库, 在收获的季节里, 卡车载着小麦从田地运往粮库并尽可能快地返回再运下一车. 在卡车将小麦倾入烘干炉之前, 要抽样检查小麦的质量, 当然还有称重等其他一些验收细节. 因小麦一旦成熟很容易受到风雨的侵蚀, 任何耽搁都会给农场带来巨大的损失, 所以农场总是想尽快收完田里的小麦并运往粮库. 由于该市的所有小麦几乎是在同一时间成熟的, 因此在粮库产生车辆排队问题并不令人惊奇.

为方便起见, 假设卡车相继到达的时间间隔是 6.67 分钟, 平均服务时间为 6 分钟, 这样利用 $M/M/1$ 模型的标准公式就能计算出每辆卡车在粮库的平均逗留时间. 这一时间应与实际消耗的时间相匹配, 如有耽搁农场会认为是无法忍受的.

在农场合作大会上, 提出了三种完善粮库收粮系统的方案.

(1) 增加卡车负荷, 这样卡车相继到达的时间间隔将增至 10 分钟; 同时增加验收人员, 使平均服务时间减少为 4 分钟. 这种相对较小的系统调整, 预计需要花费 3 万元.

(2) 一些农场认为, 尽管第一个方案能在一定程度上缓解矛盾, 但并不能从根本上解决问题. 他们相信进行较大的改造是必要的, 主张对粮库进行扩建, 使服务能力提高一倍. 到达的卡车排成一个统一的队列, 最前面的车将进入最早可利用的验收站接受验收. 这一改造大约需要 40 万元.

(3) 一些农场认为应该在城市的另一处再单独建一座与现有粮库完全相同的新粮库. 这一方案除了把整个服务能力提高一倍外, 还把车辆的到达分为两等份, 其预算投资为 100 万元.

经过初步分析, 大家普遍认为: 第一个方案虽然从费用角度具有一定的吸引力, 但如此小的调整对于解决如此严重的问题其效果不会理想; 第三个方案似乎提供了一种根本的解决问题的方法, 但所需的费用将成为巨大的经济负担; 第二个方案才是权衡的最佳选择. 基于上述认识, 你将做出怎样的选择呢?

用排队论的术语来讲, 第一个方案只改变了模型的参数而没有改变模型的结构; 第二个方案形成一个单队列双服务台服务系统; 第三个方案形成一个双队列双服务台系统. 假设卡车到达服从泊松分布, 服务时间服从负指数分布, 可利用简单的马尔可夫排队模型进行分析. 方案 (1) 和方案 (2) 的分析可以直接利用前例中的相应模型来进行, 而方案 (3) 需要分解为两个独立的 $M/M/1$ 系统. 由于这两个独立的 $M/M/1$ 系统具有相同的系统参数, 因此, 在分析个别车辆时, 只研究其中一个系统就足够了. 表 11.3.4 给出了各方案车辆在系统中的平均逗留时间, 这一结果足以使你大吃一惊, 花钱最少的方案 (方案 (1)) 却产生了最佳的系统完善效果, 这是每一个农场单凭直觉无法想象的.

表 11.3.4　各方案车辆在系统中的平均逗留时间

方案	模型	到达/(人/时)	服务率/(人/时)	逗留时间/分钟
现方案	$M/M/1$	9	10	60
(1)	$M/M/1$	6	15	6.67
(2)	$M/M/2$	9	10	7.52
(3)	$M/M/1$	4.5	10	10.91

11.4　非马尔可夫排队模型

上述的一切排队模型都是以马尔可夫模型 (最简单流) 为基础的, 系统的概率分布处于负指数分布这一基本假设的约束之下. 虽然这一假设为我们带来了许多方便, 但有时它确实与实际情况具有相当大的差距. 因此, 特别需要那些不严格依靠马尔可夫假设的排队模型. 鉴于此, 本节将对几种典型的非马尔可夫排队模型进行简单的介绍.

依据前面的分析, 下述关系式无论在什么情况下都应该是成立的

$$L = L_q + L_c, \quad W = W_q + E(T),$$
$$L = \lambda_e W, \quad L_q = \lambda_e W_q,$$

其中: L_c 为服务台中顾客数量期望值, $E(T)$ 为服务时间期望值.

11.4.1　$M/G/1$ 模型

对于 $M/G/1$ 模型, 服务时间 T 是一般分布 (但要求期望值 $E(T)$ 和方差 $\mathrm{Var}(T)$ 都存在), 其他条件与 $M/M/1$ 相同. 为了达到稳定状态, $\rho < 1$ 这一条件还是必要的, 这里 $\rho = \dfrac{\lambda}{\dfrac{1}{E(T)}} = \lambda \cdot E(T)$. 在上述条件下有

$$L = \rho + \frac{\rho^2 + \lambda^2 \cdot \mathrm{Var}(T)}{2(1-\rho)}.$$

此式被称为 **Pollaczek-Khintchine**(P-K) 公式, 只要知道 λ, $E(T)$ 和 $\mathrm{Var}(T)$, 不管 T 是什么分布, 都可以求出系统中的平均顾客数 L, 进而通过一定的关系式求出 W, W_q 和 L_q.

例 11.4.1　顾客按平均 2 分 30 秒的时间间隔的负指数分布到达某一排队系统, 平均服务时间为 2 分钟. (1) 若服务时间也服从负指数分布, 求顾客的平均逗留时间和等待时间; (2) 若服务时间至少需要 1 分钟且服从如下分布:

$$f(T) = \mathrm{e}^{1-T}, \quad T \geqslant 1,$$
$$f(T) = 0, \quad T < 1.$$

再求顾客的平均逗留时间和等待时间.

解　(1) $\lambda = \dfrac{1}{2.5} = 0.4$, $\mu = \dfrac{1}{2} = 0.5$, $\rho = \dfrac{\lambda}{\mu} = \dfrac{0.4}{0.5} = 0.8$.

$$W = \frac{1}{\mu - \lambda} = \frac{1}{0.5 - 0.4} = 10(\text{分钟}).$$

$$W_q = \frac{\rho}{\mu - \lambda} = \frac{0.8}{0.5 - 0.4} = 8(\text{分钟}).$$

(2) 令 T 为服务时间, 那么 $T = 1 + x$, 其中 x 是服从均值为 1 的负指数分布. 于是 $E(T) = 2$, $\mathrm{Var}(T) = \mathrm{Var}(1 + x) = \mathrm{Var}(x) = 1$, $\rho = \lambda \cdot E(T) = 0.4 \times 2 = 0.8$. 代入P-K 公式得

$$L = 0.8 + \frac{0.8^2 + 0.4^2 \times 1}{2(1-0.8)} = 2.8, \quad L_q = L - \rho = 2.8 - 0.8 = 2.0.$$

$$W = \frac{L}{\lambda} = \frac{2.8}{0.4} = 7(\text{分钟}), \quad W_q = \frac{L_q}{\lambda} = \frac{2.0}{0.4} = 5(\text{分钟}).$$

11.4.2 $M/D/1$ 模型

对于服务时间是确定常数的情形, 由于有 $T = \dfrac{1}{\mu}$ 和 $\mathrm{Var}(T) = 0$, 所以P-K 公式将简化为

$$L = \rho + \frac{\rho^2}{2(1-\rho)}.$$

例 11.4.2 一自动汽车清洗机, 清洗每辆汽车的时间均为 6 分钟, 汽车按泊松分布到达, 平均每 15 分钟来一辆. 试求 L, L_q, W 和 W_q.

解 此系统是 $M/D/1$ 排队系统, 其中

$$\lambda = 4, E(T) = \mu = 10, \rho = \frac{\lambda}{\mu} = 0.4, \mathrm{Var}(T) = 0.$$

$$L = 0.4 + \frac{0.4^2}{2(1-0.4)} \approx 0.533(辆),$$

$$L_q = 0.533 - 0.4 = 0.133(辆),$$

$$W = \frac{0.533}{4} \approx 0.133(小时) \approx 8(分钟),$$

$$W_q = \frac{0.133}{4} \approx 0.033(小时) \approx 2(分钟).$$

通过P-K 公式可以证明, 在一般分布的服务时间中, 定长服务时间的 L, L_q, W 和 W_q 最小. 这完全符合人们通常的理解, 即服务时间越有规律, 等候的时间也就越短.

例 11.4.3 一装卸队专为来到码头仓库的货车装卸货物, 设货车的到达服从泊松分布, 平均每 10 分钟一辆, 而装卸时间与装卸队的人数 x 成反比. 又设该装卸队每班 (8 小时) 的生产费用为 $(20 + 4x)$ 元, 汽车在码头装卸货物时每小时的损失是 15 元. 若 (1) 装卸时间为常数, 一名装卸工人装卸一辆汽车需要 30 分钟; (2) 装卸时间为负指数分布, 一名装卸工人装卸一辆汽车需要 30 分钟, 试分别确定该装卸队应配备的装卸工人数.

解 计算一小时的费用, 该费用包括装卸队费用和汽车在系统中逗留的损失, 即

$$c = \left(\frac{20 + 4x}{8}\right) + 15L.$$

(1) 装卸时间为常数.

$\lambda = 6, \mu = 2x$, 于是 $\rho = \dfrac{3}{x}$, 代入 L 的表达式有

$$L = \rho + \frac{\rho^2}{2(1-\rho)} = \frac{3}{x} + \frac{\left(\dfrac{3}{x}\right)^2}{2\left(1 - \dfrac{3}{x}\right)} = \frac{3}{2}\left[\frac{2x-3}{x(x-3)}\right],$$

所以

$$c = 2.5 + 0.5x + \frac{45}{2}\left[\frac{2x-3}{x(x-3)}\right].$$

令 $\dfrac{\mathrm{d}c}{\mathrm{d}x} = 0.5 + \dfrac{45}{2}\left[\dfrac{2}{x(x-3)} - \dfrac{(2x-3)^2}{x^2(x-3)^2}\right] = 0$, 可得

$$0.5x^4 - 3x^3 - 40.5x^2 + 135x - 202.5 = 0.$$

经过试算, 该方程在 11 和 12 之间有一个根, 分别比较二者所对应的费用值, 因有 $c(11) = 12.858$, $c(12) = 13.422$, 故装卸队应配备 11 名装卸工人.

(2) 装卸时间为负指数分布.

$$c = \frac{20 + 4x}{8} + 15\left(\frac{\lambda}{\mu - \lambda}\right) = 2.5 + 0.5x + 15\left(\frac{6}{2x - 6}\right).$$

令 $\dfrac{\mathrm{d}c}{\mathrm{d}x} = 0.5 - \dfrac{90}{2} \times \dfrac{1}{(x-3)^2} = 0$, 可得

$$(x - 3)^2 = 90,$$

从而 $x \approx 12.5$. 比较 $c(12)$ 和 $c(13)$, 由于 $c(12) = c(13) = 13.5$, 故装卸队配备 12 或 13 名装卸工人均可.

11.4.3　$M/E_k/1$ 模型

当服务时间为定长时, 均方差 $\sigma = 0$; 当服务时间为负指数分布时, 均方差 $\sigma = \dfrac{1}{\mu}$; 而均方差介于这二者之间的一种理论分布称为爱尔朗分布. 假设 T_1, T_2, $\cdots$, T_k 为 k 个具有相同分布而又相互独立的负指数分布, 其概率密度分别为

$$f(t_i) = k\mu\mathrm{e}_i^{-k\mu t_i} \quad (t \geqslant 0),$$

其中 μ, k 是取正值的参数, 而且 k 取整数.

如果服务台对顾客的服务不是一项, 而是按顺序进行的 k 项, 又假设其中每一项服务的服务时间都具有相同的负指数分布, 则总的服务时间服从 k 阶爱尔朗分布. 实际上爱尔朗分布是 Gamma 分布的一个特例, 爱尔朗分布的数学期望和方差分别为 $E(t) = \dfrac{1}{\mu}$, $\mathrm{Var}(t) = \dfrac{1}{k\mu^2}$. 这里有两个参数 μ 和 k, k 值的不同, 可以得到不同的爱尔朗分布, 见图 11.4.1. 当 $k = 1$ 时是负指数分布, 当 $k = +\infty$ 时是定长分布.

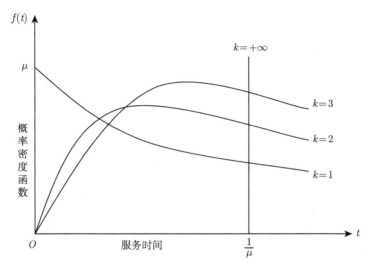

图 11.4.1　不同的爱尔朗分布图

将 $\mathrm{Var}(t) = \dfrac{1}{k\mu^2}$ 代入 P-K 公式得

$$L = \rho + \frac{(k+1)\rho^2}{2k(1-\rho)}, \quad L_q = \frac{(k+1)\rho^2}{2k(1-\rho)},$$
$$W = \frac{L}{\lambda}, \quad W_q = \frac{L_q}{\lambda}.$$

如上所述, k 阶爱尔朗分布的服务时间可用来描述 k 个服务台串联的排队系统. 当然, 这里要求每个服务台的服务时间相互独立且服从相同的负指数分布, 各服务台前的队列容量无限.

例 11.4.4　某产品的生产需要经过 4 道工序, 每一工序的工序时间均服从期望值为 2(小时) 的负指数分布. 该产品的毛坯按泊松分布到达, 平均到达率为每小时 0.1 件, 问计算毛坯经过 4 道工序的期望时间.

解　设 μ 为平均服务率, 那么 $\dfrac{1}{\mu}$ 就是每件产品的平均服务时间, 而 $\dfrac{1}{4\mu}$ 即是平均每道工序所需要的时间. 依题意可知: $\lambda = 0.1$, $\dfrac{1}{4\mu} = 2$(即 $\mu = 0.125$), $\rho = \dfrac{\lambda}{\mu} = \dfrac{0.1}{0.125} = 0.8$, $E(t) = \dfrac{1}{\mu} = 8$, $\mathrm{Var}(t) = \dfrac{1}{k\mu^2} = 16$. 于是

$$L = 0.8 + \frac{(4+1) \times 0.8^2}{2 \times 4(1-0.8)} = 2.8(\text{件}),$$
$$W = \frac{L}{\lambda} = \frac{2.8}{0.1} = 28(\text{小时}).$$

即毛坯经过 4 道工序的期望时间为 28 小时.

11.5　具有优先级的排队模型

在具有优先级的排队模型中, 服务对象的选择并不严格按照先到先服务的规则, 如医院优先抢救急重患者, 列车运行客车优先货车、快车优先慢车等等. 可见在这类模型中, 顾客是有等级区别的, 较高等级的顾客比较低等级的顾客具有优先接受服务的权力.

假设顾客可以分为 N 个等级, 第一级享有至高的优先权, 第 N 级享有最低的优先权, 对同属一级别的顾客仍然按先到先服务的规则选择服务对象. 又假设系统中每一级别顾客的输入均服从泊松分布, 用 $\lambda_i(i = 1, 2, \cdots, N)$ 代表具有第 i 优先级顾客的平均到达率; 每一级别顾客的服务时间均服从负指数分布, 且不管级别的差异都具有相同的服务率 $\mu\left(\dfrac{1}{\mu}\right.$ 表示每名顾客的服务时间 $\left.\right)$. 再假设当一个具有较高级别顾客到达时, 正在接受服务的较低级顾客将被中断服务, 回到排队系统等待重新得到服务.

根据以上假设, 对具有最高级别优先级的顾客来讲, 只有当系统中正在接受服务的顾客也具有最高级别优先级的时候, 他才需要等待, 其他情况均可以立刻得到服务. 因此, 对于具有最高级别优先级的顾客在排队系统中得到服务的情况就如同没有其他级别的顾客一样. 所以, 对最高级别优先级的顾客只要将输入率 λ 换以 λ_1, 此章较前推导的公式是完全适用的.

现在一并考虑第一、第二优先级的顾客, 设 $W_{1\text{-}2}$ 表示一、二两级综合在一起的每个顾客在系统中的平均逗留时间, 根据负指数分布的性质, 对由于高级别顾客到达而中断服务回到队列中的顾客, 无论他被中断几次, 他所接受服务的总时间不会有所改变. 因此, 对 $W_{1\text{-}2}$ 只要将一、二两级顾客的输入率简单相加即可, 所以有

$$(\lambda_1 + \lambda_2)W_{1\text{-}2} = \lambda_1 W_1 + \lambda_2 W_2,$$

其中 W_1 和 W_2 分别表示具有第一、第二优先级的顾客在系统中的平均逗留时间. 将此式变形有

$$W_2 = \frac{\lambda_1 + \lambda_2}{\lambda_2} \cdot W_{1\text{-}2} - \frac{\lambda_1}{\lambda_2}W_1.$$

同理有

$$(\lambda_1 + \lambda_2 + \lambda_3)W_{1\text{-}2\text{-}3} = \lambda_1 W_1 + \lambda_2 W_2 + \lambda_3 W_3.$$

即

$$W_3 = \frac{\lambda_1 + \lambda_2 + \lambda_3}{\lambda_3} \cdot W_{1\text{-}2\text{-}3} - \frac{\lambda_1}{\lambda_3}W_1 - \frac{\lambda_2}{\lambda_3}W_2.$$

依次类推有

$$W_N = \frac{\sum\limits_{i=1}^{N} \lambda_i}{\lambda_N} \cdot W_{1-N} - \frac{\sum\limits_{i=1}^{N-1} \lambda_i W_i}{\lambda_N},$$

其中 $\rho = \dfrac{\sum\limits_{i=1}^{N} \lambda_i}{c\mu} < 1$.

例 11.5.1 某医院门诊部的患者按泊松分布到达, 平均到达率 $\lambda = 2$ 人/时, 医生对患者的服务时间服从负指数分布, 服务率 $\mu = 3$ 人/时. 假设患者中有 60% 属于一般患者, 30% 属于重病患者, 10% 属于病危患者, 分别就该门诊部有一名医生和两名医生的情况, 计算各类患者等待医治的平均等待时间.

解 依题可知 $\mu = 3$, $\lambda_1 = 0.2$, $\lambda_2 = 0.6$, $\lambda_3 = 1.2$.

(1) 一名医生.

$$W_1 = \frac{1}{\mu - \lambda_1} = \frac{1}{3 - 0.2} = 0.357,$$

$$W_{1\text{-}2} = \frac{1}{\mu - (\lambda_1 + \lambda_2)} = \frac{1}{3 - (0.2 + 0.6)} = 0.454,$$

$$W_2 = \frac{0.2 + 0.6}{0.6} \times 0.454 - \frac{0.2}{0.6} \times 0.357 = 0.486,$$

$$W_3 = \frac{0.2 + 0.6 + 1.2}{1.2} \times 1 - \frac{0.2}{1.2} \times 0.357 - \frac{0.6}{1.2} \times 0.454 = 1.379.$$

所以

$$W_{1q} = W_1 - \frac{1}{\mu} = 0.357 - 0.333 = 0.024(\text{小时}) = 1.44(\text{分钟}),$$

$$W_{2q} = W_2 - \frac{1}{\mu} = 0.486 - 0.333 = 0.153(\text{小时}) = 9.18(\text{分钟}),$$

$$W_{3q} = W_3 - \frac{1}{\mu} = 1.379 - 0.333 = 1.046(\text{小时}) = 62.76(\text{分钟}).$$

(2) 两名医生.

利用 $M/M/2$ 模型的 P_0, L_q 公式, 可推得 $W = \dfrac{L_q}{\lambda} + \dfrac{1}{\mu}$.

$$W = \left\{ \frac{\left(\frac{\lambda}{\mu}\right)^2 \left(\frac{\lambda}{2\mu}\right)}{2\lambda \left(1 - \frac{\lambda}{2\mu}\right)^2} \div \left[1 + \left(\frac{\lambda}{\mu}\right) + \frac{\frac{1}{2}\left(\frac{\lambda}{\mu}\right)^2}{1 - \frac{\lambda}{2\mu}} \right] \right\} + \frac{1}{\mu}$$

$$= \left\{ \frac{\lambda^2}{\mu(2\mu - \lambda)^2} \div \left[1 + \frac{\lambda}{\mu} + \frac{\lambda^2}{\mu(2\mu - \lambda)} \right] \right\} + \frac{1}{\mu},$$

$$W_1 = \left\{ \frac{0.2^2}{3(6 - 0.2)^2} \div \left[1 + \frac{0.2}{3} + \frac{0.2^2}{3(6 - 0.2)} \right] \right\} + \frac{1}{3} = 0.3337,$$

$$W_{1\text{-}2} = \left\{ \frac{0.8^2}{3(6 - 0.8)^2} \div \left[1 + \frac{0.8}{3} + \frac{0.8^2}{3(6 - 0.8)} \right] \right\} + \frac{1}{3} = 0.3391,$$

$$W_{1\text{-}2\text{-}3} = \left\{ \frac{2^2}{3(6 - 2)^2} \div \left[1 + \frac{2}{3} + \frac{2^2}{3(6 - 2)} \right] \right\} + \frac{1}{3} = 0.375,$$

$$W_2 = \frac{0.6 + 0.2}{0.6} \times 0.3391 - \frac{0.2}{0.6} \times 0.3337 = 0.3410,$$

$$W_3 = \frac{1.2 + 0.6 + 0.2}{1.2} \times 0.375 - \frac{0.2}{1.2} \times 0.3337 - \frac{0.6}{1.2} \times 0.3410 = 0.3989,$$

所以, 有

$$W_{1q} = 0.0004(\text{小时}) = 0.024(\text{分钟}),$$
$$W_{2q} = 0.0077(\text{小时}) = 0.462(\text{分钟}),$$
$$W_{3q} = 0.0656(\text{小时}) = 3.936(\text{分钟}).$$

11.6　排队系统的最优化

排队系统的最优化问题可分为两类, 即系统设计的最优化和系统控制的最优化. 前者称为静态问题, 从排队论一诞生就成为人们研究的内容, 目的在于使新构建的系统有最大的效益; 后者称为动态问题, 是指一个给定的系统如何根据环境的变化做出适当的调整, 以使某些系统指标得到优化. 进入 20 世纪 80 年代以来, 动态问题成为排队论研究的重点之一. 动态分析是建立在静态分析的基础之上的, 本书只讨论静态最优化问题.

排队系统存在两类费用, 即与服务设施相关的服务费用和与顾客等待时间长短相关的等待费用. 费用模型的出发点就是要使这两类费用的总和最小, 各种费用在稳定状态下都是按单位时间来考虑的. 一般情况下, 服务费用是可以较精确计算或估计的, 而顾客的等待费用较为复杂. 如机械故障问题中的等待费用可以较精确地估计, 但像患者就诊或由于队列太长而失掉顾客所造成的损失, 就只能根据统计经验来加以估计了.

11.6.1　$M/M/1$ 模型中最优服务率 μ^* 的确定

设系统单位时间的服务费用与 μ 值成正比, 比例系数为 c_1; 每一个顾客在系统中逗留 (包括接受服务的时间) 的等待费用与等待时间成正比, 比例系数为 c_2, 如

果用 $TC(\mu)$ 表示在给定 μ 值时的系统总费用, 则

$$TC(\mu) = c_1\mu + c_2L = c_1\mu + c_2 \cdot \frac{\lambda}{\mu - \lambda},$$

$$\mu^* = \lambda + \sqrt{\frac{\lambda c_2}{c_1}}.$$

当 c_1, c_2 一定时, 最佳服务率 μ^* 只与顾客的到达率 λ 有关, 根号前取 "+" 号是因为 $\rho = \dfrac{\lambda}{\mu} < 1$.

对于 $M/M/1/N$ 排队系统, P_N 为顾客被拒绝的概率, $1 - P_N$ 就是顾客被接受的概率, 所以 $\lambda(1 - P_N)$ 就是单位时间实际进入系统的平均顾客数. 在稳定状态下, $\lambda(1 - P_N)$ 也等于单位时间完成服务的平均顾客数. 设每服务 1 人可收入 r 元, 于是单位时间收入的期望值是 $\lambda(1 - P_N)r$, 纯利润是 $\lambda(1 - P_N)r - c_1\mu$. 用 Z 代表纯利润, 于是, 有

$$Z = \lambda(1 - P_N)r - c_1\mu = \lambda r \cdot \frac{1 - \rho^N}{1 - \rho^{N+1}} - c_1\mu = \lambda\mu r \cdot \frac{\mu^N - \lambda^N}{\mu^{N+1} - \lambda^{N+1}} - c_1\mu.$$

令 $\dfrac{\mathrm{d}z}{\mathrm{d}\mu} = 0$, 可得

$$\rho^{N+1} \cdot \frac{N - (N+1)\rho + \rho^{N+1}}{(1 - \rho^{N+1})^2} = \frac{c_1}{r}.$$

即最佳服务率 μ^* 应满足此式, 虽然此式中的 c_1, r, $\lambda \left(\rho = \dfrac{\lambda}{\mu}\right)$ 和 N 都是已知数, 但要通过此式求解出 μ^* 却不是一件容易的事. 对该问题的处理, 我们经常将式子的左侧 (对一定的 N) 作为 ρ 的函数绘制出图形 (图 11.6.1), 对于给定的 $\dfrac{r}{c_1}$ 根据图形可直接求出 $\dfrac{\mu^*}{\lambda}$, 从而求出 μ^*.

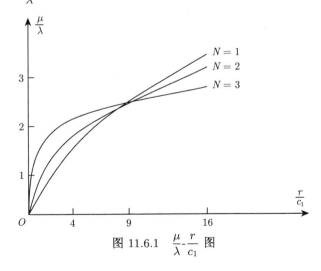

图 11.6.1 $\dfrac{\mu}{\lambda}$-$\dfrac{r}{c_1}$ 图

对于 $M/M/1/N/N$ 排队系统, 我们仍然按照设备故障问题来加以考虑. 设共有 m 台设备, 设备连续运转的时间服从负指数分布. 有一名维修人员, 其处理故障的时间服从负指数分布. c_1 的含义同上, r 为单位时间每台运转设备可得的收益, 设备的平均运转台数为 $m - L$, 所以单位时间的纯收益为

$$z = (m - L)r - c_1\mu = \frac{mr}{\rho} \cdot \frac{E_{m-1}\left(\dfrac{m}{\rho}\right)}{E_m\left(\dfrac{m}{\rho}\right)} - c_1\mu.$$

式中的 $E_m(x) = \displaystyle\sum_{k=0}^{m} \frac{x^k \cdot \mathrm{e}^{-x}}{k!}$, 称为泊松部分和, $\rho = \dfrac{m\lambda}{\mu}$, 而

$$\frac{\mathrm{d}E_m(x)}{\mathrm{d}x} = E_{m-1}(x) - E_m(x).$$

求 $\dfrac{\mathrm{d}z}{\mathrm{d}\mu} = 0$, 可得

$$\frac{E_{m-1}\left(\dfrac{m}{\rho}\right)E_m\left(\dfrac{m}{\rho}\right) + \dfrac{m}{\rho}\left[E_m\left(\dfrac{m}{\rho}\right)E_{m-2}\left(\dfrac{m}{\rho}\right) - E_{m-1}^2\left(\dfrac{m}{\rho}\right)\right]}{E_m^2\left(\dfrac{m}{\rho}\right)} = \frac{c_1\lambda}{r}.$$

当给定 m, c_1, r, λ, 要由上式求解出 μ^* 也是很困难的. 对此问题的处理, 我们经常将式子的左侧 (对一定的 m) 作为 ρ 的函数绘制出图形 (图 11.6.2), 对于给定的 $\dfrac{c_1\lambda}{r}$ 根据图形可直接求出 $\dfrac{u^*}{\lambda}$, 从而求出 μ^*.

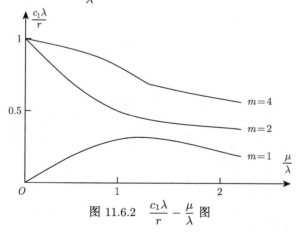

图 11.6.2 $\dfrac{c_1\lambda}{r} - \dfrac{\mu}{\lambda}$ 图

11.6.2 $M/M/S$ 模型中最优服务台数 S^* 的确定

设 c_1, c_2 分别代表每一服务台单位时间的成本和每一顾客在系统中逗留单位时间的费用. 因为 S^* 只能取整数, 所以 $z(S)$ 不是连续函数, 因此无法使用微分

法, 只能使用边际分析法. 根据 $z(S^*)$ 是最小值的特点, 可得 $z(S^*) \leqslant z(S^* - 1)$ 和 $z(S^*) \leqslant z(S^* + 1)$. 将 $z = c_1 \cdot S + c_2 \cdot L$ 代入这两个不等式, 可得

$$c_1 S^* + c_2 L(S^*) \leqslant c_1(S^* - 1) + c_2 L(S^* - 1),$$

$$c_1 S^* + c_2 L(S^*) \leqslant c_1(S^* + 1) + c_2 L(S^* + 1).$$

化简可得 $L(S^*) - L(S^* + 1) \leqslant \dfrac{c_1}{c_2} \leqslant L(S^* - 1) - L(S^*)$, 依次求 $S = 1, 2, \cdots, N$ 时的 L 值并计算相邻两个 L 值的差, 因 $\dfrac{c_1}{c_2}$ 是已知数, 根据 $\dfrac{c_1}{c_2}$ 所在的不等式区间就可以确定 S^* 的值.

例 11.6.1　某车间有一个工具维修部, 要求维修的工具按泊松流到达, 平均每小时 17.5 件. 维修部工人每人每小时平均维修 10 件, 服从负指数分布. 已知每名工人每小时的工资为 6 元, 因工具维修使机器停产的损失为每台每小时 30 元. 要求确定该维修部的最佳工人数.

解　本例 $c_1 = 6$, $c_2 = 30$, 故 $\dfrac{c_1}{c_2} = 0.2$. 分别计算 $S = 1, 2, \cdots, N$ 时的 L 值并计算相邻两个 L 值的差, 计算结果见表 11.6.1.

表 11.6.1　计算结果表

S	$L(S)$	$L(S-1) - L(S)$
1	∞	—
2	7.467	∞
3	2.217	5.25
4	1.842	0.375
5	1.769	0.073
6	1.754	0.015

因 $L(4) - L(5) = 0.073 < 0.2 < 0.375 = L(3) - L(4)$, 所以该维修部最佳应配备 4 名工人.

复习思考题

11.1 排队论主要研究的问题是什么.

11.2 试述排队模型的种类及各部分的特征.

11.3 理解平均到达率、平均服务率、平均服务时间和顾客到达间隔时间等概念.

11.4 试述队长和排队长、等待时间和逗留时间、忙期和闲期等概念及他们之间的联系与区别.

11.5 判断下列说法是否正确.

1) 若到达排队系统的顾客为泊松流, 则依次到达的两名顾客之间的间隔时间服从负指数分布;

2) 在排队系统中, 一般假定对顾客服务时间的分布为负指数分布, 这是因为通过对大量实际系统的统计研究, 这样的假定比较合理;

3) 一个排队系统中, 不管顾客到达和服务时间的情况如何, 只要运行足够长的时间后, 系统将进入稳定状态;

4) 排队系统中, 顾客等待时间的分布不受排队服务规则的影响;

5) 在顾客到达及机构服务时间的分布相同的情况下, 对容量有限的排队系统, 顾客的平均等待时间少于允许队长无限的系统;

6) 在顾客到达分布相同的情况下, 顾客的平均等待时间同服务时间分布的方差大小有关, 当服务时间分布的方差越大时, 顾客的平均等待时间就越长.

习 题 11

11.1 简答.

1) 排队规则与系统数量指标; 2) 马尔可夫排队模型; 3) 稳定状态流平衡原则.

11.2 绘制各排队系统的状态转移图.

1) $M/M/2/4$; 2) $M/M/3/3$; 3) $M/M/1/3/3$.

11.3 某服务亭只有一名服务员, 顾客按泊松分布到达, 平均每小时 4 人; 服务时间服从负指数分布, 平均每人 6 分钟. 求:

1) 系统空闲的概率; 2) 有 3 名顾客的概率; 3) 至少有 1 名顾客的概率;

4) 平均的顾客数; 5) 平均逗留的时间; 6) 平均等待的顾客数;

7) 平均的等待时间; 8) 顾客逗留 15 分钟以上的概率.

11.4 一个美发厅有两把椅子和两名美发师, 没有顾客等待的位置. 顾客的到达服从泊松分布, 平均每小时 6 人. 当顾客到达时, 如果有空位置就进入, 如果没有空位置就离开. 美发时间服从负指数分布, 平均每人 15 分钟. 试回答下列各问:

1) 建立状态转移图和稳定状态流平衡方程;

2) 求解稳定状态流平衡方程, 确定系统概率分布;

3) 计算美发师平均繁忙率;

4) 计算平均每小时丢失的顾客数;

5) 如果增加 2 个顾客等待的位置, 上述各问将发生怎样的变化.

11.5 一个超级市场的停车场有 100 个停车位, 假设汽车的到达服从泊松分布, 平均每小时 λ 辆, 到达的汽车如果没有停车位将自动离开. 人们采购的时间服从负指数分布, 平均 μ 小时, 试回答下列各问:

1) 代表此问题的排队模型;

2) 求解稳定状态流平衡方程, 确定系统概率分布;

3) 以此问题为背景解释 P_i, L, W.

11.6 一个美发厅有一名美发师, 顾客的到达服从泊松分布, 平均每小时 4 人. 当系统中已有 $n(n = 0, 1, 2, 3, 4)$ 名顾客时, 新到达的顾客将有一部分不愿意等待而离开, 离开的概率为 $\frac{n}{4}$. 美发时间服从负指数分布, 平均每人 15 分钟. 试回答下列各问:

1) 建立状态转移图和稳定状态流平衡方程;

2) 求解稳定状态流平衡方程, 确定系统概率分布;

3) 计算顾客在系统中的平均逗留时间.

11.7 一名机工负责 5 台机器的维修, 已知每台机器的平均故障率为每小时 0.5 次, 服从泊松分布. 机器的维修时间服从负指数分布, 平均每台 20 分钟. 试回答下列各问:

1) 全部机器均处于运行状态的概率;

2) 平均等待维修的机器数量;

3) 若希望机器至少有 50% 以上的时间处于运转状态, 该机工最多负责维修的机器数量;

4) 若机工每小时的工资为 8 元, 每台机器每小时的停工损失为 40 元, 试确定该机工最佳负责维修的机器数量.

11.8 办理某项业务需要经过 4 道手续, 每一道手续所需的时间服从负指数分布, 平均为 1 小时. 顾客按泊松分布到达, 平均到达率为每小时 0.15 人. 试问顾客办理该项业务的期望时间是多少小时?

11.9 某排队系统的顾客分为三个不同的优先级, 当具有较高优先级的顾客到达时, 服务台将停止对较低优先级顾客的服务而转向对高优先级顾客的服务. 同一优先级的顾客按先到先服务的规则接受服务. 已知各优先级顾客的到达均服从泊松分布, 第一优先级顾客的到达率为每小时 0.25 人, 第二优先级顾客的到达率为每小时 0.50 人, 第三优先级顾客的到达率为每小时 0.75 人; 服务台对各优先级顾客的服务时间均服从负指数分布, 其平均时间分别为 0.8 小时、0.3 小时和 0.2 小时. 试求各类顾客在系统中的平均数量和平均逗留时间.

11.10 某工作室使用 10 台相同的设备, 当设备运行时每台每小时可获纯利 40 元. 每台设备平均 8 小时出现一次故障, 每名工人维修一台设备的平均时间是 6 小时, 以上指标均服从负指数分布. 每名维修工人的工资为每小时 10 元, 试求:

1) 使总的费用最小的最佳维修工人数;

2) 使停工维修的设备期望数少于 3 的维修工人数;

3) 使设备停工待修的期望时间少于 3 小时的维修工人数.

附录

上机实验

计算机的应用在运筹学的教学中占有重要地位, 在解决实际问题, 特别是大型运筹与优化问题时, 必须应用应用运筹学相关优化软件, 借助计算机来实现.

第 1 章　优化软件简介

1.1　LINGO, LINDO(优化软件)

LINGO 和 LINDO 是美国 LINDO 系统公司开发的一套专门用于求解最优化问题的软件包. LINDO(Linear, INteractive, and Discrete Optimizer) 是一个解决二次线性整数规划问题的方便而强大的工具. LINDO 软件包的特点是程序执行速度快, 易于输入、输出、求解和分析一个线性规划问题, 还可以求解整数规划、二次规划等问题, 在教育、科研和工农业生产中得到了广泛的应用.

LINGO 是 Linear Interactive and General Optimizer 的缩写, 即 "交互式的线性和通用优化求解器", 由美国 LINDO 系统公司 (Lindo System Inc.) 推出, 可以用于求解非线性规划, 也可以用于一些线性和非线性方程组的求解等, 功能十分强大, 是求解优化模型的最佳选择. 其特色在于内置建模语言, 提供十几个内部函数, 可以允许决策变量是整数 (即整数规划, 包括 0-1 整数规划), 方便灵活, 而且执行速度非常快. 能方便与 Excel, 数据库等其他软件交换数据. 本书以 LINGO15.0 为例.

进入 LINDO 后. 系统在屏幕的下方打开一个编辑窗口, 其默认标题是 "untitled", 就是无标题的意思. 屏幕的最上方有【File】、【Edit】、【Solve】、【Reports】、【Window】、【Help】六个菜单, 除【Solve】和【Reports】菜单外, 其他功能与一般 Windows 菜单大致相同. 而【Solve】和【Reports】菜单的功能很丰富, 这里只对其最简单常用的命令作一简单的解释.

【Solve】菜单

〖Solve〗子菜单, 用于求解在当前编辑窗口中的模型, 该命令也可以不通过菜单而改用快捷键 Ctrl+S 或用快捷按钮来执行.

〖Compile Model〗子菜单, 用于编译在当前编辑窗口中的模型, 该命令也可以改用快捷键 Ctrl+E 或用快捷按钮来执行. LINDO 求解一个模型时, 总是要将其编译成 LINDO 所能处理的程序而进行, 这一般由 LINDO 自动进行, 但有时用户需要先将模型编译一下查对是否有错, 则用到此命令.

〖Debug〗子菜单, 如果当前模型有无界解或无可行解时, 该命令可用来调试当前编辑窗口中的模型. 该命令也可以改用快捷键 Ctrl+D 来执行.

〖Pivot〗子菜单, 对当前编辑窗口中的模型执行单纯形法的一次迭代, 该命令也可以改用快捷键 Ctrl+N 来执行. 利用该命令, 可以对模型一步步求解, 以便观察中间的过程.

〖Preemptive Goal〗子菜单, 用来处理具有不同优先权的多个目标函数的线性规划或整数规划问题, 该命令也可以改用快捷键 Ctrl+G 来执行. 利用该命令, 可以求解目标规划.

【Reports】菜单

〖Solution〗子菜单, 在报告窗口中建立一个关于当前编辑窗口中的模型的解的报告, 该命令也可以改用快捷键 Ctrl+0 或快捷按钮来执行. LINDO 在求解一个模型时默认状态下是产生其解的报告的, 但如果用户事先在【Edit】菜单下〖Option〗子菜单中将输出改为简洁方式 (Terse mode), 则系统就会将解的报告省略. 此时, 要输出解的报告就用到〖Solution〗子菜单.

〖Tableau〗子菜单, 在输出窗口中显示模型的当前单纯形表, 该命令也可以改用快捷键 Alt+7 来执行. 该命令与〖Pivot〗命令结合使用, 可得到单纯形法求解线性规划的详细过程.

例 1-1-1 **利用 LINDO 软件求解**如下线性规划问题.

$$\text{MAX} \quad Z = 2X_1 + 3X_2,$$

SUBJECT TO
$$X_1 + 2X_2 \leqslant 4,$$
$$4X_1 \leqslant 8,$$
$$4X_2 \leqslant 6,$$
$$X_1, X_2 \geqslant 0.$$

第 1 步 **模型输入**.

这里模型输入方式有两种, 以下任何一种都是可以的.

表 1-1-1 为模型输入方式, 如图 1-1-1 所示.

表 1-1-1 LP 模型的输入

MAX 2x1+3x2	max 2x1+3x2
SUBJECT TO	st
2) x1+2x2<= 4	x1+2x2<=4
3) 4x1 <= 8	4x1<=8
4) 4x2<=6	4x2<= 6
END	end

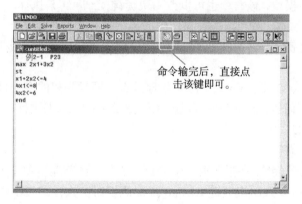

图 1-1-1 模型输入

第 2 步 敏感性分析(图 1-1-2).

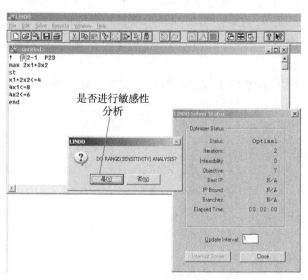

图 1-1-2 敏感性分析

第 3 步　结果分析(图 1-1-3).

''LP OPTIMUM FOUND AT STEP2''表示 LINDO 在(用单纯形法)两次迭代或旋转后得到最优解.

''OBJECTIVE FUNCTION VALUE 7.000000''表示最优目标值为7.

''VALUE''给出最优解中各变量的值. 本例中可生产产品A 2件($x_1=2$)，产品B 1件($x_2=1$).

''SLACK OR SURPLUS''给出松弛变量的值. 本例中：

$x_3=$ 第2行松弛变量 =0

$x_4=$ 第3行松弛变量 =0

$x_5=$ 第4行松弛变量 =2

"REDUCED COST" 出最优单纯形表中第 0 行中变量的系数（max 型问题）. 其中基变量的 reduced cost 值应为 0, 对于非基变量 x_j, 相应的 reduced cost 值表示当 x_j 增加一个单位时目标函数减少的量.

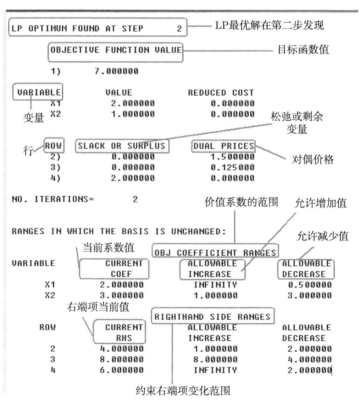

图 1-1-3　敏感性分析结果

"DUAL PRICES" 给出对偶价格的值: 第 2,3,4 行对偶价格分别为 1.500000,

0.125000, 0.000000, 表示对应约束中不等式右端项若增加 1 个单位, 目标函数将分别增加 1.500000, 0.125000, 0.000000 个单位.

"NO. ITERATIONS= 2" 表示用单纯形法进行了两次迭代 (旋转).

另外, 当执行 TABLEAU 命令后, LINDO 会显示单纯形表 (图 1-1-4 与图 1-1-5). 在图 1-1-5 中我们可看到, 基向量为 BV={x2, x1, x5}, 注意, 在此例中, SLK4 对应的是 $x5$. ART 是人工变量 (artificial variable). ART 就是相应的目标值 z.

图 1-1-4   最优单纯形表

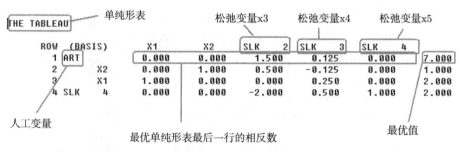

图 1-1-5   最优单纯形表

模型输入须注意以下几点:

(1) 目标函数必须放在模型的开始, 以 MAX 或 MIN 开头, 只需输入目标函数体 (变量及其系数), 而不要 "z=⋯";

(2) LINDO 不区分字母的大小写;

(3) 变量名应为不超过 8 个字符的字符串, 第一个字符必须是字母, 其后可以是字母、数字等字符, 但不能包括空格、逗号、"+"、"−"、"∗"等运算符;

(4) 变量的系数放在变量之前, 与变量之间可以有空格, 但不能有算符, 如 "∗"、"/" 等;

(5) 系数和右端常数中不能有分隔符出现, 如 2000 不允许写成 2,000 或 2 000 等;

(6) LINDO 可接受的运算符有 "+"、"−"、"<" 和 ">" 四种, 其优先顺序是从左到右, 不接受括号等标志优先顺序的算符, 因此输入的式子必须事先经过化简, 也不允许出现类似于 "3X1+2X2−X1>6" 的式子;

(7) 只有变量及其系数能够出现在目标函数中和约束条件的左端, 而只有常数能够出现在约束条件的右端;

(8) 系统默认变量为非负的, 因此非负的变量无需再加标识;

(9) 约束条件中的 "⩽" 和 "⩾" 分别用 "<" 和 ">" 代替, 用户也可以写成为 "<=" 和 ">=";

(10) 如果模型中的目标函数或约束条件较长而一行容纳不下的话, LINDO 允许换行, 除在变量名中间及系数和常数中间外, 其他位置均可插入 Enter 键而换行.

此外, LINDO 允许在输入的模型中插入注释. 在用户需要插入注释的位置, 先插入一个 "!", 通知 LINDO 其后是注释, LINDO 将把该行 "!" 右侧的所有字符当作注释.

一般地, 使用 LINGO 求解运筹学问题可以分为以下两个步骤来完成:

(1) 根据实际问题, 建立数学模型, 即使用数学建模的方法建立优化模型;

(2) 根据优化模型, 利用 LINGO 来求解模型. 主要是根据 LINGO 软件, 把数学模型转译成计算机语言, 借助于计算机来求解.

LINGO 有两种命令格式: 一种是常用的 Windows 模式, 通过下拉式菜单命令驱动 LINGO 运行, 界面是图形式的, 使用起来也比较方便; 另一种是命令行 (Command-Line) 模式, 仅在命令窗口 (Command Window) 下操作, 通过输入行命令驱动 LINGO 运行. 由于其使用字符方式输入, 初学者往往不太容易掌握. 在这里, 我们主要介绍在菜单驱动模式下 LINGO 的使用方法.

当你在 Windows 下开始运行 LINGO 系统时, 会得到类似下面的一个窗口 (图 1-1-6).

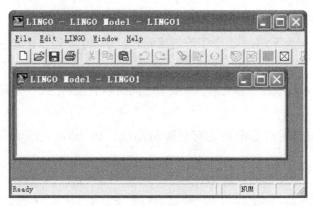

图 1-1-6 主菜单窗口

外层是主框架窗口, 包含了所有菜单命令和工具条, 其他所有的窗口将被包含在主窗口之下. 在主窗口内的标题为 LINGO–Model–LINGO1 的窗口是 LINGO 的默认模型窗口, 建立的模型都要在该窗口内编码实现. 状态行最左边显示的是 "Ready" 表示 "准备就绪"; 右下角显示的是当前时间, 时间前面是当前光标的位置 "Ln1,Col1"(即 1 行 1 列). 将来, 用户可以用选项命令 (LINGO ｜ Options 菜单命令) 决定是否需要显示工具栏和状态行. 在 LINGO 模型窗口中, 选择菜单命令 "File ｜ Open(F3)", 可以看到图 1-1-7 所示的标准的 "打开文件" 对话框, 我们看到有各种不同的 "文件类型":

图 1-1-7 菜单命令

- 后缀. "lg4" 表示 LINGO 格式的模型文件, 是一种特殊的二进制格式文件, 保存了我们在模型窗口中所能够看到的所有文本和其他对象及其格式信息, 只有 LINGO 能读出它, 用其他系统打开这种文件时会出现乱码;

- 后缀. "lng" 表示文本格式的模型文件, 并且以这个格式保存模型时 LINGO 将给出警告, 因为模型中的格式信息 (如字体、颜色、嵌入对象等) 将会丢失;
- 后缀. "ldt" 表示 LINGO 数据文件;
- 后缀. "ltf" 表示 LINGO 命令脚本文件;
- 后缀. "lgr" 表示 LINGO 报告文件;
- 后缀. "ltx" 表示 LINGO 格式的模型文件;
- 后缀. "mps" 表示 MPS(数学规划系统) 格式的模型文件;
- "*.*" 表示所有文件

除 "lg4" 文件外, 这里的另外几种格式的文件其实都是普通的文本文件, 可以用任何文本编辑器打开和编辑.

现在使用 LINGO 来解如下线性规划问题.

例 1-1-2 线性规划问题 (LP)

$$MAX \quad Z = 6X_1 + 4X_2 + 3X_3 + 2X_4,$$

SUBJECT TO

$$2X_1 + 3X_2 + X_3 + 2X_4 \leqslant 40,$$
$$X_1 + X_2 + 2X_3 + X_4 \leqslant 15,$$
$$2X_1 + X_2 + X_3 + 0.5X_4 \leqslant 20,$$
$$3X_1 + X_2 + X_4 \leqslant 25,$$
$$X_1, X_2, X_3, X_4 \geqslant 0.$$

由于 LINGO 中已假设所有的变量都是非负的, 所以非负约束不必再输入到计算机中; LINGO 也不区分变量中的大小写字符 (实际上任何小写字符将被转换为大写字符); 约束条件中 "<=" 及 ">=" 可用 "<" 及 ">" 代替表示不等式 "≥" 和 "≤" 上面问题用键盘输入如下:

LINGO 的输出线性规划文件为

```
MAX=6*x1+4*x2+3*x3+2*x4;
    2*x1+3*x2+2*x4<=40;
    x1+x2+2*x3+x4<=15;
    2*x1+x2+x3+0.5*x4<=20;
    3*x1+x2+x4$<$=25;
```

LINGO 中一般称上面这种优化问题的实例的输入为模型 (MODEL), 本章中简称为 "问题模型". 以后涉及该模型时, 目标函数为第 1 行, 四个约束条件分别问 2、3、4、5 行.

在 LINGO 系统中, 从菜单下选用 Solve 命令, 则可以得到如下结果:

```
Global optimal solution found.
Objective value:                              70.00000
Infeasibilities:                              0.000000
Total solver iterations:                             2
```

Variable	Value	Reduced Cost
X1	5.000000	0.000000
X2	10.00000	0.000000
X3	0.000000	3.000000
X4	0.000000	1.000000

Row	Slack or Surplus	Dual Price
1	70.00000	1.000000
2	0.000000	0.000000
3	0.000000	2.000000
4	0.000000	2.000000

从 LINGO 菜单中选用 Generate 命令, 得到如下结果即为模型的一般形式:

```
MAX      2 X4+3 X3+4 X2+6 X1
SUBJECT TO
   2]  2 X4+X3 +3 X2+2 X1<= 40
   3]  X4 +2X3+ X2 +X1<= 15
   4]  5 X4+ X3 +X2 + 2X1<=20
   5]  X4 +X2 +3 X1<= 25
END
```

1.2　Mathematica(优化部分) 简介

Mathematica 是美国 Wolfram 研究公司生产的一种数学分析型的软件, 以符号计算见长, 也具有高精度的数值计算功能和强大的图形功能.

假设在 Windows 环境下已安装好 Mathematica7.0, 启动 Windows 后, 在 "开始" 菜单的 "程序" 中单击 Wolfram Mathematica , 就启动了 Mathematica7.0, 在屏幕上显示如图的 Notebook 窗口, 系统暂时取名 "未命名 -1", 直到用户保存时重新命名为止.

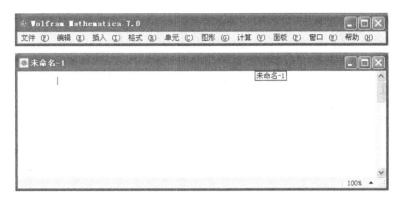

图 1-2-1 Mathematica 主菜单窗口

输入 1+1, 然后按下 Shift+Enter 键, 这时系统开始计算并输出计算结果, 并给输入和输出附上次序标识 In[1] 和 Out[1], 注意 In[1] 是计算后才出现的; 再输入第二个表达式, 要求系统将一个二项式展开, 按 Shift+Enter 输出计算结果后, 系统分别将其标识为 In[2] 和 Out[2]. 如图 1-2-2 所示.

$$In[2]: = Expand[(x+y)]\wedge 5]// \; TraditionalForm$$

$In[1]:= 1+1$ $Out[2]//TraditionalForm=$

$Out[1] = 2$

$$x^5+5x^4y+10x^3y^2+10x^2y^3+5xy^4+y^5$$

图 1-2-2

在 Mathematica 的 Notebook 界面下, 可以用这种交互方式完成各种运算, 如函数作图、求极限、解方程等, 也可以用它编写像 C 那样的结构化程序. 在 Mathematica 系统中定义了许多功能强大的函数, 我们称之为内建函数 (built-in function), 直接调用这些函数可以取到事半功倍的效果. 这些函数分为两类, 一类是数学意义上的函数, 如: 绝对值函数 Abs[x], 正弦函数 Sin[x], 余弦函数 Cos[x], 以 e 为底的对数函数 Log[x], 以 a 为底的对数函数 Log[a,x] 等; 第二类是命令意义上的函数, 如作函数图形的函数 Plot[f[x],{x,xmin,xmax}], 解方程函数 Solve[eqn,x], 求导函数 D[f[x],x] 等.

必须注意的是:

> Mathematica 严格区分大小写, 一般地, 内建函数的首写字母必须大写, 有时一个函数名是由几个单词构成, 则每个单词的首写字母也必须大写, 如: 求局部极小值函数 FindMinimum[f[x],{x,x0] 等. 第二点要注意的是, 在 Mathematica 中, 函数名和自变量之间的分隔符是用方括号 "[ ]", 而不是一般数学书上用的圆括号 "( )", 初学者很容易犯这类错误.

如果输入了不合语法规则的表达式, 系统会显示出错信息, 并且不给出计算结果, 例如: 要画正弦函数在区间 $[-10, 10]$ 上的图形, 输入 plot[Sin[x],{x,−10,10}], 则系统提示 "可能有拼写错误, 新符号 "plot" 很像已经存在的符号 "Plot", 实际上, 系统作图命令 "Plot" 第一个字母必须大写, 一般地, 系统内建函数首写字母都要大写. 再输入 Plot[Sin[x],{x,−10,10}, 系统又提示缺少右方括号, 并且将不配对的括号用蓝色显示, 如图 1-2-3.

```
In[6]:= plot[Sin[x],{x,-10,10}]

Out[6]:= plot[Sin[x],{x,-10,10}]

In[7]:= plot[Sin[x],{x,-10,10}

        Syntax::bktmcp :
        Expression"plot[Sin[x],{x,-10,10}"has no closing"]".
        Syntax::sntxi : Incomplete expression; more input is needed.
```

图 1-2-3

一个表达式只有准确无误, 方能得出正确结果. 学会看系统出错信息能帮助我们较快找出错误, 提高工作效率. 完成各种计算后, 点击 File->Exit 退出, 如果文件未存盘, 系统提示用户存盘, 文件名以 ".nb" 作为后缀, 称为 Notebook 文件. 以后想使用本次保存的结果时可以通过 File->Open 菜单读入, 也可以直接双击它, 系统自动调用 Mathematica 将它打开.

Mathematica 提供了求目标函数的局部极小值命令和线性规划 (即带有线性条件约束的线性目标函数在约束范围内的极小和极大值) 命令.

Mathematica 只给出了求局部极小值的命令, 如果要求局部极大值只要把命令中的目标函数加上负号即可, 即把 "目标函数" 变为 "− 目标函数" 就可以求局部极大值了.

Mathematica 求函数局部极小值的一般形式为

FindMinimum [目标函数, {自变量名 1, 初始值 1}, {自变量名 2, 初始值 2},...]

具体的拟合命令有

命令形式 1 　FindMinimum [f[x], {x, x_0}]

功能 　以 x_0 为初值, 求一元函数 $f(x)$ 在 x_0 附近的局部极小值.

命令形式 2 　FindMinimum [f [x], {x,} {x_0, {x_1}}]

功能 　以 x_0 和 x_1 为初值, 求一元函数 $f(x)$ 在它们附近的局部极小值.

命令形式 3 　FindMinimum [f [x], {x, x_0, xmin,xmax }]

功能 　以 x_0 为初值, 求一元函数 $f(x)$ 在 $x0$ 附近的局部极小值, 如果中途计算超出自变量范围 [xmin,xmax], 则终止计算.

命令形式 4 　FindMinimum [f [x,y,...], {x, x_0},{y, y_0},⋯]

功能 以点 $(x_0, y_0, \cdots)$ 为初值, 求多元函数 $f(x, y, \cdots)$ 在 $(x_0, y_0, \cdots)$ 附近的局部极小值.

注意 (1) 所有命令结果显示形式为: {极小值, {自变量 $->$ 极小值点}}.

(2) 把上面命令中的目标函数 f [$\cdots$] 写为 $-$f [$\cdots$], 对应的命令就可以用来求局部极大值了, 但要注意的是此时求出的结果是 $-$f [$\cdots$] 的局部极小值, 因此, 还要把所求出的极小值前面加上负号才是所要的局部极大值.

(3) 命令形式 2 主要用于目标函数没有导数的情况.

(4) 求多元函数的极值时, 初值 $(x_0, y_0, \cdots)$ 可以根据实际问题来猜测, 对二元函数的极值还可以借助等高线图中的环绕区域得到.

例题

例 1-2-1 求函数 $y = 3x^4 - 5x^2 + x - 1$, 在 $[-2, 2]$ 的极大值、极小值和最大值、最小值.

解 先画出函数图形, 再确定求极值的初值和命令图 1-2-4. Mathematica 命令为

```
In[1]:= Plot[3x^4-5x^2+x-1,{x,-2,2}]
```

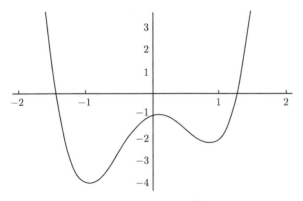

图 1-2-4 例 1-2-1 函数图形

```
Out[1]=-Graphics-
```

从图中看到函数在 -1 和 1 附近有两个极小值点, 在 0 附近有一个极大值点, 用 Mathematica 命令求之:

```
In[2]:=FindMinimum[3x^4-5x^2+x-1,{x,1}]
Out[2]= {-2.19701, {x -> 0.858028}}        (*函数在 x=0.858028
        取得极小值-2.19701
In[3]:=FindMinimum[3x^4-5x^2+x-1,{x,-1}]
Out[3]= {-4.01997, {x -> -0.959273}}       (*函数在 x=-0.959273
        取得极小值-4.01997
```

In[4]:=FindMinimum[- (3x^4-5x^2+x-1), {x,0}]

Out[4]= {0.949693, {x -> 0.101245}}　　　　　(*函数在 x=0.101245

　　　取得极大值-0.949693

In[5]:= 3x^4-5x^2+x-1/.x->-2　　　　　　　(*计算函数在 x=-2的值

Out[5]=25

In[6]:= 3x^4-5x^2+x-1/.x->2　　　　　　　(*计算函数在 x=2的值

Out[6]=29

故所求函数在 $[-2,2]$ 的 $x=2$ 处取得最大值 29, 在 $x=-0.959273$ 处取得最小值为 -4.01997.

例 1-2-2　　求函数 $z=e^{2x}(x+y^2+2y)$, 在区间 $[-1,1]\times[-2,1]$ 内的极值.

解　　本题限制了求极值的范围, 为确定初值, 借助等高线图, Mathematica 命令为

In[7]:= ContourPlot[Exp[2x]*(x+y^2+2y),{x,-1,1},{y,-2,1},

　　　Contours->20,

　　　　　ContourShading->False, PlotPoints->30]

如图 1-2-5 所示.

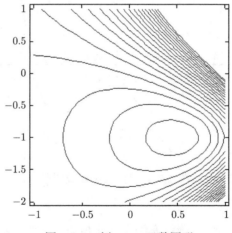

图 1-2-5　例 1-1-2 函数图形

从图中可知函数在 $(0.45,-1.2)$ 可能有极值, 取 $x_0=0.45$, $y_0=-1.1$, 再用求极值命令

In[8]:= FindMinimum[Exp[2x]*(x+y^2+2y), {x, 0.45}, {y, -1.1}]

Out[8]= {-1.35914, {x -> 0.5, y -> -1.}}

求得函数在 $x=0.5$, $y=-1$ 取得极小值 -1.35914.

例 1-2-3　　求函数 $f(x,y,z)=x^4+\sin y-\cos z$, 在点 $(0,5,4)$ 附近的极小值.

解　In[9]:= FindMinimum[x^4+Sin[y]-Cos[z],{x,0},{y,5},{z,4}]

　　Out[9]= {-2., {x -> 0., y -> 4.71239, z -> 6.28319}}

故函数在 $(0, 4.71239, 6.28319)$ 取得极小值 -2.

Mathematica 提供了解线性规划 (标准形式和一般形式) 问题的命令, 由于线性规划的标准形式是一般形式的特例, 这里介绍解一般形式的线性规划问题的 Mathematica 命令.

Mathematica 解一般线性规划问题的命令形式有

具体的拟合命令有

命令形式 1　ConstrainedMin [f, {inequalities}, {x1,x2,...}]

功能　求在给定约束条件 inequalities 下, 线性目标函数 f 极小值和对应的极小点.

命令形式 2　ConstrainedMax [f, {inequalities}, {x1,x2,...}]

功能　求在给定约束条件 inequalities 下, 线性目标函数 f 极大值和对应的极大点.

注意　(1) 命令形式 1 的结果形式为: {极小值, {自变量 $1->$ 极小值点 1, 自变量 $2->$ 极小值点 $2, ...$}}.

(2) 命令形式 2 的结果形式为: {极大值, {自变量 $1->$ 极大值点 1, 自变量 $2->$ 极大值点 $2, ...$}}.

(3) 上面命令中的 f 为线性规划中的目标函数, 它必须是变量 $x1, x2, \cdots$ 的线性函数.

(4) 上面命令中的 inequalities 为线性规划中的约束不等式组, 每个关系式必须用逗号分隔.

(5) 上面命令中的 $x1, x2, \cdots$ 线性规划中的自变量名称, 它们必须取非负值且可以用其他符号名.

例 1-2-4　求线性规划问题

$$\max S = 17x_1 - 20x_2 + 18x_3$$

$$\text{s.t.} \begin{cases} x_1 - x_2 + x_3 <= 10 \\ x_1 + x_3 >= 20 \\ x_1 >= 5 \end{cases}$$

解　本题用命令形式 2 求之. Mathematica 命令为

In[10]:= Clear[x1,x2,x3];

Maximize[{17*x1-20*x2+18*x3,x1-x2+x3<=10,x1>=5,x1+x3>=20},{x1,x2,x3}]

结果: {155,{x1→5,x2→10,x3→15}}

计算结果可得所求目标函数极大值为 160, 对应的极大值点为 $(0, 10, 20)$.

例 1-2-5 求线性规划问题

$$\min m = 13x - y + 5z$$

$$\text{s.t.} \begin{cases} x + y >= 7, \\ y + z < 10, \\ x > 2, \\ y > 0, z > 0 \end{cases}$$

解 本题用命令 1 求之. Mathematica 命令为

In[11]:=

Clear[x,y,z];

Minimize[{13x-y+5z,x+y≥7,y+z<=10,x>=2,y>=0,z>=0},{x,y,z}]

Out[11]= {16, {x -> 2, y -> 10, z -> 0}}

计算结果可得所求目标函数极小值为 16, 对应的极小值点为 $(0, 10, 0)$.

例 1-2-6 现有三种食品 A1, A2, A3, 各含有两种营养成分 B1, B2, 每单位食物 Ai 含有 Bj 成分的数量及每种食物的单价如表 1-2-1 所示.

表 1-2-1　每单位食物 Ai 含有 Bj 成分的数量及每种食物的单价

成分	种类			营养成分需要量
	A1	A2	A3	
B1	2	0	4	5
B2	2	3	1	4
单价	4	2	3	

问应如何选购食物, 才能既满足对营养成分 B1,B2 的需要, 又使费用最少?

解 设购买食品 A1, A2, A3 的数量分别为 x_1, x_2, x_3, 花费的费用为 S, 则本问题可以用以下的数学模型来描述:

$$\min S = 4x_1 + 2x_2 + 3x_3,$$

$$\text{s.t.} \begin{cases} 2x + 4x_3 \geqslant 5, \\ 2x_1 + 3x_2 + x_3 \geqslant 4, \\ x_1, x_2, x_3 \geqslant 0. \end{cases}$$

用 Mathematica 命令为

Clear[x1,x2,x3];

Minimize[{4x1+2x2+3x3,2x1+4x3≥5,2x1+3x2+x3≥4,x1≥0,x2≥0,x3≥0}, {x1,x2,x3}]

Out[12]={67/12, {x1 -> 0, x2 -> 11/12, x3 -> 5/4}}

计算结果显示购买 11/12 数量的食品 A2, 5/4 数量的食品 A3 可以满足本问题的要求, 此时的花费的费用为 67/12.

例 1-2-7 求线性规划问题

$$\min f = -x - 3y - 3z,$$

$$\text{s.t.} \begin{cases} 3x + y + 2z + v = 5 \\ x + z + 2v + w = 2 \\ x + 2z + u + 2v = 6 \\ x, y, z, u, v, w > 0 \end{cases}$$

解 本题用命令形式 1 求之. Mathematica 命令为

Clear[x,y,z,u,v,w];

Minimize[{-x-3y-3z,3x+y+2z+v==5,x+z+2v+w==2,x+2z+u+2v==6,x>=0,y>=0,z>=0,u>=0,v>=0,w>=0},{x,y,z,u,v,w}]

Out[13]= {-15, {x -> 0, y -> 5, z -> 0, u -> 6, v -> 0, w -> 2}}

计算结果可得所求目标函数极小值为 -15, 对应的极小值点为 $(x,y,z,u,v,w) = (0,5,0,6,0,2)$.

1.3 MATLAB(优化部分) 简介

MATLAB 是美国 MathWorks 公司出品的商业数学软件, 是用于算法开发、数据可视化、数据分析以及数值计算的高级技术计算语言和交互式环境, 主要包括 MATLAB 和 Simulink 两大部分. MATLAB 和 Mathematica、Maple 并称为三大数学软件. 它在数学类科技应用软件中在数值计算方面首屈一指. MATLAB 可以进行矩阵运算、绘制函数和数据、实现算法、创建用户界面、连接其他编程语言的程序等, 主要应用于工程计算、控制设计、信号处理与通信、图像处理、信号检测、金融建模设计与分析等领域.

在优化工具箱中, lp 函数用于解线性规划问题. 该函数使用单纯形法进行计算. 通过解一个辅助的线性规划问题, 来获取初始基本可行解.

· linprog功能: 求解线性规划问题.

格式:

x = linprog(f,A,b,Aeq,beq)

x = linprog(f,A,b,Aeq,beq,lb,ub)

x = linprog(f,A,b,Aeq,beq,lb,ub,x0)

x = linprog(f,A,b,Aeq,beq,lb,ub,x0,options)

```
[x,fval] = linprog(⋯)
[x,fval,exitflag] = linprog(⋯)
[x,fval,exitflag,output] = linprog(⋯)
[x,fval,exitflag,output,lambda] = linprog(⋯)
```

说明: linprog函数用于求解下述线性规划问题.

目标函数
$$\min_x c^{\mathrm{T}} x$$
约束条件
$$Ax \leqslant b$$

其中: A为矩阵, b,f为向量.

x= linprog (f, A, b)求解. 上述线性规划问题. 返回线性规划的解向量x.

x=linprog (f, A, b, Aeq,beq)设置解向量的上下界, 即解向量必须满足 Aeq <=x<= beq.

x= linprog (f, A, b, Aeq,beq,lb,ub,x0)设置初始解向量x0.

x= linprog (f, A, b, vlb, vub, x0, neqcstr)设置在约束中的等式约束 的个数. 等式约束必须位于约束方程的前面几个.

x= linprog (f, A, b, vlb, vub, x0, neqcstr,display)设置警告信息的 显示.

[X, lambda]= linprog (f, A, b. ⋯) 同时返回拉格朗日(Lagrange) 乘子 lambda.

[X, lambda, how]= linprog (f, A, b. ⋯)同时返回在最后一次调用过程中 的错误状态. 该错误状态字符串由变量how返回.

　　其中 c 为线性规划目标函数的系数向量. A, b 为线性规划约束方程的系数. 等 式约束的系数必须位于矩阵 A 的前几行和向量 b 的前几个元素. vlb 为下界约束, vub 为上界约束. 一般地, vlb 和 vub 具有和 x 同样的大小. 如果 vlb 由 n 个元素 且比 x 的元素少, 则只有 x 的前 n 个元素具有下界约束. vub 变量也遵守同样的 原则. $x0$ 为初始解向量. 缺省地, x0=zeros(size(x)). 设置初始解向量可以使运算快 速收敛.

　　对于一个病态问题, 好的初始解向量可以得到一个更好的解.

　　neqcstr 为等式约束的个数. display 为控制警告信息显示的标志位. 缺省的 dis- play=0, 即显示警告信息. 如果 display=−1, 则不显示警告信息. lambda 为解的拉格 朗日 (Lagrange) 乘子向量. 拉格朗日乘子向量的长度等于 length(b)+length(Aeq)+ length(beq), 且元素顺序对应为 A, Aeq, beq. how 为求解过程中的错误状态指示字 符串. 如果 how='infeasible', 则该问题无可行解; 如果 how='unbounded', 则该问题 有无界解; 如果 how='dependent', 则该问题的约束中有相关的等式约束, 在求解过程中相关约束已经去除; 如果 how='OK', 则该问题正常结束.

和其他优化工具箱中的函数一样, 空的调用系数将导致调用过程中使用缺省值. 例如: linprog (f, A, b, [ ], [ ], [ ], length(b)) 表明该问题为一个等式约束问题, 无上下界约束并使用缺省的初始解向量.

举例: 求下述线性规划问题.

目标函数: $f(x) = -5x_1 - 4x_2 - 6x_3$

约束方程: $x_1 - x_2 + x_3 \leqslant 20$

$$3x_1 + 2x_2 + 4x_3 \leqslant 42$$
$$3x_1 + 2x_2 \leqslant 30$$
$$0 \leqslant x_1, 0 \leqslant x_2, 0 \leqslant x_3$$

第 1 步: 输入系数.

```
c = [-5, -4, -6]
a = [1  -1  1
     3   2  4
     3   2  0];
b = [20;   42;   30];
```

第 2 步: 求解.

```
     [x, lambda]= linprog (c, a, b, zeros(3,1))
```

解为

```
     x =
        0.0000
       15.0000
        3.0000
     lambda =
       -78.0000
     clc;
     c = [-5;-4;-6];
     a = [1 -1 1;3 2 4;3 2 0];
     b=[20;42;30];
     [x,lambda]=linprog(c,a,b,[],[],zeros(3,1))
```

lambda 的前三个元素与非等式约束相关, lambda 的非零元素表示对应的约束为有效约束. 在本问题中, 第 2, 3 个线性不等式约束为有效约束. lambda 的后面三个元素与下界约束相关, 在本问题中, x_1 的下界约束为有效约束.

注意 (1) 当问题无可行解时将给出以下信息

Warning: The constraints are overly stringent;

there is no feasible solution.

即约束条件过于严格. 此时, lp 将给出一个对约束的破坏影响最小的解.

(2) 当等式约束之间不一致时将给出以下信息

Warning: The equality constraints are overly stringent;

there is no feasible solution.

(3) 当问题具有无界解时将给出以下信息

Warning: The solution is unbounded and at infinity;

the constraints are not restrictive enough.

1.4 Excel 规划求解

Microsoft Excel 是微软公司的办公软件 Microsoft Office 的组件之一, 是由 Microsoft 为 Windows 和 Apple Macintosh 操作系统的电脑而编写和运行的一款试算表软件. Excel 是微软办公套装软件的一个重要的组成部分, 它可以进行各种数据的处理、统计分析和辅助决策操作, 广泛地应用于管理、统计财经、金融等众多领域.

规划求解加载宏 (简称规划求解) 是 Excel 的一个加载项, 可以用来解决线性规划与非线性规划优化问题. 规划求解可以用来解决最多有 200 个变量、100 个外在约束和 400 个简单约束 (决策变量整数约束的上下边界) 的问题. 可以设置决策变量为整型变量. 规划求解加载宏的开发商是 Fronline System 公司. 用户通过自定义安装 MS-Office 所使用的是标准版本规划求解加载宏, Fronline System 公司同时提供增强的 Premium Solver 工具. 规划求解工具在 Office 典型安装状态下不会安装, 可以通过自定义安装选择该项或通过添加/删除程序增加规划求解加载宏.

加载规划求解加载宏的方法如下:

(1) 打开 "工具" 下拉列菜单, 然后单击 "加载宏", 打开 "加载宏" 对话框 (图 1-4-1).

(2) 在 "可用加载宏" 框中, 选中 "规划求解" 旁边的复选框, 然后单击 "确定" 按钮.

(3) 如果出现一条消息, 指出您的计算机上当前没有安装规划求解, 请单击 "是" 用原 Office 安装盘进行安装.

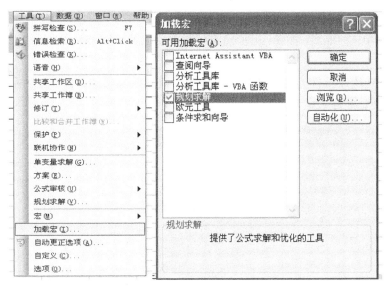

图 1-4-1 加载宏

(4) 单击菜单栏上的 "工具". 加载规划求解后, "规划求解" 命令会添加到 "工具" 菜单中.

规划求解加载宏是一组命令构成的一个子程序, 这些命令有时也称作假设分析工具, 其功能是可以求出线性和非线性数学规划问题的最优解和最优值.

使用规划求解加载宏求解数学规划的步骤:

首先, 在 Excel 工作表中输入目标函数的系数向量、约束条件的系数矩阵和右端常数项 (每一个单元格输入一个数据);

其次, 选定一个单元格存储目标函数 (称为目标单元格), 用定义公式的方式在这个目标单元格内定义目标函数;

再次, 选定与决策变量个数相同的单元格 (称为可变单元格), 用以存储决策变量; 再选择与约束条件个数相同的单元格, 用定义公式的方式在每一个单元格内定义一个约束函数 (称为约束函数单元格);

最后, 单击下拉列菜单中的规划求解按钮, 打开规划求解参数设定对话框 (图 1-4-2), 完成规划模型的设定.

模型设定方法如下:

(1) 设定目标函数和优化方向 光标指向规划求解参数设定对话框中的 "设置目标单元格" 提示后的域, 点击鼠标左键, 然后选中 Excel 工作表中的目标单元格. 然后根据模型中目标函数的优化方向, 在规划求解参数设定对话框中的 "等于" 一行中选择 "最大值" 或 "最小值".

(2) 设定 (表示决策变量的) 可变单元 光标指向规划求解参数设定对话框中

的 "可变单元格" 提示后的域, 单击鼠标左键, 然后选中 Excel 工作表中的可变单元组. 可以单击 "推测" 按钮, 初步确定可变单元格的范围, 然后在此基础上进一步确定;

(3) 设定约束条件　直接单击规划求解参数设定对话框中的添加按钮, 出现如下添加约束对话框 (图 1-4-3).

图 1-4-2　规划求解参数设定对话框

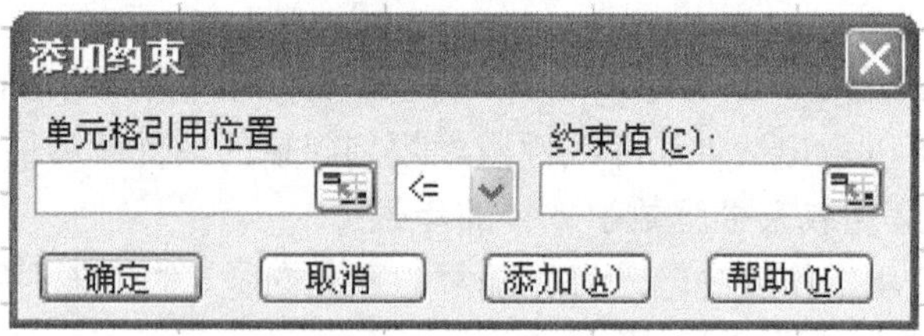

图 1-4-3　添加约束对话框

先用鼠标左键单击 "单元格引用位置" 标题下的域, 然后在工作表中选择一个约束函数单元格, 再点击添加约束对话框中向下的箭头, 出现 <=, =, >=, int 和 bin 五个选项, 根据该约束函数所在约束方程的情况选择, 其中 int 和 bin 分别用于说明整型变量和 0-1 型变量. 选择完成后, 如果还有约束条件未设定, 就点击 "添加" 按钮, 重复以上步骤设定约束条件, 设定完所有约束条件后, 点击 "确定" 完成约束条件设定, 回到规划求解参数设定对话框.

(4) 设定算法细节　点击规划求解参数设定对话框中的 "选项" 按钮, 出现如下规划求解选项对话框 (图 1-4-4).

该对话框为使用者提供了在一些可供选择的常用算法. 主要是供高级用户使用, 初学者不必考虑这些选择.

选择完成后单击确定按钮回到规划求解参数设定对话框.

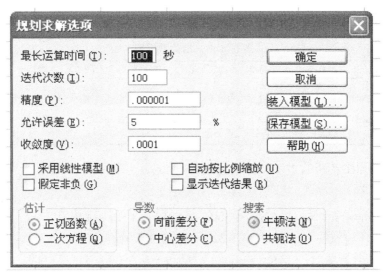

图 1-4-4 规划求解选项对话框

(5) 求解模型 完成以上设定后, 单击规划求解参数设定对话框中的 "求解" 按钮, 将出现如下求解结果对话框 (图 1-4-5).

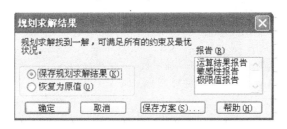

图 1-4-5 求解结果对话框

根据需要选择右边列出的三个报告中的一部分或全部, 然后单击 "确定" 按钮就可以在 Excel 内看到求解报告.

下面我们通过一个例子来解释怎样用 "规划求解" 来求解数学规划问题.

例 1-4-1 公司通常需要确定每月 (或每周) 生产计划, 列出每种产品必须生产的数量. 具体来说就是, 产品组合问题就是要确定公司每月应该生产的每种产品的数量以使利润最大化. 产品组合通常必须满足以下约束.

- 产品组合使用的资源不能超标.
- 对每种产品的需求都是有限的. 我们每月生产的产品不能超过需求的数量, 因为生产过剩就是浪费 (例如, 易变质的药品).

下面, 我们来考虑让某医药公司的最优产品组合问题. 该公司有六种可以生产的药品, 相关数据如表 1-4-1 所示.

表 1-4-1   相关数据表

消耗系数	产品 1	产品 2	产品 3	产品 4	产品 5	产品 6	现有
劳动力/小时	6	5	4	3	2.5	1.5	4500
原料/磅	3.2	2.6	1.5	0.8	0.7	0.3	1600
单位利润/元	6	5.3	5.4	4.2	3.8	1.8	
需求量/磅	960	928	1041	977	1084	1055	

设该公司生产药品 1~6 的产量分别为 $x_1, x_2, \cdots, x_6$(磅), 则最优产品组合的线性规划模型为

$$\max \quad z = 6x_1 + 5.3x_2 + 5.4x_3 + 4.2x_4 + 3.8x_5 + 1.8x_6,$$

$$\text{s.t.} \begin{cases} 6x_1 + 5x_2 + 4x_3 + 3x_4 + 2.5x_5 + 1.5x_6 \leqslant 4500, \\ 3.2x_1 + 2.6x_2 + 1.5x_3 + 0.8x_4 + 0.7x_5 + 0.3x_6 \leqslant 1600, \\ x_1 \leqslant 960, \\ x_2 \leqslant 928, \\ x_3 \leqslant 1041, \\ x_4 \leqslant 977, \\ x_5 \leqslant 1084, \\ x_6 \leqslant 1055, \\ x_j \geqslant 0, 1 \leqslant j \leqslant 6. \end{cases}$$

下面用规划求解加载宏来求解这个问题:

首先, 如图 1-4-6 所示, 在 Excel 工作表内输入目标函数的系数、约束方程的系数、右端常数项;

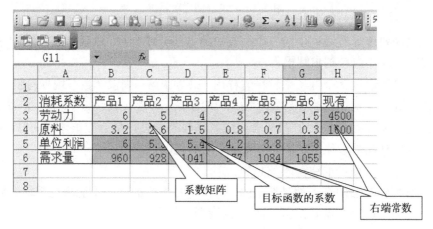

图 1-4-6   Excel 工作表 1

其次, 选定目标函数单元、可变单元、约束函数单元, 定义目标函数、约束函数 (图 1-4-7).

消耗系数	产品1	产品2	产品3	产品4	产品5	产品6	现有	利润		#VALUE!	
劳动力	6	5	4	3	2.5	1.5	4500	劳动力		#VALUE!	
原料	3.2	2.6	1.5	0.8	0.7	0.3	1600	原料		#VALUE!	
单位利润	6	5.3	5.4	4.2	2.8	1.8		产品1产量			
需求量	960	928	1041	977	1084	1070		产品2产量			
								产品3产量			
								产品4产量			
	目标函数单元		约束函数单元			可变单元		产品5产量			
								产品6产量			

图 1-4-7　Excel 工作表 2

其中, 劳动力约束函数的定义公式是 "=MMULT(B3:G3, J5:J10)", 原料约束函数的定义公式是 "= MMULT(B4:G4,J5:J10)", 目标函数的定义公式是 "MMULT(B5:G5, J5:J10)".

注　函数 MMULT(B3:G3, J5:J10) 的意义是: 单元区 B3:G3 表示的行向量与单元区 J5:J10 表示的列向量的内积. 这一要特别注意的是, 第一格单元区必须是行, 第二格单元区必须是列, 并且两个单元区所含的单元格个数必须相等.

最后, 打开规划求解参数设定对话框设定模型.

(1) 和 (2) 目标函数和可边单元的设定很简单, 在此就不再赘述.

(3) 约束条件的设定.

(3.1) 约束条件 $\begin{cases} 6x_1 + 5x_2 + 4x_3 + 3x_4 + 2.5x_5 + 1.5x_6 \leqslant 4500, \\ 3.2x_1 + 2.6x_2 + 1.5x_3 + 0.8x_4 + 0.7x_5 + 0.3x_6 \leqslant 1600 \end{cases}$ 的设定, 如图 1-4-8 所示.

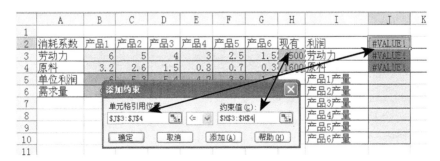

图 1-4-8　约束条件设定 1

$$(3.2)\text{ 约束条件 } \begin{cases} x_1 \leqslant 960, \\ x_2 \leqslant 928, \\ x_3 \leqslant 1041, \\ x_4 \leqslant 977, \\ x_5 \leqslant 1084, \\ x_6 \leqslant 1055 \end{cases} \text{ 的设定; 如图 1-4-9 所示.}$$

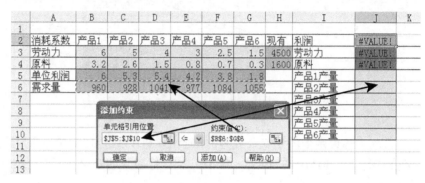

图 1-4-9　约束条件设定 2

(3.3) 约束条件 $x_1 \geqslant 0, x_2 \geqslant 0, \cdots, x_6 \geqslant 0$ 的设定 (图 1-4-10):

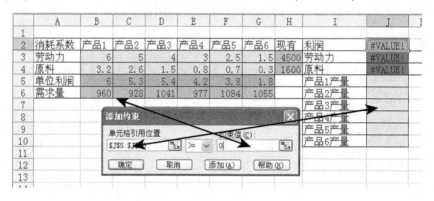

图 1-4-10　约束条件设定 3

这里值得注意的是:

- 我们采用向量的形式设定同向不等式, 并且不等式两边可以一个是行向量, 另一个是列向量;
- 对所有分量都是 0 的向量, 我们可以用一个 0 来代替.

(4) 求解: 我们选择保存三个报告 (图 1-4-11).

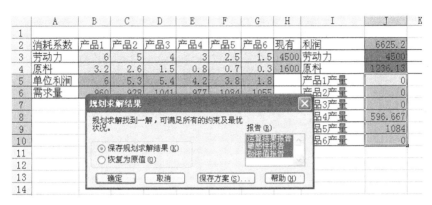

图 1-4-11　求解结果选择

得到的三张报告如图 1-4-12～ 图 1-4-14 所示.

Microsoft Excel 11.0 运算结果报告
工作表 [新建 Microsoft Excel 工作表.xls]Sheet1
报告的建立: 2008-4-7 1:59:06

目标单元格 (最大值)

单元格	名字	初值	终值
$J$2	利润	#VALUE!	6625.2

可变单元格

单元格	名字	初值	终值
$J$5	产品1产量	0	0
$J$6	产品2产量	0	0
$J$7	产品3产量	0	0
$J$8	产品4产量	0	596.6666667
$J$9	产品5产量	0	1084
$J$10	产品6产量	0	0

约束

单元格	名字	单元格值	公式	状态	型数值
$J$3	劳动力	4500	$J$3<=$H$3	到达限制值	0
$J$4	原料	1236.133333	$J$4<=$H$4	未到限制值	363.8666667
$J$5	产品1产量	0	$J$5<=$B$6	未到限制值	960
$J$6	产品2产量	0	$J$6<=$C$6	未到限制值	928
$J$7	产品3产量	0	$J$7<=$D$6	未到限制值	1041
$J$8	产品4产量	596.6666667	$J$8<=$E$6	未到限制值	380.3333333
$J$9	产品5产量	1084	$J$9<=$F$6	到达限制值	0
$J$10	产品6产量	0	$J$10<=$G$6	未到限制值	1055
$J$5	产品1产量	0	$J$5>=0	到达限制值	0
$J$6	产品2产量	0	$J$6>=0	到达限制值	0
$J$7	产品3产量	0	$J$7>=0	到达限制值	0
$J$8	产品4产量	596.6666667	$J$8>=0	未到限制值	596.6666667
$J$9	产品5产量	1084	$J$9>=0	未到限制值	1084
$J$10	产品6产量	0	$J$10>=0	到达限制值	0

图 1-4-12　运算结果报告

图 1-4-13 敏感性报告

图 1-4-14 极限值报告

补充说明 (a) 如果数学规划模型中包含整型变量或 0-1 型变量, 只需要在设定约束条件一步中设定相应的变量是整型变量或 0-1 型变量即可. 例如, 假定在上例中变量 x_1, x_2 是整型变量, 只需要增加如图 1-4-15 所示的整型约束设定即可. 不过要注意的是, 含整型变量或 0-1 型变量的问题是不能进行敏感性分析的.

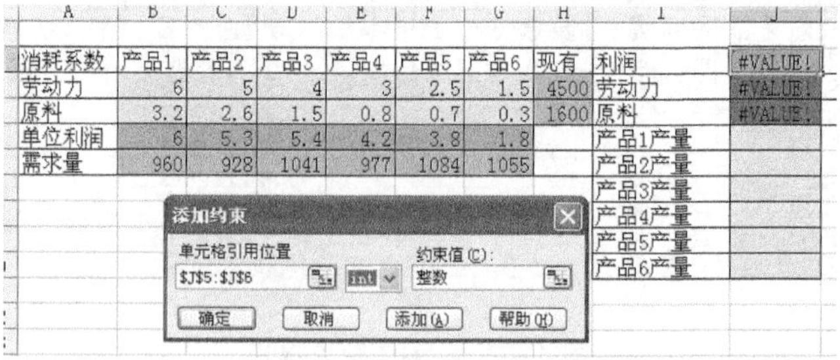

图 1-4-15 约束条件设定

(b) 求解报告中把输出目标函数单元、约束函数单元和可变单元上方第一个输有文字单元及左边第一个输有文字单元内全部文字都作为对解释目标函数单元约束函数单元和可变单元的解释, 例如, 把 Excel 表改为图 1-4-16. 则求解报告输出变为图 1-4-17.

	A	B	C	D	E	F	G	H	I	J	K
1											
2	消耗系数	产品1	产品2	产品3	产品4	产品5	产品6	现有	利润	6625.2	
3	劳动力	6	5	4	3	2.5	1.5	4500		原料	
4	原料	3.2	2.6	1.5	0.8	0.7	0.3	1600	劳动力	4500	
5	单位利润	6	5.3	5.4	4.2	3.8	1.8		原料	1236.13	
6	需求量	960	928	1041	977	1084	1055		产品1产量	0	
7									产品2产量	0	
8									产品3产量	0	
9									产品4产量	596.667	
10									产品5产量	1084	
11									产品6产量	0	
12											

图 1-4-16　约束条件设定

Microsoft Excel 11.0 运算结果报告
工作表 [新建 Microsoft Excel 工作表.xls]Sheet1
报告的建立: 2008-4-7 3:21:09

目标单元格 (最大值)

单元格	名字	初值	终值
$J$2	利润	6625.2	6625.2

可变单元格

单元格	名字	初值	终值
$J$6	产品1产量 原料	0	0
$J$7	产品2产量 原料	0	0
$J$8	产品3产量 原料	0	0
$J$9	产品4产量 原料	596.6666667	596.6666667
$J$10	产品5产量 原料	1084	1084
$J$11	产品6产量 原料	0	0

约束

单元格	名字	单元格值	公式	状态	型数值
$J$4	劳动力 原料	4500	$J$4<=$H$3	到达限制值	0
$J$5	原料 原料	1236.133333	$J$5<=$H$4	未到限制值	363.8666667
$J$6	产品1产量 原料	0	$J$6<=$B$6	未到限制值	960
$J$7	产品2产量 原料	0	$J$7<=$C$6	未到限制值	928
$J$8	产品3产量 原料	0	$J$8<=$D$6	未到限制值	1041
$J$9	产品4产量 原料	596.6666667	$J$9<=$E$6	未到限制值	380.3333333
$J$10	产品5产量 原料	1084	$J$10<=$F$6	到达限制值	0
$J$11	产品6产量 原料	0	$J$11<=$G$6	未到限制值	1055
$J$6	产品1产量 原料	0	$J$6>=0	到达限制值	0
$J$7	产品2产量 原料	0	$J$7>=0	到达限制值	0

图 1-4-17　运算结果报告

1.5　WinQSB

　　WinQSB 是 Quantitative Systems for Business 的缩写, WinQSB 是一种教学软件, 该软件使得运筹学理论在计算机得以实现, 它技术成熟, 运行稳定, 操作方便, 对硬件要求较低, 非常适合上机实验使用.

　　WinQSB 是专为运筹学开发的应用软件包, 主要可解决如下问题:

　　(1) 线性规划 Linear Programming (LP).

　　(2) 整数规划 Integer Linear Programming (ILP).

　　(3) 线性目标规划 Linear Goal Programming (LGP).

　　(4) 数学规划 Quadratic Programming (QP).

　　(5) 运输问题 Transportation and Transshipment Problems.

　　(6) 分配与旅行商问题 Assignment and Traveling Salesman Problems (ASTS).

　　(7) 网络规划 Network Modeling (NET).

　　(8) 关键路径法 Critical Path Method (CPM).

　　(9) 项目评价技术 Program Evaluating and Review Technique (PERT).

　　(10) 动态规划 Dynamic Programming.

　　(11) 库存理论 Inventory Theory (INVT).

　　(12) 排队理论 Queuing Theory (QUEUE).

　　(13) 排队系统模拟 Queuing System Simulation (QSIM).

　　(14) 决策可能性理论 Decision and Probability Theory (DSPB).

　　(15) 马尔可夫过程 Markov Process (MKV).

　　(16) 时间序列预报 Time Series Forecasting (TSFC).

　　WinQSB 软件的 19 个子程序模块、缩写及文件名后缀、子程序名称见表 1-5-1.

　　WinQSB 采用分级菜单结构, 思路清晰, 使用方便. 在操作过程中用户与程序交互进行, 程序会自动地给出必要的提示, 以便实现模型的建立、修改以及计算结果的输出等功能.

　　将 WinQSB 复制到硬盘 → 打开硬盘中的文件夹 WinQSB→ 运行 set.up 文件安装程序.

　　安装 WinQSB 软件后, 在系统程序中自动生成 WinQSB 应用程序, 用户可根据不同的问题选择子程序, 操作与一般 Windows 的应用程序操作相同. 进入某个子程序后, 用户可先打开已有数据文件, 观察数据输入格式, 能够解决哪些问题, 计算结果的输出格式等内容. 从 Excel 或 Word 文档中复制数据到 WinQSB: 用户放在 Excel 电子表中的数据可以复制到 WinQSB 中, 方法是先选中要复制电子表中单元格的数据, 点击复制, 然后在 WinQSB 的电子表格编辑状态下选中要粘贴的单元格选择粘贴完成复制.

表 1-5-1 WinQSB 软件的 19 个子程序模块、缩写及文件名后缀、子程序名称

序号	子程序	缩写及文件名后缀	子程序名称
1	Aggregate Planning	AP	综合计划编制
2	Decision Analysis	DA	决策分析
3	Dynamic Programming	DP	动态规划
4	Facility Location and Layout	FLL	设备场地布局
5	Forecasting and Linear Regression	FC	预测与线性回归
6	Goal Programming	GP	目标规划
7	Inventory Theory and System	ITS	存储论与存储控制系统
8	Job Scheduling	JOB	作业调度
9	Linear and Integer Programming	LP-ILP	线性与整数规划
10	MarKov Process	MKP	马尔可夫过程
11	Material Requirements Planning	MRP	物料需求计划
12	Network Modeling	Net	网络模型
13	Nonlinear Programming	NLP	非线性规划
14	PERT_CPM	CMP	网络计划
15	Quadratic Programming	QP	二次规划
16	Quality Control Chart	QCC	质量管理控制图
17	Queuing Analysis	QA	排队分析
18	Queuing System Simulation	QSS	排队系统模拟
19	Acceptance Sampling Analysis	ASA	抽样分析

❖ 将 WinQSB 的数据复制到 Office 文档: 先清空剪贴板, 选中 WinQSB 表格中要复制的单元格, 选择 EditCopy, 然后粘贴到 Excel 或 Word 文档中.

❖ 将 WinQSB 的计算结果复制到 Office 文档: 问题求解后, 先清空剪贴板, 选择 File Copy to clipboard 就将结果复制到 Office 文档.

❖ 保存计算结果: 问题求解后, 选择 FileSave as, 系统以文本格式 (*.txt) 保存结果, 然后复制到 Office 文档.

❖ 更详细的操作请参阅相关教材和资料.

❖ 用 WinQSB 软件求解 LP 问题不必化为标准形.

❖ 对于有界变量可以不转化只要修改系统变量类型即可.

❖ 对于不等式约束可以在输入数据时直接输入不等式.

我们将结合例题介绍利用 WinQSB 软件求解 LP 问题的操作步骤及应用.

第 2 章　WinQSB 上机实验详解

2.1　WinQSB 应用于线性规划

例 2-1-1　求解线性规划问题:

$$\min\ z = 4000x_1 + 3000x_2,$$

$$\text{s.t.} \begin{cases} 100x_1 + 200x_2 \geqslant 12000, \\ 300x_1 + 400x_2 \geqslant 20000, \\ 200x_1 + 100x_2 \geqslant 15000, \\ x_1, x_2 \geqslant 0. \end{cases}$$

第 1 步　生成表格.

选择 "程序 →winQSB→Linear and Integer Programming→File→New Program",
生成对话框, 如图 2-1-1 所示.

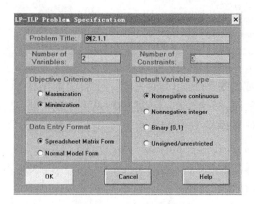

图 2-1-1　生成对话框

问题题头 (Problem Title): 没有可不输入;

变量数 (Number of Variables): 2;

约束条件数 (Number of Constraints): 3;

目标优化条件 (Objective Criterion): 最小 (Minimization);

数据输入格式 (Data Entry Format): 矩阵式电子表格式 (Spreadsheet Matrix Form);

变量类型 (Default Variable Type):

非负连续变量选择第 1 个单选按钮 (Nonnegative continuous);

非负整型变量选择第 2 个单选按钮 (Nonnegative integer);

二进制变量选择第 3 个按钮 (Binary[0,1]);

自由变量选择第 4 个按钮 (Unsigned/unrestricted).

第 2 步　输入数据.

单击 "OK", 生成表格并输入数据如图 2-1-2 所示.

Variable -->	X1	X2	Direction	R. H. S.
Minimize	4000	3000		
C1	100	200	>=	12000
C2	300	400	>=	20000
C3	200	100	>=	15000
LowerBound	0	0		
UpperBound	M	M		
VariableType	Continuous	Continuous		

图 2-1-2　生成表格

注　第 1 行为目标系数; 2~4 行为约束系数、约束符及右端项; 第 5 行为变量下限; 第 6 行为变量上限, 第 7 行为变量类型.

第 3 步　求解.

选择 "Solve and Analyze" 菜单, 在二级菜单中:

若选择 "Solve and Display Steps", 显示单纯形法迭代步骤, 选择 "Simplex Iteration" 直到最终单纯形表.

若选择 "Solve the Problem", 生成如下运行结果 (图 2-1-3).

09:12:02		Sunday	July	31	2016			
	Decision Variable	Solution Value	Unit Cost or Profit c[j]	Total Contribution	Reduced Cost	Basis Status	Allowable Min. c[j]	Allowable Max. c[j]
1	X1	60.0000	400.0000	24,000.0000	0	basic	150.0000	600.0000
2	X2	30.0000	300.0000	9,000.0000	0	basic	200.0000	800.0000
	Objective	Function	(Min.) =	33,000.0000				
	Constraint	Left Hand Side	Direction	Right Hand Side	Slack or Surplus	Shadow Price	Allowable Min. RHS	Allowable Max. RHS
1	C1	12,000.0000	>=	12,000.0000	0	0.6667	7,500.0000	30,000.0000
2	C2	30,000.0000	>=	20,000.0000	10,000.0000	0	-M	30,000.0000
3	C3	15,000.0000	>=	15,000.0000	0	1.6667	6,000.0000	24,000.0000

图 2-1-3　运行结果

决策变量 (Decision Variable): x_1, x_2;

最优解: $x_1 = 60, x_2 = 30$;

目标系数: $c_1 = 4000, c_2 = 3000$;

最优值: 330000; 其中 x_1 贡献 240000, x_2 贡献 90000;

检验数, 或称缩减成本 (Reduced Cost): 0,0. 即当非基变量增加一个单位时, 目标值的变动量;

目标系数的允许减量 (Allowable Min.c[j]) 和允许增量 (Allowable Max.c[j]): 目标系数在此范围变动时, 最优基不变;

约束条件 (Constraint)：C1, C2, C3;

左端 (Left Hand Side)：12000, 30000, 15000;

右端 (Right Hand Side)：12000, 20000, 15000;

松弛变量或剩余变量 (Slack or Surplus)：该值等于约束左端与约束右端之差. 为 0 表示资源已达到限制值, 大于 0 表示未达到限制值;

影子价格 (Shadow Price)：6.6667, 0, 16.6667, 即为对偶问题的最优解;

约束右端的允许减量 (Allowable Min.RHS) 和允许增量 (Allowable Max.RHS)：表示约束右端在此范围变化, 最优基不变.

2.2　WinQSB 应用于对偶理论、灵敏度分析和参数分析

例 2-2-1　$\max Z = 4x_1 + 2x_2 + 3x_3$, 利润

$$\begin{cases} 2x_1 + 2x_2 + 4x_3 \leqslant 100, & \text{材料 1 约束} \\ 3x_1 + x_2 + 6x_3 \leqslant 100, & \text{材料 2 约束} \\ 3x_1 + x_2 + 2x_3 \leqslant 120, & \text{材料 3 约束} \\ x_1, x_2, x_3 \geqslant 0. \end{cases}$$

(1) 写出对偶线性规划, 变量用 y 表示.

(2) 求原问题及对偶问题的最优解.

(3) 分别写出价值系数 c_j 及右端常数的最大允许变化范围.

(4) 目标函数系数改为 $C = (5, 3, 6)$, 常数改为 $b = (120, 140, 100)$, 求最优解.

(5) 增加一个设备约束 $6x_1 + 5x_2 + x_3 \leqslant 200$ 和一个变量 x_4, 系数为 $(c_4, a_{14}, a_{24}, a_{34}, a_{44}) = (7, 5, 4, 1, 2)$, 求最优解.

(6) 在第 5 问的模型中删除材料 2 的约束, 求最优解.

(7) 原模型的资源限量改为 $b = (100 + \mu, 100 + 3\mu, 120 - \mu)^{\mathrm{T}}$, 分析参数的变化区间及对应解的关系, 绘制参数与目标值的关系图.

实验操作步骤

1. 问题命名条件, 条件设定并保存

(1) 启动线性规划与整数规划程序 (Linear and Integer Programming), 建立新问题. 例 2-2-1, 根据题意知道变量 (Number of Variables) 和约束条件 (Number of Constraints) 各有三个, 设置如图 2-2-1 所示.

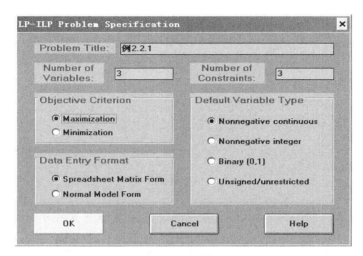

图 2-2-1 初始设置

(2) 其余选择默认即可. 单击 "OK" 得表, 如图 2-2-2 所示, 根据实验条件输入数据并存盘.

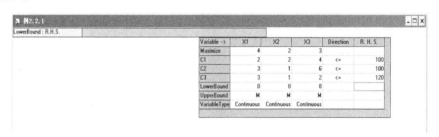

图 2-2-2 数据输入

2. 得到对偶问题及其模型

(1) 选择 Format→Switch to Dual Form, 得到对偶问题的数据表如图 2-2-3.

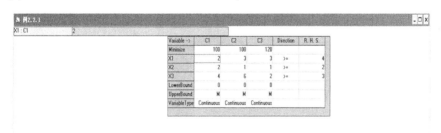

图 2-2-3 数据表

(2) 选择 Format→Switch to Normal Model Form, 得到对偶模型图 2-2-4.

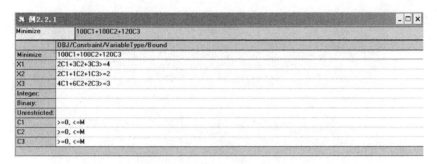

图 2-2-4   对偶模型

(3) 选择 Edit→Variable Name. 分别将变量 X 修改变量名为 y(图 2-2-5).

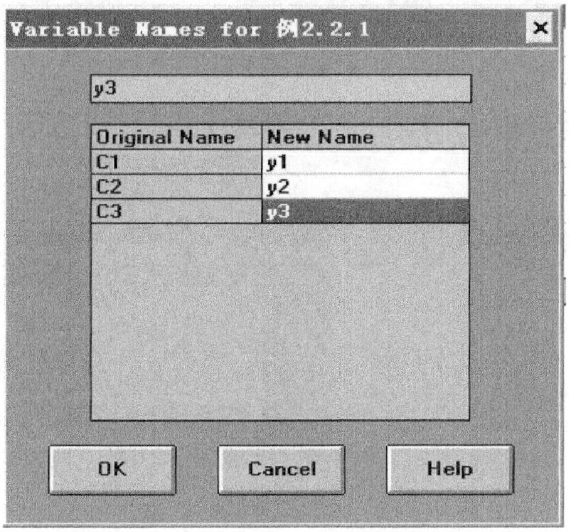

图 2-2-5   修改变量

(4) 单击图 2-2-5 中的 "OK", 得到以 y 为变量的对偶模型 (图 2-2-6).

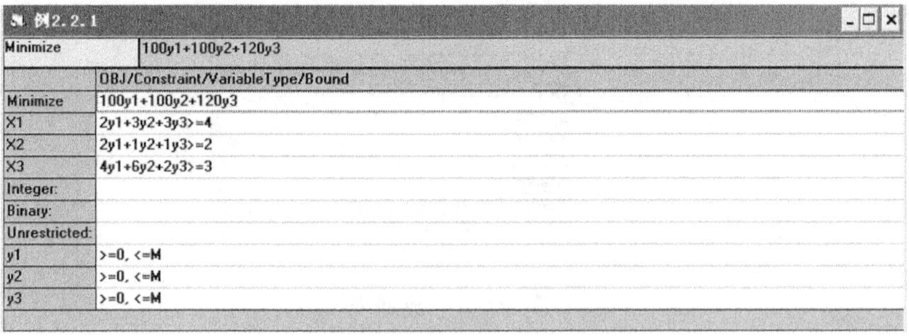

图 2-2-6   对偶模型

(5) 返回原问题求出最优解及最优值.

再求一次对偶返回到原问题, 求解模型显示最优解为 $X = (25, 25, 0)$, 最优值为 $Z = 150$. 查看最优表中影子价格 (Shadow Price) 对应列的数据就是对偶问题的最优解 $Y = (0.5, 1.0, 0)$ 见图 2-2-7, 还可以根据性质求出, 显示最终单纯形表. 松弛变量检验数的相反数就是对偶问题的最优解.

09:30:42		Sunday	July	31	2016		
Decision Variable	Solution Value	Unit Cost or Profit c(j)	Total Contribution	Reduced Cost	Basis Status	Allowable Min. c(j)	Allowable Max. c(j)
1 X1	25.0000	4.0000	100.0000	0	basic	2.0000	6.0000
2 X2	25.0000	2.0000	50.0000	0	basic	1.3333	4.0000
3 X3	0	3.0000	0	-5.0000	at bound	-M	8.0000
Objective	Function	(Max.) =	150.0000				
Constraint	Left Hand Side	Direction	Right Hand Side	Slack or Surplus	Shadow Price	Allowable Min. RHS	Allowable Max. RHS
1 y1	100.0000	<=	100.0000	0	0.5000	66.6667	200.0000
2 y2	100.0000	<=	100.0000	0	1.0000	50.0000	120.0000
3 y3	100.0000	<=	120.0000	20.0000	0	100.0000	M

图 2-2-7 最终表

3. 求价值系数 c_j 及右端常数的最大允许变化范围

在综合分析报告表中查找 Allowable min(max) 对应列, 写出价值系数及右端常数的允许变化范围.

由表最后两列价值系数 $C_j(j = 1, 2, 3)$ 取最大允许范围分别是 [2, 6], [1.3333, 4], $[-\infty, 8]$.

右端常数 $b_i(9 = 1, 2, 3)$ 的最大允许变化范围分别是 [66.6667, 200], [50, 120], $[100, +\infty]$.

4. 修改目标函数系数, 常数向量并求最优解

(1) 修改系数和常数向量, 把原条件的 $C = (4, 2, 3)$ 变为 $(5, 3, 6)$ 常数由 (100, 100, 120) 变为 (120, 140, 100). 修改后如图 2-2-8 所示.

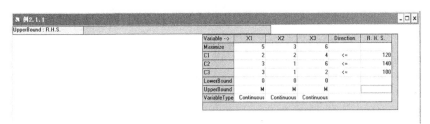

图 2-2-8 修改系数和常数向量

(2) 单击 "(Solve and Analyze)" 得到图 2-2-9 所示的表格.

09:37:13		Sunday	July	31	2016		
Decision Variable	Solution Value	Unit Cost or Profit c[j]	Total Contribution	Reduced Cost	Basis Status	Allowable Min. c[j]	Allowable Max. c[j]
1	X1	20.0000	5.0000	100.0000	0	basic	3.0000	9.0000
2	X2	20.0000	3.0000	60.0000	0	basic	1.6667	3.0000
3	X3	10.0000	6.0000	60.0000	0	basic	6.0000	10.0000
Objective	Function	[Max.] =	220.0000	(Note:	Alternate	Solution	Exists!!)
	Constraint	Left Hand Side	Direction	Right Hand Side	Slack or Surplus	Shadow Price	Allowable Min. RHS	Allowable Max. RHS
1	C1	120.0000	<=	120.0000	0	1.0000	93.3333	200.0000
2	C2	140.0000	<=	140.0000	0	0	100.0000	180.0000
3	C3	100.0000	<=	100.0000	0	1.0000	60.0000	140.0000

图 2-2-9　修改模型的最优解

由此可以得到修改模型的最优解为 $X = (20, 20, 10)$. 最优值为 $Z = 220$.

5. 改变约束条件和系数求解

(1) **插入约束条件**　选择 Edit→Insert a Contraint, 选择在结尾处插入变量 (The end), 再单击 "OK"(图 2-2-10).

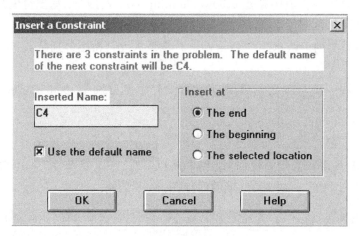

图 2-2-10　插入约束条件对话框

插入一个约束 $6x_1 + 5x_2 + x <= 200$,

Variable -->	X1	X2	X3	Direction	R. H. S.
Maximize	5	3	6		
C1	2	2	4	<=	120
C2	3	1	6	<=	140
C3	3	1	2	<=	100
C4					
LowerBound	0	0	0		
UpperBound	M	M	M		
VariableType	Continuous	Continuous	Continuous		

Variable -->	X1	X2	X3	Direction	R. H. S.
Maximize	5	3	6		
C1	2	2	4	<=	120
C2	3	1	6	<=	140
C3	3	1	2	<=	100
C4	6	5	1	<=	200
LowerBound	0	0	0		
UpperBound	M	M	M		
VariableType	Continuous	Continuous	Continuous		

图 2-2-11　插入约束条件数据表格

(2) **修改相应系数**　如 (1) 中一样操作, 选择 Edit→Insert a Variable 插入一个变量, 选择在末尾添加. 改变系数: $(c_4, a_{14}, a_{24}, a_{34}, a_{44}) = (7, 5, 4, 1, 2)$, 如图 2-2-12 所示.

Variable -->	X1	X2	X3	X4	Direction	R. H. S.
Maximize	4	2	3	7		
C1	2	2	4	5	<=	100
C2	3	1	6	4	<=	100
C3	3	1	2	1	<=	120
C4	6	5	1	2	<=	200
LowerBound	0	0	0	0		
UpperBound	M	M	M	M		
VariableType	Continuous	Continuous	Continuous	Continuous		

图 2-2-12　修改相应系数

单击 "Solve and Analyze" 得到下列结果 (图 2-2-13).

最优解为 $X = (14.2857, 0, 0, 14.2857)$, 最优值为 $Z = 157.1429$.

09:45:17			Sunday	July	31	2016		
	Decision Variable	Solution Value	Unit Cost or Profit c(j)	Total Contribution	Reduced Cost	Basis Status	Allowable Min. c(j)	Allowable Max. c(j)
1	X1	14.2857	4.0000	57.1429	0	basic	2.8000	4.6667
2	X2	0	2.0000	0	-0.2857	at bound	-M	2.2857
3	X3	0	3.0000	0	-5.0000	at bound	-M	8.0000
4	X4	14.2857	7.0000	100.0000	0	basic	6.5000	10.0000
	Objective	Function	(Max.) =	157.1429				
	Constraint	Left Hand Side	Direction	Right Hand Side	Slack or Surplus	Shadow Price	Allowable Min. RHS	Allowable Max. RHS
1	C1	100.0000	<=	100.0000	0	0.7143	66.6667	125.0000
2	C2	100.0000	<=	100.0000	0	0.8571	80.0000	123.0769
3	C3	57.1429	<=	120.0000	62.8571	0	57.1429	M
4	C4	114.2857	<=	200.0000	85.7143	0	114.2857	M

图 2-2-13　修改相应系数后的求解结果

6. 删除约束条件操作

其操作类似于添加约束条件: 选择 Edit→Delete a Contraint, 选择要删除的约束 C2, 单击 "OK" 再求解即可. 得到如下结果 (图 2-2-14).

09:46:10			Sunday	July	31	2016		
	Decision Variable	Solution Value	Unit Cost or Profit c(j)	Total Contribution	Reduced Cost	Basis Status	Allowable Min. c(j)	Allowable Max. c(j)
1	X1	30.7692	4.0000	123.0769	0	basic	2.8000	21.0000
2	X2	0	2.0000	0	-1.7692	at bound	-M	3.7692
3	X3	0	3.0000	0	-2.4615	at bound	-M	5.4615
4	X4	7.6923	7.0000	53.8462	0	basic	4.0909	10.0000
	Objective	Function	(Max.) =	176.9231				
	Constraint	Left Hand Side	Direction	Right Hand Side	Slack or Surplus	Shadow Price	Allowable Min. RHS	Allowable Max. RHS
1	C1	100.0000	<=	100.0000	0	1.3077	66.6667	500.0000
2	C3	100.0000	<=	120.0000	20.0000	0	100.0000	M
3	C4	200.0000	<=	200.0000	0	0.2308	40.0000	240.0000

图 2-2-14　删除约束条件的求解结果

由表中可以查得: 最优解为 $X = (30.7692, 0, 0, 7.6923)$, 最优值为 $Z = 176.9231$.

7. 改变资源限量并分析绘图

(1) 返回到原问题数据表, 先求解. 目标函数系数由两部分构成, 记住参数 u 的系数 $(1, 3, -1)$.

对原问题求解后, 选择 Results→Perform Parametric Analysis, 在参数分析对话框中选择目标函数 (Objective Function), 如图 2-2-15 所示.

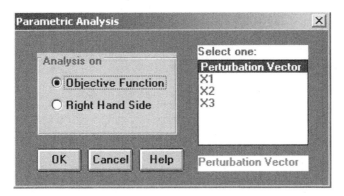

图 2-2-15　参数分析对话框

(2) 输入参数 u 的系数 $(1, 3, -1)$, 如图 2-2-16 所示.

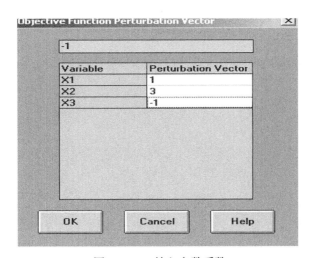

图 2-2-16　输入参数系数

(3) 确定后显示图 2-2-17 中的表. 表中没有显示参数在区间内的最优解, 这是因为最优解是参数 u 的函数, 只有给定了具体参数值才能得到具体的最优解, 如图 2-2-17 所示.

(4) 由图 2-2-17 知, 将参数 u 分成 5 个区间讨论, 在不同区间显示了目标函数值的变化区间及其变化率 (slope). 出基变量和进基变量 (Leaving Variable Entering Variable). 选择 Results—Graphic—Parametric analysis 打印参数与目标值的关系图. 显示图 2-2-18.

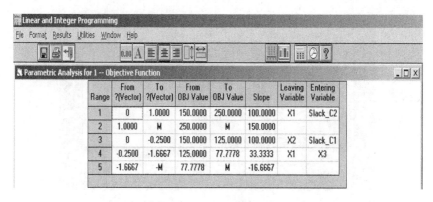

图 2-2-17 最优解

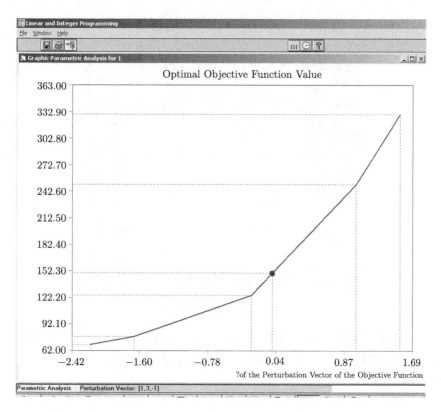

图 2-2-18 参数与目标值的关系图

数据处理和分析

(1) 题目中对数据进行插入约束变量插入的时候要首先把变量个数由原来的 3 个替换为 4 个然后才可以添加, 否则由于个数为做改变新变量会覆盖旧变量.

(2) 7 个问题是独立求解和分析, 每个问题都是针对原线性规划分析和求解, 每一步都必须回到原模型. 技巧: 做完一个问题后退出所有活动窗口, 打开刚才保存的原问题文件. 这样不必修改数据.

2.3 WinQSB 应用于运输问题

实验操作步骤

(1) 求解运输与指派问题. 启动程序, 选择开始 → 程序 →WinQSB→Network Modeling.

(2) 分析例题. 选择 File→Load Problem 打开磁盘中的数据文件, Network Modeling 程序自带后缀 ".NET" 的 7 个典型例题, 供学习参考.

其中第一个例题 ASSIMENT.NET 为指派问题的例题, 第六个例题 TRNSPORT.NET 为运输问题的例题, 下面分别打开这两个问题加以分析.

1. 运输问题

打开 TRNSPORT.NET 文件, 分析运输问题的求解步骤. 系统显示如图 2-3-1 所示的界面.

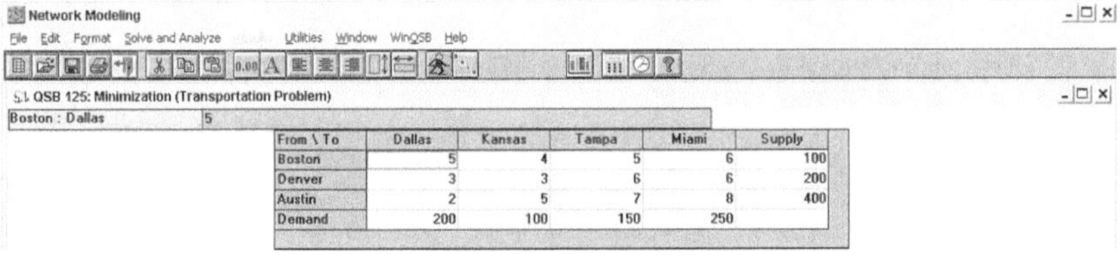

图 2-3-1 运输问题的例题

选择菜单栏 Solve and Analyze→Solve the Problem 或单击工具栏中的图标, 即可得到本例题的最优解 —— 如表 2-3-1 的计算结果. 最小支付运费为 3350 元.

表 2-3-1 例题 TRNSPORT.NET 的计算结果

	From	To	Shipment	Unit Cost	Total Cost	Reduced Cost
1	Boston	Tampa	100	5	500	0
2	Denver	Kansas	100	3	300	0
3	Denver	Miami	100	6	600	0
4	Austin	Dallas	200	2	400	0
5	Austin	Tampa	50	7	350	0
6	Austin	Miami	150	8	1200	0
	Total	Objective	Function	Value =	3350	

如果选择菜单栏 Solve and Analyze→Solve and Display Steps-Tableau, 可以显示表上作业法的解题迭代步骤, 观察一下软件用表上作业法求解运输问题的步骤.

第一步得到如图 2-3-2 的计算结果.

Transportation Tableau for QSB 125 - Iteration 1

From \ To	Dallas	Kansas	Tampa	Miami	Supply	Dual P(i)
Boston	5 0*	4 100	5 Cij=−3**	6	100	0
Denver	3 200	3	6 0	6	200	−2
Austin	2	5	7 150	8 250	400	−1
Demand	200	100	150	250		
Dual P(j)	5	4	8	9		

Objective Value = 4050 (Minimization)

** Entering: Boston to Tampa　* Leaving: Boston to Dallas

图 2-3-2　迭代结果 1

再单击图标 ，第二步得到如图 2-3-3 的计算结果.

Transportation Tableau for QSB 125 - Iteration 2

From \ To	Dallas	Kansas	Tampa	Miami	Supply	Dual P(i)
Boston	5	4 100	5 0	6	100	0
Denver	3 200	3 Cij=−2**	6 0*	6	200	1
Austin	2	5	7 150	8 250	400	2
Demand	200	100	150	250		
Dual P(j)	2	4	5	6		

Objective Value = 4050 (Minimization)

** Entering: Denver to Kansas　* Leaving: Denver to Tampa

图 2-3-3　迭代结果 2

再单击图标🔲,第三步得到如图 2-3-4 的计算结果.

Transportation Tableau for QSB 125 - Iteration 3

From \ To	Dallas	Kansas	Tampa	Miami	Supply	Dual P(i)
Boston	5	4 100*	5 0	6	100	0
Denver	3 200	3 0	6	6	200	-1
Austin	2 Cij=-4**	5	7 150	8 250	400	2
Demand	200	100	150	250		
Dual P(j)	4	4	5	9		

Objective Value = 4050 (Minimization)

** Entering: Austin to Dallas   * Leaving: Boston to Kansas

图 2-3-4 迭代结果 3

再单击图标🔲,第四步得到如图 2-3-5 的计算结果.

Transportation Tableau for QSB 125 - Iteration 4

From \ To	Dallas	Kansas	Tampa	Miami	Supply	Dual P(i)
Boston	5	4	5 100	6	100	0
Denver	3 100*	3 100	6	6 Cij=-3**	200	3
Austin	2 100	5	7 50	8 250	400	2
Demand	200	100	150	250		
Dual P(j)	0	0	5	6		

Objective Value = 3650 (Minimization)

** Entering: Denver to Miami   * Leaving: Denver to Dallas

图 2-3-5 迭代结果 4

再单击图标🔲,第五步得到如图 2-3-6 的计算结果.

图 2-3-6　迭代结果 5

标题栏最后显示: Iteration 5(Final), 表示此时本例题已得到最优解. 继续单击图标▦, 即可得到如表 2-3-1 的计算结果.

另外, 在求解之前, 还可以在 Solve and Analyze 的下拉菜单栏中看到 Select Initial Solution Method, 即可以事先选择求初始解的方法. 选择该菜单即可打开如图 2-3-7 的对话框.

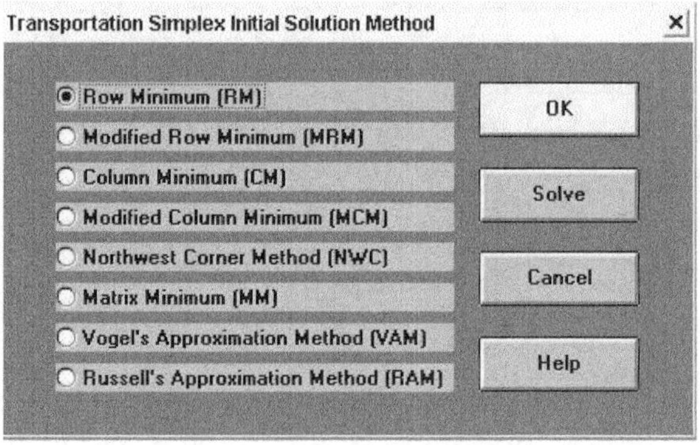

图 2-3-7　初始解方法的选择

这里可以选择的方法有 8 种之多, 常用的方法为最小元素法 (Matrix Minimum) 和伏格尔法 (Vogel's Approximation Method). 单击 "OK" 后, 即可进入后面的计算过程.

2.4 WinQSB 应用于整数规划与指派问题

实验操作步骤

(1) 求解整数规划. 启动程序, 选择开始 → 程序 →WinQSB→Linear and Integer Programming.

(2) 分析例题. 单击 File→Load Problem 打开磁盘中的数据文件, LP-ILP 程序自带后缀 ".Lpp" 的 3 个典型例题, 供学习参考. 如打开 ILP.LPP 文件, 系统显示如图 2-4-1 所示的界面. 选择菜单栏 Solve and Analyze→Solve and Display Steps 或单击工具栏中的图标 用分支限界法求解, 观察一下软件用分支限界法求解 IP 的迭代步骤.

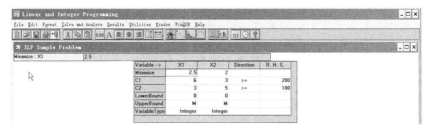

图 2-4-1 求解初始界面

第一步得到如表 2-4-1 的计算结果.

表 2-4-1 迭代结果 1

	Decision Variable	Lower Bound	Upper Bound	Solution Value	Variable Type	Status
1	X1	0	M	21.9048	Integer	No
2	X2	0	M	22.8571	Integer	No
	Current	OBJ(Minimize) = 100.4762	<= ZU =		M	Non-integer

再单击图标 , 第二步得到如表 2-4-2 的计算结果.

表 2-4-2 迭代结果 2

	Decision Variable	Lower Bound	Upper Bound	Solution Value	Variable Type	Status
1	X1	22.0000	M	22.0000	Integer	Yes
2	X2	0	M	22.8000	Integer	No
	Current	OBJ(Minimize) = 100.6000	<= ZU =		M	Non-integer

再单击图标，第三步得到如表 2-4-3 的计算结果.

表 2-4-3 迭代结果 3

	Decision Variable	Lower Bound	Upper Bound	Solution Value	Variable Type	Status
1	X1	22.0000	M	22.0000	Integer	Yes
2	X2	23.0000	M	23.0000	Integer	Yes
Current	OBJ(Minimize)	= 101.0000	<= ZU =	M		New incumbent

再单击图标，第四步得到如表 2-4-4 的计算结果.

表 2-4-4 迭代结果 4

	Decision Variable	Lower Bound	Upper Bound	Solution Value	Variable Type	Status
1	X1	22.0000	M	23.3333	Integer	No
2	X2	0	22.0000	22.0000	Integer	Yes
Current	OBJ(Minimize)	= 102.3333	>= ZU =	101.0000		Not better!!

再单击图标，第五步得到如表 2-4-5 的计算结果.

表 2-4-5 迭代结果 5

	Decision Variable	Lower Bound	Upper Bound	Solution Value	Variable Type	Status
1	X1	0	21.0000	21.0000	Integer	Yes
2	X2	0	M	24.6667	Integer	No
Current	OBJ(Minimize)	= 101.8333	>= ZU =	101.0000		Not better!!

再单击图标，第六步得到如表 2-4-6 的计算结果.

表 2-4-6 迭代结果 6

	Decision Variable	Lower Bound	Upper Bound	Solution Value	Variable Type	Status
1	X1	0	21.0000	21.0000	Integer	Yes
2	X2	0	M	24.6667	Integer	No
Current	OBJ(Minimize)	= 101.8333	>= ZU =	101.0000		Not better!!

此时显示如图 2-4-2, 表示该问题得到最优解.

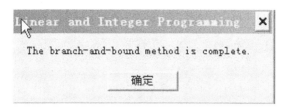

图 2-4-2 分支限界法求解已完成

如果直接单击菜单栏 Solve the Program 或单击工具栏中的图标 , 可以直接得到分支限界法的求解结果, 如表 2-4-7 所示.

表 2-4-7 迭代结果 7

	Decision Variable	Solution Value	Unit Cost or Profit c[j]	Total Contribution	Reduced Cost	Basis Status
1	X1	22.0000	2.5000	55.0000	2.5000	at bound
2	X2	23.0000	2.0000	46.0000	2.0000	at bound
	Objective	Function	(Min.) =	101.0000		
	Constraint	Left Hand Side	Direction	Right Hand Side	Slack or Surplus	Shadow Price
1	C1	201.0000	>=	200.0000	1.0000	0
2	C2	181.0000	>=	180.0000	1.0000	0

实例操作

例 2-4-1 $\text{Max } z = 40x_1 + 90x_2$,

$$\text{s.t.} \begin{cases} 9x_1 + 7x_2 \leqslant 56, \\ 7x_1 + 20x_2 \leqslant 70, \\ x_1, x_2 \geqslant 0, \\ x_1, x_2 \text{为整数}. \end{cases}$$

WinQSB 软件将 IP 与 LP 放在一个软件中求解, 因此, 在输入 IP 问题时必须注意与 LP 的区分.

(1) 启动程序, 选择开始 → 程序 →WinQSB→Linear and Integer Programming, 屏幕显示如图 2-4-3 所示的线性规划和整数规划工作界面.

图 2-4-3 线性规划和整数规划工作界面

(2) 建立新问题或打开磁盘中已有的文件, 单击工具栏的 或选择 File→New

Problem 建立新问题, 屏幕上出现如图 2-4-4 所示的问题选项输入界面.

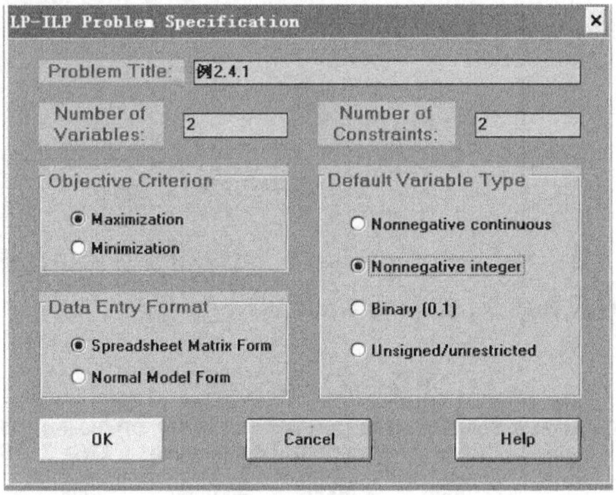

图 2-4-4 建立新 IP 问题

此处共有 4 种变量类型:

① Nonnegative continuous 非负连续实数;

② Nonnegative integer 非负整数;

③ Binary(0,1) 二进制数 (0-1 规划可选);

④ Unsigned/unrestricted 无符号或无约束变量.

输入 IP 问题在此处应当选②Nonnegative integer. 本例中有两个变量和两个约束条件, 也在此处输入.

(3) 输入数据. 在选择数据输入格式时, 选择 Spreadsheet Matrix Form 则以电子表格矩阵形式输入变量系数矩阵和右端常数矩阵, 是固定格式, 如表 2-4-8 所示.

表 2-4-8 电子表格矩阵形式输入数据

Variable -->	X1	X2	Direction	R. H. S.
Maximize	40	90		
C1	9	7	<=	56
C2	7	20	<=	70
LowerBound	0	0		
UpperBound	M	M		
VariableType	Integer	Integer		

输入时的方法与 LP 输入数据相同, 请参看实验二对应内容. 另外, 数据输入后, 如果需要修改、增减等处理, 也可以实现, 同样请参看实验二中的相关内容.

(4) 求解模型. 选择菜单栏 Solve and Analyze, 下拉菜单有三个选项: 求解不显示迭代过程 (Solve the Problem)、求解并显示分支定界法迭代步骤 (Solve and

Display Steps) 及图解法 (Graphic Method, 限两个决策变量).

本例是 IP 问题, 三个选项均可以选择, 但选择图解法, 只能得到一个 LP 的最优解. 因此以下仅考虑用直接求解 (Solve the Problem) 及分步求解 (Solve and Display Steps) 来计算结果.

(1) 直接求得最优解. 选择 Solve the Problem 或直接单击工具栏上的🚣, 系统直接显示求解的综合报告如表 2-4-9 所示, 表中的各项含义见常见术语表 2-3, IP 有最优解或无最优解 (无可行解或无界解), 系统自动给出提示.

表 2-4-9 最优解综合报告表

	Decision Variable	Solution Value	Unit Cost or Profit c(j)	Total Contribution	Reduced Cost	Basis Status
1	X1	4.0000	40.0000	160.0000	0	basic
2	X2	2.0000	90.0000	180.0000	0	basic
	Objective Function		(Max.) =	340.0000		
	Constraint	Left Hand Side	Direction	Right Hand Side	Slack or Surplus	Shadow Price
1	C1	50.0000	<=	56.0000	6.0000	0
2	C2	68.0000	<=	70.0000	2.0000	0

本例得到最优解 $X = (4, 2)$, 目标函数值 $Z = 340$.

(2) 分步求解. 分步求解可以学习分支定界法的求解全过程. 选择 Solve and Display Steps 或单击工具栏📄, 系统显示分枝限界法的第一步求解结果, 如表 2-4-10 所示.

表 2-4-10 分枝限界法的第一步求解结果

	Decision Variable	Lower Bound	Upper Bound	Solution Value	Variable Type	Status
1	X1	0	M	4.8092	Integer	No
2	X2	0	M	1.8168	Integer	No
	Current	OBJ(Maximize) = 355.8779	>= ZL =	-M		Non-integer

继续选择 Solve and Display Steps 或单击工具栏📄, 得到第二步的求解结果, 如表 2-4-11 所示.

表 2-4-11 分枝限界法的第二步求解结果

	Decision Variable	Lower Bound	Upper Bound	Solution Value	Variable Type	Status
1	X1	5.0000	M	5.0000	Integer	Yes
2	X2	0	M	1.5714	Integer	No
	Current	OBJ(Maximize) = 341.4286	>= ZL =	-M		Non-integer

这里显示的是对 X_1 进行了分支, 即增加了一个约束条件 $X_1 \geqslant 5$ 的结果. 继续选择 Solve and Display Steps 或单击工具栏▣ , 得到第三步的求解结果, 如表 2-4-12 所示.

表 2-4-12　　分枝限界法的第三步求解结果

	Decision Variable	Lower Bound	Upper Bound	Solution Value	Variable Type	Status
1	X1	5.0000	M		Integer	
2	X2	2.0000	M		Integer	
	This	node	is	infeasible	!!!!!!	

虽然得到了一个整数解, 但它是不可行的 (infeasible), 即它不在可行域中. 继续选择 Solve and Display Steps 或单击工具栏▣ , 得到第四步的求解结果, 如表 2-4-13 所示.

表 2-4-13　　分枝限界法的第四步求解结果

	Decision Variable	Lower Bound	Upper Bound	Solution Value	Variable Type	Status
1	X1	5.0000	M	5.4444	Integer	No
2	X2	0	1.0000	1.0000	Integer	Yes
	Current	OBJ(Maximize)	= 307.7778	>= ZL =	-M	Non-integer

仍然是一个非整数解, 继续选择 Solve and Display Steps 或单击工具栏▣ , 得到第五步的求解结果, 如表 2-4-14 所示.

表 2-4-14　　分枝限界法的第五步求解结果

	Decision Variable	Lower Bound	Upper Bound	Solution Value	Variable Type	Status
1	X1	6.0000	M	6.0000	Integer	Yes
2	X2	0	1.0000	0.2857	Integer	No
	Current	OBJ(Maximize)	= 265.7143	>= ZL =	-M	Non-integer

继续选择 Solve and Display Steps 或单击工具栏▣ , 直到第九步我们才得到一个整数的求解结果, 如表 2-4-15 所示.

表 2-4-15 分枝限界法的第九步求解结果

	Decision Variable	Lower Bound	Upper Bound	Solution Value	Variable Type	Status
1	X1	6.0000	6.0000	6.0000	Integer	Yes
2	X2	0	0	0	Integer	Yes
	Current	OBJ(Maximize) = 240.0000	>= ZL =	-M	New incumbent	

但这一解并不一定就是最优, 因此还要继续将所有分支都检查完, 单击工具栏 , 又得到一个整数解, 而且目标函数值还优于第九步的结果. 如表 2-4-16 所示.

表 2-4-16 分枝限界法的第十步求解结果

	Decision Variable	Lower Bound	Upper Bound	Solution Value	Variable Type	Status
1	X1	5.0000	5.0000	5.0000	Integer	Yes
2	X2	0	1.0000	1.0000	Integer	Yes
	Current	OBJ(Maximize) = 290.0000	>= ZL = 240.0000	New incumbent		

单击工具栏 , 此时得到的是 X_1 的另一分支 —— 即增加约束条件 $x_1 \leqslant 4$ 的结果. 如表 2-4-17 所示.

表 2-4-17 分枝限界法的第 11 步求解结果

	Decision Variable	Lower Bound	Upper Bound	Solution Value	Variable Type	Status
1	X1	0	4.0000	4.0000	Integer	Yes
2	X2	0	M	2.1000	Integer	No
	Current	OBJ(Maximize) = 349.0000	>= ZL = 290.0000	Non-integer		

由于得到的是一个非整数解, 而且其目标函数值 349 要比另一支的最优整数解目标函数值 290 要大, 所以继续分支下去. 继续单击工具栏 , 至第 16 步, 得到一个整数解, 而且其目标函数值 310 要优于另一支的最优目标函数值 290. 如表 2-4-18 所示.

表 2-4-18 分枝限界法的第 16 步求解结果

	Decision Variable	Lower Bound	Upper Bound	Solution Value	Variable Type	Status
1	X1	0	1.0000	1.0000	Integer	Yes
2	X2	3.0000	3.0000	3.0000	Integer	Yes
	Current	OBJ(Maximize) = 310.0000	>= ZL = 290.0000	New incumbent		

继续单击工具栏 , 又得到另一支的一个最优整数解 340, 如表 2-4-19 所示.

表 2-4-19   分枝限界法的第 17 步求解结果

	Decision Variable	Lower Bound	Upper Bound	Solution Value	Variable Type	Status
1	X1	0	4.0000	4.0000	Integer	Yes
2	X2	0	2.0000	2.0000	Integer	Yes
Current	OBJ(Maximize) = 340.0000		>=	ZL =	310.0000	New incumbent

至此, 即得到了本问题的最优解, 即 $X = (4, 2)$, 目标函数值 $Z = 340$.

(3) 保存结果. 求解后将结果显示在顶层窗口, 选择 File→Save As, 系统以文本格式存储计算结果. 还可以打印结果.

(4) 将计算表格转换成 Excel 表格. 先清空剪贴板, 在计算结果界面中选择 File→Copy to Clipboard, 系统将计算结果复制到剪贴板, 再粘贴到 Excel 表格中保存即可.

数据处理和分析

点击菜单栏 result 或单击工具栏▥, 下拉菜单有以下选项.

(1) 只显示最优解 (Solution Summary), 如表 2-4-20 所示.

表 2-4-20   最优解

	Decision Variable	Solution Value	Unit Cost or Profit C(j)	Total Contribution	Reduced Cost	Basis Status
1	X1	4.0000	40.0000	160.0000	0	basic
2	X2	2.0000	90.0000	180.0000	0	basic
	Objective	Function	(Max.) =	340.0000		

(2) 约束条件摘要 (Constraint Summary), 比较约束条件两端的值, 如表 2-4-21 所示.

表 2-4-21   约束条件摘要

	Constraint	Left Hand Side	Direction	Right Hand Side	Slack or Surplus	Shadow Price
1	C1	50.0000	<=	56.0000	6.0000	0
2	C2	68.0000	<=	70.0000	2.0000	0
	Objective	Function	(Max.) =	340.0000		

(3) 求解结果组合报告 (Combined Report) 即表 2-4-19, 显示详细综合分析报告.

(4) 进行参数分析 (Perform Parametric Analysis), 某个目标函数系数或约束条件右端常数带有参数, 计算出参数的变化区间及其对应的最优解, 属参数规划内容.

(5) 显示最后一张单纯形表 (Final Simplex Tableau), 如表 2-4-22 所示.

表 2-4-22 最后一张单纯形表

Basis	C(j)	X1 40.0000	X2 90.0000	Slack_C1 0	Slack_C2 0	Slack_UB_X1 0	Slack_UB_X2 0	R. H. S.	Ratio
Slack_C1	0	0	0	1.0000	0	−9.0000	−7.0000	6.0000	
Slack_C2	0	0	0	0	1.0000	−7.0000	−20.0000	2.0000	
X1	40.0000	1.0000	0	0	0	1.0000	0	4.0000	
X2	90.0000	0	1.0000	0	0	0	1.0000	2.0000	
	C(j)-Z(j)	0	0	0	0	−40.0000	−90.0000	340.0000	

(6) 显示系统运算时间和迭代次数 (Show Run Time and Iteration), 如图 2-4-5 所示.

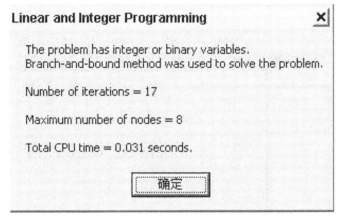

图 2-4-5 系统运算时间和迭代次数

(7) 不可行性分析 (Infeasibility Analysis), IP 无可行解时, 系统指出存在无可行解的原因.

(8) 无界性分析 (Unboundedness Analysis), IP 存在无界解时, 系统指出存在无界解的可能原因.

指派问题 打开 ASSIMENT.NET 文件, 分析指派问题的求解步骤. 系统显示如图 2-4-6 所示的界面.

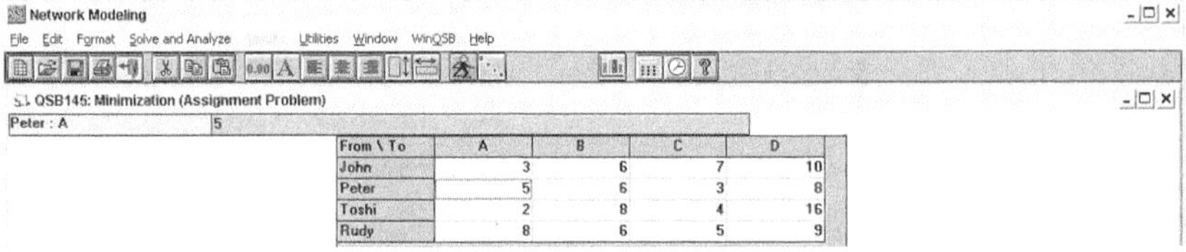

图 2-4-6 指派问题的例题

选择菜单栏 Solve and Analyze→Solve the Problem 或单击工具栏中的图标,

即可得到本例题的最优解 —— 如表 2-4-23 的计算结果. 最小花费为 20.

表 2-4-23 例题 ASSIMENT.NET 的计算结果

	From	To	Assignment	Unit Cost	Total Cost	Reduced Cost
1	John	B	1	6	6	0
2	Peter	C	1	3	3	0
3	Toshi	A	1	2	2	0
4	Rudy	D	1	9	9	0
	Total	Objective	Function	Value =	20	

如果选择菜单栏 Solve and Analyze→Solve and Display Steps-Tableau, 可以显示匈牙利解法的解题迭代步骤, 观察一下软件用匈牙利解法求解指派问题的步骤.

第一步得到如图 2-4-7 的计算结果.

Hungarian Method for QSB145 - Iteration 1

From \ To	A	B	C	D
John	0	2	4	3
Peter	2	2	0	1
Toshi	0	5	2	10
Rudy	3	0	0	0

图 2-4-7 指派问题计算迭代结果 1

再单击图标 , 第二步得到如图 2-4-8 的计算结果.

Hungarian Method for QSB145 - Iteration 2 (Final)

From \ To	A	B	C	D
John	0	0	2	-
Peter	4	2	0	-
Toshi	0	3		8
Rudy	5	0	0	0

图 2-4-8 指派问题计算迭代结果 2

标题栏最后显示: Iteration 5(Final), 表示此时本例题已得到最优解. 继续单击图标 , 即可得到如图 2-4-8 的最终计算结果.

实例操作

例 2-4-2 某公司经销甲产品. 它下设三个加工厂. 每日的产量分别是: A_1 为 7 吨, A_2 为 4 吨, A_3 为 9 吨. 该公司把这些产品分别运往四个销售点. 各销售点每日销量为: B_1 为 3 吨, B_2 为 6 吨, B_3 为 5 吨, B_4 为 6 吨. 已知从各工厂到各销售点的单位产品的运价为表 2-4-24 所示. 问该公司应如何调运产品, 在满足各销售点的需要量的前提下, 使总运费为最少.

表 2-4-24 单位运价表

加工厂	销售点				产量
	B_1	B_2	B_3	B_4	
A_1	3	11	3	10	7
A_2	1	9	2	8	4
A_3	7	4	10	5	9
销量	3	6	5	6	

(1) 启动程序, 选择开始 → 程序 →WinQSB→ Network Modeling, 屏幕显示如图 2-4-9 所示的网络模型工作界面.

图 2-4-9 网络模型的工作界面

(2) 建立新问题或打开磁盘中已有的文件, 选择 File→New Problem 或直接单击工具栏的按钮 建立新问题, 屏幕上出现如图 2-4-10 所示的问题选项输入界面.

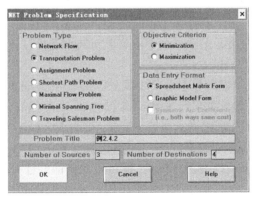

图 2-4-10 建立新运输问题

此处问题类型 (Problem Type) 共有 7 种:

① Network Flow 网络流问题;

② Transportation Problem 运输问题;

③ Assignment Problem 指派问题;

④ Shortest Path Problem 最短路问题;

⑤ Maximal Flow Problem 最大流问题;

⑥ Minimal Spanning Tree 最小支撑树问题;

⑦ Travel Salesman Problem 旅行销售员问题 (中国邮递员问题).

输入运输问题在此处应当选(2) Transportation Problem. 本例中有三个生产点 (Number of Sources) 和四个销售点 (Number of Destinations), 也在此处输入. 本例 为求最小运费, 所以在 Objective Criterion(目标函数标准) 中选择 Minimization. 此 外, 数据输入格式 Data Entry Format 可以选择电子表格模式 (Spreadsheet Matrix Form) 与图形模式 (Graphic Model Form).

(3) 输入数据. 在选择数据输入格式时, 选择 Spreadsheet Matrix Form 则以电子 表格矩阵形式输入单位运价系数矩阵和各地产量与销量, 是固定格式, 如表 2-4-25 所示.

表 2-4-25   电子表格矩阵形式输入数据

From \ To	Destination 1	Destination 2	Destination 3	Destination 4	Supply
Source 1	3	11	3	10	7
Source 2	1	9	2	8	4
Source 3	7	4	10	5	9
Demand	3	6	5	6	

数据输入方法与其他规划问题输入数据时相同, 请参看实验二的相应内容. 另 外, 数据输入后, 如果需要修改、增减等处理, 也可以实现, 同样请参看实验二中的 相关内容.

(4) 求解模型.

选择菜单栏 Solve and Analyze, 下拉菜单有四个选项:

① 直接求解 (Solve the Problem)、

② 用网络图形式求解并显示求解步骤 (Solve and Display Steps-Network)、

③ 用表上作业法求解并显示求解步骤 (Solve and Display Steps-Tableau)

④ 选择求初始解的方法 (Select Initial Solution Method).

本例可以先选择求初始解的方法. 可以选择伏格尔法 (Vogel's Approximation Method) 来求解初始解. 单击 "OK" 后, 即可进入下面的计算过程.

以下可以选择①、②、③三种方法来求解这个运输问题的最优解.

(1) 直接求最优解. 选择 Solve the Problem 或直接单击工具栏上的🔲, 系统 直接显示求解的综合报告如表 2-4-26 所示.

表 2-4-26 最优解综合报告表

	From	To	Shipment	Unit Cost	Total Cost	Reduced Cost
1	Source 1	Destination 3	5	3	15	0
2	Source 1	Destination 4	2	10	20	0
3	Source 2	Destination 1	3	1	3	0
4	Source 2	Destination 4	1	8	8	0
5	Source 3	Destination 2	6	4	24	0
6	Source 3	Destination 4	3	5	15	0
Total	Objective	Function	Value =		85	

本例得到最小运费支出为 85, 运输方案见表 2-4-26.

(2) 用网络图形式求解并显示求解步骤. 用网络图形式分步求解可以明确每一步的优化结果. 选择 Solve and Analyze→Solve and Display Steps-Network, 系统显示网络图形解题第一步的求解结果, 如图 2-4-11 所示.

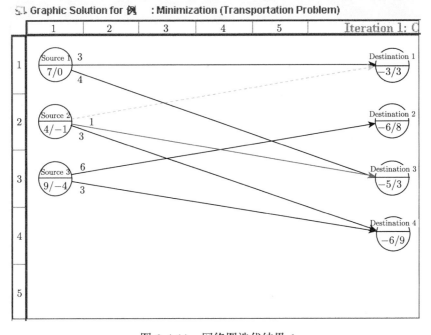

图 2-4-11 网络图迭代结果 1

继续选择 Iteration→Next Iteration 或单击工具栏 ▧ , 得到第二步的求解结果, 如图 2-4-12 所示.

虽然只进行了两步运算, 但由于选择了伏格尔法寻找初始解, 第二步显示的结果已是最终结果 (Final) 了, 再次选择 Iteration→Next Iteration 或单击工具栏 ▧ , 即可得到表格式的求解结果, 如表 2-4-26 所示.

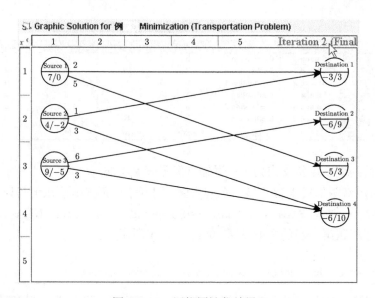

图 2-4-12 网络图迭代结果 2

(3) 用表上作业法求解并显示求解步骤. 选择 Solve and Analyze→Solve and Display Steps-Tableau, 软件将用表上作业法求解问题. 第一步得到如图 2-4-13 的结果.

Transportation Tableau for 例 - Iteration 1

	Destination 1	Destination 2	Destination 3	Destination 4	Supply	Dual P(i)
Source 1	3 3	11	3 4	10	7	0
Source 2	1 Cij=−1**	9	2 1*	8 3	4	−1
Source 3	7	4 6	10	5 3	9	−4
Demand	3	6	5	6		
Dual P(j)	3	8	3	9		

Objective Value = 86 (Minimization)

** Entering: Source 2 to Destination 1　* Leaving: Source 2 to Desti

图 2-4-13 表上作业法求解迭代 1

这里得到了一个目标函数值 86, 即运费, 但它还不是最小运费, 图 2-4-13 中显示了对运量的调整, 即将 Source 2 运到 Destination 3 的运量 1 转运到 Destination 1, 其周边运量也相应调整, 运费还能下降. 继续选择 Iteration→Next Iteration 或点击工具栏 , 得到第二步的求解结果, 如图 2-4-14 所示.

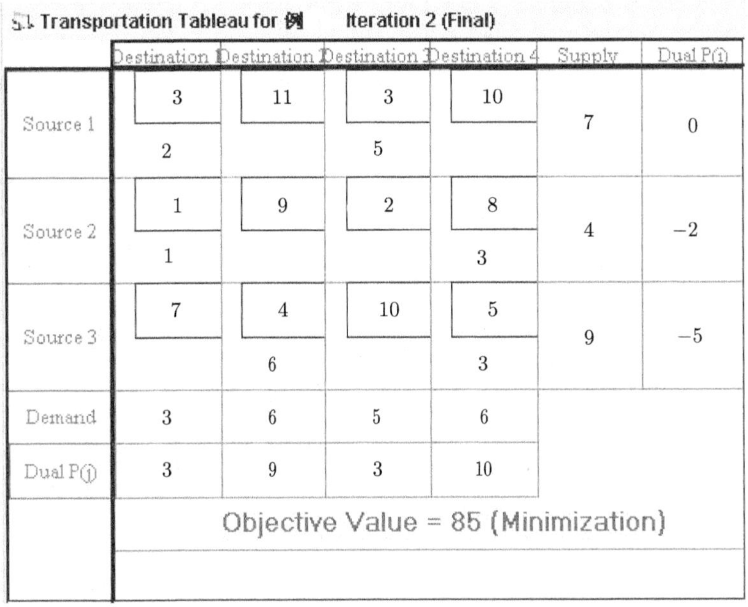

图 2-4-14 表上作业法求解迭代 2

第二步显示的结果已是最终结果 (Final) 了, 再次选择 Iteration→Next Iteration 或点击工具栏 , 即可得到表格式的求解结果, 如表 2-4-26 所示.

至此, 本运输问题求解完毕, 最小运费为 85.

(4) 保存结果. 求解后可以保存结果, 选择 File→Save As, 系统以文本格式存储计算结果. 还可以打印结果.

(5) 将计算表格转换成 Excel 表格. 先清空剪贴板, 在计算结果界面中选择 File→Copy to Clipboard, 系统将计算结果复制到剪贴板, 再粘贴到 Excel 表格中保存即可.

例 2-4-3 有一份中文说明书, 需译成英、日、德、俄四种文字, 分别记作 E, J, G, R. 现有甲、乙、丙、丁四人, 他们将中文说明书翻译成不同语种的说明书所需时间如表 2-4-27 所示. 问应指派何人去完成何工作, 使所需总时间为最少?

(1) 启动程序, 选择开始 → 程序 →WinQSB→ Network Modeling, 屏幕显示如图 2-4-15 所示的网络模型工作界面.

(2) 建立新问题或打开磁盘中已有的文件, 选择 File→New Problem 或直接单击工具栏的按钮 建立新问题, 屏幕上出现如图 2-4-15 所示的问题选项输入界面.

表 2-4-27　说明书翻译成不同语种的说明书所需时间表

人员	任务			
	E	J	G	R
甲	2	15	13	4
乙	10	4	14	15
丙	9	14	16	13
丁	7	8	11	9

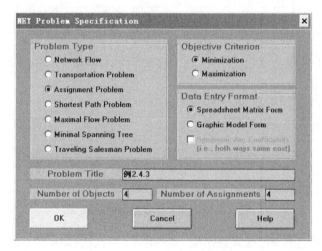

图 2-4-15　建立新指派问题

输入指派问题在此处应当选 Assignment Problem. 本例中有四项任务 (Number of Objects) 和四个翻译 (Number of Assignments), 也在此处输入. 本例为求最少翻译时间, 所以在 Objective Criterion(目标函数标准) 中选择 Minimization. 此外, 数据输入格式 Data Entry Format 可以选择电子表格模式 (Spreadsheet Matrix Form) 与图形模式 (Graphic Model Form).

(3) 输入数据. 在选择数据输入格式时, 选择 Spreadsheet Matrix Form 则以电子表格矩阵形式输入各人翻译成不同语种的说明书所需的时间, 如表 2-4-28 所示.

表 2-4-28　电子表格形式输入指派问题数据

From \ To	Assignee 1	Assignee 2	Assignee 3	Assignee 4
Assignment 1	2	15	13	4
Assignment 2	10	4	14	15
Assignment 3	9	14	16	13
Assignment 4	7	8	11	9

(4) 求解模型.

点击菜单栏 Solve and Analyze, 下拉菜单有四个选项:

① 直接求解 (Solve the Problem);

② 用网络图形式求解并显示求解步骤 (Solve and Display Steps-Network);

③ 用表上作业法求解并显示求解步骤 (Solve and Display Steps-Tableau);

④ 选择求初始解的方法 (Select Initial Solution Method).

以下可以选择①、②、③三种方法来求解这个运输问题的最优解.

① 直接求最优解. 选择 Solve the Problem 或直接单击工具栏上的 🖳 , 系统直接显示求解的综合报告如表 2-4-29 所示.

表 2-4-29 指派问题最优解综合报告表

	From	To	Assignment	Unit Cost	Total Cost	Reduced Cost
1	Assignment 1	Assignee 4	1	4	4	0
2	Assignment 2	Assignee 2	1	4	4	0
3	Assignment 3	Assignee 1	1	9	9	0
4	Assignment 4	Assignee 3	1	11	11	0
	Total	Objective	Function	Value =	28	

本例得到最少花费时间为 28, 具体指派方案见表 2-4-29.

② 用网络图形式求解并显示求解步骤. 用网络图形式分步求解可以明确每一步的优化结果. 选择 Solve and Analyze→Solve and Display Steps-Network, 系统显示网络图形解题第一步的求解结果, 如图 2-4-16 所示.

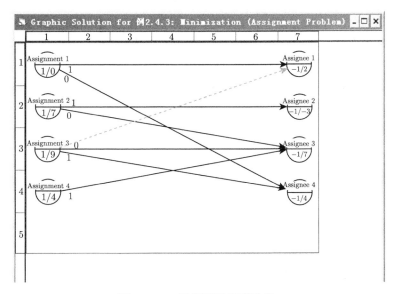

图 2-4-16 网络图形解题迭代 1

继续选择 Iteration→Next Iteration 或点击工具栏 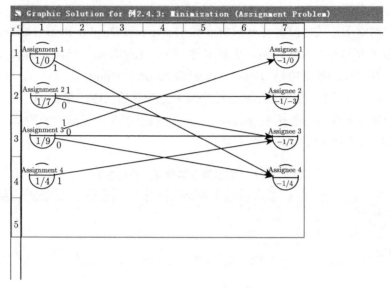, 得到第二步的求解结果, 如图 2-4-17 所示.

图 2-4-17 网络图形解题迭代 2

此时, 第二步显示的结果已是最终结果 (Final) 了, 再次选择 Iteration →Next Iteration 或单击工具栏▣, 即可得到表格式的求解结果, 如表 2-4-29 所示.

③ 用表上作业法求解并显示求解步骤, 此处略.

(5) 保存结果. 结果保存方法与前面一致, 请参看相关内容.

数据处理和分析

在计算结束后, 可以对数据及结果进行分析. 读入第二个指派问题的例子 (File →Load Problem), 执行解题 Solve and Analyze→Solve the Problem, 选择菜单栏 result 或单击工具栏▦, 下拉菜单有以下选项.

(1) 只显示非零的解 (Solution Table – Nonzero Only)(表 2-4-30).

表 2-4-30   显示非零的解

	From	To	Assignment	Unit Cost	Total Cost	Reduced Cost
1	Assignment 1	Assignee 4	1	4	4	0
2	Assignment 2	Assignee 2	1	4	4	0
3	Assignment 3	Assignee 1	1	9	9	0
4	Assignment 4	Assignee 3	1	11	11	0
	Total	Objective	Function	Value =	28	

(2) 显示所有解 (Solution Table – All)(表 2-4-31).

表 2-4-31　显示所有解

	From	To	Assignment	Unit Cost	Total Cost	Reduced Cost
1	Assignment 1	Assignee 1	0	2	0	2
2	Assignment 1	Assignee 2	0	15	0	18
3	Assignment 1	Assignee 3	0	13	0	6
4	Assignment 1	Assignee 4	1	4	4	0
5	Assignment 2	Assignee 1	0	10	0	3
6	Assignment 2	Assignee 2	1	4	4	0
7	Assignment 2	Assignee 3	0	14	0	0
8	Assignment 2	Assignee 4	0	15	0	4
9	Assignment 3	Assignee 1	1	9	9	0
10	Assignment 3	Assignee 2	0	14	0	8
11	Assignment 3	Assignee 3	0	16	0	0
12	Assignment 3	Assignee 4	0	13	0	0
13	Assignment 4	Assignee 1	0	7	0	3
14	Assignment 4	Assignee 2	0	8	0	7
15	Assignment 4	Assignee 3	1	11	11	0
16	Assignment 4	Assignee 4	0	9	0	1
	Total	Objective	Function	Value =	28	

(3) 网络图形式的解 (Graphic Solution), 直观地显示的指派的最优方案 (图 2-4-18).

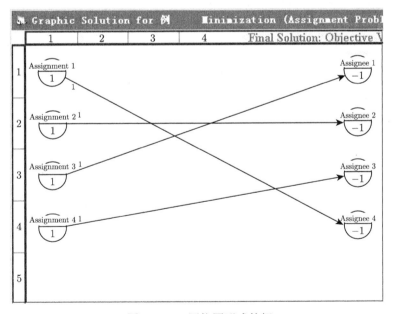

图 2-4-18　网络图形式的解

(4) 最优性范围 (Range of Optimality), 表示每一个人去做每一项任务在时间上的花费 (表 2-4-32).

表 2-4-32 最优性范围

	From	To	Unit Cost	Reduced Cost	Basis Status	Allowable Min. Cost	Allowable Max. Cost
1	Assignment 1	Assignee 1	2	2	at bound	0	M
2	Assignment 1	Assignee 2	15	18	at bound	-3	M
3	Assignment 1	Assignee 3	13	6	at bound	7	M
4	Assignment 1	Assignee 4	4	0	basic	-M	6
5	Assignment 2	Assignee 1	10	3	at bound	7	M
6	Assignment 2	Assignee 2	4	0	basic	-2	11
7	Assignment 2	Assignee 3	14	0	basic	7	16
8	Assignment 2	Assignee 4	15	4	at bound	11	M
9	Assignment 3	Assignee 1	9	0	basic	0	11
10	Assignment 3	Assignee 2	14	8	at bound	6	M
11	Assignment 3	Assignee 3	16	0	basic	15	22
12	Assignment 3	Assignee 4	13	0	basic	11	14
13	Assignment 4	Assignee 1	7	3	at bound	4	M
14	Assignment 4	Assignee 2	8	7	at bound	1	M
15	Assignment 4	Assignee 3	11	0	basic	-M	12
16	Assignment 4	Assignee 4	9	1	at bound	8	M

2.5 WinQSB 应用于目标规划

例 2-5-1 求解目标规划:

$$\min z = P_1 d_1^- + P_2 d_2^- + P_3 d_3^+,$$

$$\text{s.t.} \begin{cases} x_1 + x_2 + d_1^- - d_1^+ = 10, \\ x_2 + d_2^- - d_2^+ = 7, \\ x_1 + d_3^- - d_3^+ = 8, \\ 6x_1 + 2x_2 \leqslant 60, \\ 3x_1 + 4x_2 \leqslant 60, \\ x_1, x_2, d_j^-, d_j^+ \geqslant 0, j = 1, 2, 3. \end{cases}$$

第 1 步 生成表格.

选择 "程序 →WinQSB→Gaol Programming→File→New Program",弹出对话框:

输入:目标约束数 (Number of Goals) "3"

决策变量数 (Number of Variables) "2"

系统约束数 (Number of Constraints) "2"

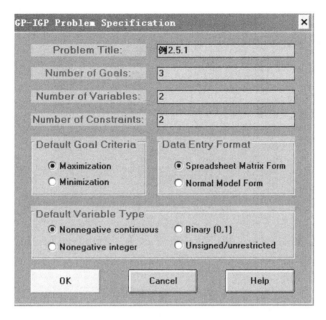

图 2-5-1 初始对话框

目标要求 (Default Goal Criteria)：因 3 个目标不同，第 1、2 个目标极大化，第 3 个目标极小化，可任选 1 个按钮，之后再进行调整．

数据输入方式 (Data Entry Format)：采取默认的表格形式．

变量数据类型 (Default Variable Type)：默认的为非负连续型．

单击 "OK"，生成表格 (表 2-5-1)．

表 2-5-1 初始表格

Variable -->	X1	X2	Direction	R. H. S.
Max:G1				
Max:G2				
Max:G3				
C1			<=	
C2			<=	
LowerBound	0	0		
UpperBound	M	M		
VariableType	Continuous	Continuous		

第 2 步 修改目标要求，输入数据．

从系统菜单选择 "Edit→Goal Criteria and Names"，弹出对话框：

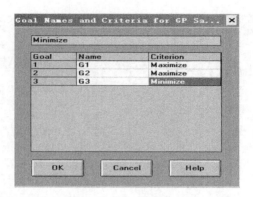

图 2-5-2 修改目标对话框

选择第 3 个目标约束, 将 Maximize 改为 Minimeze, "OK", 输入数据, 得表 2-5-2.

表 2-5-2 修改数据表格

Variable -->	X1	X2	Direction	R. H. S.
Max:G1	1	1		10
Max:G2		1		7
Min:G3	1			8
C1	6	2	<=	60
C2	3	4	<=	60
LowerBound	0	0		
UpperBound	M	M		
VariableType	Continuous	Continuous		

第 3 步 求解.

从菜单选择 "Solve and Analyze→Solve the Problem", 生成如下运行结果 (表 2-5-3).

表 2-5-3

	10:08:22		Sunday	July	31	2016			
	Goal Level	Decision Variable	Solution Value	Unit Cost or Profit c(j)	Total Contribution	Reduced Cost	Allowable Min. c(j)	Allowable Max. c(j)	
1	G1	X1	6.67	1.00	6.67	0	0.75	3.00	
2	G1	X2	10.00	1.00	10.00	0	0.33	1.33	
3	G2	X1	6.67	0	0	0	-M	M	
4	G2	X2	10.00	1.00	10.00	0	-M	M	
5	G3	X1	6.67	1.00	6.67	0	-M	M	
6	G3	X2	10.00	0	0	0	-M	M	
	G1	Goal	Value	(Max.) =	16.67				
	G2	Goal	Value	(Max.) =	10.00				
	G3	Goal	Value	(Min.) =	6.67				

	Constraint	Left Hand Side	Direction	Right Hand Side	Slack or Surplus	Allowable Min. RHS	Allowable Max. RHS	ShadowPrice Goal 1	ShadowPrice Goal 2	ShadowPrice Goal 3
1	C1	60.00	<=	60.00	0	30.00	120.00	0.06	-0.17	0.22
2	C2	60.00	<=	60.00	0	30.00	120.00	0.22	0.33	-0.11

决策变量: x1=6.67,x2=10.

目标值: G1=16.67, G2=10, G3=6.67.

2.6　WinQSB 应用于动态规划

1. 基本步骤

运行 "Dynamic Programming", 进入动态规划程序, 菜单栏上选择 "File" ——"New", 进入对话框; 对话框中列出了本程序可以求解的三种动态规划问题, 分别为 "最短路径问题" (Stagecoach Program), "背包问题"(Knapsack Problem), "生产与存储计划问题"(Production and Inventory Scheduling). 选择 File→Load Problem 打开磁盘中的数据文件, DP 程序自带后缀 ".DPP" 的 3 个典型例题, 供学习参考. 它们分别是 STAGE.DPP(最短路问题)、KNAPSACK.DPP(背包问题) 和 PRODINVT.DPP(生产和存储问题).

下面将分别举例说明.

2. 最短路径问题

例 2-6-1　求如图 2-6-1 所示网络图从 S 到 E 的最短路径.

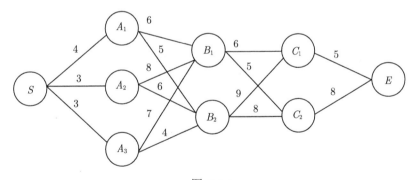

图 2-6-1

求解步骤:

(1) 对话框中, 选择第一项, 并在 "Number of Nodes" 中填入节点个数, 例 2-6-1 中共有节点数 "9", 完成后单击 "OK", 如图 2-6-2 所示.

(2) 在出现的界面中, 按照各个节点间连接关系, 完成距离矩阵, 填完后的矩阵如图 2-6-3 所示, 按运行键运行, 出现一个对话框如图 2-6-3 所示, 在左边的列表中选择路径的开始节点, 在右边的列表中选择路径的结束节点, 单击 "Solve" 求解问题, 也可选择 Solve and Display Steps 看求解过程, 最后得结果, 如图 2-6-4.

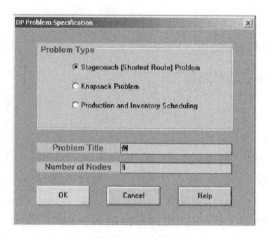

图 2-6-2　初始化

(3) 图 2-6-3 给出了用 "顺序法" 分四个阶段求解的每个阶段的决策, 及当阶段指标值 "Distance" 及该阶段的最优指标值 "Cumulative Distance", 并在求得最后一个阶段即第四阶段的最优指标值时即得到整个过程上的最短路径 "11".

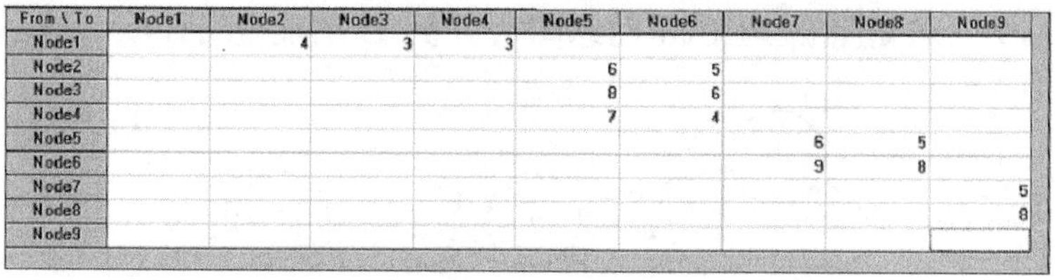

From \ To	Node1	Node2	Node3	Node4	Node5	Node6	Node7	Node8	Node9
Node1		4	3	3					
Node2					6	5			
Node3					8	6			
Node4					7	4			
Node5							6	5	
Node6							9	8	
Node7									5
Node8									8
Node9									

图 2-6-3　距离矩阵

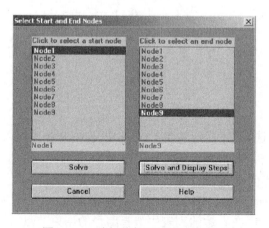

图 2-6-4　选择路径开始和结束节点

	From Input State	To Output State	Distance	Cumulative Distance	Distance to Node9
1	Node1	Node2	4	4	21
2	Node2	Node5	6	10	17
3	Node5	Node7	6	16	11
4	Node7	Node9	5	21	5
	From Node1	To Node9	Min. Distance	= 21	CPU = 0

图 2-6-5 求解结果

3. 背包问题

例 2-6-2 有一辆最大载重量为 10 吨的卡车, 用以装载 3 种货物, 每种货物的单位重量及相应的单位价值如表 2-6-1 所示. 应如何装载可使总价值最大?

表 2-6-1 背包问题数据

货物编号	1	2	3
单位重量/吨	3	4	5
单位价值 (c_i)	4	5	6

(1) 运行 File 菜单下的 New Problem 命令, 在出现的对话框中, "Problem Type" 选择 "Knapsack Problen", "Number of Items" 根据例 2-6-2 填入 "3", 单击 "OK".

(2) 在出现的界面中, 按照例 2-6-2 数据填入后如图 2-6-5 所示, 其中从左到右各项含义为: Item—— 背包中装载货物数目, 也即为动态规划的阶段数; Item Identification—— 货物名称, 可以改变其命名; Units Avaliable—— 可提供的该货物的最大数量, 因本例中未提及货物的数量限制, 因此均为 M; Unit Capacity Required—— 单位货物的体积或重量, 本题为**重量**; Return Function—— 单位货物的价值, 用函数式表示, 如单位 Item1 货物价值为 50, 则写为 "50Item1", 以此类推; 在底行的 "Knapsack Capacity"—— 背包最大容量; 填完后运行得结果如图 2-6-6.

Item [Stage]	Item Identification	Units Available	Unit Capacity Required	Return Function (X: Item ID) [e.g., 50X, 3X+100, 2.15X^2+5]
1	a	M	3	4a
2	b	M	4	5b
3	c	M	5	6c
Knapsack	Capacity =	10		

图 2-6-6 相关数据

07-30-2016 Stage	Item Name	Decision Quantity (X)	Return Function	Total Item Return Value	Capacity Left
1	a	2	4a	8	4
2	b	1	5b	5	0
3	c	0	6c	0	0
	Total	Return	Value =	13	CPU = 0

图 2-6-7　求解结果

4. 生产与存储计划问题

例 2-6-3　某工厂生产并销售某种产品, 已知今后 4 个月的市场需求预测如表 2-6-2, 又每月生产 j 单位产品的费用为

$$C(j) = \begin{cases} 0, & j = 0, \\ 3 + j, & j = 1, 2, \cdots, 6. \end{cases}$$

每月库存 j 单位产品的费用为 $E(j) = 0.5j$ (千元), 该厂最大库存容量为 3 单位, 每月最大生产能力为 6 单位, 计划开始和计划期末库存量都是零. 试制定 4 个月的生产计划, 在满足用户需求条件下总费用最小. 假设第 $i+1$ 个月的库存量是第 i 个月可销售量与该月用户需求量之差; 而第 i 个月的可销售量是本月初库存量与产量之和.

表 2-6-2　相关数据

i(月)	1	2	3	4
g_i(需求量)	2	3	2	4

(1) 运行 File 菜单下的 New Problem 命令, 在出现的对话框中, "Problem Type" 选择 "Production and Inventory Scheduling Problem", "Number of Periods" 根据例 2-6-3 填入 "4", 单击 "OK", 如图 2-6-7.

(2) 在出现的界面中, 按照例 2-6-3 数据填入后如图 2-6-8 所示, 其中从左到右各项含义为: Period—— 生产与存储划分的时期, 即动态规划的阶段数, 本题为 4 阶段生产与存储问题; Period Identification—— 各时期的名称, 可以改变其命名; Demand—— 各时期需求量, 本题 4 个时期需求量分别为 2, 3, 2, 4; Production Capacity—— 各时期生产能力, 本题由 C 函数 (x 大于 6 时, C 为无穷) 分析为 6; Storage Capacity—— 各时期存储能力, 本题无限制, 取默认值 M; Production Setup Cost—— 生产准备费用, 本题由 C 函数 ($0 < x < 6$ 时, C 为 $3 + x$) 分析为 3; Variable Cost Function—— 费用函数, 用变量 P, H, B 三个变量的函数式表示, P,

H, B 分别表示本阶段末的产量、存储量、缺货量, 本题中单位生产成本 3, 单位存储费用 0.5, 无缺货损失, 因此费用函数为 $P+0.5H$, 填完后运行得结果如图 2-6-7.

(3) 图 2-6-9 结果中给出了最优生产计划, 每个时期初始存储量 (Starting Inventory) 相当于动态规划的状态变量分别为 0, 3, 0, 4, 每个时期的产量 (Production Quantity) 分别为 5, 0, 6, 0, 该策略对应的总变量成本 (不包括生产准备费用) 为 14.50, 总成本 (加上生产准备费用) 为 20.50.

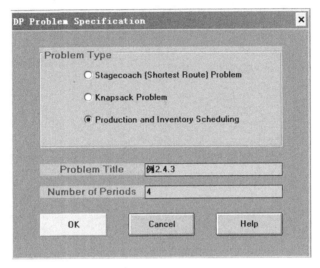

图 2-6-8　初始输入

Period (Stage)	Period Identification	Demand	Production Capacity	Storage Capacity	Production Setup Cost	Variable Cost Function (P,H,B: Variables) [e.g., 5P+2H+10B, 3(P-5)^2+100H]
1	Period1	2	6	3	3	p+0.5h
2	Period2	3	6	3	3	p+0.5h
3	Period3	2	6	3	3	p+0.5h
4	Period4	4	6	3	3	p+0.5h

图 2-6-9　数据输入

07-30-2016 Stage	Period Description	Net Demand	Starting Inventory	Production Quantity	Ending Inventory	Setup Cost	Variable Cost Function (P,H,B)	Variable Cost	Total Cost
1	Period1	2	0	2	0	¥ 3.00	p+0.5h	¥ 2.00	¥ 5.00
2	Period2	3	0	5	2	¥ 3.00	p+0.5h	¥ 6.00	¥ 9.00
3	Period3	2	2	0	0		p+0.5h	0	0
4	Period4	4	0	4	0	¥ 3.00	p+0.5h	¥ 4.00	¥ 7.00
Total		11	2	11	2	¥ 9.00		¥ 12.00	¥ 21.00

图 2-6-10　求解结果

2.7　WinQSB 应用于网络计划技术

(1) 运行 "PERT_CPM", 出现图 2-7-1 所示界面.

图 2-7-1　初始界面

(2) 运行 File 菜单下的 New Problem 命令, 出现图 2-7-2 所示界面.

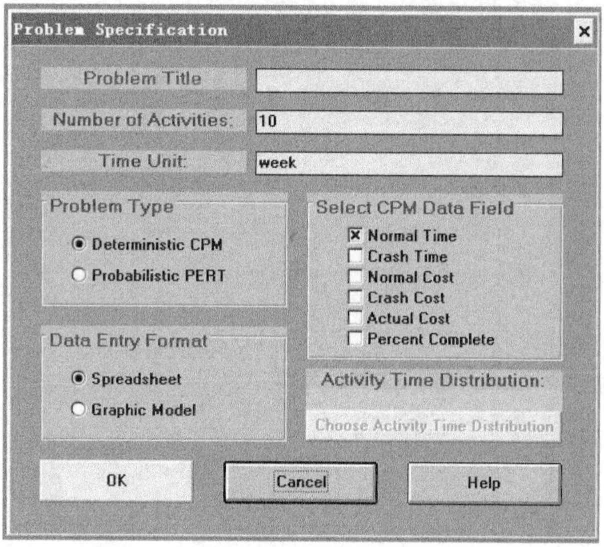

图 2-7-2　菜单选项

图 2-7-2 中各项目含义:

Problem Type(问题类型)如下:

Deterministic CPM:　确定型关键路线法

Probabilistic PERT:　概率型网络计划技术

Data Entry Format--选择数据输入是以矩阵或图形输入

Select CPM Data Field--Normal Time　正常时间

Crash Time　赶工时间

Normal Cost　正常费用

Crash Cost　赶工费用

(3) 求一个 PERT 问题.

例 2-7-1 某工程的作业关系图如图 2-7-3 所示.

作业	计划完成时间/d	紧前作业	作业	计划完成时间/d	紧前作业
A	5	—	G	21	B,E
B	10	—	H	35	B,E
C	14	—	I	25	B,E
D	4	B	J	15	F,G,I
E	4	A	K	20	F,G
F	15	C,D			

图 2-7-3 作业关系图

要求编制该工程的网络计划并计算其时间参数.

① Problem Title 后给文件命名, Number of Activities 后给出作业数 '11', Time Unit 后给出时间单位 'hour'; ② Problem Type 选择 'Deterministic CPM'; ③ Select CPM Data Field 选 'Normal Time'; ④ 输入界面如图 2-7-4 所示, 单击 OK 确定后出现输入矩阵如图 2-7-5 所示.

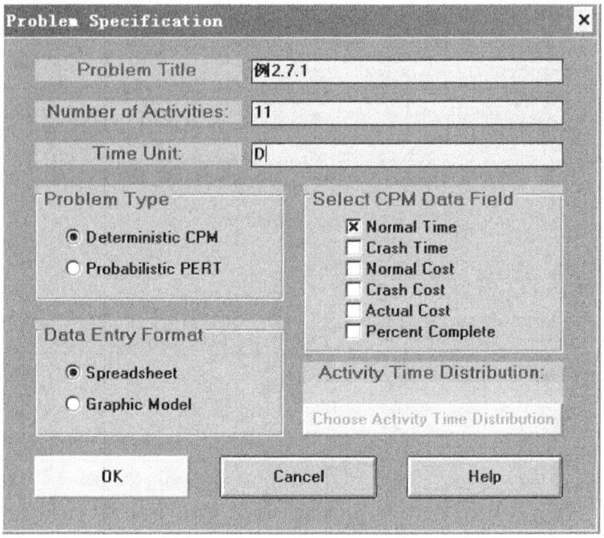

图 2-7-4 初始设置

图 2-7-5 中表格各项含义如下:

Activity Number: 作业编号, 按 1, 2, 3 等依次对各项作业编号;

Activity Name: 作业名称, 可自行取名填入;

Immediate Predecessor: 紧前工序, 填入该项作业的紧前作业, 可以填紧前作业的编号或名称, 若有多项紧前作业, 每项之间用西文状态下的逗号, 隔开;

Normal Time: 作业时间.

Activity Number	Activity Name	Immediate Predecessor (list number/name, separated by ',')	Normal Time
1	A		
2	B		
3	C		
4	D		
5	E		
6	F		
7	G		
8	H		
9	I		
10	J		
11	K		

图 2-7-5　初始数据输入图

选择例 2-7-1 填入后如图 2-7-6 所示.

Activity Number	Activity Name	Immediate Predecessor (list number/name, separated by ',')	Normal Time
1	A		5
2	B		10
3	C	,	11
4	D	2	4
5	E	1	4
6	F	3,4	15
7	G	2,5	21
8	H	2,5	35
9	I	2,5	25
10	J	6,7,9	15
11	K	6,7	20

图 2-7-6　数据输入

单击运行图标运行, 得结果如图 2-7-7 所示.

07-30-2016 18:08:23	Activity Name	On Critical Path	Activity Time	Earliest Start	Earliest Finish	Latest Start	Latest Finish	Slack (LS-ES)
1	A	no	5	0	5	1	6	1
2	B	Yes	10	0	10	0	10	0
3	C	no	11	0	11	5	16	5
4	D	no	4	10	14	12	16	2
5	E	no	4	5	9	6	10	1
6	F	no	15	14	29	16	31	2
7	G	Yes	21	10	31	10	31	0
8	H	no	35	10	45	16	51	6
9	I	no	25	10	35	11	36	1
10	J	no	15	35	50	36	51	1
11	K	Yes	20	31	51	31	51	0
	Project	Completion	Time	=	51	Ds		
	Number of	Critical	Path(s)	=	1			

图 2-7-7　计算结果

图 2-7-7 中从左到右各列含义依次如下:

① 作业编号;

② 作业名称;

③ 该作业是否是关键路径上的关键作业, 若是则为 Yes, 若不是则 No;

④ 作业时间;

⑤ 作业最早可能开始时间;

⑥ 作业最早可能完成时间;

⑦ 作业最迟必须开始时间;

⑧ 作业最迟必须完成时间;

⑨ 作业总时差.

图 2-7-7 中最后两行给出了项目完成时间 (本题为 51) 和关键路径的数量 (本题为 1).

2.8 WinQSB 应用于决策分析

例 2-8-1 对表 2-8-1 的收益矩阵进行决策.

表 2-8-1 收益矩阵

	状态 1(P1=0.3)	状态 2(P2=0.5)	状态 3(P3=0.2)
方案 1	60	10	−6
方案 2	30	25	0
方案 3	10	10	10

第 1 步 生成表格.

选择程序 →WinQSB→ Decision Analysis→File→New Program 如图 2-8-1 所示.

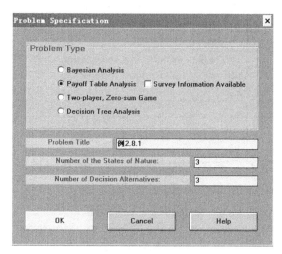

图 2-8-1 初始设置

问题类型 (Problem Type): 收益表分析 (Payoff Table Analysis).

自然状态数 (Mumber of the States of Nature)：3.

决策方案数 (Number of Decision Alternatives)：3.

第 2 步　输入数据.

单击 "OK"，并输入数据，表 2-8-2 所示.

表 2-8-2　输入数据

Decision \ State	State1	State2	State3
Prior Probability	0.3	0.5	0.2
Alternative1	60	10	-6
Alternative2	30	25	0
Alternative3	10	10	10

第 3 步　求解.

从系统菜单选择 Solve and Analyze→Solve Critical Path，生成如下运行结果 (表 2-8-3).

表 2-8-3　运行结果

07-31-2016 Criterion	Best Decision	Decision Value	
Maximin	Alternative3	$10	
Maximax	Alternative1	$60	
Hurwicz (p=0.5)	Alternative1	$27	
Minimax Regret	Alternative1	$16	
Expected Value	Alternative1	¥ 21.80	
Equal Likelihood	Alternative1	¥ 21.33	
Expected Regret	Alternative1	¥ 10.70	
Expected Value	without any	Information =	¥ 21.80
Expected Value	with Perfect	Information =	¥ 32.50
Expected Value	of Perfect	Information =	¥ 10.70

即：

悲观准则 (Maximin)：最优方案：3，决策值：10;

乐观准则 (Maximax)：最优方案：1，决策值：60;

乐观系数准则 (Hurwicz)：最优方案：1，决策值：27;

最小后悔值准则 (Minimax Regret)：最优方案：1，决策值：16;

等概率准则 (Equal Likelibook)：最优方案：1，决策值：21.33;

期望后悔值 (Expected Regret)：最优方案：1，决策值：10.7;

无信息期望值 (Expected Value without any Information)：20.8;

完全信息期望值 (Expected Value with Perfect Information)：32.5;

信息的价值 (Expected Value of Perfect Information)：10.7.

2.9 WinQSB 应用于存储论

(1) 运行 "Inventory Theory and System", 菜单栏上选择 "File→New", 进入图 2-9-1 所示对话框; 对话框中列出了本程序可以求解的问题类型, 根据所学内容, 将应用两种类型, 即 "EOQ(经济订货批量) 模型" 和 "单时期随机存储模型". 下面将分别举例说明.

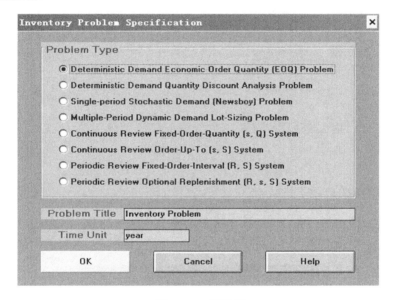

图 2-9-1 菜单栏

(2) EOQ(经济订货批量) 模型, 以 P190 习题 1 为例.

例 2-9-1 某商店 (零售商) 每年可销售 10000 份电脑复印纸, 可从工厂 (供货商) 进货. 每次订货需发生订货费 100 元, 每月每包存储费用为 1 元, 复印纸购价 10 元/包. 若不允许缺货, 且无价格折扣情况下, 零售商应该每隔多长时间订货 1 次? 每次订多少货, 可使得全年总费用最少?

在图 2-9-1 中选择第一个, 即 EOQ 模型, 并填入 Problem Title, Time Unit 后, 单击 "OK", 进入图 2-9-2 界面, 并依据例 2.9.1 填入参数, 具体如图 2-9-2 所示, 填入后运行, 得到图 2-9-3 所示结果, 结果显示最佳订货批量为 408, 总的订货费用为 2449.49, 总存储费用 2449.49, 总的费用为 4898.98.

DATA ITEM	ENTRY
Demand per year	10000
Order or setup cost per order	100
Unit holding cost per year	12
Unit shortage cost per year	M
Unit shortage cost independent of time	
Replenishment or production rate per year	M
Lead time for a new order in year	
Unit acquisition cost without discount	10
Number of discount breaks (quantities)	
Order quantity if you known	

图 2-9-2　数据输入

07-30-2016	Input Data	Value	Economic Order Analysis	Value
1	Demand per year	10000	Order quantity	408.2483
2	Order (setup) cost	$100.0000	Maximum inventory	408.2483
3	Unit holding cost per year	$12.0000	Maximum backorder	0
4	Unit shortage cost		Order interval in year	0.0408
5	per year	M	Reorder point	0
6	Unit shortage cost			
7	independent of time	0	Total setup or ordering cost	$2449.4900
8	Replenishment/production		Total holding cost	$2449.4900
9	rate per year	M	Total shortage cost	0
10	Lead time in year	0	Subtotal of above	$4898.9800
11	Unit acquisition cost	$10.0000		
12			Total material cost	$100000.0000
13				
14			Grand total cost	$104899.0000

图 2-9-3　计算结果

2.10　WinQSB 应用于排队论

(1) 运行 Qeueing Analysis, 菜单栏上选择 File→New, 进入图 2-10-1 所示对话框; 根据问题类型选择 "Simple M/M System" 或 "General Queuing System".

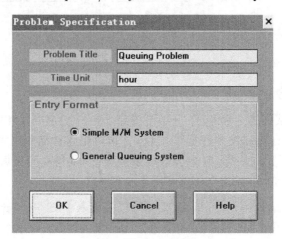

图 2-10-1　初始菜单

(2) 模型 $M / M / C / \infty / \infty$.

例 2-10-1 某运输公司有一个装卸队服务于卡车队, 装卸每辆车所用时间服从平均时间为 20 分钟的指数分布, 卡车到达时间服从平均时间为 30 分钟的泊松分布. 管理层想提高装卸队的效率, 把装卸队分成两队, 每队装卸每辆车所用时间服从平均时间为 40 分钟的指数分布, 请问效率是否得到提高?

第 1 步 运行 Queuing Analysis, 出现如图 2-10-2 所示界面.

图 2-10-2 菜单选项

第 2 步 菜单栏上选择 File→New, 进入图 2-10-3 所示对话框; 根据问题类型选择 Simple M/M System 或 General Queuing System.

Problem Specification	✕

Problem Title   例2.10.1

Time Unit   hour

Entry Format

   ⊙ Simple M/M System

   ○ General Queuing System

| OK | Cancel | Help |

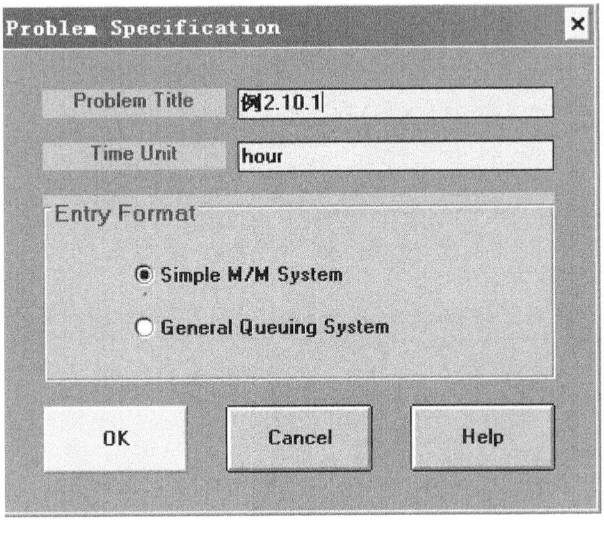

图 2-10-3 选择类型

第 3 步 选择 Simple M/M System→OK.

依据题目填入参数, 具体如图 2-10-4~图 2-10-6 所示, 填入后运行, 得到图 2-10-7 所示结果.

Data Description	ENTRY
Number of servers	1
Service rate (per server per minute)	20
Customer arrival rate (per minute)	30
Queue capacity (maximum waiting space)	M
Customer population	M
Busy server cost per minute	
Idle server cost per minute	
Customer waiting cost per minute	
Customer being served cost per minute	
Cost of customer being balked	
Unit queue capacity cost	

图 2-10-4 填入参数

图 2-10-5 相关操作 1

图 2-10-6 相关操作 2

07-30-2016	Performance Measure	Result
1	System: M/M/1	From Simulation
2	Customer arrival rate (lambda) per hour =	30.0000
3	Service rate per server (mu) per hour =	20.0000
4	Overall system effective arrival rate per hour =	29.9469
5	Overall system effective service rate per hour =	19.9489
6	Overall system utilization =	99.9978 %
7	Average number of customers in the system (L) =	5058.9810
8	Average number of customers in the queue (Lq) =	5058.0040
9	Average number of customers in the queue for a busy system (Lb) =	5058.1150
10	Average time customer spends in the system (W) =	169.8267 hours
11	Average time customer spends in the queue (Wq) =	169.7766 hours
12	Average time customer spends in the queue for a busy system (Wb) =	169.7803 hours
13	The probability that all servers are idle (Po) =	0.0022 %
14	The probability an arriving customer waits (Pw) or system is busy (Pb) =	99.9978 %
15	Average number of customers being balked per hour =	0.0010
16	Total cost of busy server per hour =	$0
17	Total cost of idle server per hour =	$0
18	Total cost of customer waiting per hour =	$0
19	Total cost of customer being served per hour =	$0
20	Total cost of customer being balked per hour =	$0
21	Total queue space cost per hour =	$0
22	Total system cost per hour =	$0
23	Simulation time in hour =	1000.0000
24	Starting data collection time in hour =	0
25	Number of observations collected =	19949
26	Maximum number of customers in the queue =	10000
27	Total simulation CPU time in second =	1.0630

图 2-10-7 计算结果

(1) 装卸每辆车所用时间服从平均时间为 20 分钟的指数分布.

图 2-10-7 结果显示: 系统有效到达率 λ eff=29.9469, 系统忙率为 99.9978%, 平均队长 Ls=5058.9810, 平均排队长 Lq=5058.0040, 平均等待时间 Wq=169.7766min 等.

(2) 装卸每辆车所用时间服从平均时间为 40 分钟的指数分布.

输入数据 (图 2-10-8), 图 2-10-9 结果显示: 系统有效到达率 λ eff = 30.0000, 系统忙率为 37.5000%, 平均队长 Ls = 0.8727, 平均排队长 Lq = 0.1227, 平均等待时间 Wq=0.0041min 等.

Data Description	ENTRY
Number of servers	2
Service rate (per server per minute)	40
Customer arrival rate (per minute)	30
Queue capacity (maximum waiting space)	M
Customer population	M
Busy server cost per minute	
Idle server cost per minute	
Customer waiting cost per minute	
Customer being served cost per minute	
Cost of customer being balked	
Unit queue capacity cost	

图 2-10-8 输入数据

07-30-2016	Performance Measure	Result
1	System: M/M/2	From Formula
2	Customer arrival rate (lambda) per hour =	30.0000
3	Service rate per server (mu) per hour =	40.0000
4	Overall system effective arrival rate per hour =	30.0000
5	Overall system effective service rate per hour =	30.0000
6	Overall system utilization =	37.5000 %
7	Average number of customers in the system (L) =	0.8727
8	Average number of customers in the queue (Lq) =	0.1227
9	Average number of customers in the queue for a busy system (Lb) =	0.6000
10	Average time customer spends in the system (W) =	0.0291 hours
11	Average time customer spends in the queue (Wq) =	0.0041 hours
12	Average time customer spends in the queue for a busy system (Wb) =	0.0200 hours
13	The probability that all servers are idle (Po) =	45.4545 %
14	The probability an arriving customer waits (Pw) or system is busy (Pb) =	20.4545 %
15	Average number of customers being balked per hour =	0
16	Total cost of busy server per hour =	$0
17	Total cost of idle server per hour =	$0
18	Total cost of customer waiting per hour =	$0
19	Total cost of customer being served per hour =	$0
20	Total cost of customer being balked per hour =	$0
21	Total queue space cost per hour =	$0
22	Total system cost per hour =	$0

图 2-10-9   计算结果